普通高等教育规划教材

工　程　材　料

高红霞　主编

中国轻工业出版社

图书在版编目（CIP）数据

工程材料/高红霞主编. —北京：中国轻工业出版社，2016.7
普通高等教育规划教材
ISBN 978－7－5019－7078－0

Ⅰ. 工… Ⅱ. 高… Ⅲ. 工程材料－高等学校－教材 Ⅳ. TB3

中国版本图书馆 CIP 数据核字（2009）第 124064 号

内容简介

本书为普通高等教育机电工程类专业的技术基础课教材。以工程材料的成分、组织、工艺、性能、应用为主线，阐明了工程材料的基本理论，介绍了各种工程材料的性能及应用。

全书共 12 章，包括工程材料的性能、金属材料的结构与组织、金属的塑性变形、金属的热处理、碳钢、合金钢、铸铁、有色金属、特殊金属材料、非金属材料、材料表面技术、零件材料的选用、附表。每章附有适量的思考题。

责任编辑：王　淳　　责任终审：孟寿萱　　封面设计：锋尚设计
版式设计：王培燕　　责任校对：杨　琳　　责任监印：张　可

出版发行：中国轻工业出版社（北京东长安街 6 号，邮编：100740）
印　　刷：三河市万龙印刷有限公司
经　　销：各地新华书店
版　　次：2016年7月第1版第3次印刷
开　　本：787×1092　1/16　印张：15.5
字　　数：368 千字
书　　号：ISBN 978－7－5019－7078－0　　定价：26.00 元
邮购电话：010－65241695　传真：65128352
发行电话：010－85119835　85119793　传真：85113293
网　　址：http://www.chlip.com.cn
Email：club@chlip.com.cn
如发现图书残缺请直接与我社邮购联系调换
160710J1C103ZBW

前　言

本书是为适应目前高等教育教学改革的需要，并根据高等学校机械类专业人才的培养要求而编写的，以加强基础、拓宽专业为宗旨，以提高学生创新能力、实际工作能力为目的，以培养适应目前社会需要的高素质人才为目标。

本书主要阐明了工程材料的基本理论，揭示了材料的成分、组成、性能、应用之间的决定关系；论述了金属材料的塑性变形强化、热处理强化等方法的原理及工艺；介绍了各种工程材料的特点及应用；总结了各种典型机械零件材料的选用等。

本书可作为高等学校机械类各专业以及模具制造、能源与动力、农业机械、过程装备、交通运输等近机类专业和高分子、电化学等材料加工相关专业的工程材料课程用书，也可作为成人教育及有关工程技术人员的学习和参考用书。

本书在参考同类教材的基础上，对教学内容进行了较大改进：

（1）教材的系统化：对材料的基本理论部分及各种工程材料的介绍部分均按照成分、组织、性能、应用的思路编排教学内容，强化基本理论的理解及应用。

（2）教材的新颖化：在材料内容扩展方面，加入了镁合金、非晶合金、单晶合金等实用的新材料部分，加入了热处理新工艺及材料表面处理新工艺。

（3）教材的实用化：增加了加工工艺对材料组织性能的影响，增加了材料加工工艺路线的制订，增加了多种常用零件的选材及加工工艺路线，增加了实际生产应用的实例、图片、图表。

（4）教材的精简化：突出重点教学内容，对金属内部结构部分及结晶分析等较深的理论进行精简，适应高校教学改革减少工科专业教学时数的要求。

本书力求语言简练，条理清晰，内容丰富，信息量大。以科学性和指导性为原则，既重视理论知识的阐述，又突出技术应用能力的培养。

本书由郑州轻工业学院高红霞教授主编，负责全书的统稿与审校。参加编写的还有郑州大学海伟，河南农业大学李云东、王栋，郑州轻工业学院郭长江，中原工学院彭竹琴、王锦燕。具体分工如下：高红霞编写绪论、第7章、第4章4.7~4.8节等，李云东编写第12章、第4章4.1~4.4节，彭竹琴编写第5章、第6章，海伟编写第1章、第2章、附表，郭长江编写第9章、第4章4.5~4.6节，王栋编写第8章、第11章，王锦燕编写第3章、第10章。

编写过程中得到了郑州轻工业学院栗富国、金增韬、渠满和有关院校及企业同志的大力支持，在此深表感谢！

由于作者水平有限，书中难免存在缺点和不妥之处，恳请各界同仁和广大读者批评指正。

编者

2009年4月

目 录

绪 论

0.1 工程材料的地位

0.1.1 工程材料的社会地位

材料是人类生活和生产的物质基础，是衡量人类社会文明程度及生产力发展水平的标志。因此，历史学家按照人类使用材料的种类和性质差异，把历史时代分为石器时代、青铜器时代、铁器时代……，目前社会正处于铁器时代向新材料（新型高性能结构材料、机敏智能功能材料等）过渡的时代。

近代科学技术的发展足迹时刻记录着材料所做出的卓越贡献。18 世纪 60 年代蒸汽机的出现，引发了以机器为动力的工业机械化。19 世纪 70 年代，由于电磁场理论的发展而导致电动机、发电机的大量采用，从而出现了以电为动力的工业电气化。20 世纪四项重大发现，即原子能、半导体、计算机、激光器的发展及应用，带动了高度信息的工业自动化。如果没有钢铁材料、有色金属材料以及非晶、微晶、纳米材料、陶瓷、高分子材料及人工智能材料提供物质保证，这一切都难以实现。

材料、信息、能源是社会的三大支柱，而信息、能源的发展又依赖于材料的发展，因此材料科学在社会上占有举足轻重的地位，材料的品种、数量和质量是衡量一个国家科学技术和国民经济水平及国防实力的重要标志之一。

0.1.2 工程材料在机械工业中的地位

目前机械工业正朝着高速、自动、精密方向迅速发展，对材料的数量和质量都提出了越来越高的要求。在机械产品的设计和制造过程中，所遇到的工程材料方面的问题日益增多，机械工业与材料学科之间的关系愈加密切。实践表明，合理选用材料、适当确定热处理工艺、妥善安排工艺路线，在充分发挥材料本身的性能潜力、保证材料具有良好的加工工艺性能、获得理想的使用性能、提高产品零件的质量、节省材料、降低生产成本等方面有着重大的影响。实际工作中，往往由于选材不当或热处理不妥，使机械零件的使用性能达不到规定的技术要求，而导致使用中发生过早损坏，如产生变形、断裂、磨损等。因此，工程材料知识对于机械制造工作者来说是必须具备的。

0.2 工程材料的分类及应用

工程材料是指具有一定性能，在特定条件下能够承担某种功能，被用来制取零件和元件的材料。工程材料种类繁多，有许多不同的分类方法。

0.2.1　按材料的化学组成分类

（1）金属材料　金属材料可以分为黑色金属（钢和铸铁）及有色金属（除钢铁之外的金属材料）。有色金属种类很多，按照它们的特性不同，又分为轻金属、重金属、贵金属、稀有金属和放射性金属等多种。目前金属材料仍然是应用最广泛的工程材料。

（2）无机非金属材料　无机非金属材料包括水泥、玻璃、耐火材料和陶瓷等。它们的主要原料是硅酸盐产物，又称硅酸盐材料，因为不具备金属性质也称无机非金属材料。

（3）高分子材料　高分子材料按材料来源可分为天然高分子材料（蛋白、淀粉、纤维素等）和人工合成高分子材料（合成塑料、合成橡胶、合成纤维），按性能及用途可分为塑料、橡胶、纤维、胶黏剂等。

（4）复合材料　由于多数金属材料不耐腐蚀，无机非金属材料脆性大，高分子材料不耐高温，人们把上述两种或两种以上的不同材料组合起来，取长补短，提高性能，就构成了复合材料。复合材料由基本材料和增强材料复合而成。基本材料有金属、塑料、陶瓷等，增强材料有各种纤维和颗粒。

0.2.2　按材料的使用性能分类

（1）结构材料　结构材料是具有较高的强度、刚度、塑性、韧性、硬度、疲劳强度、耐磨性等力学性能，用来制造承受载荷、传递动力的零件和构件的材料。结构材料在机械制造、石油化工、交通运输、航空航天、建筑工程等行业占有举足轻重的地位，其可以是金属材料、高分子材料、陶瓷材料或复合材料。

（2）功能材料　功能材料是具有优良的光、声、电、磁、热等物理性能，用来制造具有特殊性能的元件的材料，如大规模集成电路材料、信息记录材料、光学材料、激光材料、超导材料、传感器材料、储氢材料等都属于功能材料。目前功能材料在通讯、计算机、电子、激光和空间科学等领域中扮演着极其重要的角色。

0.3　工程材料课程的主要内容

本课程的内容有金属学原理、金属材料的强化、金属材料表面技术、各种工程材料等。

0.3.1　金属学原理

阐述金属和合金的成分、组织、结构、性能、应用之间的关系。

0.3.2　金属材料的强化

阐述金属材料的塑性变形强化及热处理强化的基本原理和工艺。

0.3.3　金属材料表面技术

介绍提高金属材料表面耐磨性、耐蚀性、耐热性等特殊性能的各种表面改性方法、工艺及应用。

0.3.4 各种工程材料

介绍常用的碳钢、铸铁、合金钢、铝合金、铜合金、钛合金、镁合金、轴承合金等金属材料，以及常用工程塑料、工程陶瓷、复合材料的成分、组织、性能、应用。

0.4 工程材料课程的任务

工程材料的性能与其成分和组织以及加工工艺之间的关系是非常密切的。热处理实际上是通过改变组织而使金属材料性能发生变化的一种加工工艺。工程材料课程的基本任务就在于建立材料的成分、组织、热处理工艺、性能之间的关系，找出其内在的规律，以便通过控制材料的成分和加工工艺过程来控制其组织，提高其性能，或研制具有某种性能的新材料。近年来，在材料研究方面，由于新的测试仪器的发明，使金属的研究进入了更为微观的范畴。为了对金属内部构造、缺陷等细微的组织进行研究，以期对许多现象有进一步的了解，许多先进的技术，如电子显微镜、X 射线衍射、放射性同位素、超声波、声发射等在金属研究中都得到了应用。

0.5 工程材料课程的目的和要求

工程材料课程是机械设计及制造、模具制造、化工工程、食品工程、能源与动力工程等各专业的一门技术基础课，其主要目的是使学生获得有关工程材料的基本理论，了解常用工程材料的成分、组织、热处理工艺、性能之间的关系，了解热处理工艺在零件加工工艺过程中的地位和作用，以便在学习本门课程之后，使学生具有合理选用材料、正确选用热处理工艺方法、妥善安排工艺路线等方面的初步能力。

本课程是一门实践性较强的课程，学习课程前学生应经过金工教学实习方面的基本训练，在工程材料方面有一定的感性认识。课程讲授过程应结合生产应用实际，并配合课堂讨论及实验教学。

思考题

1. 材料科学的重要地位与作用是什么？
2. 工程材料的种类有哪些？
3. 本课程的内容与任务是什么？

第 1 章　工程材料的性能

为正确使用工程材料，制造出具有高性能低成本的产品，应充分了解和掌握材料的性能。材料的性能主要包括力学性能、物理化学性能和工艺性能。

1.1　材料的力学性能

材料的力学性能亦称机械性能，是指在各种不同性质外力作用下材料所表现出的抵抗能力，主要有强度、塑性、硬度、冲击韧性和疲劳强度等。

1.1.1　强　　度

材料在外力作用下抵抗塑性变形或断裂的能力称为强度，是非常重要的力学性能指标，常采用拉伸试验方法测定。

1.1.1.1　拉伸试验

拉伸试验是在材料拉伸试验机上用静拉力对拉伸试样进行轴向拉伸的试验。将标准试样装在拉伸试验机的上下夹头上，开动拉伸试验机，缓慢加载拉伸，随载荷增加，试样逐渐伸长直至拉断。

（1）拉伸试样　试验采用的拉伸试样通常为圆柱形，其尺寸符合国家标准。拉伸试样如图 1-1 所示，d_0 为标准试样的原始直径，L_0 为标准试样的原始标距长度；d_1 为试样断口处的直径，L_1 为拉断试样对接后测出的标距长度。试样有短试样（$L_0 = 5d_0$）和长试样（$L_0 = 10d_0$）两种，且 L_0 和 d_0 有规定的标准值，一般 L_0 为 100mm 或 50mm。

（2）拉伸曲线　拉伸试验时，记录装置会记录下拉伸过程中拉力（F）与伸长量（ΔL）的关系曲线，即拉伸曲线。图 1-2 为退火低碳钢的拉伸曲线形态。

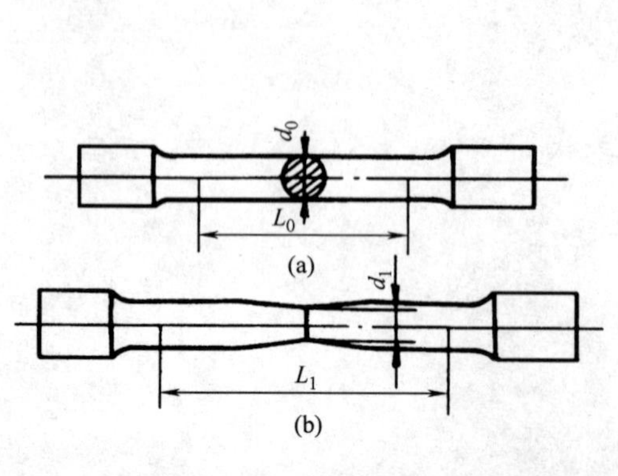

图 1-1　拉伸试样

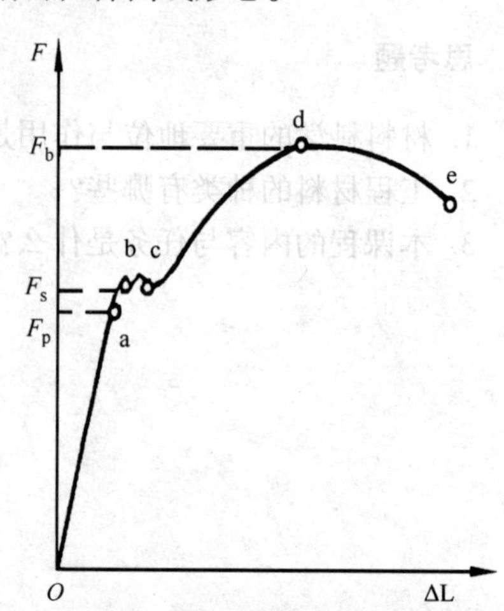

图 1-2　退火低碳钢的拉伸曲线

由拉伸曲线可知，F = 0 时 ΔL = 0，拉力增大到 F_p 的过程中，试样的伸长量 ΔL 与拉力 F 之间成正比例关系，在拉伸曲线上表现为一条斜直线 oa。在此范围内卸除载荷，试样能完全恢复到原来的形状与尺寸，即试样处于弹性变形阶段。图中 F_p 是试样保持弹性变形的最大拉力。

当拉力不断增加超过 F_p 时，试样将产生塑性变形，卸载后变形不能完全恢复，塑性伸长将被保留下来。当拉力继续增加到 F_s 时，拉伸曲线在 b 点后出现水平或锯齿形线段，表示拉力不再增加的情况下，试样也会继续伸长，这种现象称为"屈服"，水平段称为屈服阶段。

当拉力超过 F_s 后，拉伸曲线上表现为一段上升曲线，表示随着塑性变形量的增大，试样变形抗力也逐渐增大，即试样抵抗变形的能力将增强。此阶段称为冷变形强化阶段。

当拉力增至最大值 F_b 时，试样伸长量迅速增大且伸长集中于试样的局部长度段，使局部截面迅速减小，形成"缩颈"现象。由于缩颈处截面的急剧缩小，单位面积承载大大增加，最后到 e 点试样被拉断。此阶段为局部塑性变形与断裂阶段。

（3）应力-应变曲线　由于拉神过程中试样所受的拉力与伸长量不仅与试样本身的性能有关，还与试样的尺寸有关，为表示试样的真实受力及变形程度，常用到应力、应变的概念。试样单位面积上承受的力称为"应力"，用 σ 表示，即拉力除以试样的原始横截面积；试样的变形量与原始长度的百分比称为"应变"，用 ε 表示，即变形量除以原始长度乘以百分之百。拉伸曲线可转变为与之形状相似的应力-应变曲线（σ-ε 曲线）。图 1-3 为退火低碳钢的应力-应变曲线形态。应力-应变曲线的形态与拉伸曲线完全相似，只是坐标与数值不同，但它不受试样尺寸影响，可以直接显示材料的一些力学性能。

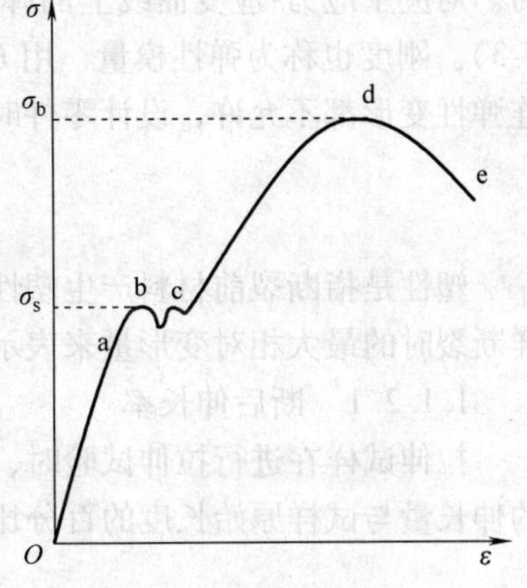

图 1-3　退火低碳钢的应力-应变曲线

1.1.1.2　强度指标

强度是指材料抵抗塑性变形或断裂的能力。强度指标一般用应力来度量。常用的强度指标有屈服强度与抗拉强度等，可由应力-应变曲线直接得出。

（1）屈服强度（屈服极限）　屈服强度是指材料对塑性变形的抵抗能力，是试样在拉伸试验过程中产生屈服时的应力，即对应于 F_s 时的应力值，用符号 σ_s 表示，单位为 MPa（N/mm^2）。

$$\sigma_s = \frac{F_s}{S_0} \tag{1-1}$$

式中　F_s——试样屈服时的拉伸力（N）

S_0——试样原始横截面积（mm^2）

工业上使用的一些金属材料，如高碳钢、铝合金等，在进行拉伸试验时屈服现象不明显，也不会产生缩颈现象，σ_s 测定很困难，因此规定一个相当于屈服强度的强度指标，以产生 0.2% 塑性变形量时的应力值定为其屈服强度，用 $\sigma_{0.2}$ 表示。

金属零件和结构在工作中一般是不允许产生塑性变形的，所以设计零件、结构时屈服强度 σ_s 是重要的设计依据。

(2) 抗拉强度（强度极限） 抗拉强度是指材料对断裂的抵抗能力，是试样断裂前能承受的最大应力值，用符号 σ_b 表示，单位为 MPa。

$$\sigma_b = \frac{F_b}{S_0} \tag{1-2}$$

式中 F_b——试样承受的最大拉伸力（N）

S_0——试样原始横截面积（mm^2）

σ_b 是材料由均匀塑性变形向局部集中塑性变形过渡的临界值，也是材料在静拉伸条件下的最大承载能力。抗拉强度表示材料抵抗断裂的最大能力，测试数据较准确，因此，有关手册和资料提供的设计、选材的强度指标是抗拉强度 σ_b。

(3) 刚度 刚度是指材料对弹性变形的抵抗能力，是试样产生单位弹性变形所需的力。对应于应力-应变曲线上的弹性变形阶段应力与应变的比值，即直线 oa 的斜率（图 1-3）。刚度也称为弹性模量，用 E 表示，$E=\sigma/\varepsilon$。有些精密零件对变形要求较高，甚至连弹性变形都不允许，设计零件时需考虑材料的刚度。

1.1.2 塑 性

塑性是指断裂前材料产生塑性变形的能力。塑性也是通过拉伸试验测试的，用拉伸试样断裂时的最大相对变形量来表示金属的塑性指标，常用断后伸长率和断面收缩率表示。

1.1.2.1 断后伸长率

拉伸试样在进行拉伸试验时，在拉力的作用下产生不断伸长的塑性变形。试样拉断后的伸长量与试样原始长度的百分比称为断后伸长率，用符号 δ 表示。

$$\delta = \frac{L_1 - L_0}{L_0} \times 100\% \tag{1-3}$$

式中 L_1——试样拉断后的长度（mm）

L_0——试样原始长度（mm）

使用长试样测定的断后伸长率用符号 δ_{10} 表示，通常写成 δ；使用短试样测定的断后伸长率用符号 δ_5 表示。同一种材料的断后伸长率 δ_{10} 和 δ_5 数值是不相等的，一般短试样 δ_5 都大于长试样 δ_{10}。不同材料进行比较时，必须是相同标准试样测定的数值才有意义。

1.1.2.2 断面收缩率

断面收缩率是指试样拉断后横截面积的最大缩减量与原始横截面积的百分比。断面收缩率用符号 ψ 表示。

$$\psi = \frac{S_0 - S_1}{S_0} \times 100\% \tag{1-4}$$

式中 S_0——试样原始横截面积（mm^2）

S_1——试样拉断后断口的横截面积（mm^2）

机械零件工作时突然超载，如果材料塑性好，就能先产生塑性变形而不会突然断裂破坏。所以，大多数机械零件，除满足强度要求外，还必须有一定的塑性。但是，铸铁、陶瓷等脆性材料，塑性极低，拉伸时几乎不产生明显的塑性变形，超载时会突然断裂，使用时必须注意。

1.1.3　硬　　度

硬度是指材料表面抵抗硬物压入的能力，即材料表面受压时抵抗局部塑性变形的能力。硬度是应用非常广泛的力学性能指标，它可以反映出材料的强度和塑性，因此在零件图上常常标注硬度指标作为技术要求。

常用硬度测定方法有压入法、划痕法等，其中压入法的应用最为普遍。压入法是在规定的静态试验力作用下，将压头压入材料表面层，然后根据压痕的面积大小或深度测定其硬度值。用压入法测材料硬度，常用的方法有布氏硬度（HBS 或 HBW）、洛氏硬度（HRA、HRB、HRC）和维氏硬度（HV）试验法。

1.1.3.1　布氏硬度

布氏硬度的试验原理如图 1-4 所示。用一定直径 D 的淬火钢球或硬质合金球，以规定的试验力 F 压入试样表面，保持规定的时间后，去除试验力，测量试样表面的压痕直径 d，然后根据压痕直径 d 计算其硬度值。

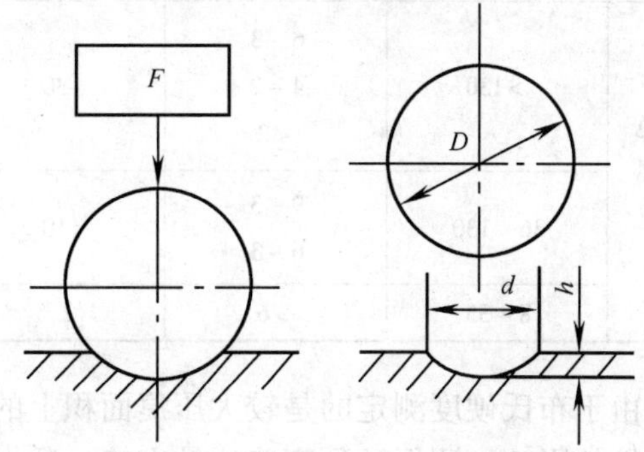

图 1-4　布氏硬度试验原理图

布氏硬度值是指压痕球面积上所产生的平均抵抗力。选择淬火钢球压头时，用符号 HBS；选择硬质合金球压头时，用符号 HBW 表示。布氏硬度值可用下式计算：

$$\mathrm{HBS}\ (\mathrm{HBW}) = 0.102 \times \frac{2F}{\pi D\ (D - \sqrt{D^2 - d^2})} \tag{1-5}$$

式中　F——试验力（N，单位用 kgf 时，去掉 0.102）

D——球体直径（mm）

d——压痕直径（mm）

式（1-5）中只有 d 是变量，因此试验时只要测量出压痕直径，就可通过计算或查布氏硬度表得出 HBS（HBW）值。布氏硬度计算值一般都不标出单位，只写明硬度的数值。

为适应各种硬度级别及各种厚度的金属材料的硬度测试，GB 231—1984《金属布氏硬度试验方法》规定了各种材料的试验条件，如表 1-1。进行布氏硬度试验时，压头直径 D、试验力 F 和保持时间应根据被测金属种类和厚度正确地进行选择。一般材料，布氏硬度值小于 450 时选用淬火钢球压头，布氏硬度值在 450 ~ 650 时选用硬质合金压头。目前，我国布氏硬度试验常用的压头主要是淬火钢球。

布氏硬度的标注方法是：硬度值标注在硬度符号的前面，在硬度符号的后面用相应的数字注明压头直径、试验力大小和试验力保持时间。当钢球直径 D 为 10mm、试验力为 3000kgf（29.42kN）、保持时间为 10 ~ 15s 的试验条件时，试验条件可以不标明。例如：150HBS10/1 000/30 表示：用直径为 10mm 的淬火钢球，在 1000kgf（9.807kN）试验力作用下保持 30s 测得的布氏硬度值为 150；500HBW5/750 表示：用直径为 5mm 的硬质合金球，在 750kgf（7.355kN）试验力作用下保持 10～15s 测得的布氏硬度值为 500。

表 1-1　　金属布氏硬度试验规范

金属种类	布氏硬度值范围 HBS（HBW）	试样厚度 /mm	$0.102F/D^2$	压头直径 D /mm	试验力 /kN（kgf）	试验力保持时间/s
黑色金属	140～150	6～3 4～2 <2	30	10.0 5.0 2.5	29.42（3000） 7.355（750） 1.839（187.5）	12
	<140	>6 6～3	10	10.0 5.0	9.807（1000） 2.452（250）	12
有色金属	>130	6～3 4～2 <2	30	10.0 5.0 2.5	29.42（3000） 7.355（750） 1.839（187.5）	30
	36～130	9～3 6～3	10	10.0 5.0	9.807（1000） 2.452（250）	30
	8～35	>6	2.5	10.0	2.452（250）	60

由于布氏硬度测定的是较大压痕面积上的平均受力，因此不受材料内部组成物细微不均匀性的影响，测得的硬度值比较准确，数据重复性强。由于布氏硬度压痕大，对材料表面的损伤也较大，硬度高的材料、薄壁工件和表面要求高的工件，不宜用布氏硬度测试。布氏硬度测定通常适用于有色金属、低碳钢、灰铸铁和经退火、正火和调质处理的中碳结构钢等。

1.1.3.2　洛氏硬度

洛氏硬度也是用压入法测定的，试验原理如图 1-5 所示。以锥角为 120°的金刚石圆锥体或直径为 1.588mm 的淬火钢球作压头压入试样表面，先加初试验力 F_1（98N），再加主试验力 F_2，压入试样表面后去除主试验力，在保留初试验力的情况下，根据试样压痕深度来衡量金属的硬度大小。

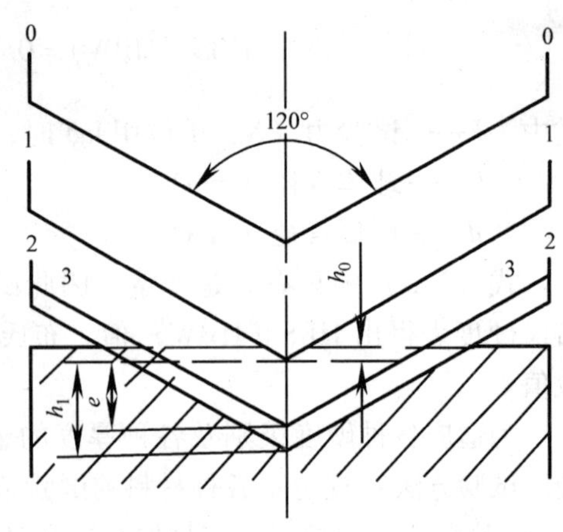

图 1-5　洛氏硬度试验原理图

图 1-5 中 0—0 位置为金刚石压头还没有和试样接触时的原始位置；1—1 为加上初试验力 F_1 后压入试样的位置；2—2 为压头受到总试验力 F 后压入试样的位置；经规定的保持时间，卸除主试验力 F_2，仍保留初试验力 F_1，试样弹性变形的恢复使压头上升至 3—3 位置。此时压头受主试验力作用压入的深度为 e，金属越硬，e 值越小。为适应人们习惯上数值越大硬度越高的观念，故人为地规定一常数 K 减去压痕深度 e 作为洛氏硬度指标，并规定每一个洛氏硬度实验单位为 0.002mm，则洛氏硬度值为

$$HR = \frac{K - e}{0.002} \tag{1-6}$$

式中压痕深度 e 的单位为 mm。使用金刚石圆锥体压头时，常数 K 为 0.2；使用淬火钢球压头时，常数 K 为 0.26。由压痕深度可换算出硬度的数值，从洛氏硬度计表盘上可直接读出硬度值。

洛氏硬度根据试验时选用的压头类型和试验力大小的不同，分别采用不同的标尺进行标注。常采用的标尺有 A、B、C，试验条件及应用范围见表 1-2。洛氏硬度的标注方法为：硬度数值写在硬度符号 HR 的前面，后面写使用的标尺，如 52 HRC 表示用“C”标尺测定的洛氏硬度值为 52。

洛氏硬度测定方便快捷，测量的硬度范围大，对试样表面损伤小，广泛应用于各种材料以及薄小工件、表面处理层的测定。但由于压痕小，受内部组织和性能不均匀的影响，测量的准确性较差。所以在测试洛氏硬度时，通常都选取不同位置的三点测出硬度值，再计算平均值作为被测金属的硬度值。

表 1-2　　洛氏硬度试验规范

硬度符号	压头类型	总试验力 $F_{总}$/kg（N）	硬度值有效范围	应用举例
HRA	120°金刚石圆锥体	60（588.4）	60～88	硬质合金，表面淬火、渗碳钢等
HRB	ϕ1.588mm 淬火钢球	100（980.7）	20～100	有色金属，退火、正火钢等
HRC	120°金刚石圆锥体	150（1471.1）	20～70	淬火钢、调质钢等

1.1.3.3　维氏硬度

维氏硬度也是根据压痕单位面积承受的压力来测量的，其原理如图 1-6。将夹角为 136°的正四棱锥体金刚石压头，以选定的试验力压入试样表面，保持规定的时间后，去除试验力，在试样表面上压出一个正四棱锥形的压痕，测量压痕两对角线的平均长度，计算硬度值。维氏硬度是用正四棱锥形压痕单位表面积上承受的平均压力表示硬度值，用符号 HV 表示。维氏硬度的计算式为

$$HV = 0.1891 \times \frac{F}{d^2} \tag{1-7}$$

式中　F——试验力（N）

d——压痕两条对角线长度算术平均值（mm）

试验时，用显微镜测出压痕的对角线长度，算出两对角线长度的平均值后，查表可得出维氏硬度值。

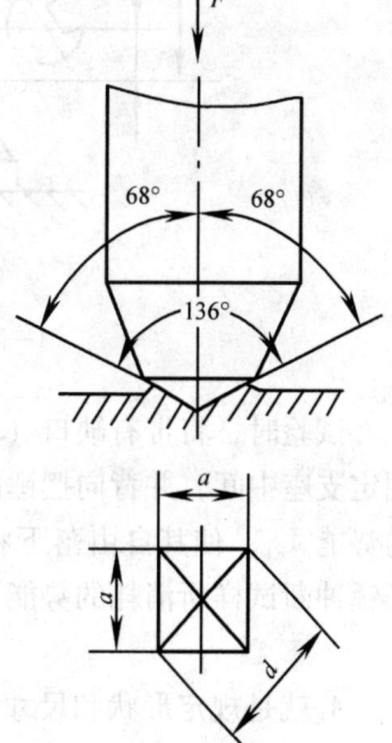

图 1-6　维氏硬度试验原理图

维氏硬度的标注方法为：硬度数值写在符号的前面，试验条件写在符号的后面。对于钢及铸铁，当试验力保持时间为 10～15s 时，可以不标出。例如：600HV30 表示：用 30kgf 试验力保持 10～15s 测定的维氏硬度值为 600；640HV30/20 表示：用 30kgf 试验力保持 20s 测定的维氏硬度值为 640。

维氏硬度测试的精度高、测量范围大，所以适用于各种硬度范围的金属，特别是极薄零件和渗碳、渗氮工件的硬度测定。但其操作较为复杂、测量效率不高，不适于大批量工件的硬度测定。

1.1.4 冲击韧性

对于在冲击载荷条件下工作的机器零件和工具，如活塞销、锤杆、冲模、连杆等，由于冲击载荷的速度高、作用时间短，易引起工件材料的局部变形和断裂。进行选材或设计时，必须考虑其冲击韧性，即材料抵抗冲击载荷的能力。材料的冲击韧性是通过冲击试验测试的。

1.1.4.1 冲击试验

冲击试验的测试原理如图 1-7 所示。

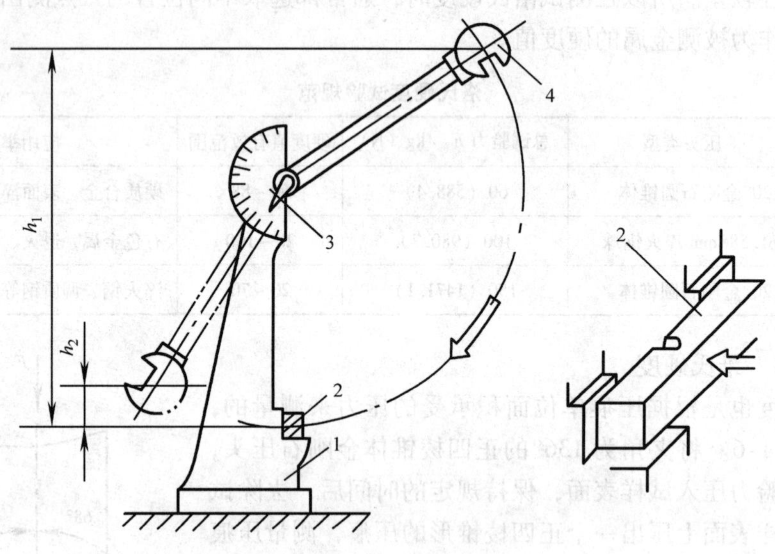

图 1-7 冲击试验原理图

1—固定支座 2—带缺口的试样 3—指针 4—摆锤

试验时，将带有缺口（如 V 形缺口）的试样放在试验机的机架上，使其缺口位于两固定支座中间，并背向摆锤的冲击方向。将一定质量的摆锤升高到 h_1，使摆锤具有一定的势能 A_{K1}，使其自由落下将试样冲断后，摆锤继续升高到 h_2，此时摆锤的势能为 A_{K2}。摆锤冲断试样所消耗的势能 A_K（J）为

$$A_K = A_{K1} - A_{K2} \tag{1-8}$$

A_K就是规定形状和尺寸的试样在冲击试验力一次作用下断裂时所吸收的功，称为冲击功。A_K 可以从试验机的刻度盘上直接读出。

1.1.4.2 冲击韧性

用试样断口处截面积 S（cm^2）去除 A_K（J），即得到冲击韧性 a_K，单位为 J/cm^2。

$$a_K = \frac{A_K}{S} \tag{1-9}$$

a_K 对组织缺陷很敏感，能反映出材料质量、宏观缺陷和显微组织方面的微小变化，因此，冲击试验是生产上用来检验冶炼和热加工质量的有效方法之一。

1.1.5　疲劳强度

疲劳强度是指材料在交变应力下对断裂的抵抗能力。许多机械零件（如轴、齿轮、弹簧）在工作过程中各点的应力随时间作周期性变化，这种应力称交变应力（循环应力）。材料在交变应力作用下，经过一定循环次数后，产生裂纹或突然发生完全断裂，这种现象称为材料的疲劳。疲劳失效与静载荷下的失效不同，疲劳断裂前都不产生明显的塑性变形，断裂是突然发生的，因此具有很大的危险性。

材料在指定循环基数下不产生疲劳断裂所能承受的最大应力称为疲劳强度。在交变载荷下，金属材料承受的交变应力（σ）和断裂时应力循环次数（N）之间的关系，通常用疲劳曲线来描述，如图 1-8 所示。金属材料承受的最大交变应力 σ 越大，则断裂时应力循环次数 N 越小；反之，σ 越小，则 N 越大。当应力低于某值时，应力循环达到无数次也不会发生疲劳断裂，此应力称为材料的疲劳强度，用 σ_D 表示。

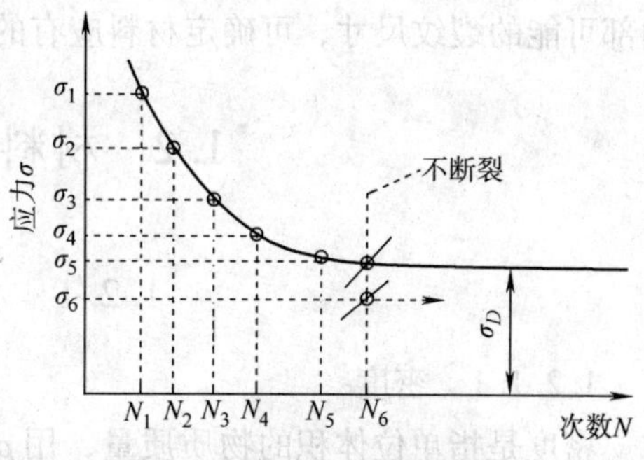

图 1-8　疲劳曲线示意图

工程上疲劳强度是指在一定的载荷循环次数（一般规定钢铁的循环次数为 10^7，有色金属为 10^8）下不发生断裂的最大应力，用 σ_{-1} 表示。材料的疲劳强度远低于其抗拉强度，$\sigma_{-1} \approx K\sigma_b$。对中低强度钢（$\sigma_b < 1400\text{MPa}$），$K = 0.5$；对灰铸铁，$K = 0.42$。通常材料的疲劳性能是在弯曲疲劳实验机上进行测定的。

疲劳断裂一般是从机件最薄弱的部位或缺陷所造成的应力集中处发生，因此疲劳失效对许多因素很敏感，如零件外形、循环应力特性、环境介质、温度、机件表面状态、内部组织缺陷等。因此，合理设计工件结构以避免应力集中，在工件加工时降低表面粗糙度值、进行表面滚压或喷丸处理、表面热处理等，可提高工件的疲劳强度。

1.1.6　断裂韧性

实际使用的工程材料中常存在一定的缺陷，如气孔、夹杂物或加工和使用过程中产生的裂纹（如焊接、热处理裂纹），这些缺陷就像材料中存在的裂纹，在应力作用下可失稳而扩展，导致工件破断，如桥梁、船舶、大型轧辊等有时在工作应力远低于材料的屈服极限的条件下产生的低应力脆断。材料抵抗裂纹扩展的能力称为断裂韧性。如图 1-9 所示为内部存在长度为 $2a$ 裂纹的无限大平板，在均匀拉应力 σ 作用下裂纹尖端的应力集中情况。裂纹尖端的应力场大小可用应力场强度因子 K_1（$\text{MPa/m}^{1/2}$）来表示：

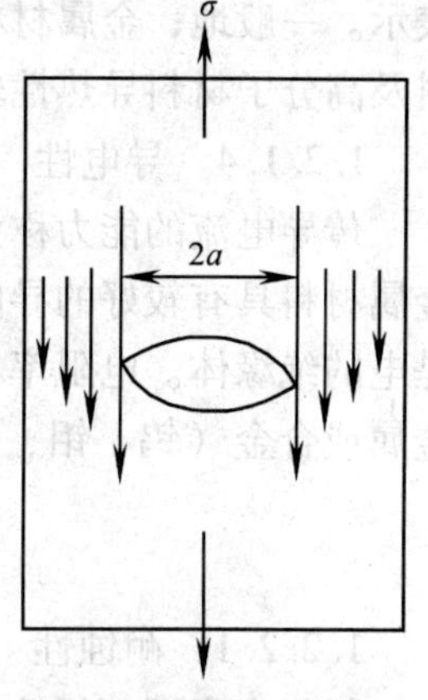

图 1-9　带裂纹试样中裂纹尖端的应力场

$$K_1 = Y\sigma a^{1/2} \tag{1-10}$$

式中 Y——与试样和裂纹几何尺寸有关的量，可查手册得到

σ——外加应力（MPa）

a——裂纹半长（m）

由式（1-10）可知，当拉应力逐渐增大时，裂纹尖端的应力场强度因子 K_1 也逐渐增大，当 K_1 增大到一定值时，就可使裂纹尖端的内应力大得足以使裂纹失稳而扩展，造成试样断裂。这个应力场强度因子 K_1 的临界值 K_{1C}，即为材料的断裂韧性。K_{1C} 可通过实验测定，它是材料本身的特性，与材料的成分、热处理及加工工艺有关，与裂纹的尺寸、形状及外加应力无关。

断裂韧性为零件的安全设计提供了一个重要的力学性能指标，根据零件的工作应力及内部可能的裂纹尺寸，可确定材料应有的断裂韧性 K_{1C}，为正确选材提供依据。

1.2 材料的物理化学性能

1.2.1 材料的物理性能

1.2.1.1 密度

密度是指单位体积的物质质量，用 ρ（g/cm^3）表示。一般地，金属材料具有较高的密度，陶瓷材料次之，高分子材料最低。材料的密度关系到它们制造的构件或零件的自重。金属材料中密度小于 5g/cm^3 的称为轻金属，如铝、镁、钛及它们的合金，多用于航空航天器及车船等交通运输工具。

1.2.1.2 熔点

材料由固态变为液态时的温度称为熔点。一般地，晶体材料（如金属、陶瓷）具有确定的熔点，非晶体（如高分子材料、玻璃）没有固定熔点。材料的熔点对其零件的耐热性影响较大，高熔点的陶瓷材料可制造耐高温零件，而高分子材料熔点低、耐热性差，一般不能做耐热构件。

1.2.1.3 导热性

热能由高温区向低温区传递的现象称为热传导或导热。导热性用热导率 λ（W/m·K）表示。一般地，金属材料的导热性较好（其中银的导热性最好，铜、铝次之），而陶瓷材料及高分子材料导热性较差。导热性好的材料可制造散热器、热交换器、活塞等。

1.2.1.4 导电性

传导电流的能力称为导电性，用电阻率 ρ（Ω·m）表示。电阻率越小，导电性越好。金属材料具有较好的导电性（其中银的导电性最好，铜、铝次之），而陶瓷及高分子材料是电的绝缘体。电阻率小的金属（纯铜、纯铝）可做导电零件和电线电缆，电阻率大的金属或合金（钨、钼、铁、铬等）适合做电热元件。

1.2.2 材料的化学性能

1.2.2.1 耐蚀性

材料在常温下抵抗氧、水蒸气及其它化学介质腐蚀破坏的能力称为耐蚀性。金属材料中钛及其合金、不锈钢的耐蚀性较好，而碳钢、铸铁的耐蚀性较差。陶瓷材料及高分子材

料都具有极好的耐蚀性。耐蚀性好的材料可用于制造食品、化工、制药等设备的零件。

1.2.2.2　抗氧化性

材料在加热到较高温度时抵抗氧化作用的能力称为抗氧化性。陶瓷材料具有很好的抗高温氧化性，金属材料中加入铬、硅等元素可提高其抗氧化性。抗氧化性好的材料可用于制造高温结构件，如陶瓷可用于制造高温发动机零件，抗氧化性好的耐热钢可制造内燃机排气阀、加热炉底板等工件。

1.3　材料的工艺性能

材料的工艺性能是指材料在冷、热加工过程中为保证加工顺利所具备的性能，包括铸造、锻造、焊接、热处理、切削加工等性能。工艺性能的好坏直接影响零件加工后的质量及加工成本，是选材和制订零件加工工艺路线时必须考虑的因素之一。

1.3.1　铸造性能

铸造性能是指金属材料铸造成形时获得优良铸件的能力。衡量铸造性能的指标主要有流动性、收缩性和偏析等。

1.3.1.1　流动性

熔融金属材料的流动能力称为流动性。流动性主要受化学成分、铸型条件和浇注温度等的影响。流动性好的材料容易充满型腔，从而获得外形完整、尺寸精确的铸件。

1.3.1.2　收缩性

铸件在凝固和冷却过程中，其体积和尺寸减少的现象称为收缩性。铸件收缩不仅影响其尺寸，还会使铸件产生缩孔、缩松、内应力、变形和开裂等缺陷。因此，用于铸造的材料其收缩性越小越好。

1.3.1.3　偏析

铸件凝固之后，内部化学成分和组织不均匀现象称为偏析。偏析严重的铸件各部分的力学性能会有很大的差异，能降低产品的质量。

一般来说，铸铁比钢的铸造性能好。

1.3.2　锻造性能

锻造性能是指金属材料是否易于进行压力加工的性能。锻造性能取决于材料的塑性和变形抗力，而材料的塑性和变形抗力受材料的成分、变形温度、变形条件等影响。塑性越好，变形抗力越小，材料的锻造性能越好。例如纯铜在室温下就有良好的锻造性能，碳钢在加热状态下锻造性能良好，铸铁则不能锻造。

1.3.3　焊接性能

焊接性能是指金属材料在一定焊接工艺条件下获得优质焊接接头的能力，可用焊接时产生裂纹的倾向性来表示。碳钢的焊接性主要由化学成分决定，其中碳含量的影响最大。例如低碳钢具有良好的焊接性，而高碳钢的焊接性不好。

1.3.4　热处理性能

热处理是通过加热、保温、冷却的方法使材料在固态下的组织结构发生改变，从而获得所要求的性能的一种加工工艺。在生产上，热处理既可以用于提高材料的力学性能及某些特殊性能，以进一步充分发挥材料的潜力；亦可用于改善材料的加工工艺性能，如改善切削加工、拉拔挤压加工和焊接性能等。常用的热处理方法有退火、正火、淬火、回火及表面热处理（表面淬火及化学热处理）等。

1.3.5　切削加工性能

材料进行切削加工的难易程度称为切削加工性能。切削加工性能主要用切削后的表面粗糙度和刀具寿命来衡量。影响切削加工性能的因素有工件的化学成分、组织、硬度、导热性和形变强化度等。一般认为，材料具有适当硬度（170～230HBS）和足够脆性时较易切削。所以，灰铸铁比钢切削性能好，碳钢比合金钢切削性好。改变钢的成分和适当热处理能改善切削性能。

思考题

1. 材料的力学性能主要有强度、硬度、塑性、韧性等，说明一般结构钢这四种力学性能之间的联系。

2. 强度指标主要有哪些？并说明它们在零件设计时有哪些指导意义。

3. 比较布氏硬度与洛氏硬度的测试原理、优缺点及应用特点。

4. 下列硬度标注方法是否正确？如何改正？

HBS210～240　　　450～480HBS

HRC15～20　　　HV30

5. 比较冲击韧性 a_K 和断裂韧性 K_{1C} 的异同点。

第 2 章　金属材料的结构与组织

材料的结构是指材料内部的各组成微粒（原子、分子、离子等）之间的结合方式及其在空间的排列分布规律，即物质的结合键和晶体结构类型。材料的组织是指可直接或借助仪器观察到的材料内部各组成部分的形貌，如各组成部分的大小、形态、分布状况和相对数量等。

不同的金属材料具有不同的性能，即使是同一种金属材料，在不同的条件下性能也不同，这是因为材料的性能取决于其内部的结构与组织，而材料的结构与组织是由它的化学成分及加工工艺决定的。因此，研究金属材料的内部结构与组织的变化规律，对了解金属材料性能、正确选用金属材料、合理确定加工方法具有非常重要的意义。

2.1　纯金属的结构与组织

根据物质内部微粒的排列特征，固态物质分为晶体与非晶体两类。晶体是指其组成微粒（原子、离子或分子）在空间按一定规则排列的物质，如金刚石、石墨及一般固态金属材料等，如图 2-1（a）所示。金属及绝大多数固体都是晶体，晶体具有固定熔点和各向异性等特征。非晶体是指其组成微粒无规则堆积在一起的物质，如玻璃、沥青、石蜡、松香等都是非晶体。非晶体物质没有固定熔点，而且性能无方向性。

为了便于描述和理解晶体中微粒在三维空间排列的规律性，可把晶体内部微粒近似地视为刚性质点，用一些假想的直线将各质点中心连接起来，形成一个空间格子，如图 2-1（b）所示。这种抽象的用于描述微粒在晶体中排列形式的空间格架，称为晶格。晶体的晶格在空间排列有周期性重复的特点，通常把晶格中具有空间排列规则特征的最小几何单元称为晶胞。因此，晶格是由晶胞不断重复堆砌而成的，晶胞表示了晶体中微粒在空间的排列规律。

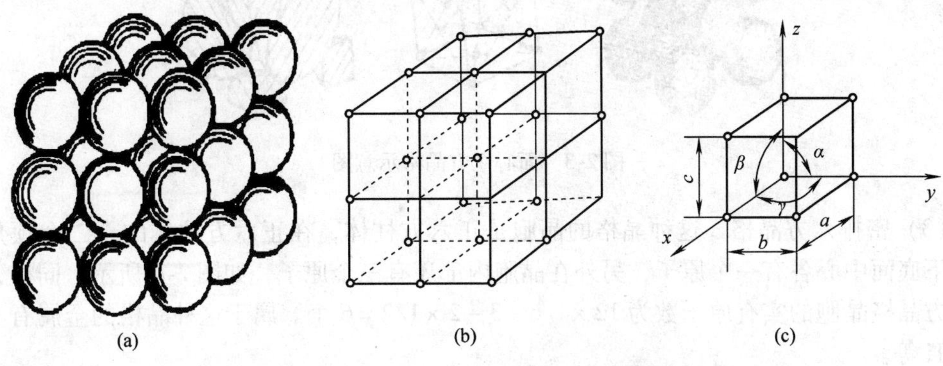

图 2-1　简单立方晶格与晶胞示意图
（a）晶体　（b）晶格　（c）晶胞

为了研究晶体结构，可以用晶格参数来表示晶胞的几何形状及尺寸。晶格参数包括晶胞的棱边长度 a、b、c 和棱边夹角 α、β、γ，如图2-1（c）所示。晶胞的各棱边长度又称为晶格常数，当 $a=b=c$ 且 $\alpha=\beta=\gamma=90°$ 时，这种晶胞组成的晶格称为简单立方晶格。

在晶格中由一系列原子组成的平面称为晶面，而晶面则是由一行行的原子列组成，晶格中各原子列的位向称为晶向。

2.1.1 理想金属晶体结构

金属在一般情况下都是晶体，金属原子呈有规律的排列。在已知的多种金属材料中，大部分金属原子排列的晶体结构都属于下面三种类型。

（1）体心立方晶格　这种晶格的晶胞是立方体，在立方体的八个顶角和晶胞中心各有一个原子，如图2-2所示。体心立方晶胞每个角上的原子均为相邻八个晶胞所共有，而中心原子为该晶胞所独有，所以体心立方晶胞中的原子数为 $1+8\times1/8=2$ 个。属于这种晶格类型的金属有 α-Fe、Cr、W、Mo、V 等。

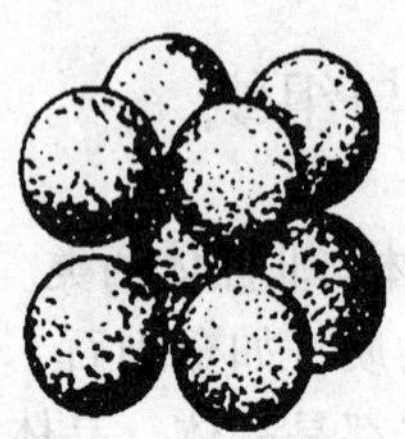
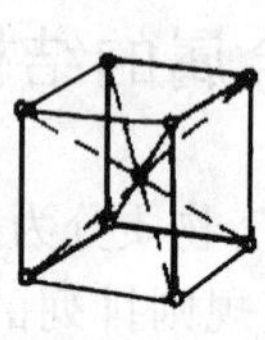
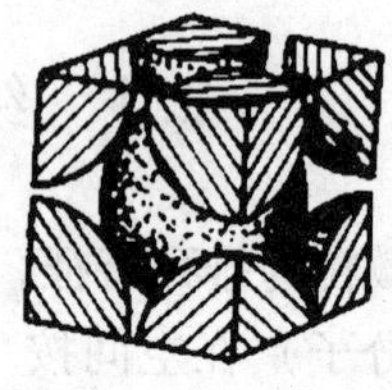

图2-2　体心立方晶格示意图

（2）面心立方晶格　这种晶格的晶胞也是立方体，立方体的八个顶角和六个面的中心各有一个原子，如图2-3所示。同样，晶胞顶角原子为邻近八个晶胞共有，各面中心的原子为相邻两个晶胞共有，所以面心立方晶胞中的原子数为 $8\times1/8+6\times1/2=4$ 个。属于这种晶格的金属有 γ-Fe、Al、Cu、Ni、Au、Ag 等。

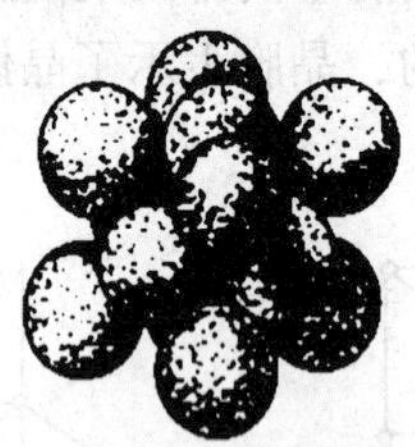
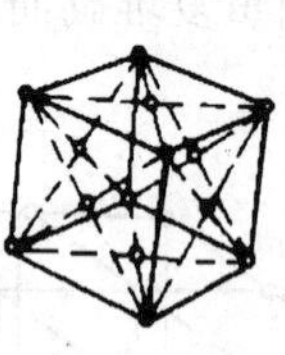
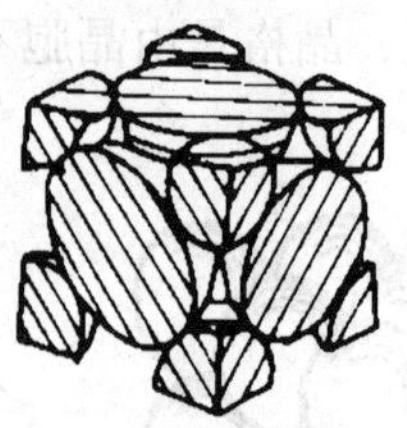

图2-3　面心立方晶格示意图

（3）密排六方晶格　这种晶格的晶胞是正六方柱体，在正六方柱体的十二个顶角和上、下底面中心各有一个原子，另外在晶胞内部还有三个原子，如图2-4所示。同样，密排六方晶格晶胞的实有原子数为 $12\times1/6+3+2\times1/2=6$ 个。属于这种晶格的金属有 Mg、Zn、Ti 等。

原子在晶格中排列的紧密程度对晶体性质有较大影响，晶胞中原子所占有的体积与晶胞体积的比值称为晶格的致密度。晶格的致密度越大，原子排列越紧密。在体心立方晶格中，每个晶胞含有2个原子，它们占有体积为 $2\times4\pi r^3/3$，式中 r 为原子半径，其与晶格

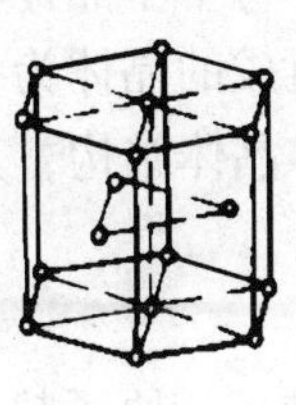
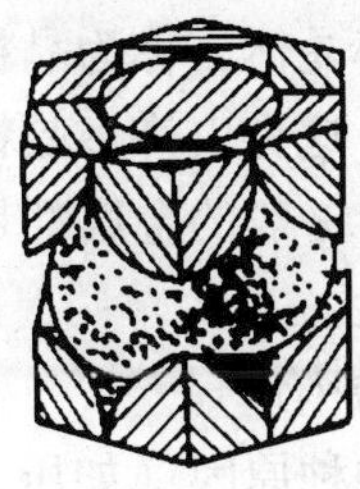

图 2-4　密排六方晶格示意图

常数 a 的关系为 $r=(\sqrt{3}/4)\ a$，晶胞体积为 a^3，因此体心立方晶格的致密度为

$$\frac{\text{晶胞中原子占有体积}}{\text{晶胞体积}}=\frac{2\times4\pi r^3/3}{a^3}=\frac{\sqrt{3}}{8}\pi=0.68$$

这说明在体心立方晶格中有 68% 的体积被原子占有，其余为空隙。同样，经过计算可求出面心立方晶格和密排六方晶格的致密度均为 0.74。

理想状态下的金属，其晶体内部的晶格位向（即原子排列的方位）完全一致，称为单晶体。如单晶体 α-Fe 的体心立方晶格如图 2-5（a）所示。单晶体只有采用特殊方法才能获得。单晶体在不同方向上具有不同的性能，这种现象称为各向异性。这是因为在不同的晶面和晶向上原子排列状况不同、原子密度及原子间结合力也不同，所以宏观性能就有了方向性。如单晶体 α-Fe 在体对角线方向上的弹性模量 $E=290000\text{N/mm}^2$，而沿立方体边长方向上弹性模量 $E=135000\text{N/mm}^2$，如图 2-5（b）所示。晶体的各向异性在工业上也得到了应用，如制造变压器用的硅钢片，使其易磁化的晶向平行于轧制方向，可提高磁导率。

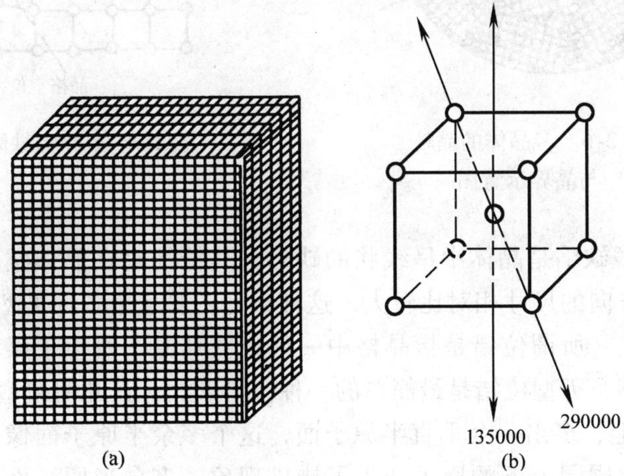

图 2-5　铁的单晶体及其各方向上弹性模量

2.1.2　实际金属晶体结构

2.1.2.1　多晶体结构

实际使用的金属材料即使是体积很小，其内部仍包含了许多晶格位向不同、外形不规

则的多面体颗粒状小晶体，称为晶粒。每个小晶体相当于一个单晶体，各小晶体中原子排列的方向基本相同。这种由许多晶粒组成的晶体为多晶体，晶粒与晶粒之间的界面称为晶界，如图 2-6 所示。一般的金属都是多晶体结构，其性能是各个位向不同的晶粒的平均性能，显示出各向同性。

2.1.2.2　晶体缺陷

实际金属由于种种原因（如压力加工、原子热运动等），其局部区域的原子规则性排列受到破坏，不像理想金属的晶体排列的规则和完整。实际金属中原子排列不规律的区域称为晶体缺陷，对金属性能有显著影响。

晶体缺陷按其几何特点分为下列三种：

（1）点缺陷　点缺陷是晶体中呈点状的缺陷，即在空间三个方向尺寸都很小的晶体缺陷。最常见的缺陷是晶格空位和间隙原子。晶格中某个原子脱离了平衡位置，形成了空结点，称为空位；某个晶格间隙挤进了原子，称为间隙原子，如图2-7所示。缺陷的出现破坏了原子间的平衡状态，使晶格发生扭曲，称为晶格畸变。晶格畸变将使晶体性能发生改变，如强度、硬度增加。

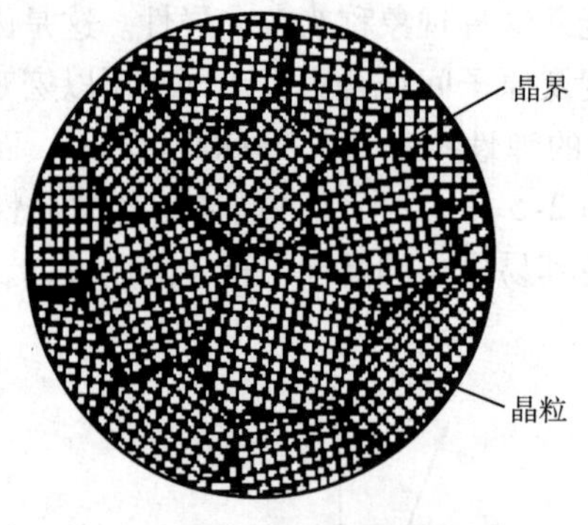

图 2-6　多晶体的晶粒与晶界示意图

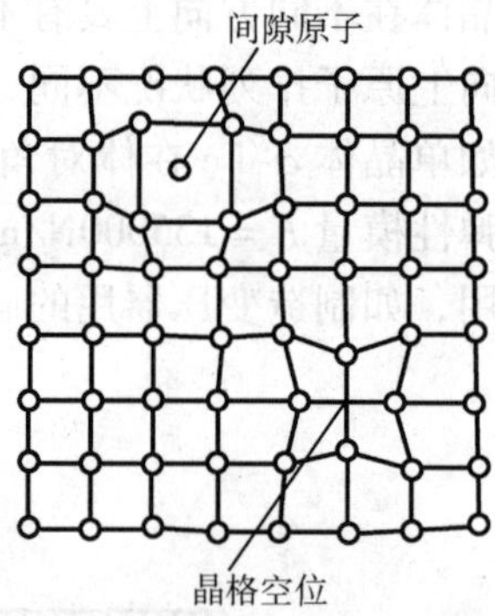

图 2-7　晶格点缺陷示意图

（2）线缺陷　线缺陷是晶体中呈线状的缺陷，其特征是在晶体空间的两个方向上尺寸很小，而另一个方向的尺寸相对比较大。这种缺陷主要是指各种类型的位错，位错是一种很重要的晶体缺陷。所谓位错是指晶格中一列或数列原子发生了某种有规律错排的现象。位错有许多类型，刃型位错是最简单的一种位错形式，其几何模型如图 2-8 所示，在晶体的 *ABC* 平面以上，多出一个垂直半原子面，这个多余半原子面像刀刃一样垂直切入晶体，使晶体中刃部周围上下的原子产生了错排现象。多余半原子面底边［图 2-8（a）中 EF 线］称为位错线，在位错线周围引起晶格畸变，离位错线越近，畸变越严重。

晶体中的位错不是固定不变的，在相应的外部条件下，晶体中的原子发生热运动或晶体受外力作用而发生塑性变形时，位错在晶体中能够进行不同形式的运动，致使位错密度 ρ（单位体积晶体中位错的总长度，单位为 cm/cm^3）及组态发生变化。位错的存在及其密度的变化对金属很多性能会产生重大影响。图 2-9 定性地表达了金属强度与其中位错密度之间的关系。图中的理论强度是根据原子结合力计算出的理想晶体的强度值。如果用特

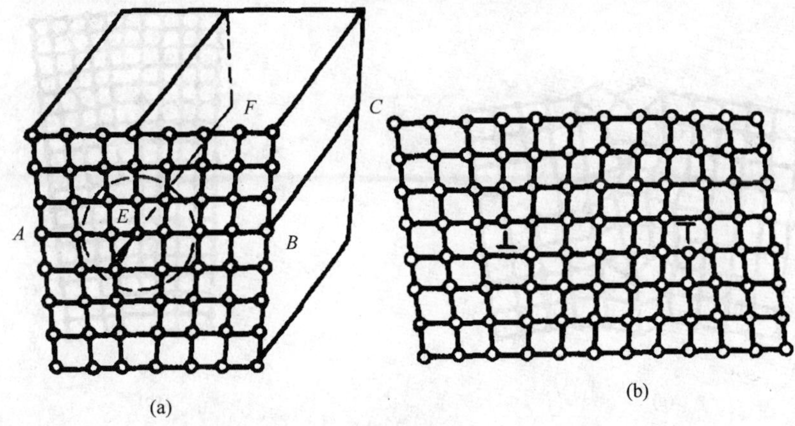

图 2-8　刃型位错示意图

殊方法制成几乎不含位错的晶须，其强度接近理论计算值。而实际测出的一般金属的强度较理论值约低两个数量级，此时金属易于进行塑性变形。但随着位错密度的增加，由于位错之间的相互作用和制约，位错运动变得困难起来，金属的强度会逐步提高。当缺陷增至趋近百分之百时，金属将失去规则排列的特征，而成为非晶态金属，这时金属显示出很高的强度。

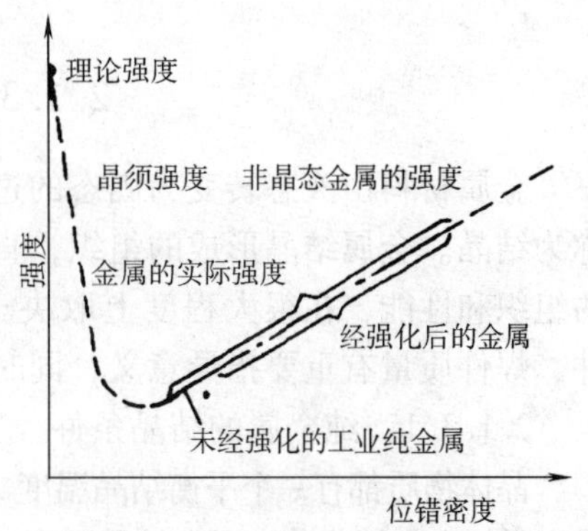

图 2-9　金属强度与位错密度的关系

增加或降低位错密度都能有效提高金属的强度，目前生产中一般是采用增加位错密度的方法来提高金属的强度。如一般退火状态下金属中位错密度 $\rho=10^5\sim10^8$，大量冷塑性变形或淬火金属 $\rho=10^{12}$。

（3）面缺陷　面缺陷是晶体中呈面状的缺陷，特征是在一个方向上尺寸很小，而另两个方向上尺寸很大，主要指晶界和亚晶界。

晶界处的原子排列与晶体内部不同，要同时受到其两侧晶粒不同位向的综合影响，所以晶界处原子排列是不规则的，是从一种取向到另一种取向的过渡状态，如图 2-10（a）所示。大多数相邻晶粒的位向差都在 15°以上，称之为大角度晶界。在一个晶粒内部，还可能存在许多更细小的晶块，它们之间晶格位向差很小，通常小于 2°～3°，这些小晶块称为亚晶粒（有时将细小的亚晶粒称为镶嵌块），亚晶粒之间的界面称为亚晶界。亚晶界是由一些位错排列而成的小角度晶界，如图 2-10（b）所示。

由于晶界处原子排列不规则，偏离平衡位置，晶格畸变较大，因而使晶界处能量较晶粒内部要高，引起晶界的性能与晶粒内部不同。比如晶界比晶内易受腐蚀、熔点低，强度和硬度高等。晶粒越细小，晶界越多，则金属的强度和硬度越高。

综上所述，实际金属的晶体结构不是理想完整的，而是存在着各种缺陷，并且这些缺陷随着温度、加工等条件的改变而不断地运动和变化着。晶格缺陷及其附近均有明显的晶格畸变，并使金属的性能发生显著变化，如位错密度越大，晶界、亚晶界越多，金属的强度越高。

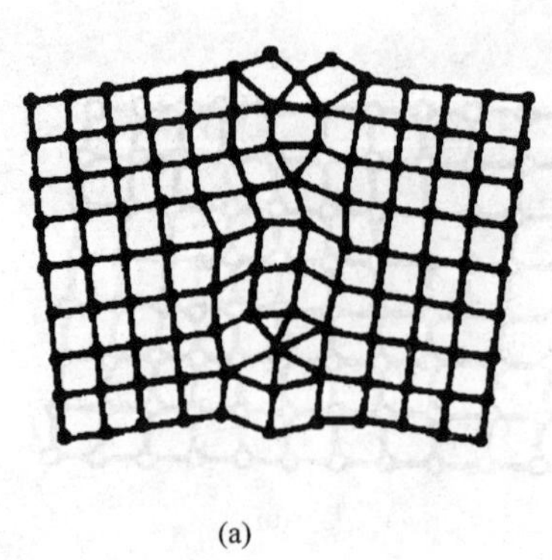
(a)

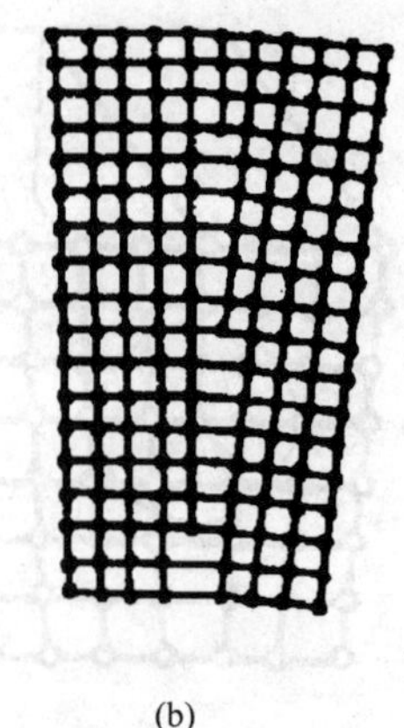
(b)

图 2-10　面缺陷示意图
（a）晶界　（b）亚晶界

2.1.3　纯金属的结晶组织

金属材料由液态转变为固态的过程称为凝固，液态金属通过凝固形成固态晶体的过程称为结晶。金属结晶形成的组织，直接影响金属的性能，如在机械制造行业中铸件和焊件的组织和性能，在很大程度上取决于其结晶过程。因此研究金属结晶的规律，对提高铸件、焊件质量有重要指导意义，同时也为研究金属材料的组织转变奠定基础。

2.1.3.1　纯金属的结晶条件

晶体物质都有一个平衡结晶温度（熔点），液体低于这一温度时才能结晶，固体高于这一温度时便发生熔化。在平衡结晶温度，液体与晶体同时共存，处于平衡状态。纯金属的实际结晶过程可用冷却曲线来描述。冷却曲线是温度随时间而变化的曲线，是用热分析法测绘的。

首先将金属熔化，然后以缓慢的速度冷却。在冷却过程中，每隔一定时间测定一次温度，最后将测量结果绘制在温度-时间坐标上，即可得到纯金属冷却曲线，如图 2-11 所示。从冷却曲线可以看出，液态金属随时间冷却到某一温度时，在曲线上出现一个平台，这个平台所对应的温度就是纯金属的平衡结晶温度 T_0。因为结晶时放出结晶潜热，补偿了此时向环境散发的热量，使温度保持恒定，结晶完成后，温度继续下降。

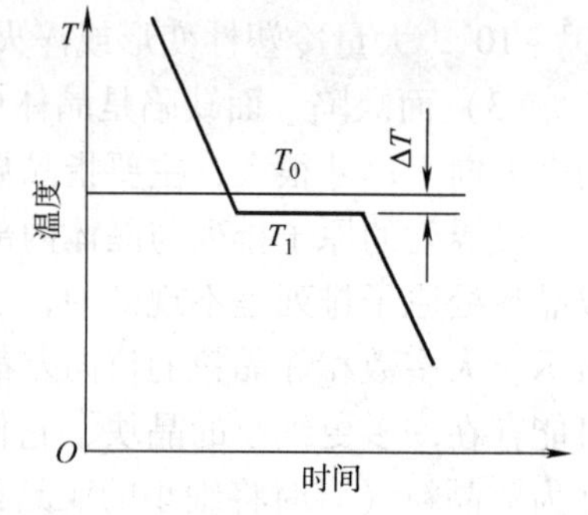

图 2-11　纯金属结晶时的冷却曲线

可以看出，金属在实际结晶过程中，从液态必须冷却到平衡结晶温度（T_0）以下才开始结晶，即其实际结晶温度 T_1 总是低于平衡结晶温度 T_0，这种现象叫做过冷现象。平衡结晶温度 T_0 和实际结晶温度 T_1 之差 ΔT，称为过冷度。在实际生产中，金属结晶必须在一定的过冷度下进行，过冷是金属结晶的必要条件。金属结晶时的过冷度与冷却速度有关，冷却速度越大，金属的实际结晶温度就越低，过冷度就越大。

2.1.3.2　纯金属的结晶过程及结晶组织

纯金属的结晶过程是晶核不断地形成和晶核不断地长大的过程。

图2-12为金属结晶过程示意图。液态金属中的原子进行着热运动，排列不规则。但随着温度的下降，原子的运动逐渐减弱，原子的活动范围也缩小，相互之间逐渐接近。当温度下降到结晶温度时，液体内部的一些微小区域内原子由不规则排列向晶体结构的规则排列逐渐过渡，即随时都在不断产生许多类似晶体中原子排列的小集团，其特点是尺寸较小、极不稳定、时聚时散；温度越低，尺寸越大，存在的时间越长。这种不稳定的原子排列小集团，是结晶中产生晶核的基础。当液体被过冷到结晶温度以下时，某些尺寸较大的原子小集团变得稳定，能够自发地成长，即成为结晶的晶核。这种只依靠液体本身在一定过冷度条件下形成晶核的过程叫做自发形核。在实际生产中，金属液体内常存在各种固态的杂质微粒，金属结晶时，依附这些杂质的表面形成晶核比较容易。这种依附于杂质表面形成晶核的过程称为非自发形核，非自发形核在生产中所起的作用更为重要。

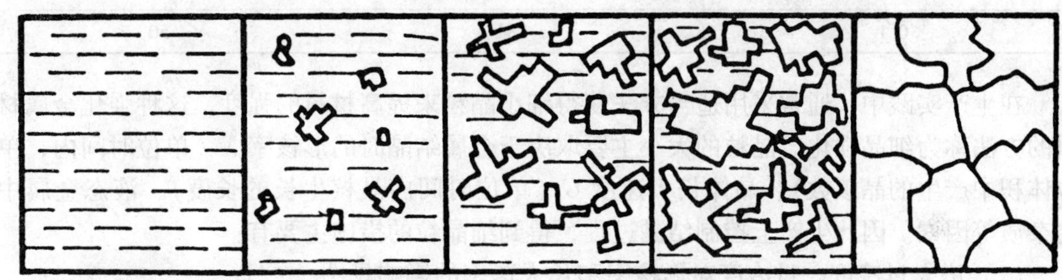

图2-12　金属的结晶过程

结晶开始时各晶核都是按各自方向吸附周围原子自由长大，在长大的同时又有新晶核出现、长大，当相邻晶体彼此接触时被迫停止长大，而只能向尚未凝固的液体部分伸展，直至结晶完毕。因此，一般情况下金属的结晶组织是由许多外形不规则、位向不同的小晶粒组成的多晶体。

在晶核开始成长初期，因其内部原子规则排列的特点，故外形大多是比较规则的。但随着晶核的长大，形成了棱角，棱角处的散热条件优于其它部位，因而得到优先长大，如树枝一样先长出枝干，称为一次晶轴。在一次晶轴伸长和变粗的同时，在其侧面棱角处会长出二次晶轴，随后又可出现三次晶轴等，这种形态如同树枝，所以称为“枝晶”，如图2-13所示。相邻的树枝状骨架相遇时，树枝骨架停止扩展，每个晶轴不断变粗，并长出新的晶轴，直到枝晶间液体全部消失，每一枝晶成长为一个晶粒。

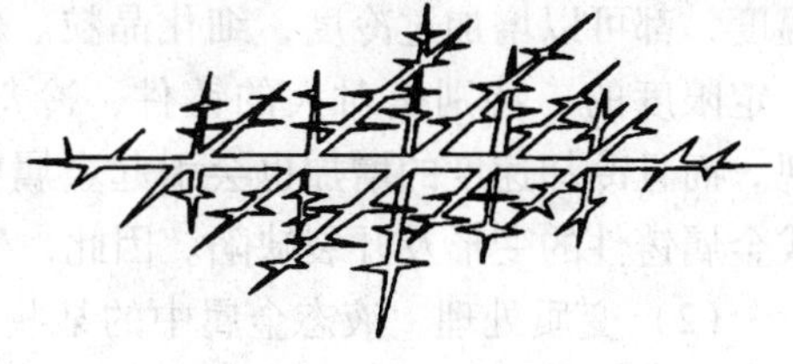

图2-13　枝晶示意图

对于每一个单独的晶粒而言，其结晶过程在时间上划分都是先形核后长大两个阶段；但对整体而言，形核与长大在整个结晶期间是同时进行的，直至每个晶核长大到互相接触形成晶粒为止。

2.1.3.3　结晶组织中晶粒大小的控制

金属结晶后，获得由许多晶粒组成的多晶体组织。晶粒的大小对金属的力学性能有较大影响。细晶粒组织的金属由于晶界面较多，晶格畸变较大，对金属的变形阻碍较大，使得金属强度、硬度高。而且细晶粒组织的金属塑性和韧性也好，这是因为晶粒越细，一定体积中的晶粒数目越多，在同样的变形条件下，变形量被分散到更多的晶粒内进行，各晶粒的变形比较均匀而不致产生过分的应力集中现象，因此可产生较大的变形量，表现出较高塑性和韧性。晶粒大小对纯铁力学性能的影响见表2-1。

表2-1　纯铁晶粒大小对其强度和塑性的影响

晶粒平均直径 $d_{av}\times100$/mm	抗拉强度 σ_b/MPa	伸长率 δ/%
9.7	168	28.8
7.0	184	30.6
2.5	215	39.6
0.2	268	48.8
0.16	270	50.7
0.1	284	50

在生产实践中，通常采用适当方法获得细小晶粒来提高材料的强度，这种强化金属材料的方法称为细晶强化。晶粒的大小主要取决于金属结晶时的形核率 N（单位时间内，单位体积中产生的晶核数）、晶体长大速度 G（单位时间内晶核生长的长度）、液态金属中的杂质等因素。因此生产上控制结晶过程，得到细晶粒的措施主要有：

（1）增大过冷度　过冷度对形核率和长大速率的影响见图2-14。由图中左半部分（过冷度小于 T）可见，随着过冷度的增加，形核率 N 和长大速度 G 均增加，过冷度达一定值 T 时，两者均达到最大值。但形核率 N 的增加比长大速度 G 的增加更快，有利于晶粒细化。图的右半部分为虚线，表示实际工业生产中一般达不到如此大的过冷度，即使达到也得不到晶体金属，而是非晶态金属。因此，在一般的液态金属的过冷度范围内，过冷度越大，形核率越高，则长大速度相对较小，金属结晶后得到的晶粒越小。

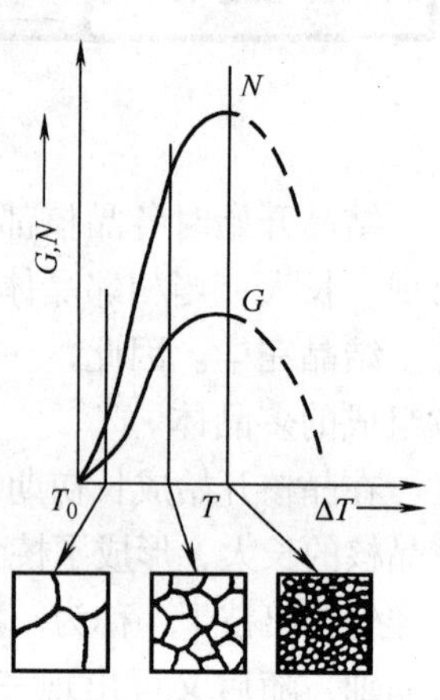

图2-14　过冷度与晶体形核率及长大速度的关系

在生产中增大冷却速度（如采用金属型铸造），降低浇注温度，都可以增加过冷度，细化晶粒。但冷却速度的增加是有一定限度的，特别是对大的铸件，冷却速度的增加不容易实现。而且冷却速度的增加也会引起金属中铸造应力的增加，造成金属铸件的变形及开裂缺陷。因此，生产上常采取其它细化晶粒的方法。

（2）变质处理　液态金属中的某些高熔点杂质，当其晶体结构与金属的晶体结构相似时，在结晶过程中就能起到现成晶核的作用，促进形核率大大提高，细化晶粒。因此实际生产时，在浇注前往液态金属中加入一定量的难熔金属或合金作为变质剂，可促使液态金属结晶时形成大量非自发晶核，提高形核率，获得细晶粒组织，这种细化晶粒的方法称为变质处理。变质处理在冶金和铸造生产中应用十分广泛，如钢中加入钒钛等、铸铁中加入硅钙合金等都是变质处理的典型例子。

（3）附加振动　在金属结晶时，对液态金属附加机械振动、超声波振动和电磁波振动等措施，造成枝晶破碎，使晶核数量增加，也能使晶粒细化。

2.2　合金的结构与组织

由于纯金属的力学性能较低，所以工程上应用最广泛的是各种合金。合金是由两种或两种以上的金属元素，或金属和非金属元素熔合或烧结而成的具有金属性质的物质。如工业上广泛应用的碳素钢和铸铁，主要是铁和碳组成的合金；黄铜是铜和锌组成的合金；硬铝是由铝、铜、镁组成的合金等。

组成合金的最基本的独立物质称为组元。组元可以是金属元素、非金属元素和稳定的化合物。根据组元数的多少，可分为二元合金、三元合金等。当组元不变，而组元比例发生变化，可以得到一系列不同成分的合金，称为合金系。合金中各元素相互作用可形成相。

相是指在金属或合金中，具有相同化学成分、相同晶体结构并以界面相互分开的各个均匀组成部分。若合金是由成分、结构都相同的同一种晶粒构成的，则各晶粒虽有界面分开，却属于同一种相；若合金是由成分、结构互不相同的几种晶粒所构成，它们将属于不同的几种相。例如，在铁碳合金中的相有 F（C 溶解于 α-Fe 中形成的物质）、Fe_3C 等。金属与合金中的相在一定条件下可以变为另一种相，叫做相变。

组织是指用用肉眼或显微镜等观察到的金属及合金内部的组成相貌，包括内部组成相的种类、大小、形状、数量、分布及结合状态等。只有一种相组成的组织为单相组织；由两种或两种以上相组成的组织为多相组织。

2.2.1　合金的结构

合金的结构是指合金中各种元素原子的排列状况。由于合金中各元素原子之间相互作用会形成具有一定成分、一定结构的相，因此合金的结构是指合金中各种相的内部结构。合金中相的种类主要有固溶体和化合物两种，下面介绍这两种相的结构。

2.2.1.1　固溶体

合金由液态结晶为固态时，组成元素之间可以相互溶解形成一种固态晶体相，其晶体结构为一种组元的晶格内溶解了另一种组元的原子，称为固溶体。与固溶体晶格类型相同的组元称为溶剂，其它组元称为溶质。一般溶剂含量较多，溶质含量较少。

根据溶质原子在溶剂晶格中所占位置的不同，可将固溶体分为置换固溶体和间隙固溶体。

（1）置换固溶体　溶质原子代替一部分溶剂原子占据溶剂晶格结点位置时所形成的晶体相，称为置换固溶体，其晶体结构示意图如图 2-15（a）所示。

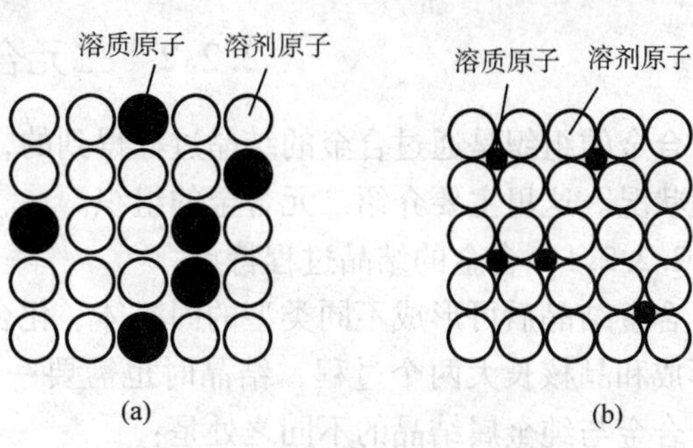

图 2-15　固溶体的两种类型
（a）置换固溶体　（b）间隙固溶体

按溶质溶解度不同，置换固溶体按溶解度的大小可分为有限固溶体和无限固溶体。有限固溶体的溶解度有限，例如铜锌合金形成有限固溶体。溶解度的大小主要取决于组元间的晶格类型、原子半径和原子结构，且溶解度随着温度的升高而增加。只有两组元晶格类型相同、原子半径相差很小时，才可以无限互溶，形成无限固溶体，例如铜镍合金可以形成无限固溶体。

（2）间隙固溶体　溶质原子占据溶剂晶格各结点之间的间隙所形成的晶体相，称为间隙固溶体，其晶体结构示意图如图 2-15（b）所示。

由于溶剂晶格的间隙有限，所以间隙固溶体只能是有限固溶体。间隙固溶体的溶解度与温度、溶质与溶剂原子半径比值及溶剂晶格类型等有关，只有在溶质原子与溶剂原子半径的比值小于 0.59 时，才能形成间隙固溶体。例如，碳、氮、硼等非金属元素溶入铁中形成的固溶体为间隙固溶体。

无论是置换固溶体，还是间隙固溶体，由于溶质原子的溶入都使固溶体内部产生了晶格畸变，增加位错运动的阻力，使固溶体的强度、硬度提高。这种由于溶质原子的进入，造成固溶体强度、硬度升高的现象称为固溶强化。而且溶解度越大，造成的晶格畸变也越大，固溶强化效果越好。固溶强化是强化金属材料的重要途径之一。

固溶体一般具有较高的塑性和韧性，常作为合金的基体相。

2.2.1.2　化合物

当合金中溶质的含量超过其溶解度时，将析出新相。若新相的结构与合金的另一组元相同，则新相为以另一组元为溶剂的固溶体。若新相的晶格不同于任一组元，则新相为金属化合物，其具有金属特性。金属化合物通常有一定的化学成分，可用分子式（例如 Fe_3C、VC）表示；其晶格一般比较复杂；性能特点为熔点高、硬而脆。例如铁碳合金中的 Fe_3C 就是铁和碳组成的化合物，它具有与其构成组元晶格截然不同的特殊晶格，如图 2-16 所示。

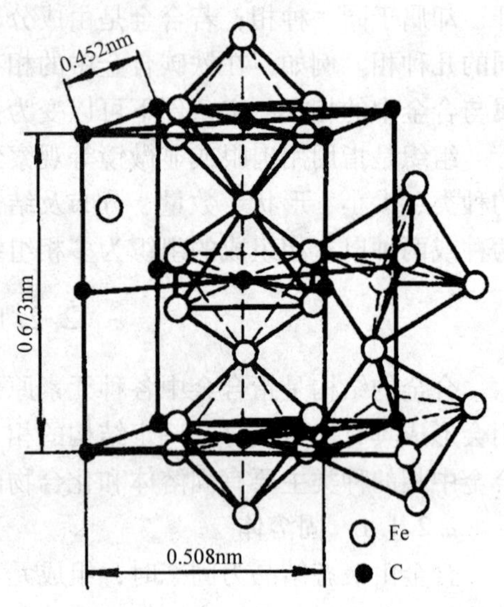

图 2-16　Fe_3C 的晶体结构

由于化合物一般硬而脆，故单相化合物的合金很少使用。当化合物细小均匀分布在固溶体基体上时，能显著提高合金的强度、硬度和耐磨性，这种现象称为弥散强化。化合物通常作为合金中的强化相。

2.2.2　二元合金的组织

合金的组织是通过合金的结晶过程得到的，合金的组织主要是指合金中相的种类及其分布状况。这里主要介绍二元合金的组织。

2.2.2.1　合金的结晶过程特点

合金结晶后可形成不同类型的固溶体、化合物。其结晶过程和纯金属一样，也包括晶核形成和晶核长大两个过程，结晶时也需要一定的过冷度，最后形成由多晶粒组成的晶体。合金与纯金属结晶的不同之处是：

（1）合金一般情况下都是在一个温度范围内进行结晶的，结晶的开始温度与终止温度不相同，有两个临界点（合金系中只有某些特定成分的合金才会出现一个临界点）；而纯金属结晶是在恒温下进行的，只有一个临界点。如图 2-17（a）为铜镍合金及纯铜、纯镍的冷却曲线，其中 w_{Cu} 表示铜的质量分数，w_{Ni} 表示镍的质量分数。

（2）合金在结晶过程中，在局部范围内其化学成分（即浓度）有变化，当结晶终止后，整个晶体的平均化学成分与原合金的化学成分相同。

（3）合金结晶过程可形成多种固溶体和化合物。

2. 2. 2. 2　二元合金相图

（1）相图的概念　相图是表示合金系在平衡条件下，合金的状态（相的组成）与成分、温度之间的关系图解，又称状态图或平衡图。相图是在十分缓慢地冷却条件下（接近平衡条件），用热分析法测定的。利用相图可知道在平衡条件下，不同成分的合金在不同温度存在哪些相以及各相的相对数量；还可知道一定化学成分的合金在温度变化时可能发生的相变。在生产实践中，合金相图可以作为制订铸造、锻造及热处理工艺的重要依据，也是分析研究合金组织及其变化规律的有效工具。

（2）二元合金相图的建立　每种合金系都有自己确定的相图，是通过热分析法建立的。现以 Cu－Ni 合金系为例，说明相图建立的具体步骤。

①配制不同成分的合金。

②作出各合金的冷却曲线，并找出各曲线上的临界点（即转折点和平台）的温度值，如图 2-17（a）所示。

③画出温度——成分坐标系，在相应成分垂线上标出临界点的温度。

④将物理意义相同的临界点连接起来，便得到 Cu-Ni 合金相图，如图 2-17（b）所示。

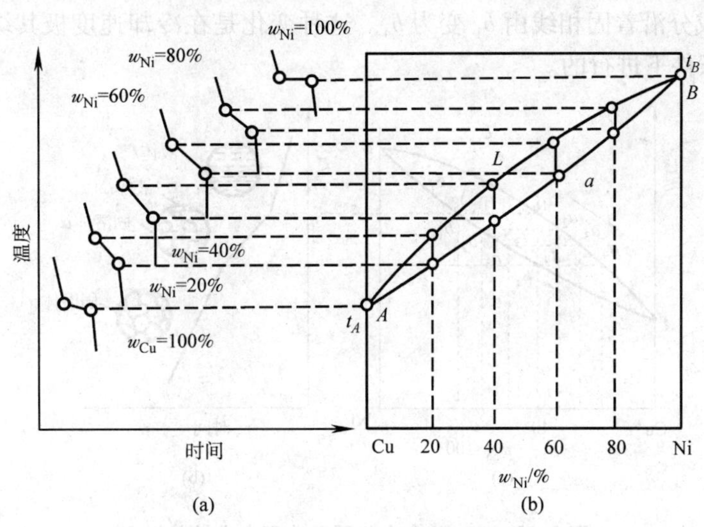

图 2-17　Cu-Ni 合金相图的建立

（a）各种 Cu-Ni 合金冷却曲线　（b）Cu－Ni 合金系相图

2. 2. 2. 3　二元合金的组织

二元合金的组织可利用其相图进行结晶过程分析而得到。不同的二元合金系，其相图不同，但都可以看作是由一些基本相图所构成。二元合金的基本相图主要有匀晶相图、共晶相图、包晶相图、共析相图等。一定合金系的相图可以由基本相图的一种或多种构成。

下面通过对二元合金基本相图的分析来确定其组织。

(1) 匀晶相图　两组元在液态和固态均能无限互溶时所构成的相图，称为二元匀晶相图。具有这类相图的合金系有：Cu－Ni、Au－Ag、Fe－Ni、Fe－Cr、W－Mo 等。现以 Cu－Ni 合金为例分析这类相图。

1）相图分析　图2-18（a）为 Cu－Ni 合金相图。A 点和 B 点分别为铜和镍的熔点。Aa_1B 为液相线，表示各种成分的 Cu－Ni 合金在冷却过程中开始结晶或在加热过程中熔化终了的温度；Ab_4B 为固相线，表示各种成分的 Cu－Ni 合金在冷却过程中结晶终了或在加热过程中开始熔化的温度。

液相线和固相线将相图分成三个区域。液相线以上，合金处于液体状态（L），称为液相区；在固相线以下，合金处于固体状态（α），称为固相区；液相区和固相区之间，合金处于液、固两相（L+α）并存区。

2）典型合金的结晶过程　铜镍合金的结晶过程比较简单，并且各种成分的合金都具有相同的结晶过程。现以 $w_{Ni}=40\%$ 的合金为例，说明其结晶过程，如图2-18（b）。该合金缓慢冷却到 t_1 温度时，开始从液相中结晶 α 固溶体（L→α），这时液、固两相的成分分别为 a_1 和 b_1 点在横坐标上的投影，由图看出，此时 α 固溶体的 w_{Ni} 远高于液相本身的 w_{Ni}；随着温度的下降结晶继续进行，结果 α 固溶体的量不断增加，剩余液体的量不断减少，当到达 t_2 温度时，液、固两相的成分分别变为 a_2、b_2 在横坐标上的投影；如此下去，温度达到 t_4 时，液、固两相成分变为 a_4、b_4 在横坐标上的投影。结晶结束后，得到 $w_{Ni}=40\%$ 的单晶 α 固溶体。由上述可知，随着温度的降低，液相成分沿着液相线由 a_1 变为 a_4，而 α 固溶体的成分沿着固相线由 b_1 变为 b_4。这种变化是在冷却速度极其缓慢、原子能充分扩散的平衡条件下进行的。

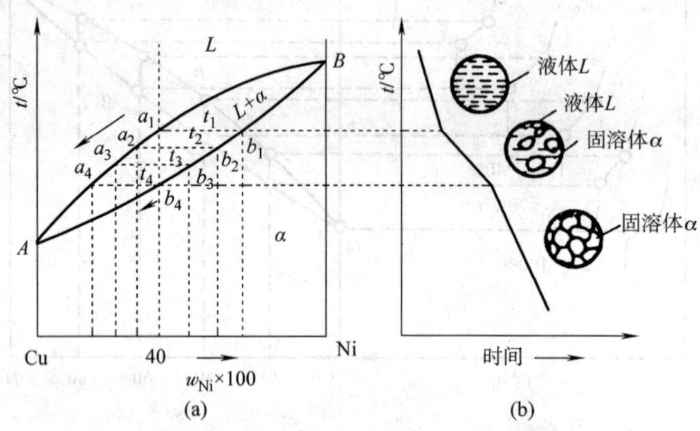

图2-18　Cu-Ni 合金相图及典型合金结晶过程

（a）Cu-Ni 合金相图　（b）$w_{Ni}=40\%$ 的合金结晶过程

3）二元相图的杠杆定律　在合金的结晶过程中，随着结晶过程的进行，合金中各相的成分及其相对量都在不断地变化。利用杠杆定律，能够确定任何成分的合金、在任何温度下处于平衡的两相的成分及两相的相对量。

图2-19 为杠杆定律在 Cu－Ni 合金系相图上的证明。要确定 $w_{Ni}=C$ 的合金在冷却到固、液两相（L+α）区内 t_1 温度时固、液相的成分，可通过 t_1 作水平线 arb 与液相线交

于 a 点、与固相线交于 b 点，a 点及 b 点在成分轴上的投影 C_L 及 C_α 分别代表在 t_1 温度时液、固两相的成分。固、液两相的相对量可通过以下的运算得到。

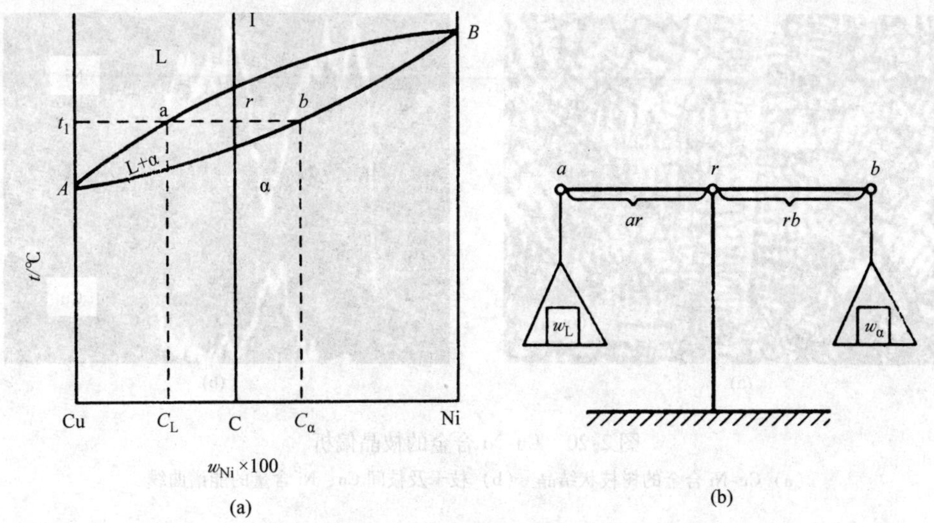

图 2-19　杠杆定律的证明

设合金的总质量为 1，液相的质量分数为 w_L、固相的质量分数为 w_α；已知液相中的 $w_{Ni}=C_L$，固相中的 $w_{Ni}=C_\alpha$，合金中的 $w_{Ni}=C$。因此

$$w_L + w_\alpha = 1 \tag{1}$$

$$w_L C_L + w_\alpha C_\alpha = C \tag{2}$$

解方程（1）、（2）得

$$w_L = \frac{C_\alpha - C}{C_\alpha - C_L} = \frac{rb}{ab} \tag{3}$$

$$w_a = \frac{C - C_L}{C_\alpha - C_L} = \frac{ar}{ab} \tag{4}$$

（3）/（4）得：

$$\frac{w_L}{w_a} = \frac{rb}{ar} \tag{5}$$

由图 2-19 看出，以上所得的两相相对量之间的关系与力学中的杠杆定律完全类似，因此称为杠杆定律。杠杆定律只适用于二元相图中的两相区。对于单相区，由于相的成分与合金成分相同，没有应用的必要；在三相共存的水平线上，三相可以任何比例相平衡，因而杠杆定律不适用。

4）枝晶偏析　如前所述，液体金属结晶时按枝晶成长方式进行，对于 Cu-Ni 合金的结晶（图 2-18）来说，先结晶的枝干镍质量分数较高，后结晶的枝间镍质量分数较低。在冷却速度极其缓慢的平衡条件下，原子可以充分扩散，最后能得到具有原合金成分的 α 固溶体。但在实际生产条件下，由于冷却速度较快，原子来不及充分扩散，最后得到晶体内部化学成分不均匀的树枝状晶体，这种现象成为枝晶偏析或晶内偏析。图 2-20（a）为 Cu-Ni 合金的铸态组织，从图中可见：α 固溶体呈树枝状，先结晶的枝干富镍，抗腐蚀性高，故呈白亮色；后结晶的枝间富铜，抗腐蚀性差，呈暗黑色。图 2-20（b）为 Cu-Ni 合金枝干及枝间 Cu、Ni 含量的能谱曲线，枝干部位 Ni 含量高 Cu 含量低，而枝间 Cu 含量高 Ni 含量低。

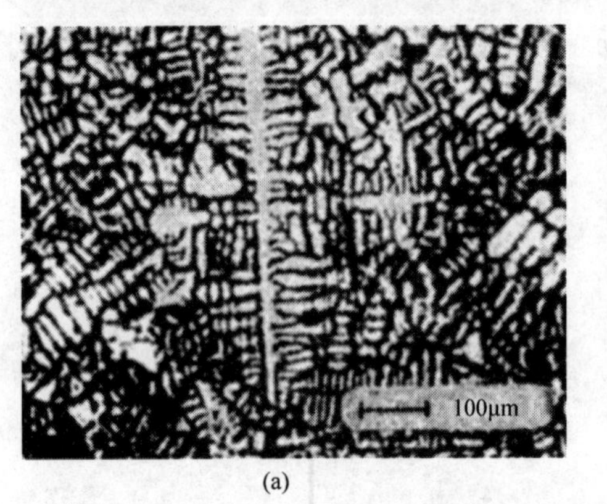

(a)

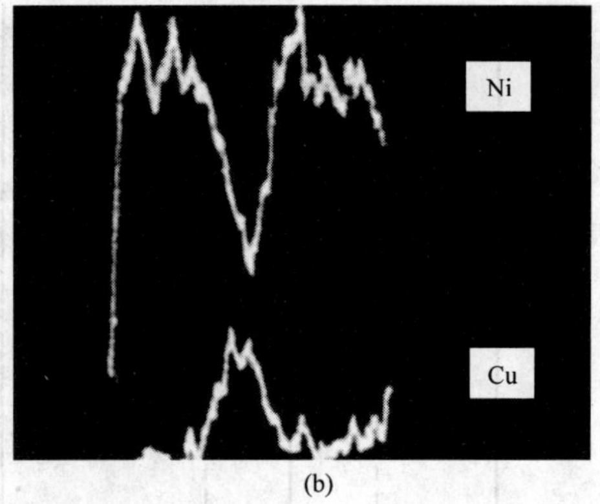

(b)

图 2-20　Cu-Ni 合金的枝晶偏析

（a）Cu-Ni 合金的树枝状结晶　（b）枝干及枝间 Cu、Ni 含量的能谱曲线

枝晶偏析严重影响合金的力学性能和抗腐蚀性，因此，生产上一般采用扩散退火或均匀化退火处理。即将铸件加热到低于固相线 100～200℃的温度，进行较长时间的保温，然后缓慢冷却，使原子充分扩散，达到成分均匀化的目的。

（2）共晶相图　两个组元在液态无限互溶、在固态有限溶解并发生共晶反应的相图，称为二元共晶相图。例如，Pb－Sn、Pb－Sb、Cu－Ag、Cd－Zn、Zn－Sn 等合金系均构成这类相图。此外，Mg－Al、Fe－C 等合金系相图也含有共晶相图。下面以 Pb－Sn 合金系为例，对共晶相图进行分析讨论。

1）相图分析　图 2-21 为 Pb－Sn 合金相图。图中 A 点为纯 Pb 的熔点（327.5℃），B 点为纯 Sn 的熔点（213.9℃）。AEB 为液相线；AMENB 为固相线；MF 和 NG 分别表示 Sn 溶解于 Pb、Pb 溶解于 Sn 的溶解度曲线，也称固溶线。

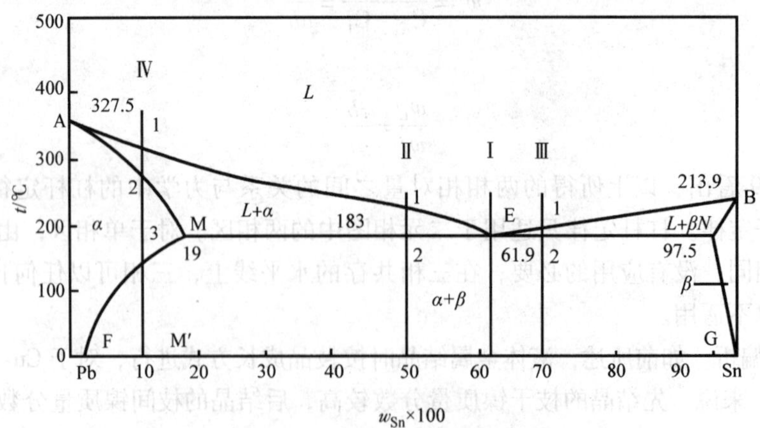

图 2-21　Pb-Sn 合金相图

该合金系有 L、α、β 三个基本相，α 相是 Sn 溶于 Pb 中的固溶体，β 相是 Pb 溶于 Sn

中的固溶体。

当合金成分在 M 点以左时，液相 L 在固相线以下结晶为 α 固溶体；当合金成分在 N 点以右时，液相 L 在固相线以下结晶为 β 固溶体。成分在 M 点和 N 点之间的合金，在结晶温度达到固相线水平部分 MEN 对应的温度（共晶温度）时，都发生以下恒温反应：

$$L_E \longleftrightarrow \alpha_M + \beta_N$$

这种从某种成分固定的液体合金中同时结晶出两种成分和结构都不同的固相，称为共晶反应或共晶转变。共晶反应形成的两个固相的混合物称为共晶组织或共晶体。MEN 线称为共晶线，E 点称为共晶点。E 点成分的合金称为共晶合金；成分位于 M 点和 E 点之间的合金称为亚共晶合金；成分位于 N 点和 E 点之间的合金称为过共晶合金。

2）典型合金的结晶过程

①共晶合金（图 2-21 中合金Ⅰ）　共晶合金Ⅰ（$w_{Sn}=61.9\%$）的冷却曲线及结晶过程如图 2-22 所示。合金在共晶温度以上为液相，缓慢冷却到共晶温度时发生共晶转变，即

$$L_E \longleftrightarrow \alpha_M + \beta_N$$

共晶转变结束后，液相消失。

继续冷却时，共晶组织中的 α 和 β 固溶体分别沿固溶线 *MF* 和 *NG* 逐渐改变成分，并分别析出次生相 β_{II} 和 α_{II}。由于共晶组织中析出的次生相 β_{II}、α_{II} 量比较少并与 α 和 β 相合并在一起，在显微镜下难以分辨，所以室温的组织可以认为是（α + β）共晶体。图 2-23为其显微组织，图中黑色为 α 相，白色为 β 相。

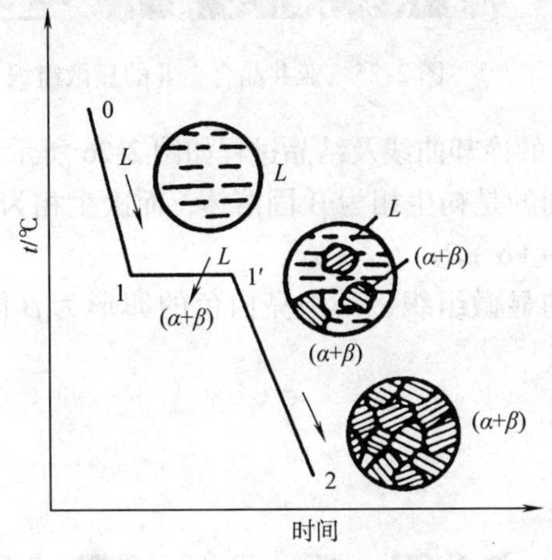

图 2-22　共晶合金Ⅰ的冷却曲线及结晶过程

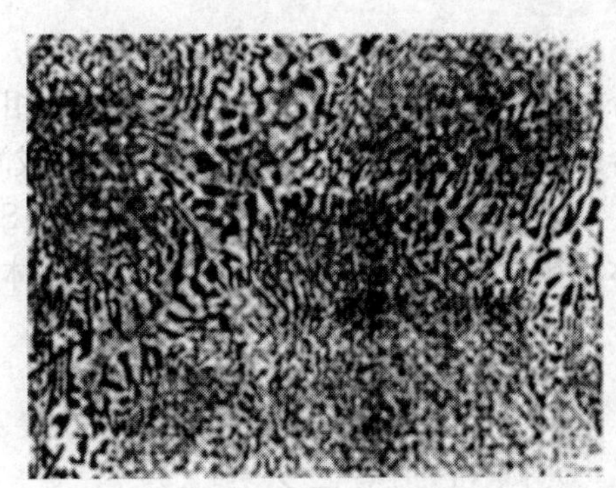

图 2-23　共晶合金Ⅰ的显微组织

②亚共晶合金（图 2-21 中合金Ⅱ）　以 $w_{Sn}=50\%$ 的合金为例说明亚共晶合金的结晶过程。当液相缓慢冷却到 1 点温度时，开始从液相中结晶出 α 固溶体（初生 α 相）。随着温度缓慢下降，α 固溶体的数量不断增加，剩余液相的数量不断减少；与此同时，固相和液相的成分分别沿着固相线和液相线变化。当温度降低至 2 点温度（共晶温度）时，剩余的液相发生共晶转变：

$$L_E \longleftrightarrow \alpha_M + \beta_N$$

这一转变直到剩余的液相全部变成共晶体为止。这时合金的固态组织是由初生 α 固

溶体和共晶体（$\alpha+\beta$）组成。当合金继续冷却到 2 点温度以下时，α 和 β 的溶解度分别沿 MF 和 NG 变化，并分别从 α 和 β 中析出 $\beta_{Ⅱ}$ 和 $\alpha_{Ⅱ}$ 两种次生相，由于前述的原因，共晶体中的次生相不予考虑，只考虑初生 α 固溶体中析出的 $\beta_{Ⅱ}$ 的数量。

次生相 $\beta_{Ⅱ}$ 和初生相 β 虽然成分和结构完全相同，但形貌特征完全不同。初生相 β 晶粒比较粗大，大多长成树枝状晶体、等轴晶粒或具有其它外形特征的晶粒；而次生相 $\beta_{Ⅱ}$，由于形成温度低、原子扩散比较困难及晶界上易于形核等原因，大多在 α 相中或界面上成长为小颗粒或与共晶 β 相合在一起。其最终组织为 $\alpha+\beta_{Ⅱ}+(\alpha+\beta)$。若忽略 $\beta_{Ⅱ}$，则组织为 $\alpha+(\alpha+\beta)$。

合金Ⅱ的冷却曲线及结晶过程如图 2-24 所示。图 2-25 所示为其显微组织，其中暗黑色树枝状是初晶 α 固溶体，黑白相间分布是（$\alpha+\beta$）共晶体，枝晶内白色小颗粒是 $\beta_{Ⅱ}$。

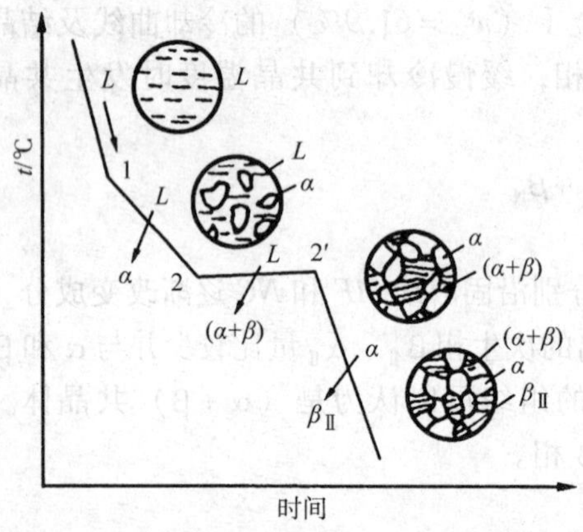

图 2-24　亚共晶合金Ⅱ的冷却曲线及结晶过程

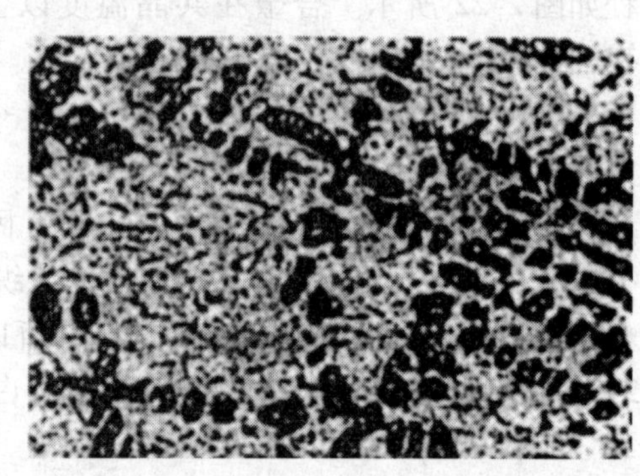

图 2-25　亚共晶合金Ⅱ的显微组织

③过共晶合金（图 2-21 中合金Ⅲ）　合金Ⅲ的冷却曲线及结晶过程如图 2-26 所示。其分析方法和步骤与上述亚共晶合金基本相同，不同的是初生相为 β 固溶体，而次生相为 $\alpha_{Ⅱ}$，合金在室温的组织为 $\beta+\alpha_{Ⅱ}+(\alpha+\beta)$，或简化为 $\beta+(\alpha+\beta)$

图 2-27 为 $w_{Sn}=70\%$ 的过共晶 Pb-Sn 合金的显微组织，其中亮白色的卵形为 β 固溶体，黑白相间分布的为（$\alpha+\beta$）共晶体。

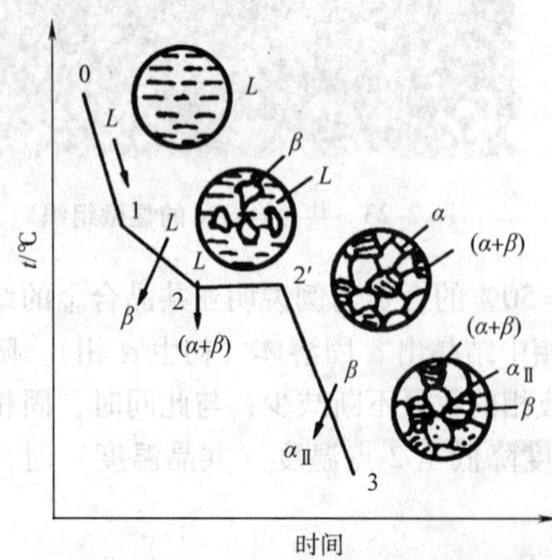

图 2-26　过共晶合金Ⅲ的冷却曲线及结晶过程

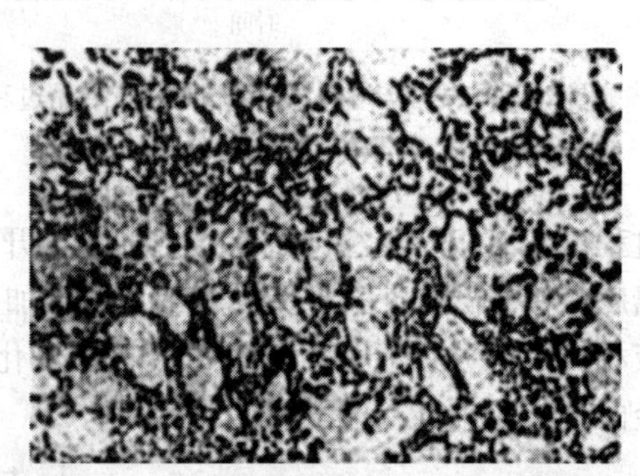

图 2-27　过共晶合金Ⅲ的显微组织

④w_{Sn}小于M点的合金结晶过程　以图2-21中合金Ⅳ为例，其冷却曲线及结晶过程如图2-28所示。合金Ⅳ在温度3点以上的结晶过程与匀晶相图中的合金结晶过程一样，在缓慢的冷却条件下，结晶结束后获得均匀的α固溶体。继续冷却3点温度以下时，从α相中析出次生相$\beta_{\text{Ⅱ}}$，最终的组织为$\alpha+\beta_{\text{Ⅱ}}$。

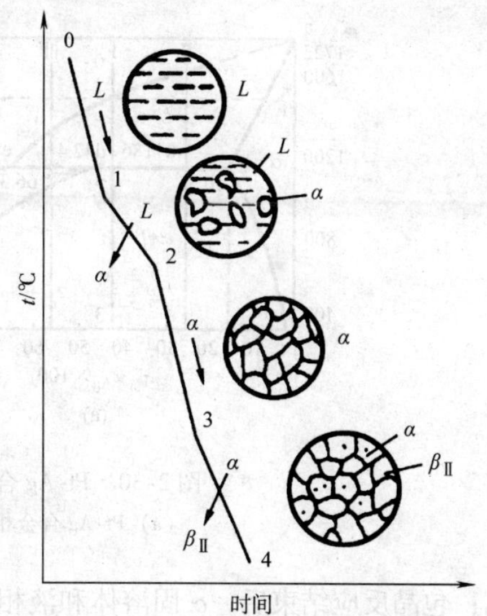

图2-28　合金Ⅳ的冷却曲线及结晶过程

上述组织中的α、$\alpha_{\text{Ⅱ}}$、β、$\beta_{\text{Ⅱ}}$及（$\alpha+\beta$）通常叫做合金的“组织组成物”；而上述相中的α、β通常叫做合金的“相组成物”。有时在相图上直接填写组织组成物，如图2-29所示。

（3）包晶相图　两组元在液态时无限互溶，在固态时形成有限固溶体，并发生包晶反应所构成的相图，称为包晶相图。具有包晶转变的二元合金系有Pt－Ag、Ag－Sn、Sn－Sb、Cu－Zn、Fe－C等。现以Pt－Ag合金系为例分析这类相图。

1）相图分析　图2-30（a）为Pt-Ag合金相图。aeb为液相线，acdb为固相线，cf和dg分别是Ag在α固溶体中和Pt在β固溶体中的溶解度曲线。α相是Ag溶于Pt的固溶体，β相是Pt溶于Ag的固溶体。

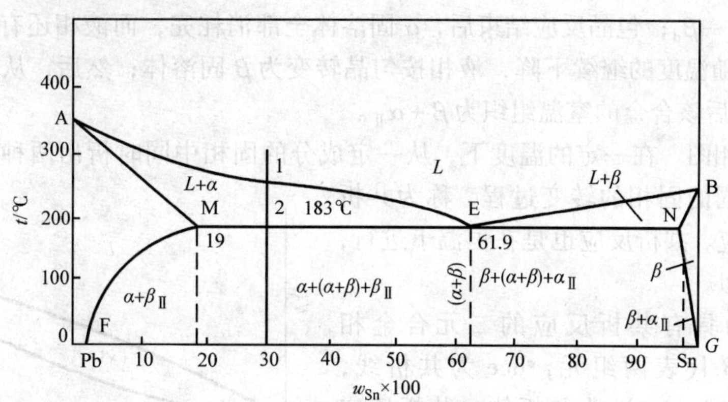

图2-29　按组织组成物填写的Pb-Sn合金相图

在水平线cde对应的温度下，已结晶出来的成分为c的α固溶体和包围它的成分为e的液相作用，形成成分为d的β固溶体：

$$\alpha_c + L_e \longleftrightarrow \beta_d$$

这种在一定温度下，由一定成分的固相与一定成分的液相作用，形成另外一种一定成分的固相的转变，称为包晶转变或包晶反应。cde线称为包晶线，d点为包晶点。

2）典型合金的结晶过程　如图2-30（b）所示，包晶合金Ⅰ（成分为d点，w_{Ag} = 42.4%）缓慢冷却到1点时，从液相中结晶出α固溶体；随着温度降低，α固溶体的量不断增加，液相的量不断减少；冷却到2点温度（1186℃）时发生包晶反应：$\alpha_c+L_e\longleftrightarrow$

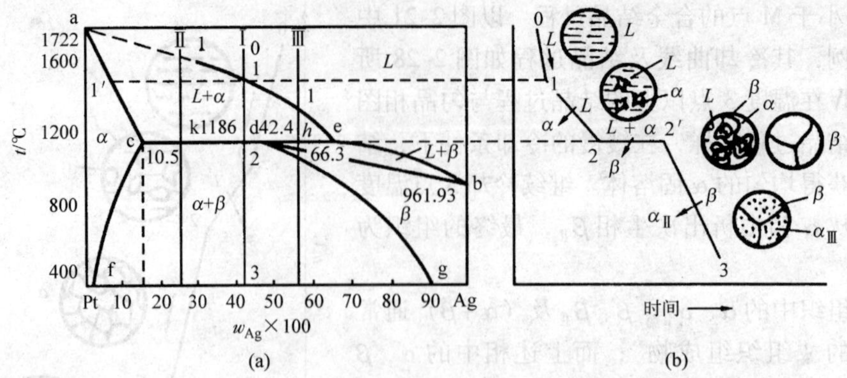

图 2-30　Pt-Ag 合金相图及包晶合金Ⅰ的结晶过程

（a）Pt-Ag 合金相图　（b）包晶合金Ⅰ的结晶过程

β_d；包晶反应结束后，α 固溶体和液相全部消耗完变成 β 固溶体；随温度的继续下降，从 β 固溶体中不断析出 $\alpha_Ⅱ$；最后该合金的室温组织为 $\beta+\alpha_Ⅱ$。

合金Ⅱ缓慢冷却到 1 点时，从液相中结晶出 α 固溶体；当温度降低至 k 点时，发生包晶反应：$\alpha_c+L_e\rightarrow\beta_d$；包晶反应结束后，液相全部消耗完，而 α 固溶体还有剩余，此时的组织为 $\alpha+\beta$；随温度的继续下降，从 α 固溶体中不断析出 $\beta_Ⅱ$，从 β 固溶体中不断析出 $\alpha_Ⅱ$；最后该合金的室温组织为 $\alpha+\beta_Ⅱ+\beta+\alpha_Ⅱ$。

合金Ⅲ缓慢冷却到 1 点时，从液相中结晶出 α 固溶体；当温度降低至 h 点时，发生包晶反应：$\alpha_c+L_e\rightarrow\beta_d$；包晶反应结束后，$\alpha$ 固溶体全部消耗完，而液相还有剩余，此时的组织为 $L+\beta$；随温度的继续下降，液相按匀晶转变为 β 固溶体；然后，从 β 固溶体中不断析出 $\alpha_Ⅱ$；最后该合金的室温组织为 $\beta+\alpha_Ⅱ$。

（4）共析相图　在一定的温度下，从一定成分的固相中同时析出两种化学成分和晶格结构完全不同的固相的转变过程，称为共析转变或共析反应。共析反应也是在恒温下进行，与共晶转变类似。

图 2-31 为具有共析反应的二元合金相图。图中 A、B 代表两组元，dce 为共析线，c 点为共析点，（$\alpha+\beta$）为共析体。共析反应式为

$$\gamma_c \longleftrightarrow \alpha_d+\beta_e$$

用共析相图分析合金的结晶过程与共晶合金相图的分析有相似之处，在此不再分析。

共析合金的组织为（$\alpha+\beta$），亚共析合金的组织为 $\alpha+(\alpha+\beta)$，过共析合金的组织为 $\beta+(\alpha+\beta)$。由于共析反应是在固态下进行的，转变温度较低，原子扩散困难，易达到较大的过冷度，因此，与共晶体相比，共析体的组织更为细密均匀。

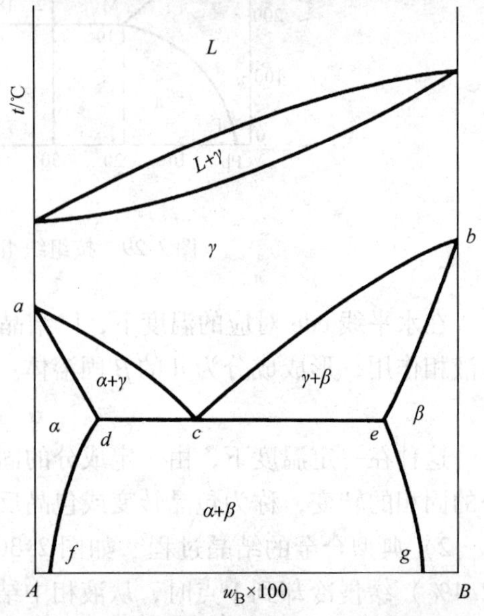

图 2-31　具有共析反应的二元合金相图

2.3　铁碳合金的结构与组织

铁碳合金主要由铁和碳两种元素组成。机械工业上应用最多的金属材料就是钢和铸铁，它们都属于铁碳合金。为了更深刻地认识钢铁材料，必须掌握铁碳合金的成分、组织和性能之间的关系，只有这样才能了解钢铁材料的性能，为钢铁材料的选用、制订钢铁材料的热处理工艺打下基础。由于材料的性能取决于其内部结构及组织，所以必须了解铁碳合金的结构。

2.3.1　铁碳合金的结构

铁碳合金的结构是指其内部铁、碳原子的排列形式，也即其内部铁、碳原子相互作用形成的各种相的结构。在固态时碳能溶解于铁的晶格中，形成间隙固溶体。当碳含量超过铁的溶解度时，多余的碳与铁形成化合物（Fe_3C）。由于铁具有同素异构现象，碳溶于不同的铁中可形成多种固溶体。

2.3.1.1　纯铁的同素异构转变

同素异构现象是指同一种元素在不同条件下具有不同的晶体结构。当温度等外界条件变化时，晶格类型会发生转变，称为同素异构转变。从图 2-32 纯铁的冷却曲线可知，纯铁的熔点为 1538℃，在 1394℃ 和 912℃ 出现平台。纯铁在 1538℃结晶后具有体心立方结构，称为 δ-Fe；当温度下降到 1394℃时，体心立方的 δ-Fe 转变为面心立方结构，称为 γ-Fe；在 912℃时，γ-Fe 又转变为体心立方结构，称为 α-Fe；再继续冷却时，晶格类型不再发生变化。

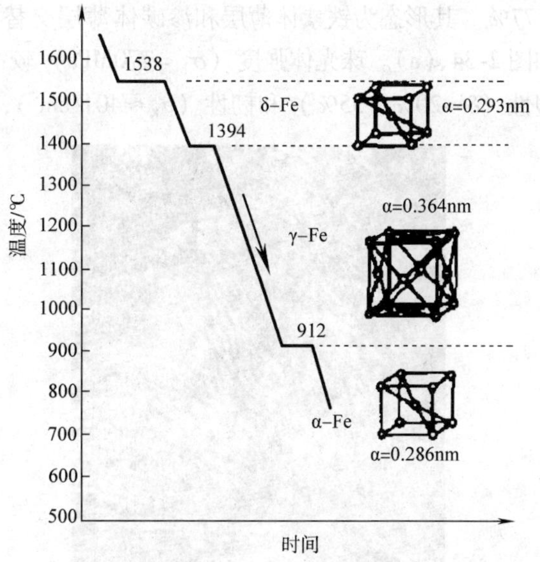

图 2-32　纯铁的冷却曲线及晶体结构变化

2.3.1.2　铁碳合金的基本相

（1）铁素体（F）　铁素体是指碳溶于 α-Fe 中而形成的间隙固溶体，它具有体心立方晶格。碳在 α-Fe 中溶解度极小，在 727℃时最大溶解度为 0.0218%，而在室温时几乎为零（0.008%）。铁素体的力学性能几乎与纯铁相同，其强度、硬度很低（σ_b = 180 ~ 280MPa，硬度约 50 ~ 80HBS），但具有良好的塑性和韧性（δ = 30% ~ 500%、a_K = 160 ~ 200J/cm^2）。铁素体在显微镜下的形态为多晶粒状，如图 2-33 所示。

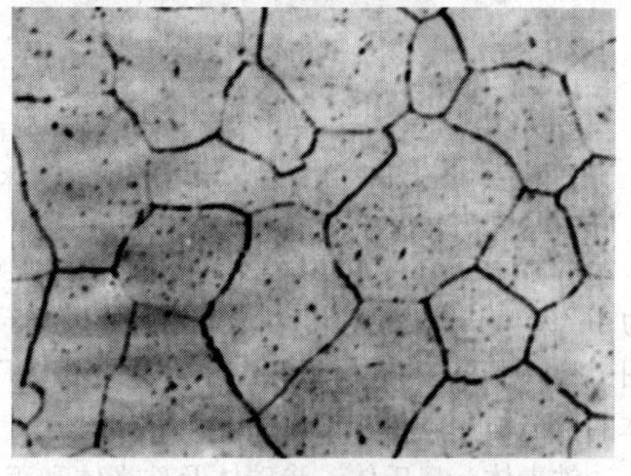

图 2-33　铁素体的显微组织

（2）奥氏体（A）　奥氏体是指碳溶于

γ-Fe 中而形成的间隙固溶体，它具有 γ-Fe 的面心立方晶格。碳在 γ-Fe 中的溶解度比 α-Fe大得多，在1148℃时最大溶碳量为2.11%。由于碳在 γ-Fe 中的溶碳量较大，固溶强化效果较好，故奥氏体强度、硬度较高（σ_b =400 MPa，硬度约 160～200HBS），而塑性、韧性也较好（δ =40%～50%）。奥氏体在显微镜下的形态也为多晶粒状。

（3）渗碳体（Fe_3C） 渗碳体是铁、碳原子相互作用形成的一种具有复杂晶体结构的化合物。Fe_3C 的含碳量为6.69%，其硬度极高（800HBW），塑性和韧性几乎等于零，是一个硬而脆的相。渗碳体因形成条件不同分为：$Fe_3C_{Ⅰ}$（一次渗碳体），是从高温液体中结晶出来的，呈粗大片状；$Fe_3C_{Ⅱ}$（二次渗碳体），是从高温奥氏体（A）中析出来的，呈网状包在 A 晶界面上；$Fe_3C_{Ⅲ}$（三次渗碳体），是从较低温的铁素体（F）中析出来的，呈细小点状。

2.3.1.3 铁碳合金的基本组织

铁碳合金中的三种基本相——铁素体、奥氏体、渗碳体可以相互组合形成基本组织珠光体和莱氏体。

（1）珠光体（P） 珠光体组织是由铁素体和渗碳体两相组成的混合物，平均含碳量为0.77%。其形态为铁素体薄层和渗碳体薄层交替重叠的层状混合物，其显微形态为指纹状，如图2-34（a）。珠光体强度（σ_b =770MPa）较高，硬度（180～200HBS）适中，有一定的塑性（$\delta\approx$20%～35%）和韧性（$a_K\approx$40J/cm^2），是一种综合力学性能较好的组织。

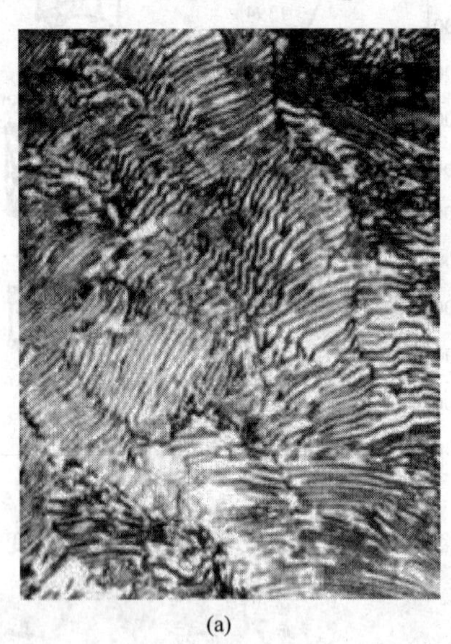
(a)

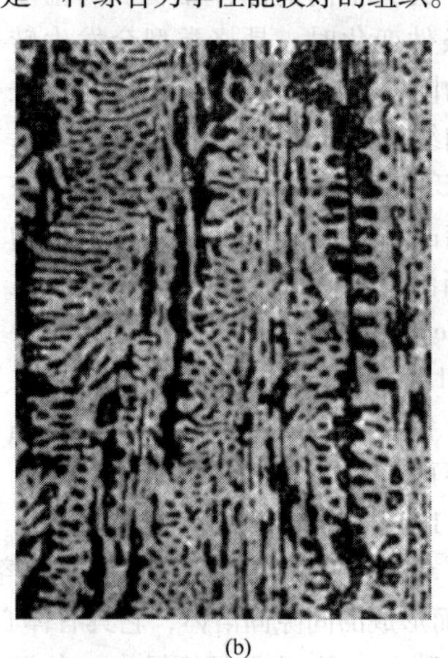
(b)

图2-34 珠光体和莱氏体的组织形态

（a）珠光体 （b）莱氏体

（2）莱氏体（Ld） 莱氏体组织是由奥氏体和渗碳体两相组成的混合物，平均含碳量为4.3%。其形态为小点状奥氏体均匀分布于渗碳体的基体上，其显微形态为蜂窝状，如图 2-34（b）。莱氏体组织由于含碳量高，Fe_3C 相对量也较多（约占 64%以上），故莱氏体的性能与渗碳体相似，即硬而脆。

铁素体、奥氏体、渗碳体及珠光体和莱氏体是构成铁碳合金组织的基本组成部分，称为五种基本组织，其成分、组成、形态、性能等的比较见表 2-2。

表 2-2　　铁碳合金中五种基本组织的比较

名称	代号	成分	相的组成	相的分布（一般形态）	性能特点
铁素体	F	C<0.02%	F	晶粒	塑性好
奥氏体	A	C<2.11%	A	晶粒	塑性好
渗碳体	Fe_3C	C=6.69%	Fe_3C	不规则（点状、片状、网状等）	硬脆
珠光体	P	C=0.77%	F+Fe_3C	指纹状（F 和 Fe_3C 呈层片状分布）	综合性好
莱氏体	Ld	C=4.3%	A+Fe_3C	蜂窝状（A 以点状分布于 Fe_3C 基体）	硬脆

成分不同的铁碳合金，其平衡组织是由它们中的一种或几种相互搭配组成的，可以由铁碳合金相图进行分析。

2.3.2　铁碳合金的组织

2.3.2.1　铁碳合金相图

铁碳合金相图是在十分缓慢的冷却条件下，用热分析方法测定的铁碳合金的成分、温度、组成三者之间关系的图解。是研究不同成分的铁碳合金在不同温度下的组织的重要工具图。由于含碳量大于 6.69% 的铁碳合金脆性很大，没有使用价值，而 Fe_3C（含碳量为 6.69%）为稳定的化合物，可作为一个组元，因此铁碳合金相图即 Fe-Fe_3C 相图。如图 2-35 所示。

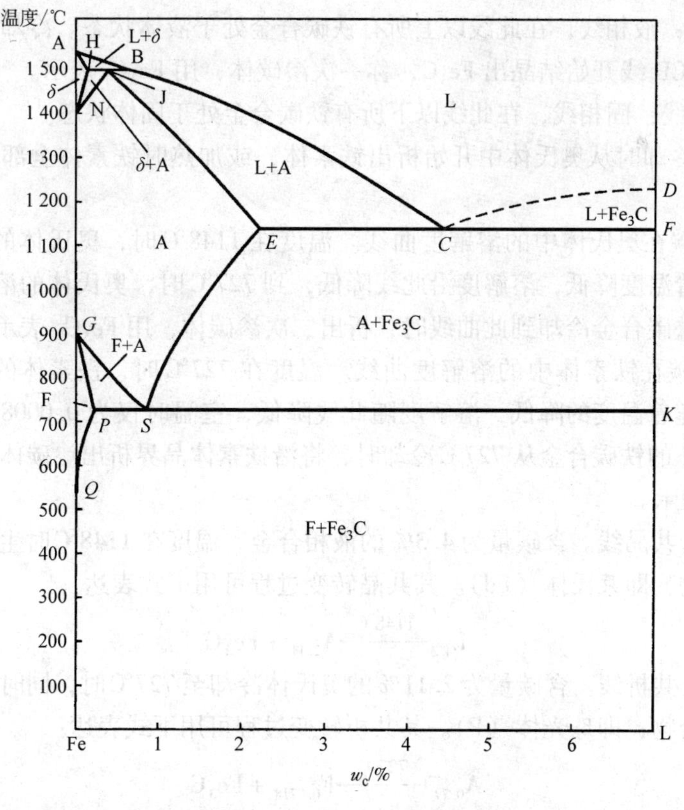

图 2-35　Fe-Fe_3C 相图

图2-35中横坐标为成分坐标轴，其上各点对应于不同含碳量（w_c）的各个铁碳合金；纵坐标为温度坐标轴，对应于合金所处的不同温度；各区域内所标的字母及符号，代表一定条件下铁碳合金内部的组成相。铁碳合金相图由特征点、特征线、特征区组成。

（1）相图分析

1）主要特性点　相图上的主要特性点如表2-3所示。

表2-3　$Fe-Fe_3C$ 相图主要特性点

特性点	温度/℃	含碳量/%	含　义
A	1538	0	纯铁的熔点
C	1148	4.3	共晶点，有共晶转变 $L_{4.3} \xleftrightarrow{1148℃} A_{2.11} + Fe_3C$
D	1227	6.69	Fe_3C 熔点
E	1148	2.11	碳在 γ-Fe 中的最大溶解度点
G	912	0	纯铁同素异构转变点 $\alpha\text{-}Fe \longleftrightarrow \gamma\text{-}Fe$
P	727	0.0218	碳在 α-Fe 中最大溶解度点
S	727	0.77	共析点，有共析转变 $A_{0.77} \xleftrightarrow{727℃} F_{0.0218} + Fe_3C$

2）相图上的主要特性线

①ABCD线：液相线，在此线以上所有铁碳合金处于液体状态。冷却时，含碳量大于4.3%的合金在CD线开始结晶出Fe_3C，称一次渗碳体，用Fe_3C_I表示。

②AHJECF线：固相线，在此线以下所有铁碳合金处于固体状态。

③GS线：冷却时从奥氏体中开始析出铁素体，或加热时铁素体全部溶入奥氏体中的转变温度线。

④ES线：碳在奥氏体中的溶解度曲线。温度在1148℃时，奥氏体的溶碳能力最大，为2.11%。随着温度降低，溶解度沿此线降低，到727℃时，奥氏体的溶碳量为0.77%。大于0.77%的铁碳合金冷却到此曲线时，析出二次渗碳体，用Fe_3C_{II}表示。

⑤PQ线：碳在铁素体中的溶解度曲线。温度在727℃时，铁素体的溶碳能力最大，为0.0218%。随着温度的降低，溶解度随此线降低，室温时仅为0.0008%。因此，含碳量大于0.0008%的铁碳合金从727℃冷却时，将沿铁素体晶界析出渗碳体，称为三次渗碳体，用Fe_3C_{III}表示。

⑥ECF线：共晶线。含碳量为4.3%的液相合金，温度在1148℃时生成奥氏体与渗碳体的机械混合物，即莱氏体（Ld）。其共晶转变过程可用下式表达：

$$L_{4.3} \xleftrightarrow{1148℃} A_{2.11} + Fe_3C$$

⑦PSK线：共析线。含碳量为2.11%的奥氏体冷却至727℃时，同时析出铁素体与渗碳体的机械混合物，即珠光体（P）。其共析转变过程可用下式表达：

$$A_{0.77} \xleftrightarrow{727℃} F_{0.0218} + Fe_3C$$

3）相图上主要相区

①主要单相区：L、A、F、Fe_3C 等。

②主要双相区：A + L、L + Fe_3C、F + A、A + Fe_3C、F + Fe_3C 等。

（2）铁碳合金的分类（按相图上特征点的含碳量）　根据铁碳合金的含碳量的不同，可将铁碳合金分为工业纯铁、钢及白口铁三类。

1）工业纯铁　含碳量小于 P 点，即 $w_c < 0.0218\%$。

2）钢　含碳量在 P 点和 E 点之间，即 $0.0218\% < w_c < 2.11\%$。钢又可分为以下三种：

①亚共析钢　含碳量在 P 点和 S 点之间，即 $0.0218\% < w_c < 0.77\%$；

②共析钢　含碳量在 S 点，即 $w_c = 0.77\%$；

③过共析钢　含碳量在 S 点和 E 点之间，即 $0.77\% < w_c < 2.11\%$。

3）白口铁　含碳量在 E 点和 F 点之间，即 $2.11\% < w_c < 6.69\%$。白口铁又可分为三种：

①亚共晶白口生铁　含碳量在 E 点和 C 点之间，即 $2.11\% < w_c < 4.3\%$；

②共晶白口生铁　含碳量在 C 点，即 $w_c = 4.3\%$；

③过共晶白口生铁　含碳量在 C 点和 F 点之间，即 $4.3\% < w_c < 6.69\%$。

2.3.2.2　铁碳合金的结晶过程分析及组织

铁碳合金由于成分不同，室温下的组织不同，其组织可利用铁碳合金相图进行结晶过程分析而得到。工业纯铁的组织比较简单，在一定温度下从高温液体中结晶出 δ-Fe 的固溶体，随温度降低转变为 γ-Fe 的固溶体（即奥氏体 A），后又变为 α-Fe 的固溶体（即铁素体 F），然后又从铁素体中析出少量三次渗碳体 $Fe_3C_{Ⅲ}$，最终组织为 F + $Fe_3C_{Ⅲ}$。下面分析图 2-36 对应的其它铁碳合金的结晶过程及最终组织。

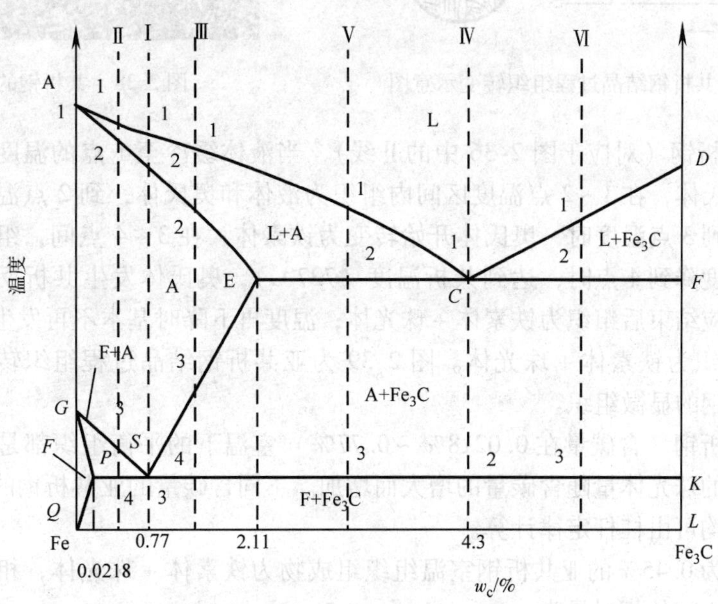

图 2-36　简化 Fe-Fe_3C 相图上对应的几种典型铁碳合金

（1）共析钢（对应于图 2-36 中的Ⅰ线）　当液体金属从高温缓冷到 1 点温度时，开始从液体中结晶出奥氏体，随温度降低，奥氏体量逐渐增加，液体量逐渐减少，当温度降低到 2 点的温度时，剩余的液体全部转变为奥氏体，温度在 2～3 点区间组织一直为奥氏体；冷却至 3 点温度时，达到共析温度（727℃），奥氏体发生共析反应，转变为 F 与 Fe_3C 层片相间的机械混合物，即珠光体 P；温度再下降时基本不再发生变化，因此共析钢室温下的平衡组织为珠光体 P。图 2-37 为共析钢结晶过程组织转变示意图，图 2-38 为共析钢的显微组织。

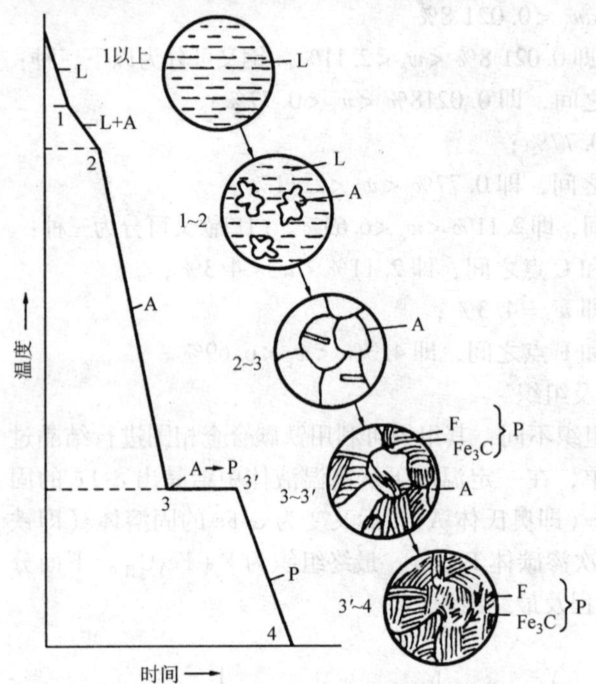

图 2-37　共析钢结晶过程组织转变示意图

图 2-38　共析钢的显微组织

（2）亚共析钢（对应于图 2-36 中的Ⅱ线）　当液体缓冷至 1 点的温度时，开始从液体中结晶出奥氏体，在 1 ~2 点温度区间内组织为液体和奥氏体，到 2 点温度时全部变为奥氏体组织；到 3 点温度时，奥氏体开始转变为铁素体，在 3 ~4 点间，组织为奥氏体和铁素体；当温度降到 4 点时，达到共析温度（727℃），奥氏体发生共析反应，转变为珠光体，共析反应结束后组织为铁素体 + 珠光体；温度再下降时基本不再发生变化，因此亚共析钢室温组织为铁素体 + 珠光体。图 2-39 为亚共析钢结晶过程组织转变示意图，图 2-40为亚共析钢的显微组织。

所有亚共析钢（含碳量在 0.0218% ~0.77%）室温下的平衡组织都是铁素体和珠光体，但组织中的珠光体量随含碳量的增大而增加。不同含碳量的亚共析钢的组织组成物及相组成物的量均可由杠杆定律计算。

如含碳量为 0.45% 的亚共析钢室温组织组成物为铁素体 + 珠光体，相组成物为铁素体 + 渗碳体，它们的相对量为

组织组成物：

$$w_F = \frac{0.77 - 0.45}{0.77 - 0.02} \times 100\% = 41.6\%$$

$$w_P = 1 - 41.6\% = 58.4\%$$

相组成物：

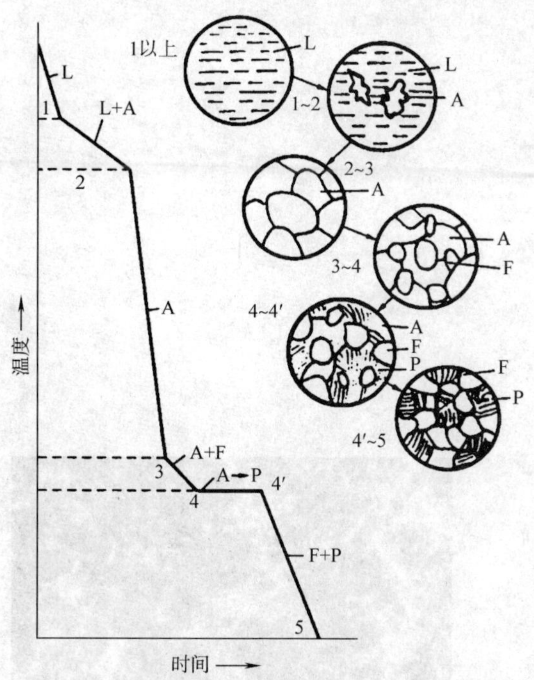

图 2-39　亚共析钢结晶过程组织转变示意图

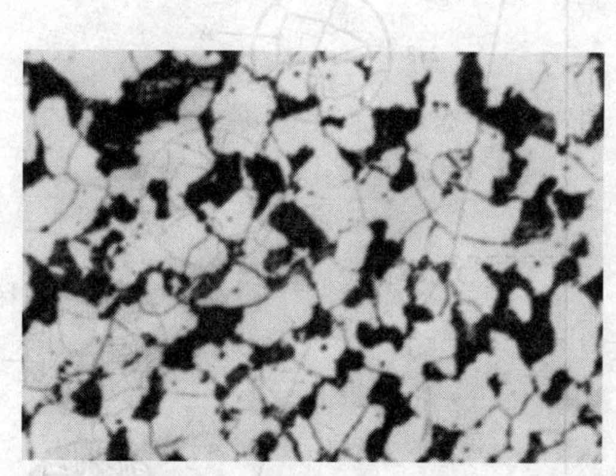

图 2-40　亚共析钢的显微组织

$$w_F = \frac{6.69 - 0.45}{6.69 - 0.0008} \times 100\% = 93.3\%$$

$$w_{Fe_3C} = 1 - 93.3\% = 6.7\%$$

（3）过共析钢（对应于图 2-36 中的Ⅲ线）　当液体缓冷至 1 点的温度时，开始从液体中结晶出奥氏体，在 1 ~2 点温度区间内组织为液体和奥氏体，到 2 点温度时全部变为奥氏体组织；到 3 点温度时，奥氏体中溶碳量达到饱和，开始从奥氏体析出二次渗碳体 $Fe_3C_{Ⅱ}$，二次渗碳体一般沿奥氏体晶界析出而呈网状分布，随着温度下降，$Fe_3C_{Ⅱ}$ 量逐渐增加；当缓冷至 4 点温度时，达到共析温度（727℃），奥氏体发生共析反应，转变为珠光体，共析反应结束后组织为珠光体 + 二次渗碳体；温度再下降时基本不再发生变化，因此过共析钢室温组织为珠光体 + 二次渗碳体。图 2-41 为过共析钢结晶过程组织转变示意图，图 2-42 为过共析钢的显微组织。

所有过共析钢（含碳量在 0.77% ~2.11%）室温下的平衡组织均为珠光体和二次渗碳体，但组织中的二次渗碳体的量随含碳量的增大而增加。

（4）共晶白口铁（对应于图 2-36 中的Ⅳ线）　当液体缓冷至 1 点对应的温度时，达到共晶温度（1148℃），液体发生共晶反应，结晶出奥氏体和渗碳体的机械混合物，即高温莱氏体 Ld，呈蜂窝状，共晶反应结束时组织全部为高温莱氏体 Ld；由 1 点温度继续冷却，从莱氏体的奥氏体中不断析出二次渗碳体，二次渗碳体与 Ld 中的渗碳体混在一起，不易分辨；当温度降到 2 点对应的共析温度（727℃）时，奥氏体发生共析反应生成珠光体，此时 Ld 转变为由珠光体与渗碳体组成的低温莱氏体 Ld′，共析反应结束后，组织全部为低温莱氏体 Ld′；温度降低至常温过程中组织基本不变，最终共晶白口铁常温组织为低温莱氏体 Ld′。图 2-43 为共晶白口铁结晶过程组织转变示意图，图

2-44 为共晶白口铁的显微组织。

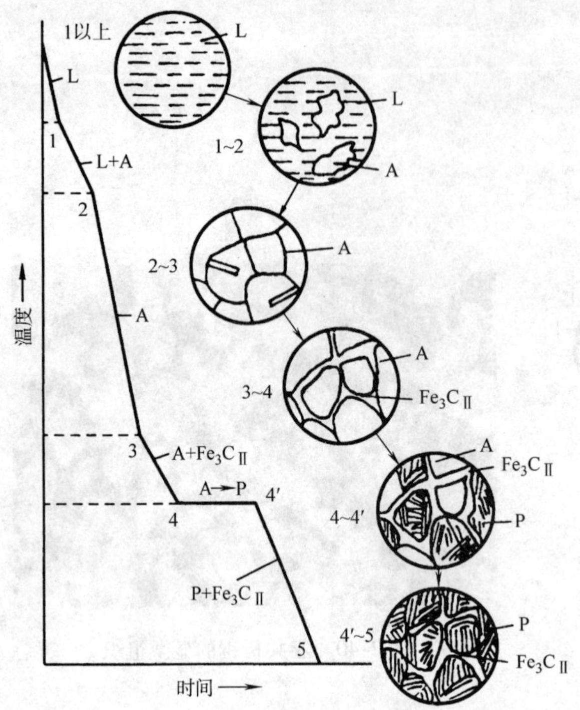

图 2-41　过共析钢结晶过程组织转变示意图

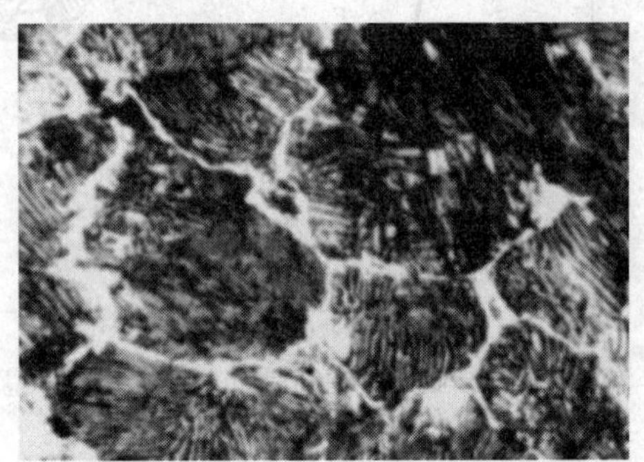

图 2-42　过共析钢的显微组织

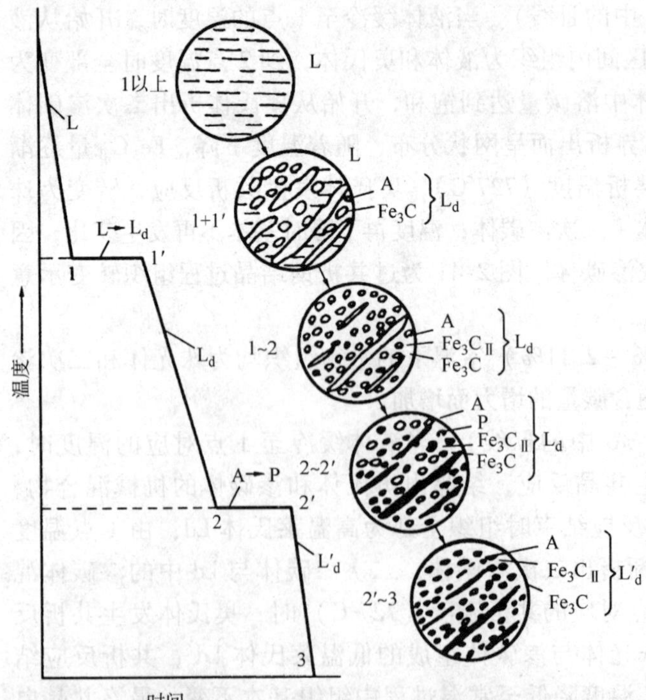

图 2-43　共晶白口铁结晶过程组织转变示意图

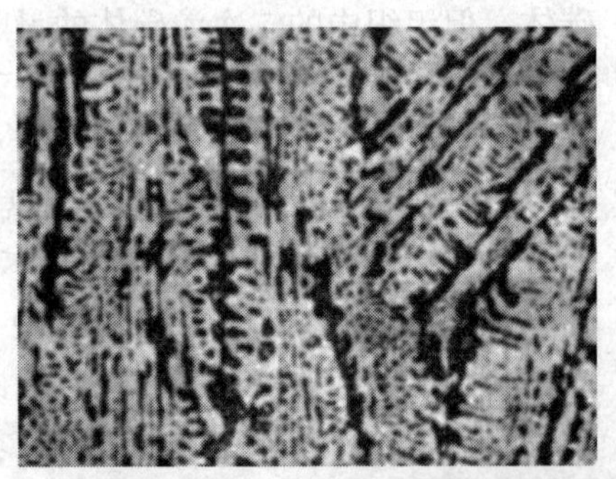

图 2-44　共晶白口铁的显微组织

（5）亚共晶白口铁（对应于图2-36中的Ⅴ线）　当液态合金冷至1点温度时，开始结晶出奥氏体，在1~2点温度区间，组织为液体和奥氏体；当温度降至2点对应的共晶温度（1148℃）时，剩余的液体发生共晶反应生成高温莱氏体Ld，共晶反应结束后组织为奥氏体和高温莱氏体；继续缓冷，在2~3点温度区间，从奥氏体中析出二次渗碳体，二次渗碳体沿奥氏体晶界呈网状分布，此时组织为$A + Fe_3C_{II} + Ld$；当温度降至3点对应的共析温度（727℃）时，奥氏体发生共析转变生成珠光体，高温莱氏体Ld变为低温莱氏体Ld′，共析反应结束时组织为$P + Fe_3C_{II} + Ld'$；温度再降低至常温，组织基本不变，最终亚共晶白口铁常温组织为$P + Fe_3C_{II} + Ld'$。图2-45为亚共晶白口铁结晶过程组织转变示意图，图2-46为亚共晶白口铁的显微组织。

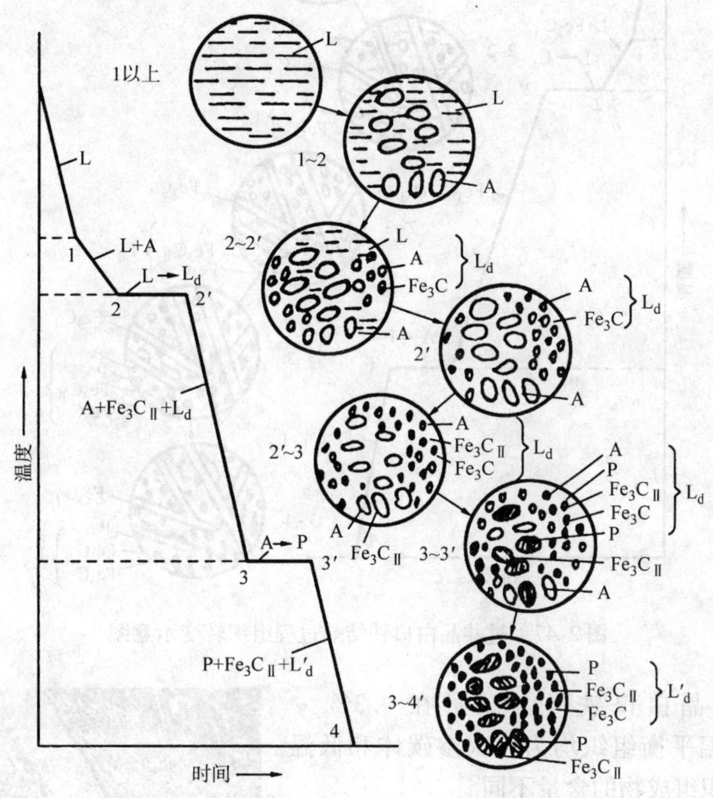

图2-45　亚共晶白口铁结晶过程组织转变示意图

所有亚共晶白口铁（含碳量在2.11%~4.3%）的室温组织均为$P + Fe_3C_{II} + Ld'$，但组织组成物的含量不同。

（6）过共晶白口铁（对应于图2-36中的Ⅵ线）　液体缓冷至1点温度时，开始从液体中结晶出一次渗碳体，呈粗大的片状；当温度下降至2点对应的共晶温度（1148℃）时，剩余液体发生共晶反应生成高温莱氏体Ld，共晶反应结束后组织为高温莱氏体和一次渗碳体；在2~3点温度时，组织

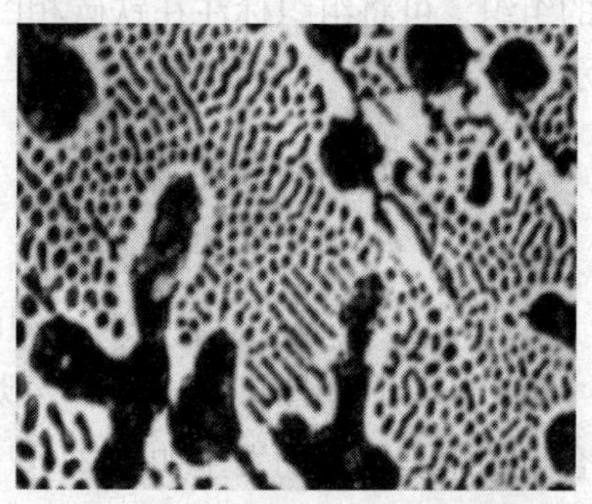

图2-46　亚共晶白口铁的显微组织

基本不变；当温度降至3点对应的共析温度（727℃）时，高温莱氏体Ld变为低温莱氏体Ld′，共析反应结束时组织为低温莱氏体和一次渗碳体；温度再降低至常温，组织基本不变，最终过共晶白口铁常温组织为高温莱氏体和一次渗碳体。图2-47为过共晶白口铁结晶过程组织转变示意图，图2-48为过共晶白口铁的显微组织。

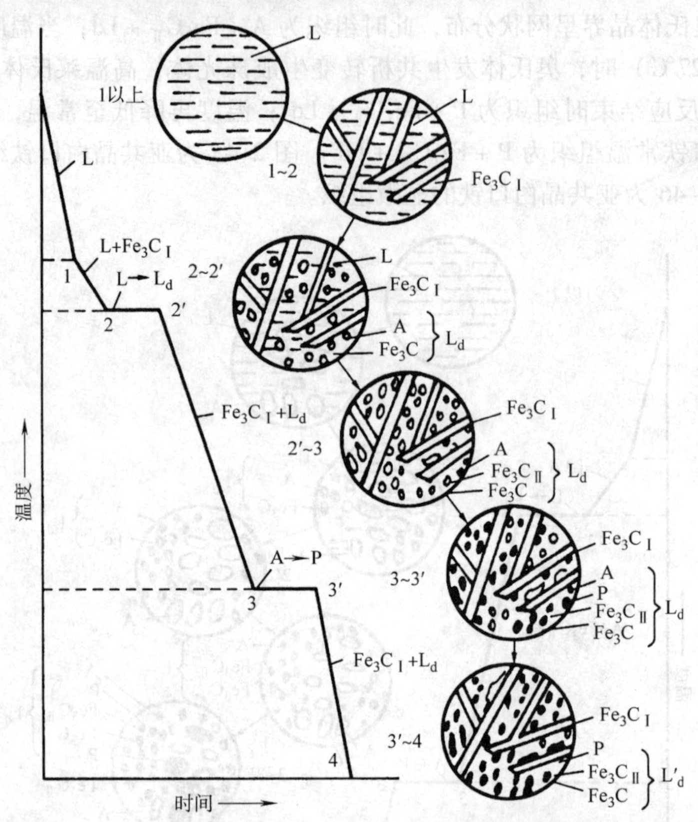

图2-47　过共晶白口铁结晶过程组织转变示意图

所有过共晶白口铁（含碳量在4.3%～6.69%）的室温平衡组织均为一次渗碳体和低温莱氏体，但组织组成物的含量不同。

根据以上结晶过程分析得到的不同种类铁碳合金的组织，可将组织标注在铁碳相图中，如图2-49所示。

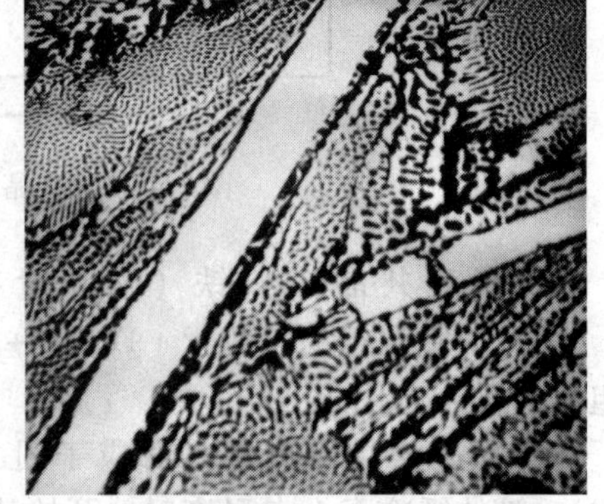

图2-48　过共晶白口铁的显微组织

2.3.3　铁碳合金成分、组织、性能间的关系

2.3.3.1　铁碳合金成分对组织的影响

由Fe-Fe_3C相图可知，随着含碳量的增加，铁碳合金的组织组成物发生如图2-50（a）的变化，即

$$F \to F+P \to P \to P+Fe_3C_{Ⅱ} \to P+Fe_3C_{Ⅱ}+Ld' \to Ld' \to Ld'+Fe_3C_{Ⅰ} \to Fe_3C$$

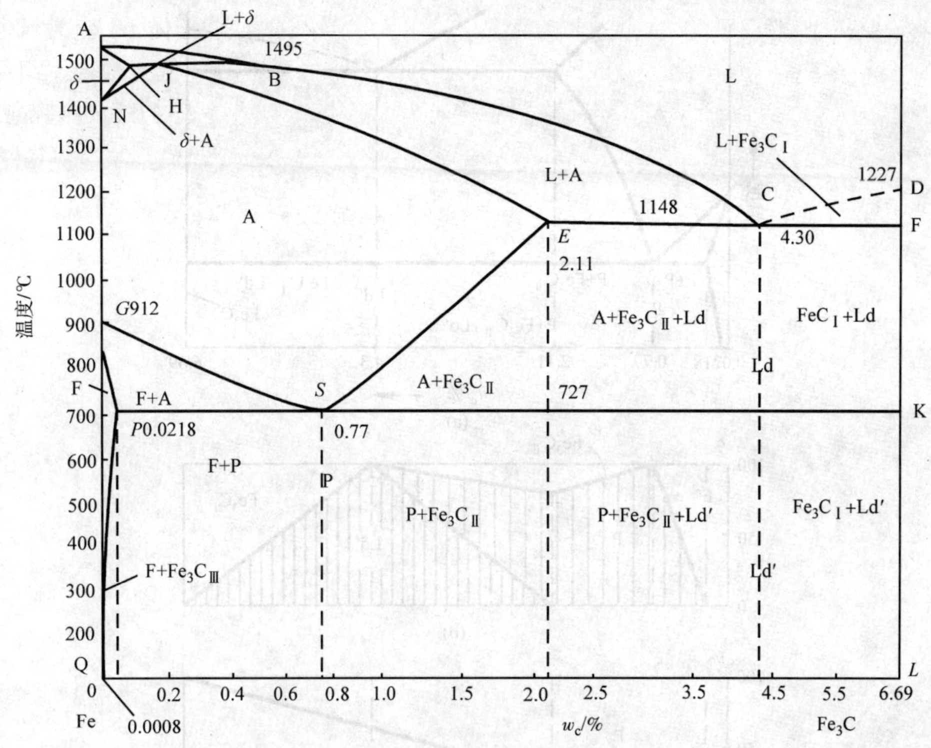

图 2-49　按组织标注的 Fe-Fe_3C 相图

而且组织组成物的相对含量也可由杠杆定律求出，数量关系如图 2-50（b）所示。铁碳合金的相组成物的变化为：铁素体 F 不断减少，渗碳体 Fe_3C 不断增加，由杠杆定律计算的数量关系如图 2-50（c）所示。

2.3.3.2　铁碳合金成分对力学性能的影响

如上所述，由于铁碳合金成分影响其组织，因而对合金力学性能产生影响，如图2-50（d）所示。

（1）硬度　硬度主要取决于组织组成物的硬度及相对数量，对组织的形态不敏感。铁碳合金随含碳量的增加，高硬度的 Fe_3C 增加，低硬度的 F 减少，故铁碳合金的硬度呈直线增加。

（2）塑性和韧性　铁碳合金的塑性和韧性主要由铁素体的含量决定。随含碳量的增加，高塑韧性的铁素体 F 减少，故铁碳合金的塑性和韧性不断下降，到白口铁时塑性和韧性几乎下降为零。

（3）强度　强度对组织形态比较敏感。随含碳量的增加，亚共析钢中珠光体 P 量增加，铁素体 F 量减少，而 P 的强度较高，F 的强度较低，故亚共析钢的强度随含碳量增加而增大。当含碳量超过共析成分后，由于强度很低的二次渗碳体 $Fe_3C_{Ⅱ}$ 沿晶界出现，当含碳量达到约 0.9% 时，$Fe_3C_{Ⅱ}$ 沿晶界形成完整的网状，强度开始降低，到含碳量超过 2.11% 时，出现莱氏体，渗碳体含量很高，合金强度很低，趋近于渗碳体的强度。

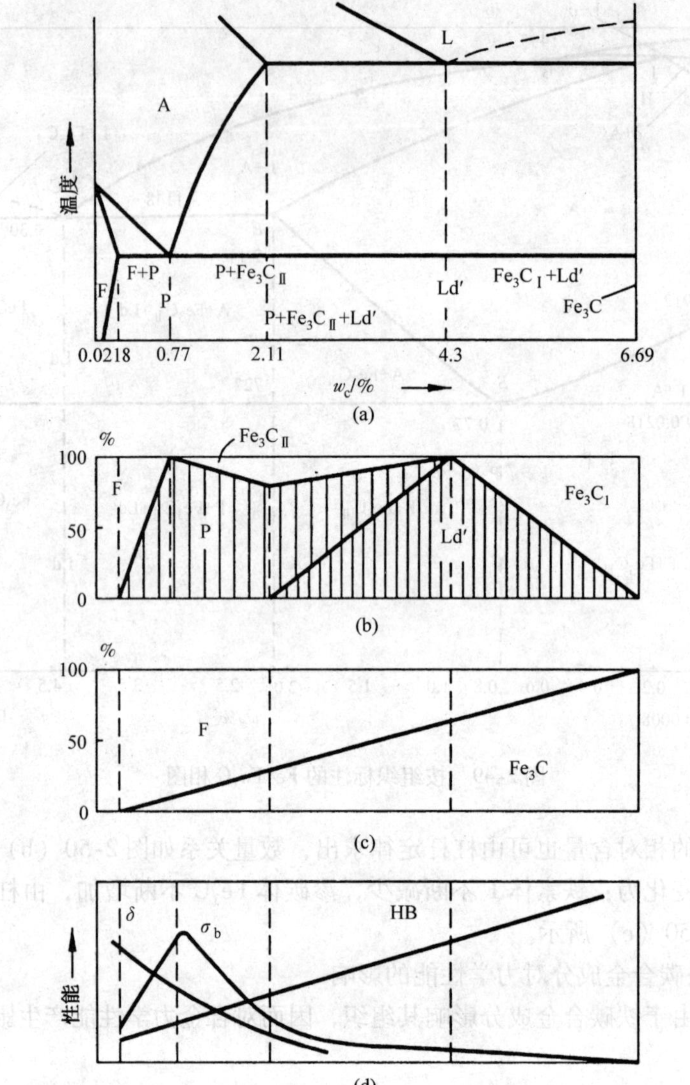

图 2-50　铁碳合金成分、组织、性能的关系图

2.3.4　铁碳合金相图的应用

铁碳合金相图对生产实践具有很重要的指导意义，主要用于钢铁材料的选用，还可用于指导铸造、锻造、焊接及热处理等热加工工艺的制订。

2.3.4.1　钢铁材料的选用

铁碳相图表明了铁碳合金组织和性能随成分的变化规律，因此可以根据零件的工作条件及性能要求，来选择合适的材料。例如，若需要塑性好、韧性高的材料，可选用低碳钢；若需要强度、硬度、塑性等都好的材料，可选用中碳钢；若需要硬度高、耐磨性好的材料，可选用高碳钢；若需要耐磨性高、不受冲击的工件用材料，可选用白口铁。

2.3.4.2　铸造工艺的制订

根据相图中液相线的位置，可确定各种铸钢和铸铁的浇注温度：浇注温度一般在液相线以上 150℃左右（如图 2-51 所示）。

可以为制订铸造工艺提供依据：如钢的熔化温度和浇注温度与铸铁相比要高得多，其铸造性能较差，易产生收缩，因而钢的铸造工艺比较复杂。

可以指导铸造材料成分的选择：共晶成分的铁碳合金熔点最低，结晶温度范围最小，具有良好的铸造性能。在铸造生产中，经常选用接近共晶成分的铸铁。

2.3.4.3　压力加工工艺的制订

奥氏体的强度较低，塑性较好，便于塑性变形，因此，钢材的锻造、轧制均选择在单相奥氏体区适当温度范围进行。一般始锻（轧）温度控制在固相线以下 100～200℃（如图 2-51 所示），温度过高，钢材易发生严重氧化或晶界熔化。终锻（轧）温度的选择可根据钢种和加工目的不同而异：对亚共析钢，一般控制在 GS 线以上，避免在加工时，铁素体呈带状组织而使钢材韧性降低；为了提高强度，某些低合金高强度钢选择 800℃为终轧温度；对过共析钢，则选择在 PSK 线以上某一温度，以便打碎网状二次渗碳体。

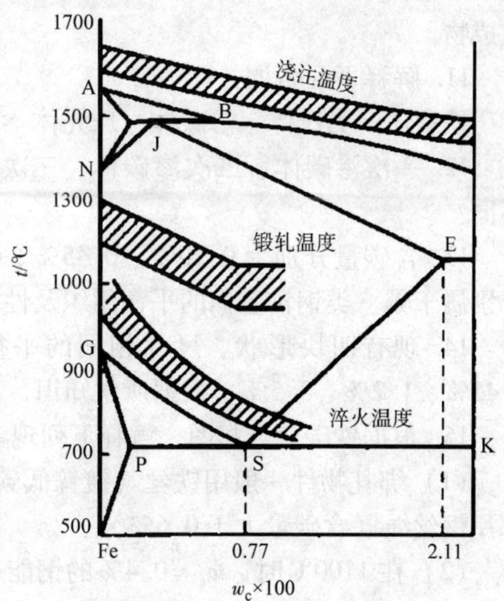

图 2-51　铁碳合金相图与热加工温度

2.3.4.4　焊接

焊接时，由焊缝到母材各区域的温度不同，根据铁碳相图，可分析受不同加热温度的各区域在随后的冷却中可能会出现的不同组织与性能，并以此确定在焊接后采用热处理方法加以改善。

2.3.4.5　热处理工艺的制订

铁碳合金相图对制订热处理工艺有着特别重要的意义，可以确定热处理的加热温度。这将在后续章节中详细介绍。

思考题

1. 解释下列名词：

晶格　晶胞　单晶体　多晶体　晶粒　晶界　相　组织　固溶强化　弥散强化

2. 常见的金属晶格类型有哪几种？简单说明其特征。
3. 金属的实际晶体中有哪些缺陷？它们对金属性能有何影响？
4. 什么是固溶体？什么是金属化合物？它们的结构特点和性能特点各是什么？
5. 合金的结构与纯金属的结构有什么不同？
6. 纯金属的结晶是怎样进行的？
7. 金属在结晶时，影响晶粒大小的主要因素是什么？
8. 晶粒大小对力学性能有何影响？
9. 金属细化晶粒的途径有哪些？
10. 默写简化的铁碳合金相图，说明图中主要点、线的含义，填出各相区的相和组织组成物。

11. 解释下列名词：

铁素体　奥氏体　渗碳体　珠光体　莱氏体

12. 一次渗碳体、二次渗碳体、三次渗碳体、共晶渗碳体、共析渗碳体的形态有何不同？

13. 含碳量分别为0.20%、0.45%、0.77%、1.2%的钢，按其在铁碳相图上的位置分别属于哪一类钢？它们的平衡组织及性能（强度、硬度、塑性、韧性）有何区别？

14. 现有四块形状、尺寸相同的平衡状态的铁碳合金，其含碳量分别为0.20%、0.45%、1.2%、3.5%，根据所学知识，可用哪些办法区分它们？

15. 根据铁碳合金相图，解释下列现象：

（1）绑扎物件一般用铁丝（镀锌低碳钢丝，含碳量小于0.2%），而起重机吊重物时都用钢丝绳（含碳量大于0.6%）。

（2）在1100℃时，w_c=0.4%的钢能进行锻造，而w_c=4.0%的铸铁不能进行锻造。

（3）钳工锯高含碳量的钢比锯低含碳量的钢费力且锯条易磨钝。

（4）钢适宜压力加工成型，而铸铁适宜铸造成型。

第3章　金属的塑性变形强化

金属材料的性能取决于其内部成分，但也可以通过一些方法去改变性能。塑性变形就是改变金属性能的一种方法，它是通过压力加工，如锻造、轧制、拉拔、挤压、冲压等方法使金属在外力作用下产生不能恢复原状的变形，以改变其组织和性能。因此，了解金属在塑性变形过程中组织变化的实质及变化规律，不仅可改善材料性能、提高产品质量，而且对改进材料的加工工艺也具有重要指导意义。

3.1　塑性变形的形式及过程

金属材料在外力作用下的塑性变形是通过其内部晶格原子的相对运动实现的，了解原子运动的基本形式即塑性变形的基本形式，可帮助理解塑性变形的实质及变形过程。

3.1.1　塑性变形的形式

塑性变形的基本形式主要有滑移和孪生，但主要形式是滑移。

3.1.1.1　滑移

滑移是指在切应力作用下，晶体的一部分相对另一部分沿一定的晶面产生一定距离的位移。滑移的实质是晶体内部的位错在切应力作用下运动的结果，而不是晶体的两部分作整体的相对滑动。如图3-1所示，在切应力作用下，晶体中的一个多余半原子面从晶体一侧到另一侧运动，即一条刃型位错从左到右移动，晶体产生滑移。由于每条位错移出晶体造成一个原子间距的变形量，因此晶体的总变形量是这个方向上原子间距的整数倍。

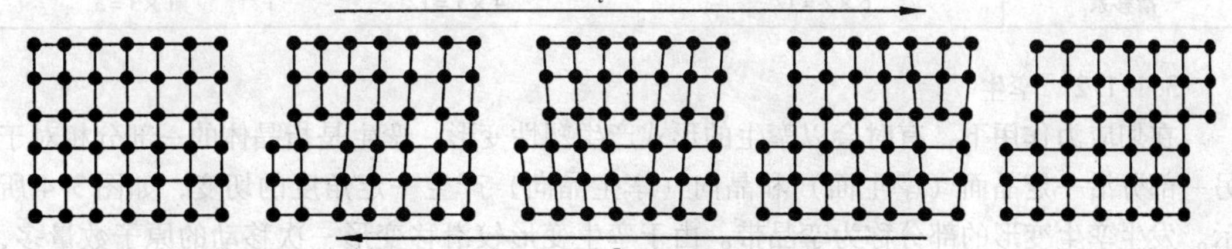

图3-1　位错运动造成的滑移

位错运动时，实际上并不需要整个滑移面上的全部原子同时移动。因为位错每次只产生一个原子间距的位移，只需位错中心上面的两列原子向右作微量的位移，位错中心下面的一列原子向左作微量的位移即可，如图3-2所示。所以，通过位错运动产生的滑移比整体刚性移动所需的切应力小得多。

晶体滑移后，滑移面两侧的原子排列与滑移前一样，但在显微镜下观察，可发现晶体表面出现一条条台阶状变形痕迹，即滑移带。滑移带实际是由若干条滑移线构成的，如图3-3所示。

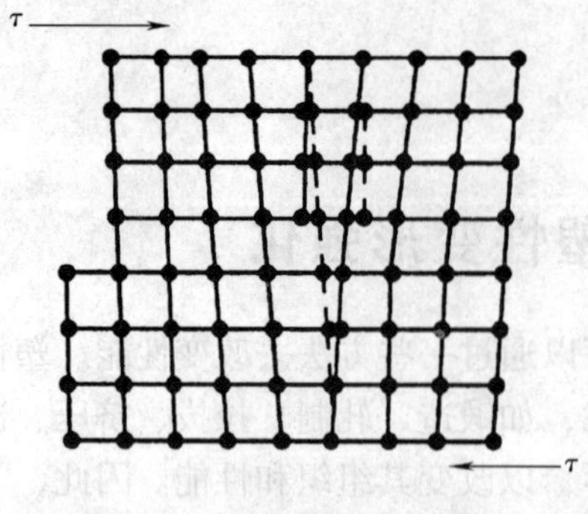

图 3-2 位错运动时原子的位移

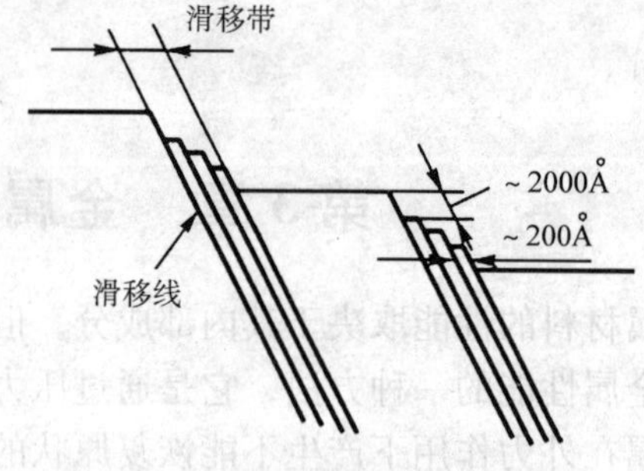

图 3-3 滑移带和滑移线示意图

滑移总是沿原子密度最大的晶面（密排面）和其上密度最大的晶向（密排方向）进行，这是由于密排面之间、密排方向之间的间距最大，结合力最小。因此，滑移面为晶体的密排面，滑移方向为该面上的密排方向。一个滑移面和其上的一个滑移方向组成一个滑移系，滑移系越多，金属发生滑移的可能性越大，塑性越好。滑移系相同时，滑移方向越多，塑性越好。表 3-1 为三种常见晶格的滑移系。

表 3-1 三种常见晶格的滑移系

晶格	体心立方	面心立方	密排六方
滑移面	包含两相交体对角线的晶面 ×6	包含三邻面对角线的晶面 ×4	六方底面 ×1
滑移方向	体对角线方向 ×2	面对角线方向 ×3	底面对角线 ×3
简图			
滑移系	6 ×2 =12	4 ×3 =12	1 ×3 =3

3.1.1.2 孪生

在切应力作用下，有时会以孪生的形式产生塑性变形。孪生是指晶体的一部分相对于另一部分沿一定晶面（孪生面）和晶向（孪生晶向）产生一定角度的切变，如图 3-4 所示。发生孪生变形的部分称为孪晶带。由于孪生变形较滑移变形一次移动的原子数量多，故其临界切应力大，因此，只有不易产生滑移的金属如 Cd、Mg、Be 等才产生孪生变形。

3.1.2 塑性变形的过程

3.1.2.1 单晶体的塑性变形

大多数金属是由许多不同位向的晶粒组成的多晶体，但为了方便理解多晶体的塑性变形，先来研究单晶体的塑性变形。

如图 3-5 所示，当单晶体试样拉伸时，拉力 p 在一定晶面上分解为两个分力：平行于该晶面的切应力 τ 和垂直于该晶面的正应力 σ。

正应力的作用是使晶体的晶格产生弹性拉长［图 3-5（b）］，当正应力大到超过晶面

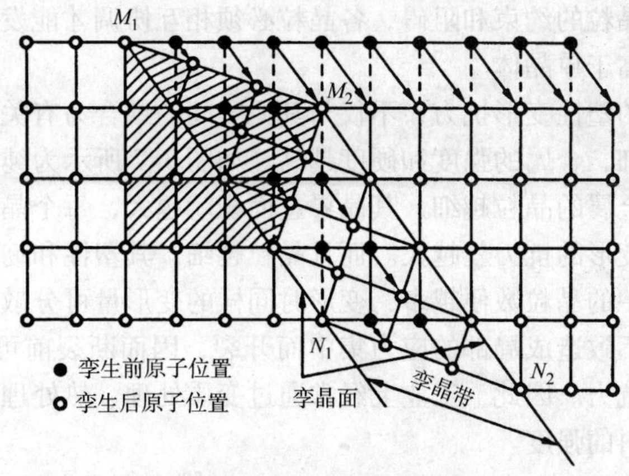

图3-4　孪生变形示意图

间原子的吸引力时，晶体发生断裂［图3-5（c）］，而不产生塑性变形。

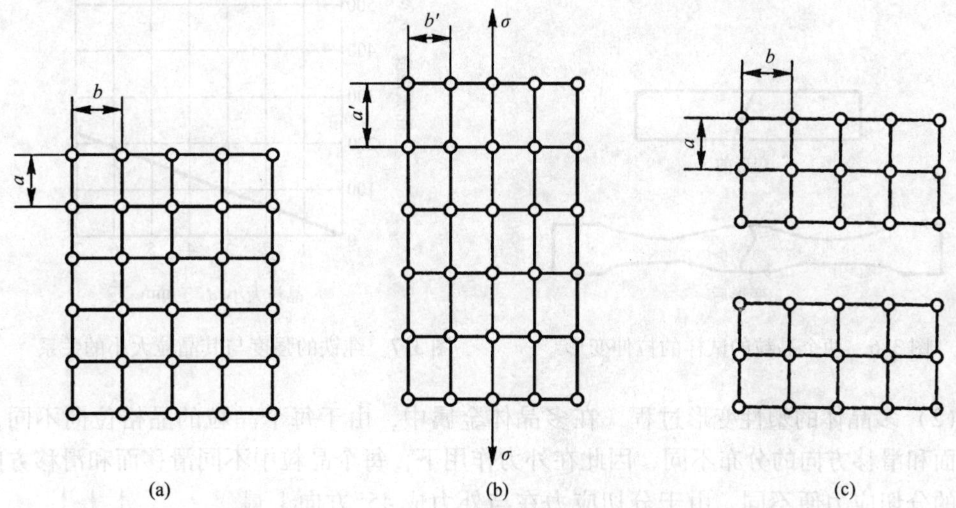

图3-5　晶体在正应力作用下的弹性变形及断裂

切应力的作用如前所述，可使晶体中的位错沿滑移面运动，使晶体产生滑移，造成晶体的塑性变形。

3.1.2.2　多晶体的塑性变形

多晶体由很多晶粒组成，每个晶粒的塑性变形方式与单晶体相似（即仍以滑移等方式进行），但由于晶界的存在及每个晶粒位向的不同，多晶体的塑性变形过程要比单晶体复杂得多。

（1）晶界和晶粒位向的影响　以最简单的多晶体（两个晶粒组成）拉伸试验来说明。如图3-6所示，试样拉伸变形后出现明显的所谓“竹节”现象，即晶粒中部出现明显的缩颈，而晶界附近则难以变形。这是因为晶界附近原子排列紊乱，晶格畸变较大，使得滑移时该处位错运动的阻力较大，难以发生变形，因此晶界处塑性变形抗力较大。另外，多晶体中不同晶粒晶格位向的不同也会增大其滑移抗力，因为任一晶粒的滑移都必然会受到其周围不同晶格位向晶粒的约束和阻碍，各晶粒必须相互协调才能发生变形，因此多晶体金属的变形抗力总是高于单晶体。

由此可见，金属的塑性变形抗力，不仅与其原子间的结合力有关，而且还与金属的晶粒度有关，即晶粒越细，金属的强度和硬度越高。如图3-7所示为纯铁的强度与其晶粒大小的关系。这是因为金属的晶粒越细，其晶界总面积就越大，每个晶粒周围不同位向的晶粒数就越多，对塑性变形的抗力就越大。而且晶粒越细，其塑性和韧性也越高，因为晶粒越细，金属单位体积中的晶粒数便越多，变形时同样的变形量可分散在更多的晶粒中，产生较均匀的变形，而不致造成局部的应力集中而开裂，因而断裂前可产生较大的变形量，具有较高的塑性变形抗力。因此，工业上经常通过变质处理、热处理、压力加工等方法细化晶粒，提高金属材料的强度。

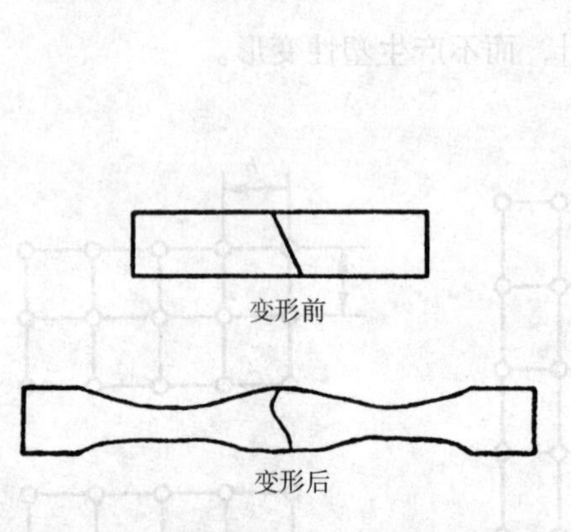

图3-6　两个晶粒的试样的拉伸变形

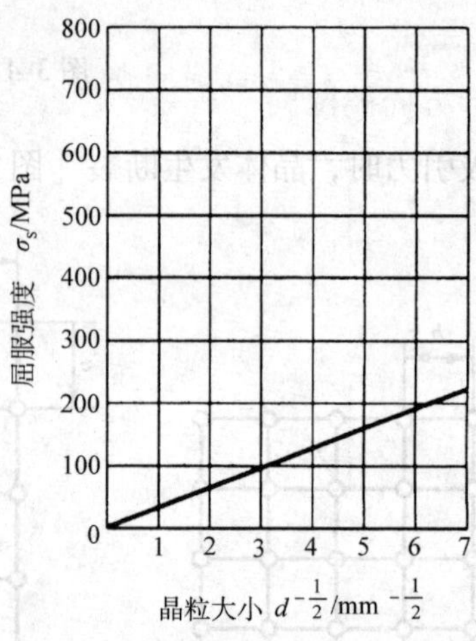

图3-7　纯铁的强度与其晶粒大小的关系

（2）多晶体的塑性变形过程　在多晶体金属中，由于每个晶粒的晶格位向不同，其滑移面和滑移方向的分布不同，因此在外力作用下，每个晶粒中不同滑移面和滑移方向上所受的分切应力便不同。由于分切应力在与外力成45°方向上最大，而与外力平行或垂直方向上最小，因此，多晶体中凡滑移面和滑移方向处于或接近于与外力成45°夹角的晶粒首先发生塑性变形，通常称这种位向为“软位向”；而滑移面和滑移方向处于或接近于与外力平行或垂直的晶粒则称它们处于“硬位向”，最难发生变形。

因此，多晶体的塑性变形最早是一批处于软位向的晶粒发生滑移，而其周围的晶粒只能发生弹性变形；随着滑移的进行，晶粒的位向会发生转动，首批软位向的晶粒逐步转为硬位向停止继续滑移，而周围的另一批硬位向晶粒逐步转为软位向开始滑移变形。所以，多晶体的塑性变形总是一批一批晶粒逐步地发生，从少量的晶粒开始逐步扩大到大量的晶粒，从不均匀的变形逐步发展到比较均匀的变形，变形过程要比单晶体复杂得多。图3-8为多晶体中不同位向的晶粒分批滑移的示意图，分批滑移的次序为 A、B、C。

图3-8　多晶体金属中晶粒滑移次序示意图

3.2　冷塑性变形对金属组织性能的影响

金属在较低温度（再结晶温度之下，后面会讲到）下的变形称为冷塑性变形。变形后金属的组织、结构、性能均产生变化。

3.2.1　冷塑性变形对金属组织结构的影响

3.2.1.1　对组织的影响

金属产生冷塑性变形后，随着金属外形的变化，其内部晶粒的形状也会发生相应的变化。如随金属外形的拉长或压扁，晶粒也会拉长或压扁，如图 3-9 所示。当形变量较大时，晶粒会被拉长为细长条状或纤维状甚至破碎，晶界变得模糊不清，同时金属中的夹杂物也沿变形方向被拉长，形成冷变形“纤维组织”。

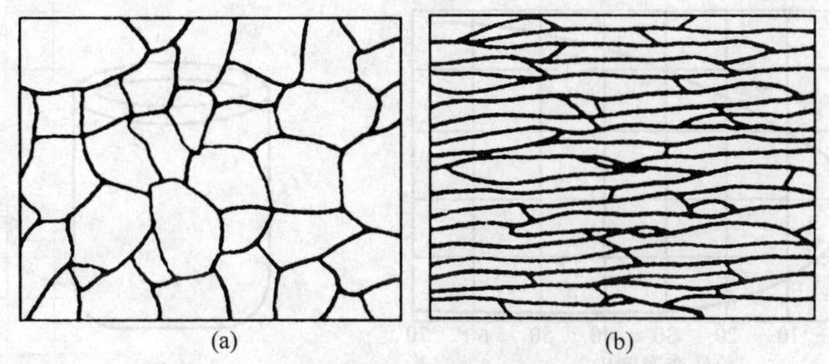

图 3-9　金属冷塑性变形后组织的变化

（a）变形前　（b）变形后

3.2.1.2　对结构的影响

金属产生冷塑性变形时，内部结构也产生变化。塑性变形是由位错运动造成的，位错运动会受到晶界及周围其它位错的阻碍，造成位错的堆积或缠结，使得位错密度增大。当形变量不大时，位错往往堆积在变形晶粒的晶界附近；当变形量达到一定程度时，位错在晶粒内部的缠结造成晶粒破碎为亚晶块，如图 3-10 所示。因此塑性变形会造成金属内部位错密度的增加及亚晶界的增加，晶格畸变增大。

金属塑性变形到很大程度（变形量超过 70%）时，由于晶粒发生转动，使各晶粒的位向趋向于大体一致，形成特殊的择优取向，这种有序化的结构称为“形变织构”。大变形量拉拔时，各晶粒的一定晶向平行于拉拔方向，称为丝织构；大变形量轧制时，各晶粒的一定晶面和晶向平行于轧制方向，称为板织构。如图 3-11 所示。

3.2.2　冷塑性变形对金属性能的影响

金属产生塑性变形后，随变形量的增大，强度和硬度显著提高，塑性和韧性显著下降，这种现象称为加工硬化，也叫形变强化。如图 3-12 所示为低碳钢的塑性变形对其强度和塑性的影响。这是由于塑性变形会造成金属内部位错堆积和缠结、位错密度增加，造成位错运动阻力增加，塑性变形抗力提高；另外，由于亚晶界的增加，晶格畸变增大也使得强度提高。在生产中可通过冷轧、冷拔提高钢板或钢丝的强度。

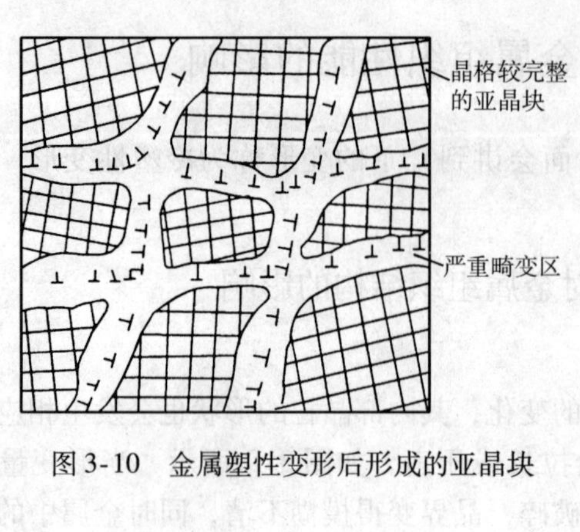

图 3-10　金属塑性变形后形成的亚晶块

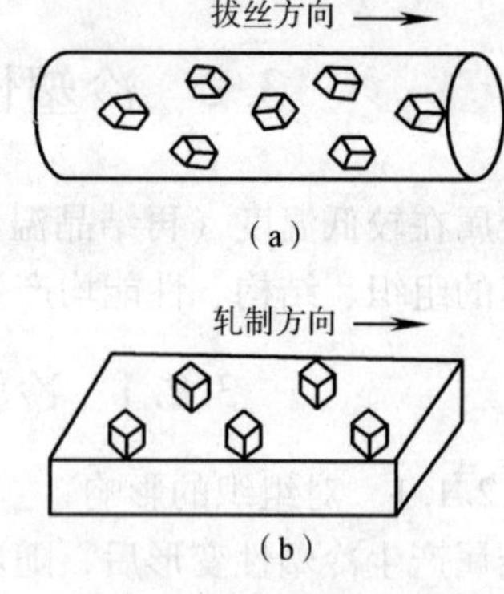

图 3-11　形变织构示意图

（a）丝织构　（b）板织构

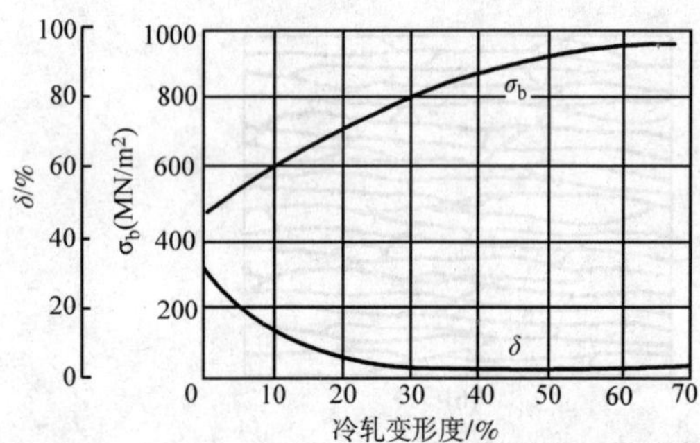

图 3-12　低碳钢的塑性变形对其强度和塑性的影响

（a）　（b）

图 3-13　冲压件的制耳现象

（a）无织构　（b）有织构

纤维组织及织构的形成，使金属的性能产生各向异性。各向异性在大多数情况下都是不利的，如用带有织构的板材冲制筒形零件时，由于不同方向上的塑性差别很大，零件的边缘会出现“制耳”，如图 3-13 所示。

但塑性变形造成的各向异性也有有利的一面，如沿纤维方向的强度和韧性明显高于纤维的垂直方向。因此，制作板材弯曲件时，最好让弯曲变形最大的方向沿板材的轧制方向。制作变压器铁芯的硅钢片，由于沿织构方向最易磁化，因此使其织构方向平行于磁场，可使变压器铁芯的磁导率显著增大，磁损大大减少，大大提高变压器的效率。

3.3　冷塑性变形金属加热后组织性能变化

冷塑性变形后，金属产生加工硬化现象，虽然强度和硬度提高，但塑性和韧性下降，不利于进一步塑性变形。因此，金属在塑性变形之后或在其加工变形的过程中，为提高变形金属的塑性和韧性，方便继续进行塑性变形加工，可对其加热，使其组织性能再次发生变化。随加热温度的提高，变形金属将相继发生回复、再结晶、晶粒长大的变化过程，如图 3-14 所示。

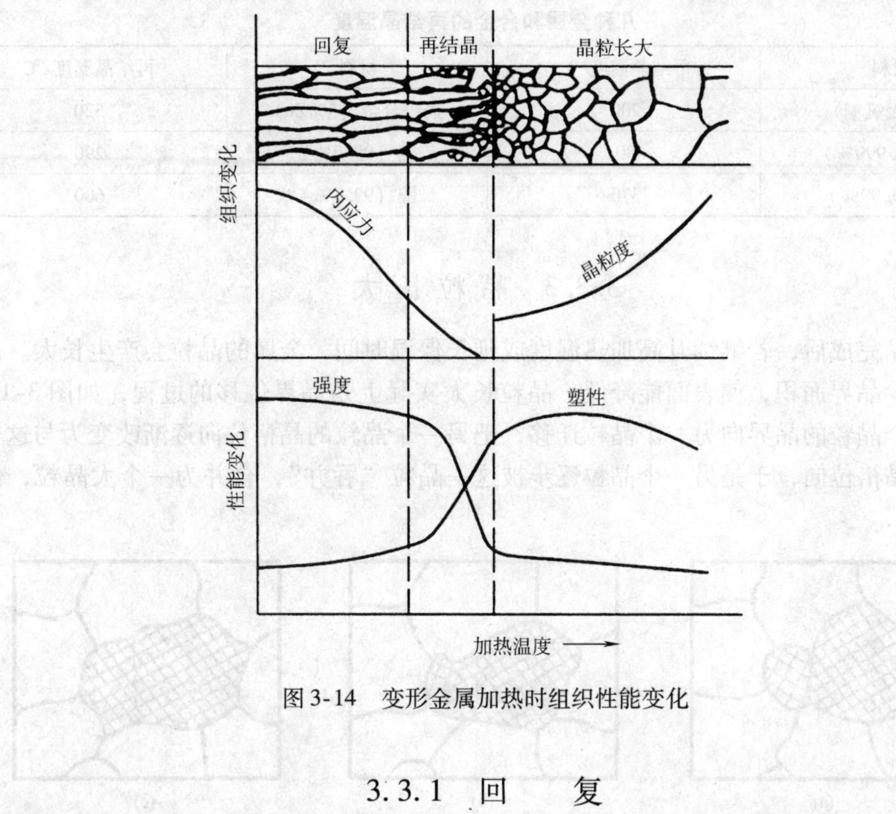

图 3-14　变形金属加热时组织性能变化

3.3.1　回　　复

塑性变形后的金属，在加热温度较低时，由于原子扩散能力不是很大，只是晶粒内部的位错、空位、间隙原子等缺陷通过移动、复合而大大减少，而晶粒仍保持变形后拉长破碎的形态。材料的强度和硬度略有降低，塑性有所提高，但残余应力大大降低。工业上常利用回复过程对变形金属进行去应力退火，以降低残余应力，保留加工硬化效果。

3.3.2　再 结 晶

塑性变形后的金属，在加热温度高于一定温度（再结晶温度 $T_{再}$）时，由于原子扩散能力增大，其晶粒的外形开始发生变化，由拉长破碎的晶粒通过重新生核、长大变为新的均匀、细小的等轴晶粒，这个过程称为“再结晶”。新的等轴晶粒的晶格类型与变形前后金属的晶格类型相同。

纯金属的再结晶温度 $T_{再} \approx 0.4T_{熔点}$，$T_{熔点}$ 为金属熔点的热力学温度。

合金的再结晶温度除与其熔点有关外，还受其它因素影响。如塑性变形量越大，金属的晶体缺陷越多，组织越不稳定，再结晶温度就越低；如合金元素可阻碍原子扩散，显著提高再结晶温度。表 3-2 为几种金属和合金的再结晶温度。为了缩短再结晶退火时间，实际采用的再结晶退火温度比再结晶温度要高 100 ~ 200℃。

再结晶后，金属的强度和硬度明显降低，而塑性和韧性大大提高，加工硬化现象被消除，内应力全部消失。生产中经常采用再结晶退火，使金属在变形后或变形过程中，降低其硬度，提高其塑性，便于进一步加工。但必须正确确定加热温度，否则一旦加热温度过高，会造成晶粒长大，使金属性能变差。

表 3-2　　几种金属和合金的再结晶温度

材料	再结晶温度/℃	材料	再结晶温度/℃
铜（无氧铜）	200	铜锌合金（5%Zn）	320
铝（99.999%）	80	铝（99.0%）	290
镍（99.99%）	370	镍（99.4%）	600

3.3.3 晶 粒 长 大

再结晶完成后，若继续升高加热温度或延长保温时间，金属的晶粒会产生长大。晶粒长大可减少晶界面积，使表面能降低。晶粒长大实际上是晶界位移的过程，如图 3-15 所示，即一个晶粒的晶界向另一个晶粒迁移，把另一个晶粒的晶格位向逐渐改变为与这个晶粒相同的晶格位向，于是另一个晶粒逐步被这一晶粒“吞并”，合并为一个大晶粒，使晶粒长大。

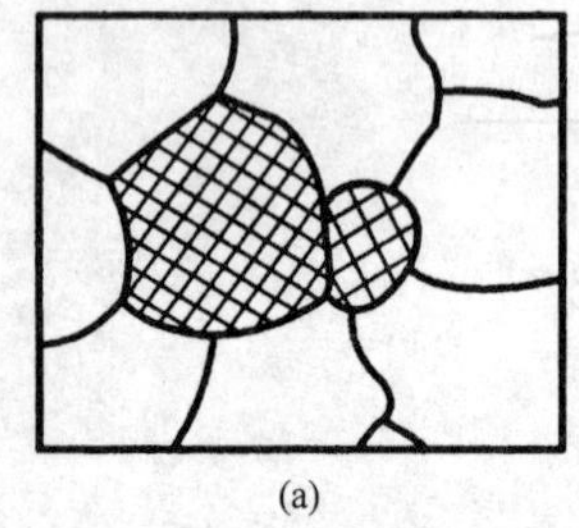
(a)

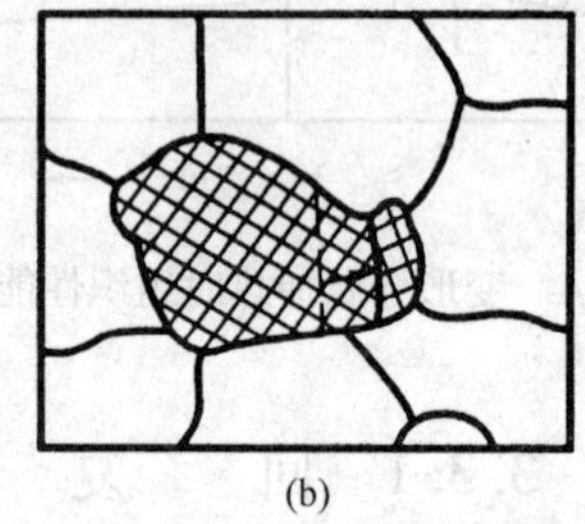
(b)

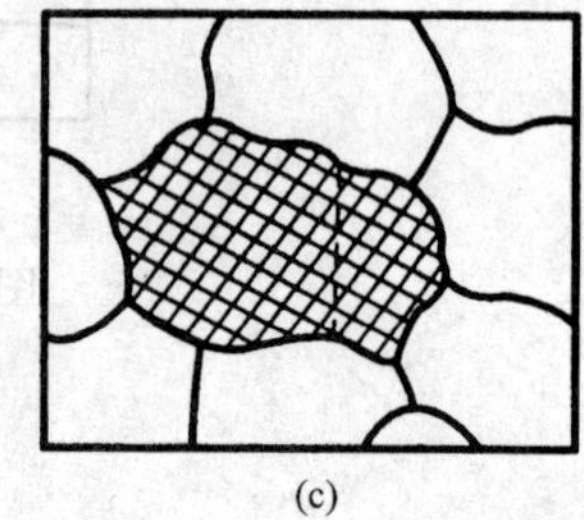
(c)

图 3-15　晶粒长大示意图

如果变形不均匀，再结晶后晶粒大小就不均匀，大小晶粒间的能量差异较悬殊，很容易发生大晶粒吞并小晶粒，使晶粒快速长大，这种晶粒的不均匀急剧长大现象称为“二次再结晶”。

晶粒长大使金属的强度、硬度、塑性、韧性等力学性能显著降低，因此应避免晶粒长大。

3.4 热塑性变形对金属组织性能的影响

由于冷塑性变形使金属产生加工硬化，变形抗力增加，因此生产上对较难变形的金属或变形量大的金属常采用热塑性变形，如热轧、热拉拔、热挤压、锻造等。在再结晶温度以上的变形称为热塑性变形（或热加工），在再结晶温度以下的变形称为冷塑性变形（或冷加工）。如铁的再结晶温度为 451℃，故在 400℃的加工变形仍属于冷加工；而铅的再结晶温度为 -33℃，故在室温（20℃左右）的加工变形就属于热加工。热加工也会使金属的组织性能产生变化。

热塑性变形使金属铸态组织中的气孔、缩孔、缩松等焊合，使组织更加致密，使金属内部成分及夹杂物的分布更加均匀，能打碎金属内部粗大的晶粒并通过再结晶形成细小的等轴晶粒。由于热加工后金属组织变得更细、更密、更匀，金属的力学性能显著提高。因此工业上凡受力较大、受冲击载荷较大的工件，如轴、齿轮、连杆等类零件大多要进行热加工成型。

另外，热加工变形后，特别是在变形量大的情况下，金属内部的晶粒及夹杂物会沿变形方向变细拉长，形成所谓的热加工纤维组织（或称流线），使金属的力学性能出现各向异性，即沿流线方向的强度、塑性、韧性大于流线的垂直方向。因此，热加工变形的工件应尽量使流线分布合理。如图 3-16（a）所示的曲轴锻件，其流线沿曲轴轮廓分布，曲轴工作时的最大应力与流线平行，曲轴不易断裂；而图 3-16（b）中的曲轴为锻造圆钢切削加工而成，其流线分布不合理，易沿轴肩发生断裂。

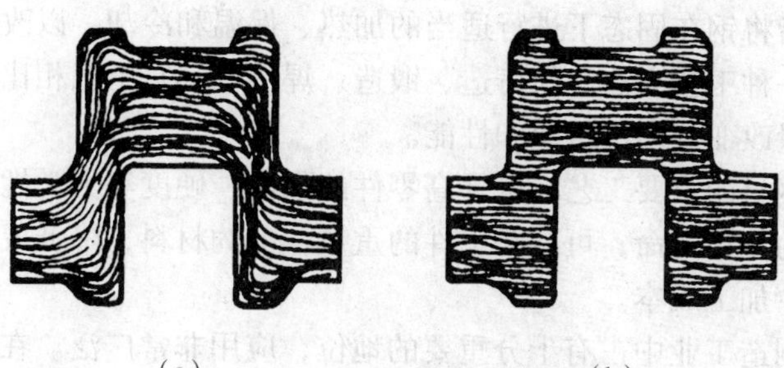

图 3-16　曲轴中的流线分布

思考题

1. 解释名词：

滑移　加工硬化　回复　再结晶　热加工　冷加工　锻造流线

2. 塑性变形的形式是什么？其实质是什么？
3. 为什么实际金属的强度比理论强度低得多？
4. 为什么细晶粒金属的强度、硬度、塑性、韧性都较高？
5. 举例说明回复和再结晶在工业生产中的应用。
6. 用冷拉钢丝制成的弹簧为什么要低温回火？
7. 冷加工和热加工后金属组织性能的变化有什么不同？

第4章　钢的热处理

4.1　钢的热处理概述

钢的热处理是指将钢在固态下进行适当的加热、保温和冷却，以改变其内部组织，从而获得所需性能的一种工艺方法。与铸造、锻造、焊接等其它工艺相比，热处理不改变工件的形状和尺寸，只改变其内部组织和性能。

热处理是强化钢材的重要工艺，可提高零件的强度、硬度等力学性能，充分发挥钢材的潜力，延长工件的使用寿命；可减轻工件的重量，节约材料，降低成本；也可改善零件切削加工性能，减少加工成本。

热处理在机械制造工业中占有十分重要的地位，应用非常广泛。在机床制造行业中需要热处理的工件占60%～70%，在汽车拖拉机行业中占70%～80%，而在滚动轴承和各种工具、模具与量具制造中几乎占100%。随着科学和现代工业技术的发展，对钢铁材料的性能要求越来越高，热处理在改善和强化金属材料、提高产品质量、节省材料、提高经济效益方面将发挥更大的作用。

根据热处理的目的和在加工过程中的工序位置，可分为预先热处理和最终热处理两大类。预先热处理一般安排在毛坯加工之后、切削加工之前，其主要作用是消除毛坯中的组织缺陷，降低内应力，调整硬度，改善切削加工性能。最终热处理一般安排在粗加工或半精加工之后，精加工之前，其作用是改变工件的组织，提高力学性能，以满足工件的使用性能要求。

根据加热和冷却方法的不同，常用热处理方法大致分类如下：

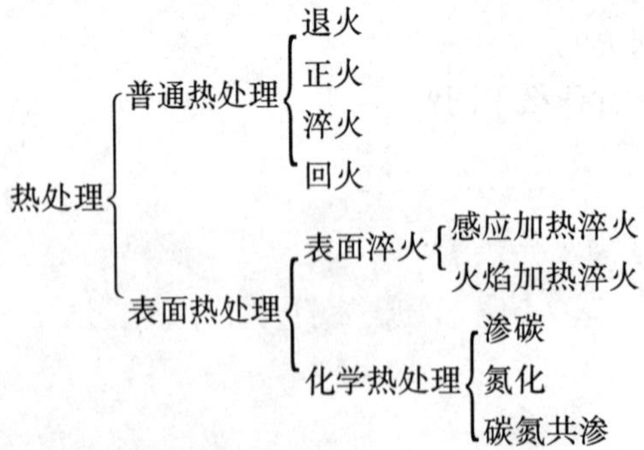

钢的热处理方法较多，但一般由加热、保温和冷却三个阶段组成。因此，要了解各种热处理方法对钢的组织与性能的改变情况，必须研究钢在加热和冷却过程中的组织转变规律。

4.2 钢在加热时的组织转变

4.2.1 加热温度

钢必须加热到一定温度才会发生相变，加热的温度及相变的规律可用 Fe-Fe_3C 相图进行研究。图 4-1 为 Fe-Fe_3C 相图的左下部分，由图可知，碳钢被缓慢加热至 A_1、A_3、A_{cm}临界温度以上时要发生组织转变，但实际热处理生产中，加热和冷却不是很缓慢，发生组织转变的温度与相图所示的 A_1、A_3、A_{cm} 有一定偏离，实际加热时各临界转变温度为 Ac_1、Ac_3、Ac_{cm}，冷却时各临界转变温度为 Ar_1、Ar_3、Ar_{cm}，如图 4-1 所示。由铁碳合金相图确定的碳钢的近似临界转变温度见表 4-1。

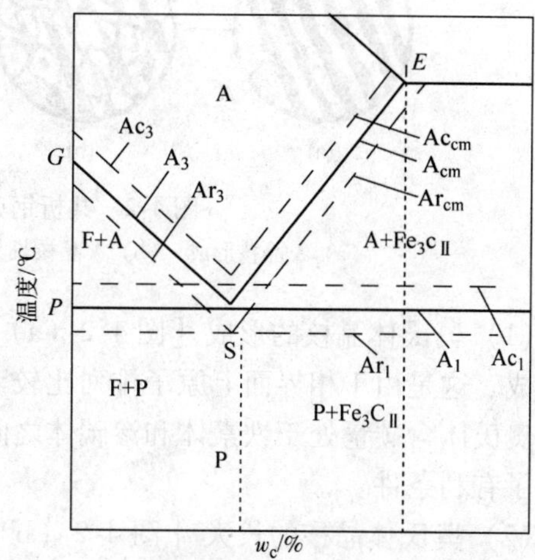

图 4-1　钢加热和冷却时 Fe-Fe_3C 相图上各相变温度的实际位置

表 4-1　　碳钢热处理时的临界转变温度（近似值）

牌号	临界温度/℃			
	Ac_1	Ac_3 或 Ac_{cm}	Ar_1	Ar_3
20	735	854	682	835
30	732	813	677	796
40	724	790	680	760
45	724	780	682	751
50	725	760	690	721
55	727	774	690	755
T7	725	765	700	–
T8	730	750	700	–
T10	730	800	700	–
T12	730	820	700	–
T13	730	830	700	–

热处理时的加热温度主要由钢的临界转变温度 Ac_1、Ac_3、Ac_{cm} 确定，不同的钢进行不同的热处理时所使用的临界温度不同。如亚共析钢退火时加热温度要高于其 Ac_3，过共析钢退火加热温度高于其 Ac_1，过共析钢正火加热温度高于其 Ac_{cm}。不同的钢进行不同热处理时的具体加热温度，在后面钢的热处理工艺部分有详细说明。

4.2.2 转变过程

钢进行热处理时首先要加热，任何成分的碳钢加热到一定温度时，其组织都要发生珠光体 P（F + Fe_3C）向奥氏体 A 的转变，称为“奥氏体化”。奥氏体形成过程是通过晶格改组和铁、碳原子的扩散进行的，分为四个阶段，如图 4-2。

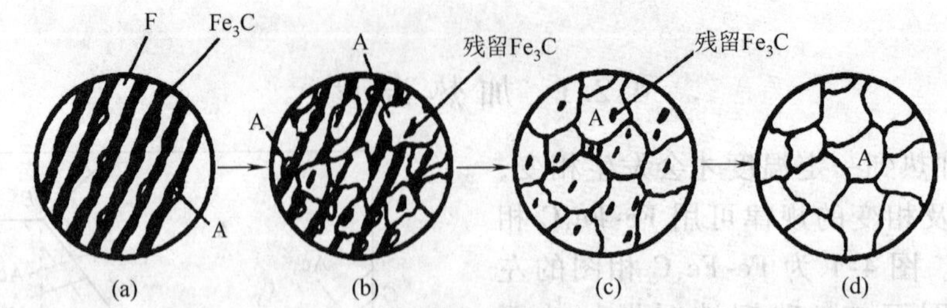

图 4-2　共析钢奥氏体形成过程示意图

(a) A 晶核形成　(b) A 晶核长大　(c) 残留 Fe_3C 溶解　(d) A 均匀化

(1) 奥氏体晶核的形成［图 4-2 (a)］　奥氏体晶核优先在铁素体和渗碳体的相界面上形成。这是由于相界面上原子排列比较紊乱，位错密度较高，空位较多，成分不均匀，而且奥氏体含碳量处于铁素体和渗碳体之间，于是在浓度和结构两方面为奥氏体晶核形成提供了有利条件。

(2) 奥氏体晶核的长大［图 4-2 (b)］　奥氏体晶核形成后，通过铁、碳原子的扩散，使相邻的铁素体体心立方晶格不断转变为面心立方晶格的奥氏体，与其相邻的渗碳体则不断溶入奥氏体中，使奥氏体晶核逐渐向铁素体和渗碳体两个方面长大，直至铁素体全部转变为奥氏体。

(3) 残留渗碳体溶解［图 4-2 (c)］　由于渗碳体的晶体结构和含碳量都与奥氏体有很大差别，因此，当铁素体全部消失后，仍有部分渗碳体尚未溶解，随着保温时间的延长，残留渗碳体不断溶入奥氏体，直至全部消失。

(4) 奥氏体均匀化［图 4-2 (d)］　残留渗碳体完全溶解后，奥氏体中碳的浓度不均匀，原先渗碳体处碳浓度高于原先铁素体处，只有延长保温时间，通过碳原子的扩散，才能使奥氏体成分逐渐趋于均匀。

共析碳钢在室温下的组织为珠光体，加热到其 Ac_1 温度以上，珠光体通过上述四个过程转变为奥氏体。

亚共析钢和过共析钢的奥氏体形成过程与共析钢基本相同，但其完全奥氏体化的过程有所不同。亚共析钢室温平衡组织为铁素体（F）+ 珠光体（P），加热到 Ac_1 以上时，组织中珠光体转变为奥氏体，继续加热，在 $Ac_1 \sim Ac_3$ 的升温过程中，铁素体逐渐转变为奥氏体，直至加热温度超过 Ac_3 点时，亚共析钢组织全部转变为奥氏体。过共析钢室温平衡组织为珠光体（P）+ 二次渗碳体（Fe_3C_{II}），加热到 Ac_1 以上时，组织中珠光体转变为奥氏体，继续加热，在 $Ac_1 \sim Ac_{cm}$ 温度范围内继续加热升温，二次渗碳体逐步溶入奥氏体中，当温度超过 Ac_{cm} 点时，二次渗碳体完全溶解于奥氏体中，组织全部为奥氏体。

影响奥氏体化过程转变速度的因素，主要有钢的成分、原始组织、加热温度和加热速度等。钢中含碳量增加，铁素体和渗碳体相界面总量增多，有利于奥氏体的形成；在钢中加入合金元素，虽不改变奥氏体形成的基本过程，但却显著影响奥氏体的形成速度；在钢的成分相同时，组织中珠光体越细小，奥氏体形成速度越快，层片状比粒状珠光体相界面大，加热时奥氏体形核容易；在连续加热时，随加热速度增快，奥氏体形成温度升高，形成奥氏体的温度范围扩大，所需时间缩短。

4.2.3 奥氏体晶粒长大及其控制措施

钢中奥氏体晶粒的大小直接影响到冷却后的组织和性能，奥氏体晶粒越细小，则其转变产物的晶粒也越细小，其力学性能也就越好；反之，转变产物的晶粒粗大，其力学性能也就越差。因此，控制热处理时奥氏体晶粒的大小对提高钢的力学性能很有意义。

4.2.3.1 起始晶粒度

将钢加热到临界点以上时，由珠光体刚刚转变成的奥氏体晶粒是细小的，此时称为起始晶粒度。此后，随着加热温度的升高或延长保温时间，奥氏体晶粒将会长大。

4.2.3.2 实际晶粒度

实际热处理生产中都要加热和保温，结果使奥氏体晶粒有不同程度的长大。钢在某一具体加热条件下实际获得的奥氏体晶粒大小，称为奥氏体的实际晶粒度。实际晶粒一般总比起始晶粒大。

生产中，一般采用标准晶粒度等级图，如图4-3，由比较的方法来测定钢的奥氏体晶粒大小。晶粒度分为8级，1~4级为粗晶粒度，5~8级为细晶粒度。

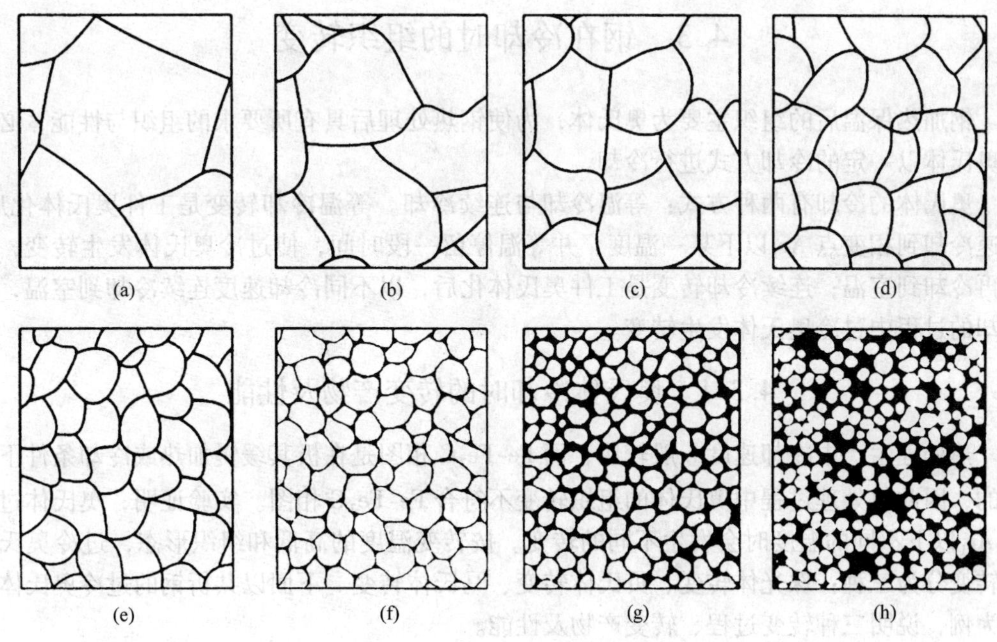

图4-3 标准的晶粒度等级示意图

4.2.3.3 本质晶粒度

不同的钢在加热时奥氏体长大的倾向是不同的，用本质晶粒度表示。奥氏体晶粒容易长大的钢称为“本质粗晶粒钢”，反之，奥氏体晶粒不容易长大的钢称为“本质细晶粒钢”。如图4-4所示。

本质晶粒度取决于钢的成分和冶炼条件，一般用铝脱氧的钢为本质细晶粒钢，而只用硅锰脱氧的钢为本质粗晶粒钢。镇静钢一般为本质细晶粒钢，而沸腾钢一般为本质粗晶粒钢。

本质晶粒度在热处理中有重要意义。如渗碳是在高温长时间下进行的热处理，若采用本质细晶粒钢，渗碳后可直接淬火，得到细小组织；若用本质粗晶粒钢，将使奥氏体粗化，产生过热缺陷。

4.2.3.4　晶粒度控制措施

奥氏体晶粒度的影响因素很多，如加热温度、保温时间、加热速度、钢的成分、钢的原始组织等。

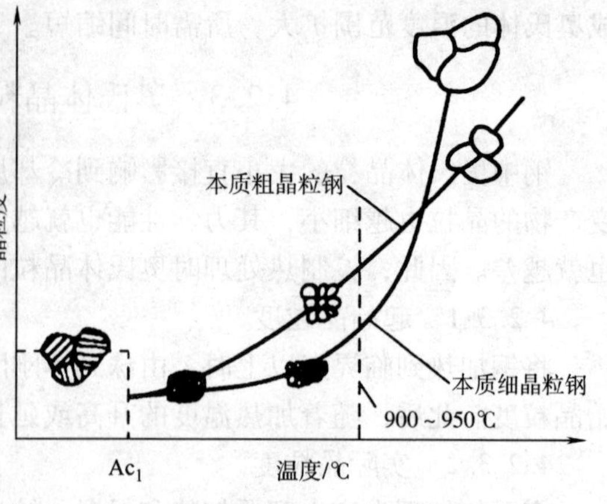

图 4-4　钢的本质晶粒度示意图

要严格控制加热温度和保温时间，当加热温度确定后，加热速度越快，奥氏体晶粒越细小。因此，采用高温快速短时间的加热工艺是生产中常用的热处理加热方法。

另外，要合理选材，采用加入一定量合金元素的钢，由于合金元素能不同程度地阻止奥氏体晶粒长大；采用原始组织较细的钢，奥氏体晶粒越细小；采用本质细晶粒钢。

4.3　钢在冷却时的组织转变

钢加热保温后的组织主要为奥氏体，为使钢热处理后具有所要求的组织与性能，必须将奥氏体以一定的冷却方式进行冷却。

奥氏体的冷却有两种方式：等温冷却与连续冷却。等温冷却转变是工件奥氏体化后，快速冷却到相变点 Ar_1 以下某一温度，并等温停留一段时间，使过冷奥氏体发生转变，然后再冷却到室温；连续冷却转变是工件奥氏体化后，以不同冷却速度连续冷却到室温，在冷却的过程中过冷奥氏体发生转变。

4.3.1　奥氏体冷却时的转变产物及性能

热处理生产中冷却速度一般较快，而 $Fe-Fe_3C$ 相图是在极其缓慢加热或冷却条件下建立的，因此热处理过程中奥氏体的组织转变不符合 $Fe-Fe_3C$ 相图。实验证明，奥氏体过冷到 Ar_1 以下不同的温度时会发生不同的转变。按转变温度的高低和组织形态，过冷奥氏体的转变分为三种：珠光体转变、贝氏体转变、马氏体转变。下面以共析钢的过冷奥氏体转变为例，说明三种转变过程、转变产物及性能。

4.3.1.1　珠光体转变

奥氏体的珠光体转变发生在高温区间（A_1～550℃），由过冷奥氏体转变为层片状的珠光体。且温度越低珠光体组织越细。

珠光体转变是扩散型相变，要进行铁、碳原子的扩散和晶格改组。其转变过程也是通过形核和核长大来完成的，如图 4-5 所示。由于晶界处存在着能量、结构、成分上的不同，优先在奥氏体晶界形成渗碳体小片状晶核，渗碳体含碳量较高，它的形成造成其周围奥氏体中碳量降低，促进铁素体形成，而铁素体的形成又促使其周围富碳，促进渗碳体形成，如此反复进行，会形成许多铁素体与渗碳体片层相间的珠光体。同时，晶界上其它部分也在这样不断形成珠光体，最后奥氏体全部转变为珠光体。

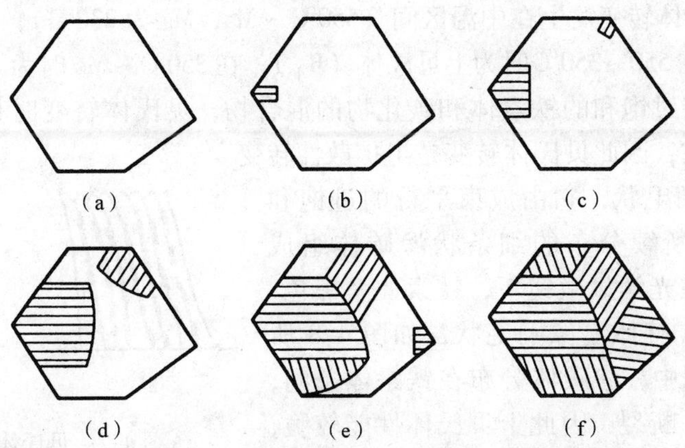

图4-5　奥氏体的珠光体转变过程

在 A_1 ~650℃范围内，因转变温度较高，过冷度较小，故得到铁素体与渗碳体相间的、片层间距较大的珠光体；在650~600℃范围内，因过冷度增大，转变速度加快，得到片层间距较小的细珠光体即索氏体（S）；在600~550℃范围内，因过冷度更大，转变速度更快，得到片层间距更小的极细珠光体即托氏体（T）。

珠光体、索氏体、托氏体并无本质区别，均为铁素体与渗碳体片层相间的机械混合物，只是形态上层间距不同，如图4-6所示。

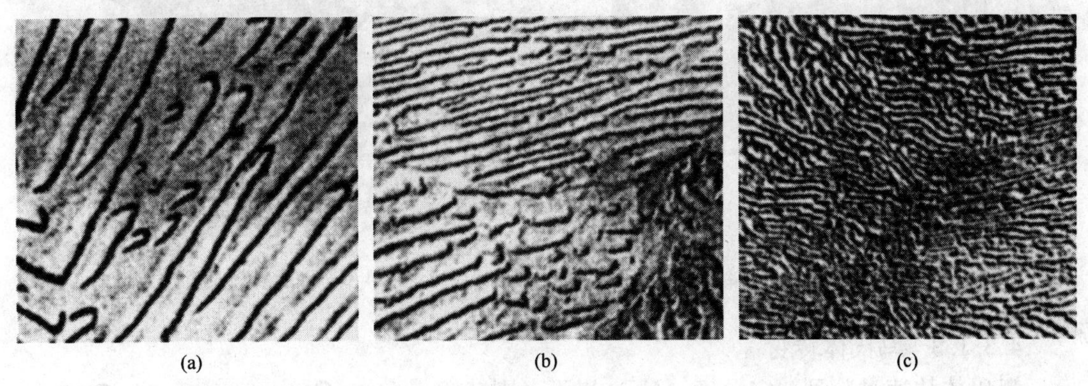

图4-6　共析钢的珠光体转变组织

（a）珠光体3800×　（b）索氏体8000×　（c）托氏体8000×

珠光体、索氏体、托氏体的形成温度、片间距及性能的比较见表4-2。

表4-2　　过冷奥氏体的珠光体转变产物比较

组织名称	表示符号	形成温度/℃	能分辨片间距的放大倍数	硬度
珠光体	P	A_1 ~650	<500×	170~200HB
索氏体	S	650~600	>1000×	25~35HRC
托氏体	T	600~550	>2000×	35~40HRC

4.3.1.2 贝氏体转变

奥氏体的贝氏体转变发生在中温区间（550℃～Ms，Ms为230℃），过冷奥氏体转变为贝氏体（B），且在550～350℃时为上贝氏体（$B_{上}$），在350℃～Ms时为下贝氏体（$B_{下}$）。

贝氏体是含碳过饱和的铁素体和碳化物的混合物，贝氏体转变时只发生碳原子的扩散，铁原子不扩散，因此贝氏体转变是半扩散性转变。

上贝氏体为羽毛状，它由成束平行的过饱和的铁素体和片间断续分布的细条状渗碳体组成[图4-7（a）]。在光学显微镜下，铁素体呈黑色，渗碳体呈亮白色，整体上像羽毛状，如图4-8所示。上贝氏体组织中，渗碳体分布在铁素体条间，使条间易发生脆性断裂，因此上贝氏体性能较脆，基本无实用价值。

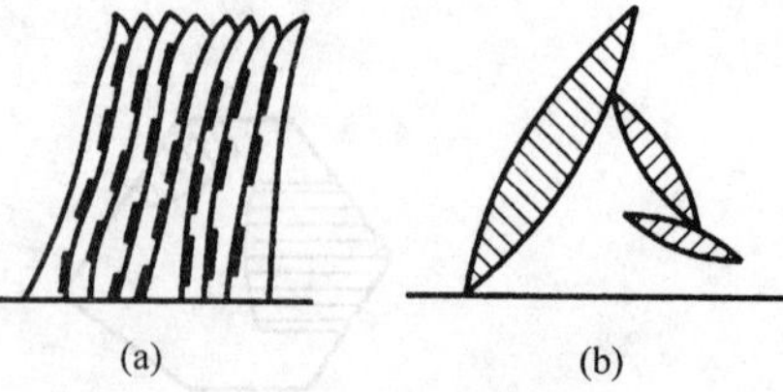

图4-7 贝氏体组织示意图

（a）上贝氏体 （b）下贝氏体

下贝氏体为竹叶状，它由含碳过饱和的针片状铁素体和针片内弥散分布的ε-$Fe_{2\sim3}C$细片组成[图4-7（b）]。在光学显微镜下呈黑色针片状，如图4-9所示。下贝氏体组织中针片状铁素体细小而且无方向性，碳的过饱和度大，ε碳化物弥散沉淀在针片状铁素体内，因此下贝氏体的强度、硬度、塑性、韧性均较好。如共析钢下贝氏体的硬度为45～55HRC。

图4-8 上贝氏体组织

图4-9 下贝氏体组织

4.3.1.3 马氏体转变

奥氏体快速过冷到一定温度（M_S）以下，则转变为马氏体（M）。

由于过冷度很大，转变温度低，铁、碳原子均不能扩散，只有依靠铁原子作短距离移动来完成γ-Fe的晶格向α-Fe的晶格切变改组；另外，马氏体形成速度极快，使原来固溶于奥氏体中的碳来不及析出，被全部保留在α-Fe晶格中，即过冷奥氏体直接转变为碳在α-Fe中的过饱和固溶体，即马氏体。马氏体中的含碳量与原来奥氏体中的含碳量相同。由于马氏体中碳的过饱和，形成的是α-Fe的体心正方晶格，如图4-10所示。

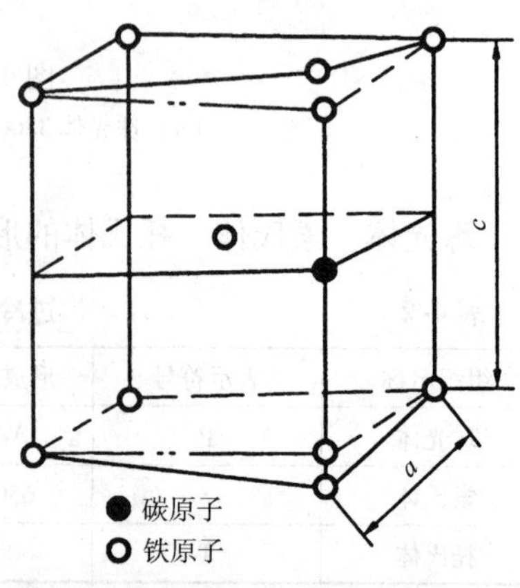

图4-10 马氏体的体心正方晶格

马氏体组织形态主要有针片状和板条状两种，其组织形态主要取决于奥氏体的含碳量。若 $w_c>1.0\%$ 时，形成针片状高碳马氏体，其立体形态呈双凸透镜状，在显微镜下看到的是截面形态，故呈片状或针状，如图4-11；若 $w_c<0.20\%$ 时，形成板条状低碳马氏体，其立体形态呈椭圆形截面的细长条状，成群相互平行地定向排列，故在显微镜下看为一束束细长板条状组织，如图4-12；若 w_c 在 $0.20\%\sim1.0\%$，形成针片状和板条状的混合组织。

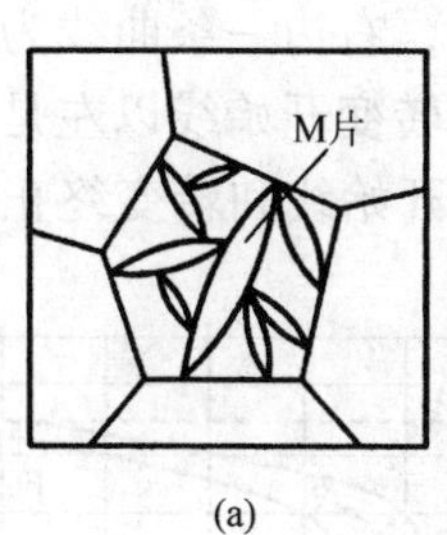

(a)

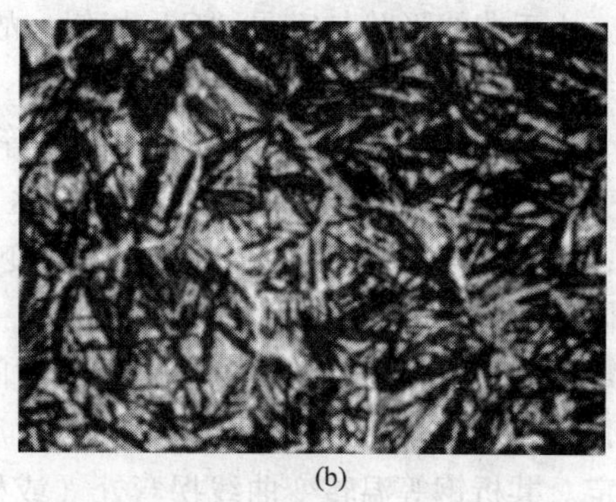
(b)

图4-11　针片状马氏体显微组织
（a）针片状马氏体组织示意图　（b）针片状马氏体组织

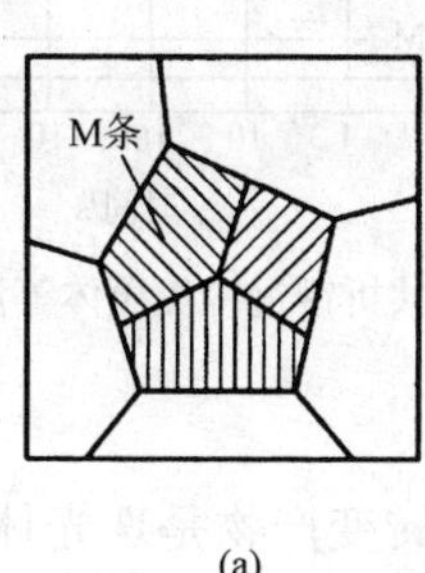

(a)

(b)

图4-12　板条状马氏体显微组织（15钢）
（a）板条状马氏体组织示意图　（b）板条状马氏体组织

马氏体的强度、硬度主要取决于马氏体含碳量，如图4-13。马氏体强度、硬度随马氏体含碳量的增加而升高，尤其是含碳量较低时增高比较明显，当马氏体的含碳量超过0.6%以后就趋于平缓。

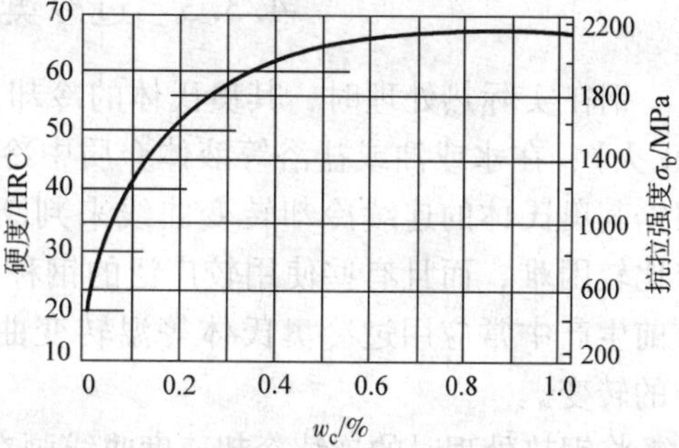

图4-13　马氏体强度、硬度与含碳量的关系

马氏体的塑性和韧性也与马氏体含碳量有关。针片状高碳马氏体的塑性和韧性很差；而板条状低碳马氏体有良好的塑性和韧性，强韧性高，且韧脆转变温度低。可见，针片状马氏体的性能特点是硬度高而脆性大；而板条状马氏体不仅具有较高的强度和硬度，还具有良好的塑性和韧性。

4.3.2　过冷奥氏体等温冷却转变

奥氏体冷却至临界点 A_1 以下称为“过冷奥氏体”，它处于不稳定状态，经过一个孕育期后会发生转变。将加热奥氏体化后的钢快速冷却到 A_1 以下各个不同的温度，分别测出各温度下，过冷奥氏体转变的开始时间、终止时间，将这些时间画在温度-时间坐标图上，并把各转变开始点和转变终了点分别用光滑曲线连起来，便得到钢的过冷奥氏体等温转变曲线。由于曲线形状与字母“C”相似，故又称 C 曲线。如图 4-14 为共析钢的等温转变 C 曲线。

图 4-14 中，左边一条曲线为过冷奥氏体等温转变开始线，右边一条曲线为过冷奥氏体等温转变终止线。A_1 线以上是奥氏体稳定区；A_1 线以下，转变开始线以左是过冷奥氏体存在区；A_1 线以下，转变终止线以右是转变产物区；转变开始线和转变终止线之间是过冷奥氏体和转变产物共存区。

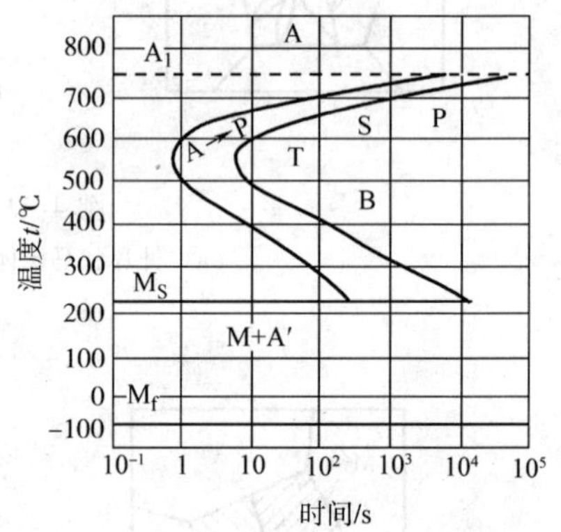

图 4-14　共析钢过冷奥氏体等温转变曲线

在一定温度下，转变开始线以左的那段时间为孕育期，孕育期越长，过冷奥氏体越稳定，反之越不稳定。共析钢等温转变曲线拐弯处（或称鼻尖）约为 550℃左右，孕育期最短，过冷奥氏体最不稳定，转变速度最快。M_S 称为上马氏体点（或 M_S 点），是指钢经奥氏体化后快速冷却时，过冷奥氏体产生马氏体转变的开始温度；M_f 称为下马氏体点（或 M_f 点），是指钢快速冷却时，过冷奥氏体产生马氏体转变的终止温度。从 M_S 点到 M_f 点，马氏体量不断增多，到 M_f 点时全部转变为马氏体。符号 A′表示残余奥氏体，是指钢快速冷却时，马氏体转变至室温时残存的奥氏体。

A_1 点至 C 曲线鼻尖区间的高温转变是珠光体型转变，转变产物是珠光体 P、索氏体 S、托氏体 T；C 曲线鼻尖至 M_S 点区间的中温转变是贝氏体型转变，转变产物是贝氏体 B；在 M_S 点以下的低温转变是马氏体型转变，转变产物是马氏体。

4.3.3　过冷奥氏体连续冷却转变

钢在实际热处理时，其奥氏体的冷却方式主要有随炉冷却（退火）、在空气中冷却（正火）、在水或油或盐浴等液体介质中冷却（淬火），属于连续冷却方式，转变产物应根据其奥氏体的连续冷却转变曲线来判断。但由于过冷奥氏体连续冷却转变曲线的测定比较困难，而且有些使用较广泛的钢种的连续冷却转变曲线至今尚未被测出，所以，目前生产中常应用过冷奥氏体等温转变曲线定性地、近似地来分析奥氏体在连续冷却中的转变。

将钢热处理时的连续冷却速度曲线画在等温转变“C”曲线上，根据其与“C”曲线相交的位置，可估计出连续冷却转变的产物。图 4-15 为共析钢等温冷却“C”曲线及各种连续冷却速度曲线，图中 V_1 相当于随炉冷（退火），其相交于“C”曲线上部，故转变产物为珠光体；V_2 相当于空冷（正火），其相交于“C”曲线上部较低的温度，转变产物

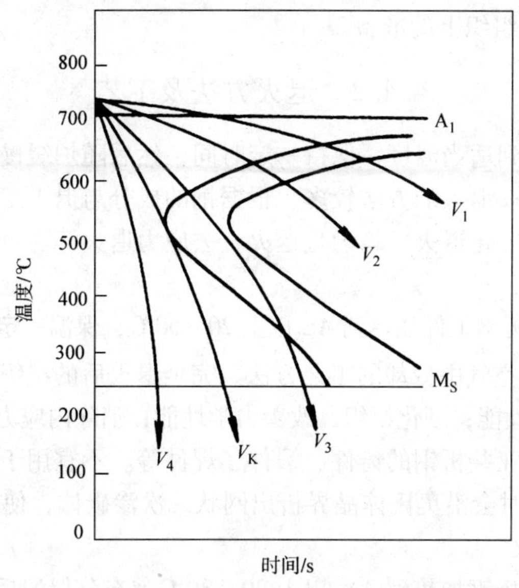

图 4-15　过冷奥氏体等温转变曲线在连续冷却中的应用

为索氏体；V_3 相当于油冷（淬火），其与“C”曲线上部较低温度处的转变开始线相交，未与转变终了线相交，部分过冷奥氏体转变为屈氏体，其余的被过冷到 M_S 点以下转变为马氏体，最后得到屈氏体与马氏体和残余奥氏体的混合组织；V_4 相当于水冷（淬火），其与 M_S 线相交，得到马氏体和残余奥氏体组织。V_K 与“C”曲线的鼻尖相切，是该钢淬火的临界冷却速度。

4.4　钢的退火与正火

退火与正火主要是用于消除铸造、锻造、焊接等热加工过程中产生的某些缺陷，为随后的切削加工或最终热处理做组织上的准备。退火与正火一般安排在铸造、锻造、焊接之后，粗加工之前，属于钢的预先热处理；对于某些性能要求不高的零件，退火与正火也可作为最终热处理，处理后可直接使用。

4.4.1　退火与正火的目的及作用

退火或正火的主要目的及作用主要有如下几点：

（1）降低或调整钢件硬度，提高塑性，以利于随后的切削加工或塑性变形加工（冲压、拉拔等）。铸造、锻造、焊接等热加工工件，由于冷却速度较快，一般硬度较高，不易切削加工，退火或正火后可降低硬度。

（2）消除残余应力，以稳定钢件尺寸并防止其变形和开裂。退火或正火可消除铸造、锻造、焊接等工件的残余内应力，稳定工件尺寸并减少淬火时的变形和开裂倾向。

（3）细化晶粒，均匀成分，改善组织，提高钢的力学性能。铸造、锻造、焊接等工件中往往存在晶粒粗大或带状组织等缺陷，退火或正火可使晶粒细化。另外，退火或正火还可消除偏析使成分均匀。晶粒细化及成分的均匀化可提高钢的力学性能，并为最终热处理（淬火、回火等）做组织上的准备。

4.4.2　退火方法及工艺

退火是将工件加热到适当温度，保持一定时间，然后随炉缓慢冷却以获得稳定的组织的一种热处理工艺方法。退火的方法较多，根据钢的成分与退火工艺目的的不同，常用的退火方法有完全退火、球化退火、均匀化退火、去应力退火等。

4.4.2.1　完全退火

完全退火是将亚共析钢工件加热到 Ac_3 以上 20~50℃，保温一定时间，随炉缓慢冷却到600℃左右时，再出炉在空气中冷却的工艺方法。完全退火后的组织接近其平衡组织。可降低钢的硬度，提高加工性能；细化组织，改善力学性能；消除内应力，防止变形和开裂。

完全退火主要用于亚共析钢的铸件、锻件、焊件等。不宜用于过共析钢，因为加热到 Ac_{cm} 温度以上缓慢冷却时会沿奥氏体晶界析出网状二次渗碳体，使钢的脆性明显增大。

4.4.2.2　球化退火

球化退火是将过共析钢加热到 Ac_1 以上 20~30℃，充分保温后随炉缓冷到600℃以下再出炉空冷的工艺方法。球化退火后钢中的片状渗碳体和网状二次渗碳体变为粒状，组织为粒状渗碳体分布在铁素体基体上。碳化物呈颗粒状弥散分布于铁素体基体中的珠光体称为粒状珠光体，如图4-16。球化退火后钢的硬度降低，改善了切削加工性；另外，球化退火后组织均匀，为后续的淬火热处理做好了组织准备。若钢中存在有严重的网状二次渗碳体，应在球化退火前进行一次正火。

球化退火主要适用于共析钢、过共析钢和合金钢。

完全退火或球化退火所需时间比较长，是一种较费时的工艺。为缩短退火时间，生产中常采用等温退火方法，即将工件加热到高于 Ac_3（或 Ac_1）的温度，保持适当时间后，较快地冷却到珠光体转变温度区间的适当温度并等温保持，使奥氏体转变为珠光体类型组织后，出炉在空气中冷却的退火工艺。等温退火代替完全退火或球化退火，所用时间大大缩短，一般比完全退火或球化退火时间缩短三分之一左右，并能获得均匀的组织。等温退火主要用于过冷奥氏体比较稳定的合金钢。图4-17为T12钢一般球化退火与等温球化退火工艺的比较。

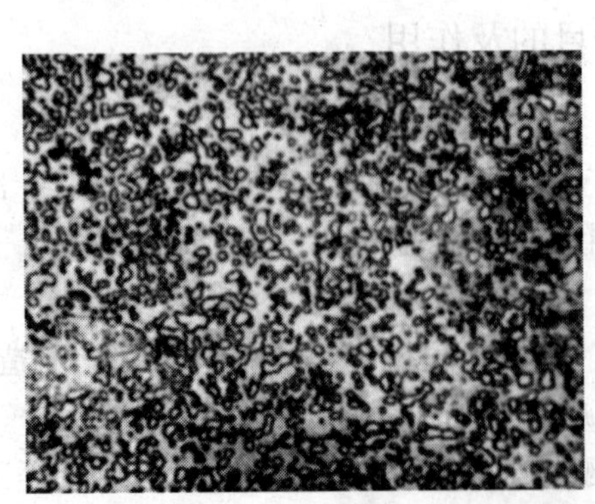

图4-16　粒状珠光体显微组织

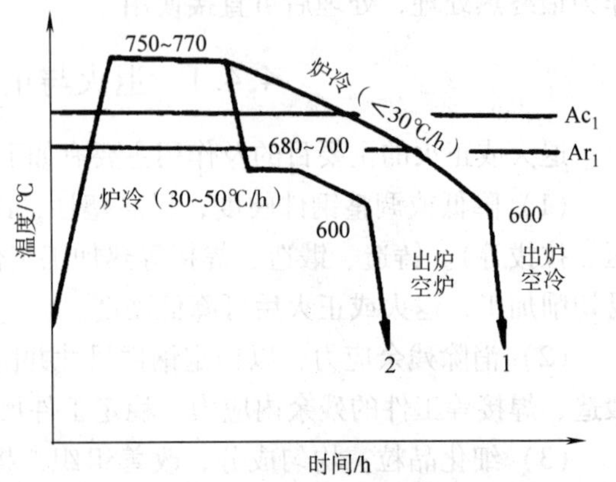

图4-17　T12钢两种退火工艺比较
1——一般球化退火　2—等温球化退火

4.4.2.3　均匀化退火

均匀化退火是将工件加热到Ac_3以上150～250℃（通常为1000～1200℃），并长时间保温（约10～15h），然后再随炉缓慢冷却，以使工件化学成分和组织达到均匀化的工艺方法。也称为扩散退火。均匀化退火后，钢的晶粒过分粗大，因此，随后还应进行一次完全退火或正火来细化晶粒。

均匀化退火耗费能量很大，时间长，成本高。主要用于质量要求高的优质合金钢的铸锭或铸件，以消除铸造结晶过程中产生的枝晶偏析，使成分均匀化。

4.4.2.4　去应力退火

去应力退火是将工件加热到500～600℃，保温后随炉缓冷至200℃以下出炉空冷。由于加热温度低于Ac_1，故钢在去应力退火过程中不发生组织变化。可消除工件由塑性变形加工、切削加工或焊接造成的应力以及铸件内存在的残余应力。

去应力退火主要用于消除铸件、锻压件、焊件、切削加工件的残留应力，稳定尺寸，减小变形，对于形状复杂和壁厚不均匀的零件尤为重要。

4.4.3　正火工艺

正火是指将亚共析钢加热到Ac_3以上30～50℃，过共析钢加热到Ac_{cm}以上30～50℃，使钢完全奥氏体化，保温一定时间后在空气中冷却的热处理工艺。亚共析钢正火后的组织接近平衡组织，为铁素体和珠光体，但珠光体的量较多且珠光体片间距较细。过共析钢正火后的组织为珠光体和少量断网状二次渗碳体。正火的目的与退火相同，但与退火相比，冷却速度稍快，所得到的组织比较细小，强度、硬度、韧性等比退火高一些，如表4-3为45钢退火和正火后力学性能的比较。另外，正火生产周期短、生产效率高、成本低，生产中一般优先采用正火工艺。

表4-3　45钢退火及正火后力学性能比较

状态	σ_b/MPa	δ_5/%	a_K/(J/cm^2)	HBW
退火	650～700	15～20	40～60	180
正火	700～800	15～20	50～60	220

正火的应用主要为：

①提高低碳钢和低碳合金钢的硬度，改善切削加工性。低碳钢和低碳合金钢退火后铁素体所占比例较大，硬度偏低，切削加工时都有“粘刀”现象，而且表面粗糙度参数值都较大。通过正火能适当提高硬度，改善切削加工性。因此，低碳钢、低碳合金钢都选择正火作为预备热处理；而w_c >0.5%的中高碳钢、合金钢都选择退火作为预备热处理。

②消除过共析钢中的网状渗碳体，并细化珠光体组织，为球化退火做组织准备。对于过共析钢，正火加热到Ac_{cm}以上可使网状渗碳体充分溶解到奥氏体中，空气冷却时渗碳体来不及析出，因而消除了网状渗碳体组织，同时细化了珠光体组织，有利于以后的球化处理。

③对使用性能要求不高的结构零件可细化组织提高力学性能，作为最终热处理。对一

些大型或形状较复杂的零件，淬火时容易开裂，可用正火代替调质处理，作为这类零件的最终热处理。

钢的各种退火与正火工艺的加热温度范围如图4-18，热处理工艺曲线如图4-19。

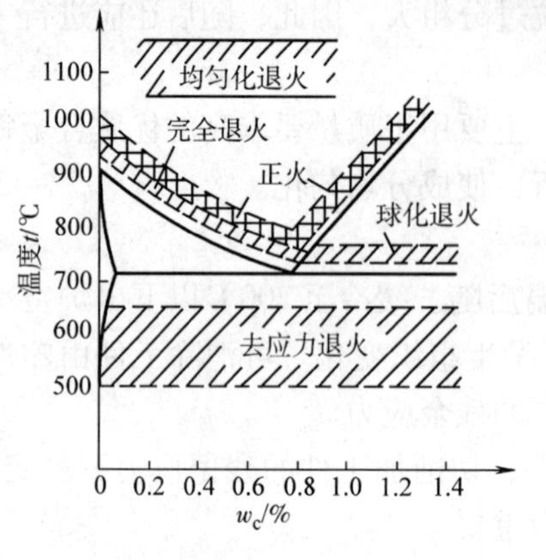

图4-18 钢退火及正火加热温度

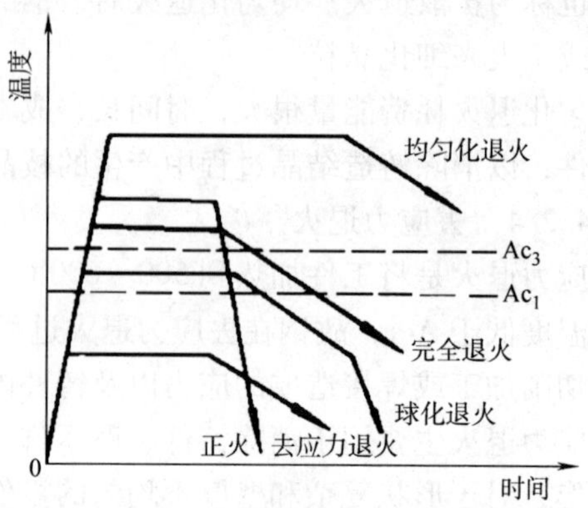

图4-19 钢退火及正火工艺曲线

4.5 钢的淬火与回火

淬火是将工件加热到 Ac_3或 Ac_1以上某一温度，保温一定时间后以较快速度冷却，以获得马氏体或贝氏体组织的热处理工艺。它是强化钢最重要的热处理方法。因此，重要的结构件，特别是承受较大载荷和剧烈摩擦的零件，以及各种类型的工具等都要进行淬火。

淬火马氏体在不同回火温度下可获得不同组织，从而使钢具有不同的力学性能，以满足各类工具或零件的使用要求。在淬火之后必须配以适当的回火工艺。

4.5.1 淬　　火

4.5.1.1 淬火的目的与作用

淬火的目的是得到马氏体（或贝氏体）组织，作用是提高钢的硬度、强度、耐磨性等。

4.5.1.2 淬火工艺

（1）淬火加热温度及保温时间　碳钢淬火的加热温度根据铁碳相图确定，加热温度范围如图4-20所示。

亚共析钢淬火加热温度一般为 Ac_3 +（30～50℃），以得到全部细小的奥氏体晶粒，淬火后组织为均匀细小的马氏体和残余奥氏体。若加热温度在 Ac_1～Ac_3之间，淬火后组织中将有一部分铁素体存在，使钢的淬火硬度降低；若加热温度超过 Ac_3过高时，奥氏体晶粒粗化，淬火后得到粗大的马氏体组织，钢的性能变差，淬火应力增大，导致变形和开裂。

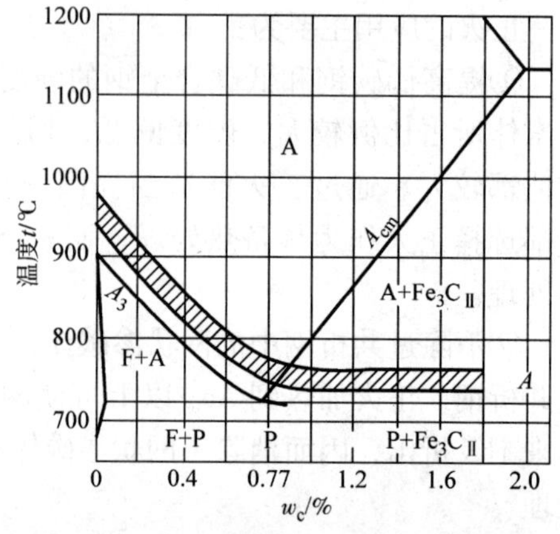

图4-20 碳钢淬火加热温度范围

共析钢和过共析钢的淬火加热温度为 Ac_1 +（20～30℃）。淬火后，共析钢得到细小马氏体和残余奥氏体组织；过共析钢为马氏体和少量粒状渗碳体组织和残余奥氏体组织，粒状渗碳体的存在可提高钢的硬度和耐磨性。若加热温度在 Ac_{cm} 以上，由于渗碳体全部溶入奥氏体中，提高了奥氏体含碳量，奥氏体的稳定性提高，淬火后残留奥氏体量增多，钢的硬度和耐磨性将会降低；另外，因奥氏体晶粒粗化，淬火后得到粗大马氏体，使钢的脆性增大。

影响保温时间的因素很多，如加热介质、加热速度、钢的种类、工件形状和尺寸、装炉方式、装炉量等。生产中常根据实际情况，综合考虑上述各个影响因素并根据经验确定。

（2）淬火冷却介质　淬火冷却介质是指工件进行淬火时所用的介质。淬火冷却速度必须大于临界冷却速度 V_K，才能得到马氏体组织。但是，快冷不可避免地会带来较大的内应力，往往引起工件的变形或开裂。为了解决这一矛盾，理想的淬火冷却曲线应如图4-21所示：在稍低于 A_1 点处，过冷奥氏体较稳定，冷却速度可慢些；而在"C"曲线鼻尖处，过冷奥氏体最不稳定，必须进行快速冷却，且冷却速度应大于马氏体临界冷却速度，以保证过冷奥氏体能避开非马氏体型的组织转变；在 M_S 点及以下的冷却速度要更缓慢一些，以减小产生的淬火应力，避免由此而产生的变形和开裂。但生产中常用的冷却介质都不能完全满足理想冷却速度的要求，在淬火时应结合生产实际情况合理地选用。

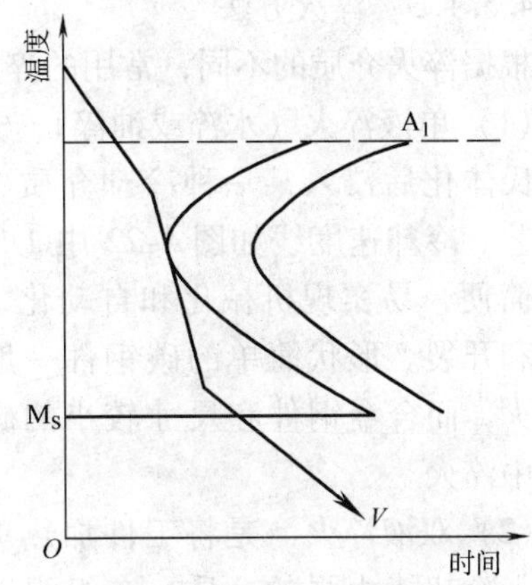

图4-21　理想的淬火冷却速度

水：是冷却能力较强的淬火介质，但它在需要快冷的650～500℃温度范围内冷速较小，而在需要慢冷的300～200℃温度范围内冷速较大。由于水比较便宜故应用较多，但只能用于形状简单、截面尺寸较小的碳钢工件。

盐水：是在水中加入5%～15%的食盐得到的盐溶液，在650～500℃温度范围内冷却能力比水提高近一倍，淬火时易得到较高硬度；但在300～200℃温度范围内冷速与水差不多，使工件易产生变形和开裂。生产上常采用先盐水冷，再在 M_S 温度附近用冷速缓慢的介质冷却。盐水主要用于形状简单、硬度要求较高、变形要求不严的碳钢零件，如螺钉、销、垫圈等。

油：矿物油或植物油也是使用较广的淬火介质，其冷却能力较小，在300～200℃温度范围内对降低变形和开裂有利，但在650～500℃温度范围内对防止奥氏体发生非马氏体转变不利。主要用于过冷奥氏体稳定的合金钢或尺寸较小的碳钢工件。

此外，工业上也常用熔融状态的盐（盐浴）或碱（碱浴）作为淬火冷却介质，见表4-4。这类淬火介质在300～200℃低温区域冷却能力比油弱；在650～500℃高温区域，碱浴的冷却能力介于水油之间，盐浴的冷却能力比油稍弱。因此这类淬火介质淬火时能保证获得马氏体组织且能大大减少变形和开裂倾向，所以它们广泛用于形状复杂和要求变形较小的碳素工具钢及合金工具钢小件的分级淬火或等温淬火。

表 4-4 常用盐浴、碱浴的成分、熔点及使用温度

介质	成分（质量分数）	熔点/℃	使用温度/℃
碱浴	80% KOH + 20% NaOH，另加 3% KNO_3 + 3% $NaNO_2$ + 6% H_2O	120	140~180
	85% KOH + 15% $NaNO_2$，另加 3%~6% H_2O	130	150~180
硝盐浴	53% KNO_3 + 40% $NaNO_2$ + 7% $NaNO_3$，另加 3% H_2O	100	120~200
	55% KNO_3 + 45% $NaNO_2$，另加 3%~5% H_2O	130	150~200
	55% KNO_3 + 45% $NaNO_2$	137	155~550
	50% KNO_3 + 50% $NaNO_2$	145	160~500

4.5.1.3 淬火方法

根据淬火介质的不同，常用的淬火方法有：

（1）单液淬火（水淬或油淬） 是将工件加热奥氏体化后浸入某一种冷却介质中冷却的淬火工艺。冷却速度线如图 4-22 中①所示。此法操作简便，易实现机械化和自动化，但易产生变形和开裂。形状简单的碳钢件一般采用在水中淬火，而合金钢件和尺寸较小的碳钢件一般在油中淬火。

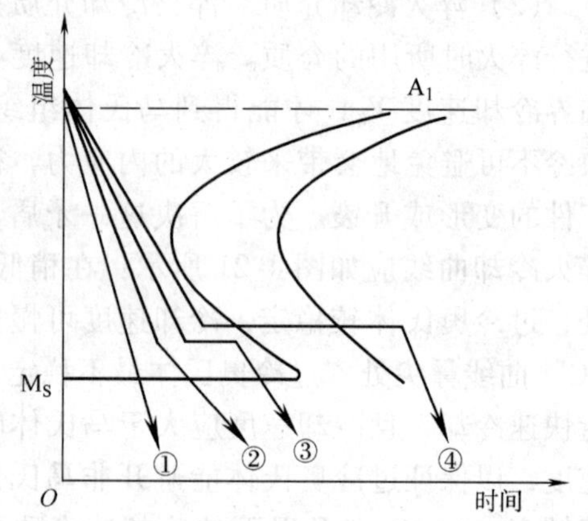

图 4-22 常用淬火方法的冷速示意图

（2）双液淬火 是将工件加热奥氏体化后先浸入冷却能力强的介质，在组织即将发生马氏体转变时立即转入冷却能力弱的介质中冷却的淬火工艺。冷却速度线如图 4-22 中②所示。例如碳钢先水冷后油冷、合金钢先油冷后空冷等。此法由于在水中的停留时间不易控制，操作不便。主要用于形状复杂的高碳钢件和尺寸较大的合金钢件淬火。

（3）分级淬火 是将工件加热奥氏体化后浸入温度稍高或稍低于 M_S 点的盐浴或碱浴中保持较短时间，在工件整体达到介质温度后取出空冷以获得马氏体的淬火工艺。冷却速度线如图 4-22 中③所示。此法易于操作，能够减小工件中的热应力，并缓和相变产生的组织应力，可有效地防止工件的变形和开裂。主要用于尺寸较小、形状较复杂工件的淬火，如钻头、丝锥等小型刀具、小型模具等。

（4）等温淬火 是将工件加热奥氏体化后在温度稍高于 M_S 点的盐浴或碱浴中快冷到贝氏体转变温度区间，等温保持一定时间，使奥氏体转变为贝氏体的淬火工艺。冷却速度线如图 4-22 中④所示。等温淬火后的工件淬火应力较小，不易变形和开裂，具有较高的强度和韧性，但生产周期长、效率低。主要用于处理形状复杂和尺寸要求精确、强韧性要求较高的各种中、高碳钢和合金钢制造的小型复杂工件，如各种模具、刀具、螺栓、弹簧等。

（5）局部淬火法 有些工件只要求局部具有高硬度，可进行局部加热淬火，以避免工件其它部位产生变形和开裂。图 4-23 所示为卡规的局部淬火法。

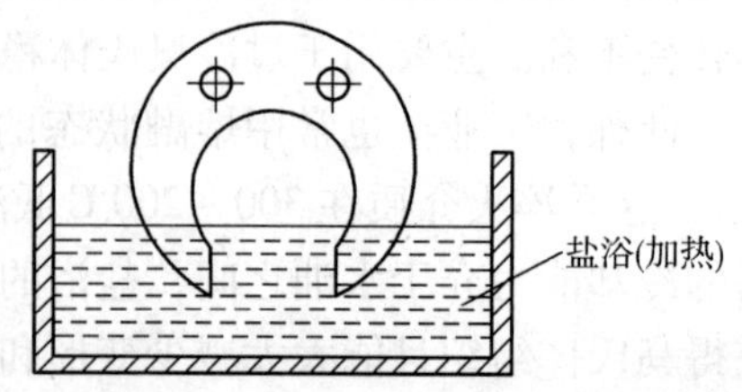

图 4-23 卡规的局部淬火法

（6）冷处理 一般钢种的 M_f 点在 −60℃左右，

因此淬火后钢中有不稳定的残余奥氏体组织，会影响其在使用中的尺寸稳定性。对于量具、精密轴承、精密丝杠、精密刀具等工件，在淬火之后应进行一次冷处理，即把淬冷至室温的钢继续冷却到 -70 ~ -80℃，保持一段时间，使残余奥氏体转变为马氏体，可提高钢的硬度，并稳定工件尺寸。获得低温的办法是采用干冰（固态 CO_2）和酒精的混合剂或冷冻机冷却。

4.5.1.4　淬透性与淬硬性

（1）淬透性　淬透性是指在规定条件下钢试样淬硬层深度，是指钢淬火时获得马氏体的能力。

淬透性可用在规定条件下的有效淬硬层深度来表示。有效淬硬层深度是指从淬硬的工件表面（组织全部为马氏体）至规定硬度值处（硬度一般为550HV，组织为一半马氏体）的垂直距离，图4-24为淬透层深度示意图。

淬透性也可用临界直径 d_0 来表示（钢制圆柱试样在某种介质中快冷后，中心得到全部或50%马氏体组织的最大直径），常用钢的临界淬透直径见表4-5。

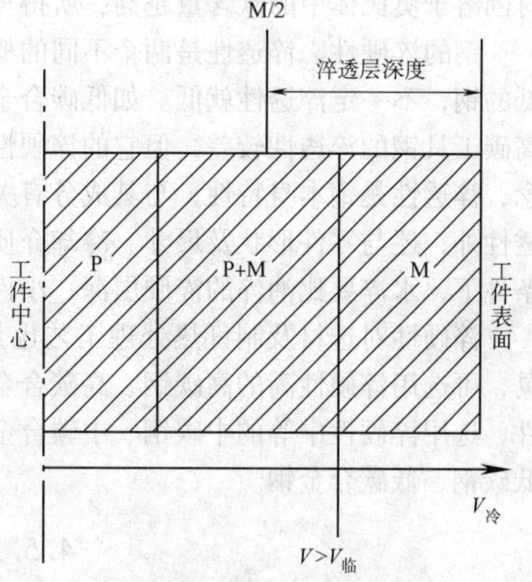

图4-24　淬透层深度示意图

表4-5　　常用钢的临界淬火直径

钢号	临界直径/mm		钢号	临界直径/mm	
	水冷	油冷		水冷	油冷
45	13 ~ 16.5	6 ~ 9.5	35CrMo	36 ~ 42	20 ~ 28
60	11 ~ 17	6 ~ 12	$60Si_2Mn$	55 ~ 62	32 ~ 46
T10	10 ~ 15	<8	50CrVA	55 ~ 62	32 ~ 40
65Mn	25 ~ 30	17 ~ 25	38CrMoAlA	100	80
20Cr	12 ~ 19	6 ~ 12	20CrMnTi	22 ~ 35	15 ~ 24
40Cr	30 ~ 38	19 ~ 28	30CrMnSi	40 ~ 50	23 ~ 40
35SiMn	40 ~ 46	25 ~ 34	40MnB	50 ~ 55	28 ~ 40

淬透性是钢本身固有的属性，由其内部成分决定，主要取决于钢中合金元素的种类和含量。除钴外，大多数合金元素都能显著提高钢的淬透性，这是因为大多合金元素可使钢的“C”曲线向右移动，使得钢淬火时的临界冷却速度减小，从而提高钢的淬透性。

在选用材料和制订热处理工艺时经常要考虑淬透性。若工件整个截面未被淬透，则工件表面和心部的组织及性能就不均匀，心部未淬透部分的性能就达不到要求。因此，对大截面重要零件，以及轴向承受拉应力或压应力或交变应力、冲击载荷的连杆、螺柱、锻模、锤杆等，应选用淬透性高的钢；对承受交变弯曲应力、扭转应力、冲击载荷和局部磨损的轴类零件，其表面受力很大，心部受力较小，不要求全部淬透，可选用淬透性较低的钢；焊接件一般选用淬透性低的钢，否则易在焊缝和热影响区出现淬火组织，导致变形和开裂；承受交变应力和振动的弹簧，为防止心部淬不透，导致工作时产生塑性变形，应选用淬透性高的钢。

(2) 淬硬性　淬硬性是指钢在理想条件下淬火所能达到的最高硬度，即淬火后得到的马氏体的硬度。

淬硬性主要取决于钢的含碳量，合金元素对它没有显著影响。含碳量越高，淬火加热时固溶于奥氏体中的碳含量越高，所得马氏体的含碳量越高，钢的淬硬性越高。

钢的淬硬性、淬透性是两个不同的概念。淬硬性高的钢，不一定淬透性就高；淬硬性低的钢，不一定淬透性就低。如低碳合金钢的淬透性相当好，但它的淬硬性却不高；再如高碳工具钢的淬透性较差，但它的淬硬性很高。零件的淬硬层深度与淬透性也是不同的概念，淬透性是钢本身特性，与其成分有关，而淬硬层深度是不确定的，它除取决于钢的淬透性外，还与零件形状及尺寸、冷却介质等外界因素有关。如同一钢种在相同的奥氏体化条件下，水淬要比油淬的淬硬层深，小件要比大件的淬硬层深。

淬硬性对选材及制订热处理工艺也具有指导作用。对要求高硬度、高耐磨性的工模具，可选用淬硬性高的高碳钢、高碳合金钢；对要求高综合力学性能的轴类、齿轮类等零件，选用淬硬性中等的中碳钢、中碳合金钢；对要求高塑性的焊接件等，选用淬硬性低的低碳钢、低碳合金钢。

4.5.2 回　火

回火是将工件淬火后，重新加热到 Ac_1 以下某一温度，保温一定时间，然后冷却到室温的热处理工艺。回火一般采用在空气中缓慢冷却。

4.5.2.1 回火的目的与作用

淬火后钢的组织主要由马氏体和少量残余奥氏体组成（高碳钢中还有未溶碳化物），其内部存在很大的内应力，脆性大，韧性低，一般不能直接使用，必须进行回火。

回火的目的是减少和消除淬火时产生的淬火应力，降低脆性，稳定组织与尺寸，以减小工件变形及开裂；回火可获得强度和韧性之间的不同配合，达到工件所要求的不同使用性能。

4.5.2.2 回火时的组织转变

工件淬火后，组织中的马氏体与残余奥氏体都是不稳定组织，在回火加热时都会自发向稳定组织转变。转变是通过原子的扩散进行的，回火温度越高，扩散速度就越快。回火一般分为四个阶段：

(1) 第一阶段　马氏体分解（≤200℃）　在100℃以下温度回火时，淬火钢没有明显的组织转变，此时只发生马氏体中碳的偏聚，而没有开始分解。100℃以上回火时，马氏体开始分解，碳以 ε 碳化物（$Fe_{2.4}C$ 的过渡型碳化物）形式析出，使马氏体中碳的过饱和度逐渐降低，在这一阶段中，由于回火温度较低，马氏体中仅析出了一部分过饱和的碳原子，但此时 α 相仍保持针状特征，它仍是碳在 α-Fe 中的过饱和固溶体。这种由过饱和度较低的 α 相与极细的 ε 碳化物所组成的混合组织，称为回火马氏体。此阶段由于马氏体中析出的碳较少，硬度降低不明显，但由于碳的析出，晶格畸变降低，淬火应力有所减小。回火马氏体的形态与淬火马氏体区别不大，但回火马氏体因为易腐蚀，组织为暗黑色。高碳钢的回火马氏体呈片状，具有高硬度；低碳钢的回火马氏体呈板条状，具有较高的强韧性。图 4-25 所示为 T12 钢的淬火马氏体与回火马氏体形态的对比。

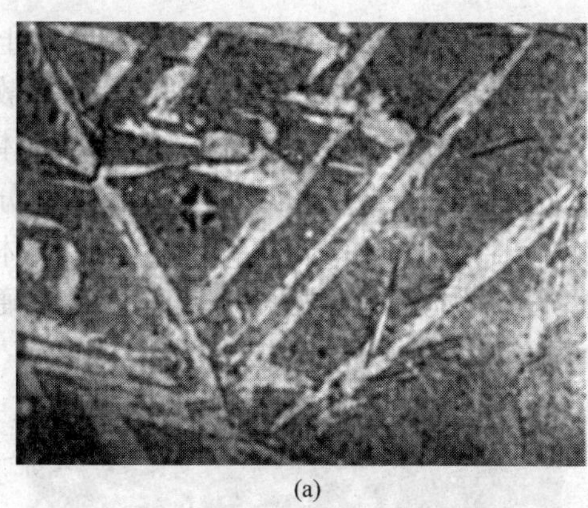
(a)

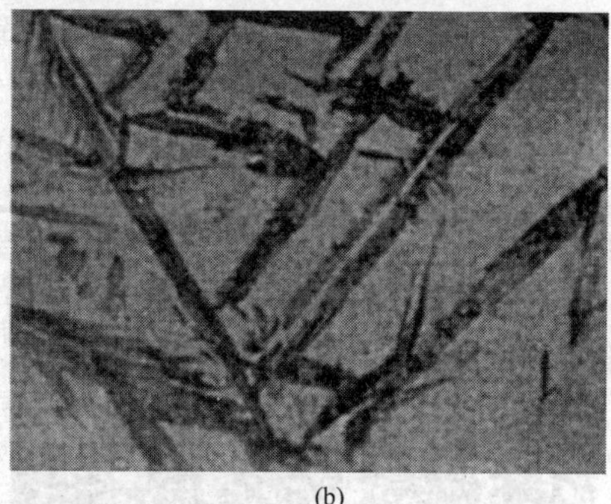
(b)

图4-25 T12钢的回火马氏体组织
（a）淬火马氏体（850×） （b）回火马氏体（850×）

（2）第二阶段 残余奥氏体分解（200～300℃） 淬火钢中残留奥氏体从200℃开始分解，到300℃左右基本结束，残余奥氏体分解是通过碳原子的扩散先形成偏聚区，进而分解为α相和ε碳化物的混合组织，即转变为下贝氏体。由于在回火的第一阶段马氏体分解尚未结束，在此阶段中马氏体分解继续进行，到350℃左右马氏体含碳量降至接近平衡成分，马氏体分解才基本结束。马氏体的继续分解虽然会使钢的硬度降低，但同时由于较软的残余奥氏体转变为较硬的下贝氏体，故此阶段内钢的硬度没有明显降低，淬火应力进一步减小。

（3）第三阶段 渗碳体转变（250～400℃） 在250℃以上回火时，碳原子的扩散能力增强，铁原子也恢复了扩散能力，马氏体分解和残余奥氏体分解析出的过渡ε碳化物逐渐向稳定的渗碳体转变，到400℃时全部转变为极其细小球状颗粒渗碳体。随着碳化物的析出和转变，马氏体中碳的质量分数不断降低，马氏体的晶格畸变消失，马氏体转变为铁素体，但仍保持针状，于是得到由针状铁素体和极其细小的球状颗粒渗碳体组成的两相组织，称为回火托氏体，图4-26所示为45钢的回火托氏体组织。此阶段淬火应力基本消除，硬度有所下降，塑性、韧性得到提高，具有较高弹性。

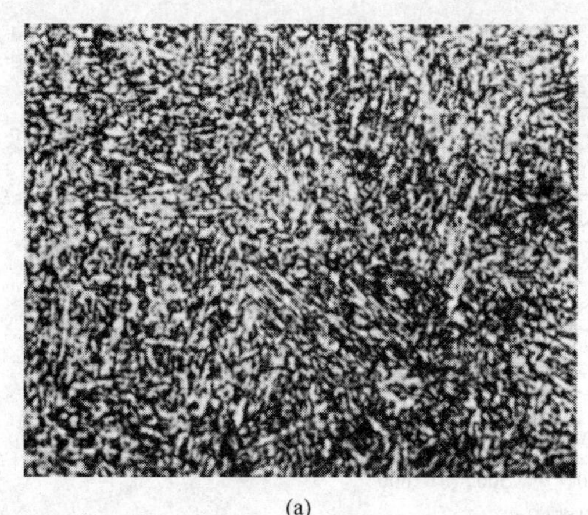
(a)

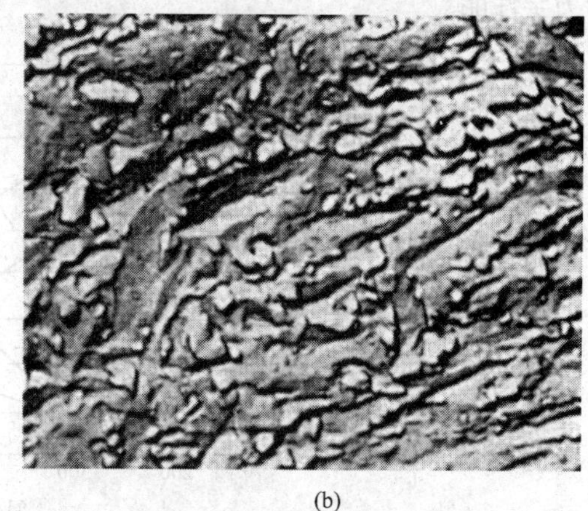
(b)

图4-26 45钢回火托氏体显微组织
（a）光学显微组织（500×） （b）电子显微组织（7500×）

(4) 第四阶段　渗碳体的聚集长大与铁素体的再结晶（>400℃）　在400℃以上回火时，由于回火温度已经很高，碳原子和铁原子均具有较强的扩散能力，高度弥散分布的渗碳体逐渐聚集长大，在500～600℃以上时，α相逐渐发生再结晶，使铁素体形态失去原来的板条状或片状，转变成为多边形晶粒。这种在多边形铁素体基体上分布着球粒状渗碳体的两相组织，称为回火索氏体，图4-27所示为45钢的回火索氏体组织。回火索氏体具有良好的综合力学性能。此阶段内应力和晶格畸变完全消除，硬度明显下降。

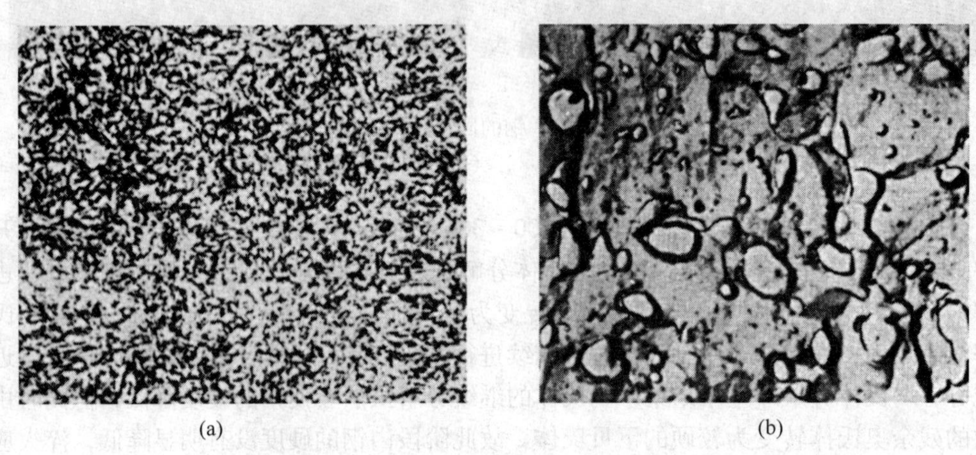

图4-27　45钢回火索氏体显微组织

(a) 光学显微组织 (500×) (b) 电子显微组织 (7500×)

综上所述，淬火钢回火时的组织转变是在不同温度范围内产生的，又是交叉重叠进行的，在同一回火温度会进行几种不同的变化。淬火钢回火后的性能随着回火温度升高，强度、硬度降低，塑性、韧性提高。图4-28所示为40钢淬火回火后的力学性能与回火温度的关系。从图中可看出：随着回火温度提高，钢的硬度和强度下降，而塑性和韧性提高；在600℃左右回火时，塑性和韧性达到较高的数值，并保持较高的强度，即具有良好的综合力学性能。

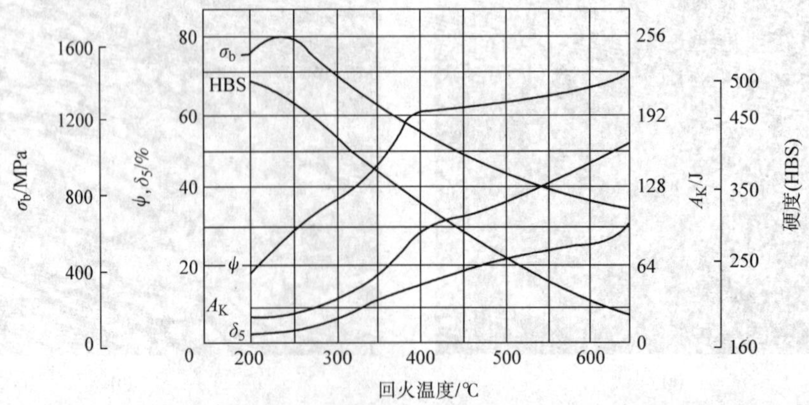

图4-28　40钢回火后的力学性能与回火温度的关系

4.5.2.3　回火方法与工艺

钢在不同温度回火后的组织和性能不同，根据回火温度范围将回火分为三种：低温回火、中温回火和高温回火。

（1）低温回火（150～250℃）　低温回火后组织为回火马氏体，硬度为58～64HRC，保持了淬火组织的高硬度和耐磨性，降低了淬火应力，减小了钢的脆性。低温回火主要用于高碳钢、合金工具钢制造的刃具、量具、模具、滚动轴承等高硬度要求的工件。

（2）中温回火（350～500℃）　中温回火后组织为回火托氏体，硬度为35～45HRC，大大降低了淬火应力，使工件获得高的弹性极限和屈服强度，并具有一定的韧性。中温回火主要用于中高碳钢制作的卷簧、板簧等弹簧类工件，也用于一些热作模具（如热锻模、压铸模等）。

（3）高温回火（500～650℃）　高温回火后组织为回火索氏体，硬度为25～35HRC，淬火应力可完全消除，强度较高，有良好的塑性和韧性，即具有良好的综合力学性能。工件经淬火后再进行高温回火的热处理工艺称为调质处理。高温回火主要用于中碳钢制作的各种重要结构件，如轴、连杆、螺栓、齿轮等。中碳钢调质后的各种力学性能均高于正火，表4-6为45钢正火与调质的性能比较。

表4-6　45钢（ϕ20～ϕ40mm）正火和调质后的性能

热处理方法	力学性能				组织
	σ_b/MPa	δ/%	A_K/J	HBS	
正火	700～800	15～20	40～64	163～220	珠光体+铁素体
调质	750～850	20～25	64～96	210～250	回火索氏体

4.6　钢的表面热处理

许多在动载荷及摩擦条件下工作的零件，如齿轮、凸轮轴、曲轴、主轴及机床床身导轨等，它们的表面或轴颈部分应具有高的硬度和耐磨性，而心部则应具有高的强度和韧性。要满足这种要求，单从选材上考虑是很困难的。若采用高碳钢，则心部韧性不足；若采用低碳钢，则表面硬度低而不耐磨。为此，工业上常常对零件进行表面热处理。

表面热处理是通过改变工件表层组织以改变表面性能的热处理工艺，主要有表面淬火和渗碳、渗氮等化学热处理。表面淬火是不改变工件表层化学成分，只改变表层组织和性能的热处理工艺；化学热处理是既改变工件表层化学成分又改变表层组织和性能的热处理工艺。

4.6.1　表面淬火

钢的表面淬火是通过快速加热方法，使表面奥氏体化并立即快冷获得马氏体，以提高钢的表面硬度的一种特殊淬火工艺。目的是使工件获得表硬心韧的性能，主要用于要求表面有高的强度、硬度和耐磨性，而心部应具有足够的强度、塑性和韧性的零件，如齿轮、曲轴、凸轮轴等。根据加热方式的不同，表面淬火主要有：感应加热表面淬火、火焰加热表面淬火、电接触加热表面淬火等。

4.6.1.1　感应加热表面淬火

感应加热表面淬火是利用感应电流通过工件所产生的热量，使工件表面加热，然后快速冷却的淬火工艺。

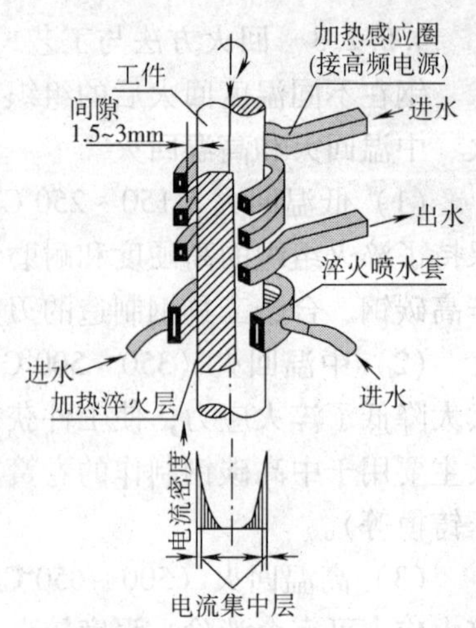

图4-29　感应淬火示意图

(1) 感应加热表面淬火的基本原理　图4-29为感应加热表面淬火装置。将工件放入铜管制成的感应器(线圈) 中，当一定频率的交流电通入感应器时，感应器周围产生交变磁场，使工件中产生同频率的感应电流，此电流在工件内自成回路，故称为“涡流”。由于“集肤效应”，“涡流”在工件截面上分布不均匀，表面密度大，心部密度小，使工件表面层迅速被加热到淬火温度，而心部温度仍接近于室温，在随即喷水快冷后，工件表面层得到马氏体组织。

(2) 感应加热表面淬火的特点　与普通淬火相比，生产率高：感应加热表面淬火的加热速度极快（一般仅需几秒~几十秒）；工件性能高：加热温度高（高频感应淬火为 Ac_3 以上100~200℃），奥氏体晶粒均匀细小，淬火后表面层得到细小马氏体，硬度比普通淬火高2~3HRC，且脆性较低，而心部仍保持原来的退火、正火或调质组织，塑性、韧性较好，工件表面层的残余压应力使疲劳强度提高；工件表面层不易氧化和脱碳，变形小；淬硬层深度易控制，易实现机械化和自动化。但感应加热设备昂贵，维修、调整比较困难，形状复杂的工件不易制造感应器，且不适于单件生产。

(3) 感应加热表面淬火的分类与应用　感应电流的大小与通入的交流电频率有关，频率越高表层感应电流越大，且表层越薄。按交流电频率，感应加热表面淬火有以下三种：

1) 高频感应加热表面淬火　电流频率为100~500kHz，淬硬层深度为0.5~2mm。适用于淬硬层较薄的中、小模数齿轮和中、小尺寸的轴类零件等。

2) 中频感应加热表面淬火　电流频率为500~10000Hz，淬硬层深度为2~10mm。适用于大、中模数齿轮和较大直径轴类零件等。

3) 工频感应加热表面淬火　电流频率为50Hz，淬硬层深度为10~20mm。适用于大直径轧辊、火车车轮等零件的表面淬火和穿透加热。

感应加热表面淬火主要用于中碳钢和中碳合金钢制造的中小型工件的成批生产，也可用于高碳工具钢、低合金工具钢和铸铁等工件。中碳钢淬火剂用水；合金钢可用聚乙烯醇水溶性淬火剂；如用油淬火，以埋入油中淬火较为安全，喷油很易着火。

为保证零件心部有良好的强韧性，并使淬火表面获得均匀的高硬度和耐磨性，通常表面淬火前进行正火或调质。为降低淬火应力和脆性，感应加热表面淬火后需要进行低温回火，但回火温度比普通低温回火温度稍低。生产中有时采用自回火法，即当工件淬火冷至200℃左右时，停止喷水，利用工件中的余热达到回火的目的。

4.6.1.2　火焰加热表面淬火

火焰加热表面淬火是利用氧—乙炔火焰（最高温度达3000℃）或其它可燃气火焰使工件表层快速加热，随后喷水快速冷却的表面淬火方法，如图4-30。

火焰加热表面淬火的淬硬层深度一般为2~6mm。若淬硬层过深，往往使工件表面严重过热，产生变形与裂纹。

火焰加热表面淬火操作简便，设备简单，成本低，灵活性大。但生产率低，加热温度不易控制，工件表面易过热，质量不稳定。适用于中碳钢及中碳合金钢，单件小批生产的大型工件和需要局部淬火的工具或零件，如大型齿轮、车轮、大轴轴颈、轨道等。

4.6.1.3 电接触加热表面淬火

图4-31为机床导轨电接触加热表面淬火示意图。其原理是用滚轮电极与工件表面接触，并通入低压（2~5V）大电流（400~750A）的交流电，电极与工件接触处被电阻热迅速加热到淬火温度，随着电极以一定的速度在工件表面移动，被加热的表面靠工件本身的导热而快速冷却实现淬火。

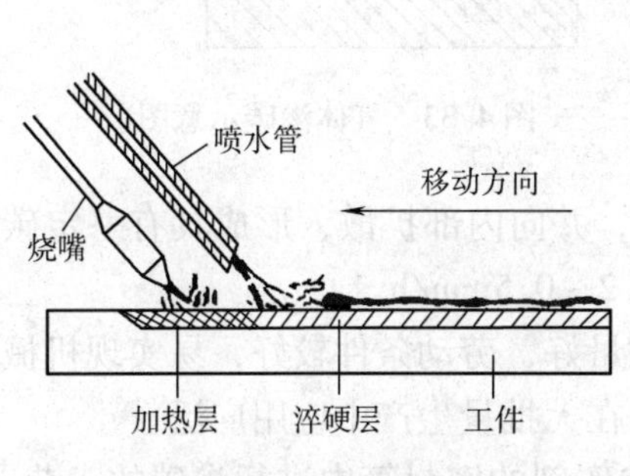

图4-30 火焰淬火示意图

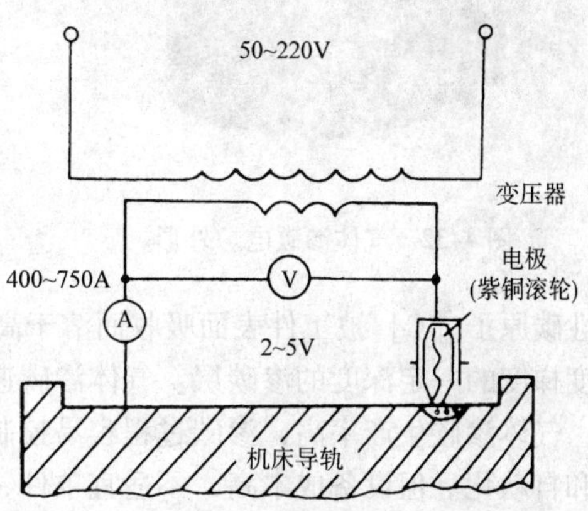

图4-31 机床导轨电接触加热表面淬火示意图

此方法的优点是设备简单，操作方便，易于自动化，工件变形极小，不需要回火，能显著提高工件的耐磨性和抗擦伤能力。但淬硬层较薄（0.15~0.35mm），显微组织和硬度均匀性较差。主要用于铸铁做的机床导轨的表面淬火，应用范围不广。

4.6.2 渗碳

渗碳是将低碳钢（含碳量约0.1%~0.25%）工件在渗碳介质中加热、保温，使碳原子渗入工件表层，以提高表层的含碳量，并形成一定碳浓度梯度的化学热处理工艺。渗碳后进行淬火可提高工件表层硬度和耐磨性，并保持心部良好的韧性，达到表硬心韧的目的。渗碳主要用于低碳钢、低碳合金钢等制作承受较大冲击载荷和在严重磨损条件下工作的零件，如汽车齿轮、套筒等。

4.6.2.1 渗碳方法

渗碳方法可分为气体渗碳、固体渗碳和液体渗碳，其中气体渗碳应用最广。

（1）气体渗碳 气体渗碳是工件在含碳气体中进行的渗碳，目前用的较多的是滴注式渗碳，图4-32为气体渗碳电炉外形，图4-33为气体渗碳电炉内部结构示意图。将工件置于密封的渗碳炉中加热至900~950℃（常用930℃），并向炉内滴入煤油、苯、甲醇、丙酮等有机液体渗碳剂，这些物质在高温下发生分解反应，产生活性碳原子［C］，即

$$2CO \longrightarrow CO_2 + [C]$$

$$CH_4 \longrightarrow 2H_2 + [C]$$
$$CO + H_2 \longrightarrow H_2O + [C]$$

图4-32　气体渗碳电炉外形

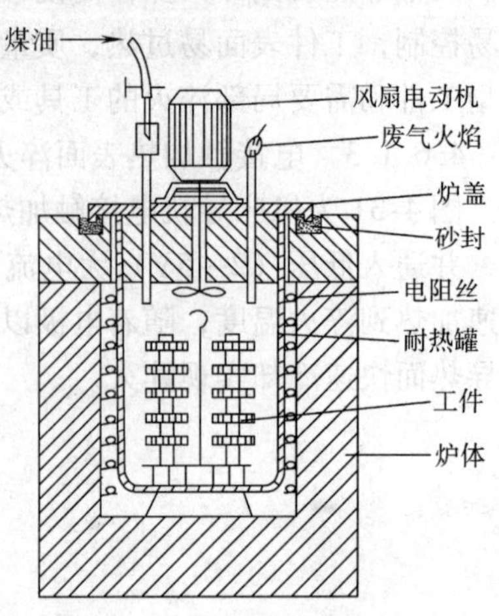

图4-33　气体渗碳示意图

活性碳原子［C］被工件表面吸收而溶于高温奥氏体中，并向内部扩散，形成具有一定碳浓度梯度的一定深度的渗碳层。气体渗碳速度平均为0.2～0.5mm/h。

气体渗碳生产率高，渗碳过程容易控制，渗碳层质量好，劳动条件较好，易实现机械化和自动化。但设备成本高，不适宜单件、小批生产，在大批量生产中应用广泛。

(2) 固体渗碳　固体渗碳是将工件放在填充粒状渗碳剂的密封箱中进行渗碳的工艺。渗碳剂由木炭和碳酸盐（$BaCO_3$ 或 Na_2CO_3）组成，木炭提供活性碳原子，碳酸盐可加速渗碳速度。在渗碳温度下，产生活性碳原子［C］，活性碳原子被工件表面吸收溶入高温奥氏体中，并逐渐向内部扩散，形成渗碳层。固体渗碳平均速度为0.1mm/h。

与气体渗碳相比，固体渗碳法生产率低，劳动条件差，质量不易控制。但因设备简单，成本低，目前在一些中、小型工厂仍有使用。此法主要用于单件小批生产。

对工件不需要渗碳的部位应事先进行防渗保护，如镀铜、刷防渗涂料等；也可以留出加工余量，待渗碳后淬火前再切削去除掉该部位的渗碳层。

4.6.2.2　渗碳钢组织

低碳钢渗碳后，表面可达到1%左右的高含碳量，往里碳浓度逐渐降低，直至钢的原始含碳量。渗碳缓冷后的组织如图4-34，表层为过共析钢组织（珠光体＋网状二次渗碳体），与其相邻内层为共析钢组织（珠光体），再往里为亚共析钢组织的过渡层（珠光体＋铁素体），心部为原低碳钢组织（铁素体＋少量珠光体）。

渗碳层表面的 $w_c = 0.85\% \sim 1.05\%$ 为最佳。含碳量过低时，耐磨性差，疲劳抗力小；含碳量过高时，则组织中易出现网状或块状渗碳体，渗层变脆，易剥落，同时，残余奥氏体量过大，对耐磨性和疲劳强度也不利。渗碳层厚度应根据零件工作条件和具体尺寸来确定，一般为0.5～2.5mm。渗碳层太薄时，易产生表面疲劳剥落；太厚时，承受冲击载荷的能力降低。工作时磨损轻、接触应力小时，渗碳层可以薄些。

工件经渗碳后必须进行淬火和低温回火，渗碳后的淬火方法有三种：直接淬火、一次

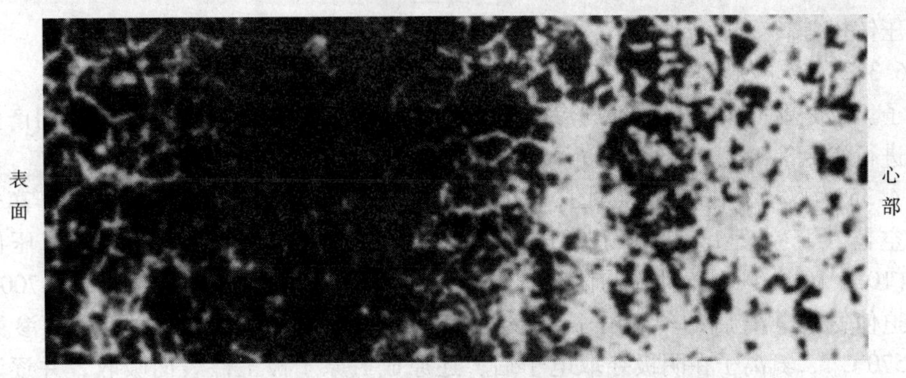

图4-34　低碳钢渗碳缓冷后的显微组织

淬火和二次淬火。淬火、低温回火后表层组织是回火马氏体、少量细粒状渗碳体和残留奥氏体，硬度58～64HRC，耐磨性好。心部组织取决于淬透性和工件截面尺寸，一般低碳钢心部组织为铁素体和珠光体，硬度110～160HBS；低碳合金钢（如20CrMnTi钢）通常心部组织为回火低碳马氏体和铁素体，硬度35～45HRC，有较高的强韧性和一定的塑性。

4.6.3　渗　　氮

渗氮也称氮化，是在一定温度下于一定介质中使氮原子渗入工件表面的化学热处理工艺。其目的是提高工件表面硬度、耐磨性、耐蚀性、耐热性和疲劳强度等。常用的渗氮方法有气体渗氮和离子渗氮。

4.6.3.1　气体渗氮

气体渗氮是在气体中进行的渗氮。将工件放入通有氨气（NH_3）的井式渗氮炉中，加热到500～570℃，使氨气分解出活性氮原子［N］，反应式为

$$2NH_3 \longrightarrow 3H_2 + 2[\dot{N}]$$

活性氮原子被工件表面吸收，并向内部逐渐扩散形成渗氮层。

一般渗氮层深度为0.4～0.6mm，渗氮时间约20～50h，生产周期较长。

常用的渗氮钢是含有与氮亲和力大的铬、钼、铝等合金元素的钢，如38CrMoAlA、35CrAlA、38CrMo等，渗氮前需进行调质处理，以改善机加工性能，提高综合力学性能。

对工件上不需渗氮的部位应事先进行镀铜或镀锡防渗保护；也可以留出加工余量，渗氮后去除。

与渗碳相比，渗氮层中因形成高度弥散、硬度很高的稳定氮化物，工件表面具有很高的硬度（约为1100～1200HV）和高的耐磨性，而且硬度在600℃左右时无明显下降，热硬性高；渗氮层存在较大残余压应力，疲劳强度高；渗氮层表面由致密耐腐蚀的氮化物组成，表层耐蚀性高；渗氮温度较低，工件变形小；渗后不需进行淬火，只需精磨或抛光即可。但渗氮层较脆，不能承受冲击；生产周期长（0.3～0.5mm的渗层，需30～50h）；需专用渗氮钢，故成本高。

渗氮主要用于耐磨性和精度要求很高的精密零件，或承受交变载荷的重要零件以及要求耐热、耐蚀、耐磨的零件，如镗床主轴、高速精密齿轮、高速柴油机曲轴、汽缸套筒、

阀门和压铸模等。

4.6.3.2　离子氮化

离子氮化是在一定真空度下的渗氮气氛中，利用工件（阴极）和阳极之间产生的辉光放电进行渗氮的工艺。

图4-35为离子氮化装置示意图，图4-36为离子氮化装置外形。将工件置于离子渗氮炉的真空器（真空度13.3～0.1333Pa）内，通入氨气或氮、氢混合气，使气压保持在1.33×(10^2～10^3) Pa。工件作为阴极，真空器壁作为阳极，通入高压（500～700V）直流电，迫使氨气电离后的氮离子高速轰击工件表面，将表面加热到所需的渗氮温度（450～570℃），氮离子在阴极夺取电子后，还原成氮原子被工件表面吸收，并逐渐向内扩散形成渗氮层。

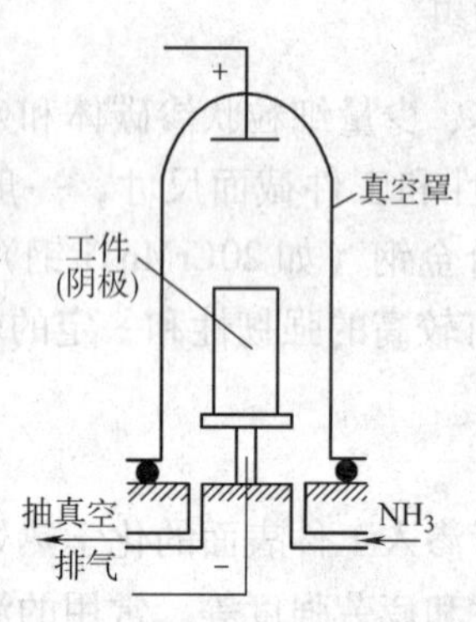

图4-35　离子氮化装置示意图

图4-36　离子氮化装置

离子氮化速度快，时间短（仅为气体渗氮的1/5～1/2）；渗氮层质量好，脆性小，工件变形小；对材料适应性强，碳钢、合金钢、铸铁等均可进行离子氮化；省电、省氨气、无公害，操作条件好。但设备复杂，操作要求严格；形状复杂或截面尺寸相差悬殊的零件，渗氮后各处的硬度和深度不均匀。

4.6.4　碳氮共渗

碳氮共渗通常的是指在气体介质中同时将碳、氮渗入工件表层的化学热处理工艺，目的是提高零件的硬度、耐磨性和疲劳强度。根据共渗温度可分为低温（520～580℃）、中温（760～880℃）和高温（900～950℃）碳氮共渗。共渗温度越高，含氮量越低。共渗层深度一般为0.3～0.8mm。

中温气体碳氮共渗应用较多。是将工件放入井式气体渗碳炉中，同时通入煤油和氨气，在840～860℃共渗温度下，煤油和氨气除单独进行前述的渗碳和渗氮作用外，它们之间还发生反应，生成活性炭、氮原子并渗入工件表面。由于共渗温度较高，它以渗碳为主，共渗后要进行淬火和低温回火，表层组织为回火马氏体、粒状碳氮化合物和少量残留奥氏体。

气体碳氮共渗与渗碳相比，具有温度低、时间短、变形小、淬透性好、硬度高（约高2～3HRC）、耐磨性好、抗蚀性好、生产率高等优点。碳氮共渗主要用于低、中碳的碳钢及合金钢制造的机床和汽车上的齿轮、涡轮、蜗杆和轴类等零件的表面热处理。

4.7　钢的热处理新工艺

4.7.1　可控气氛热处理

在无氧化热处理技术的发展趋势中，首推可控气氛热处理。在目前少品种、大批量生产中，尤其是碳素钢和一般合金结构钢件的光亮淬火、光亮退火、渗碳淬火、碳氮共渗淬火、气体氮碳共渗等，仍以可控气氛为主要手段，所以可控气氛热处理仍是先进热处理技术的主要组成部分。

4.7.1.1　可控气氛热处理方法

根据可控气氛气源的制备方法，可控气氛热处理分为以下几种：

（1）吸热式气氛热处理　用煤气、天然气或丙烷等与空气按一定比例混合后，通入发生器进行吸热反应（外界加热）而形成气氛。可通过调节原料气与空气的混合比来控制气氛的碳势，应用非常广泛。主要用于防止加热时的氧化和脱碳，如光亮退火、光亮淬火等；也用于渗碳及碳氮共渗等化学热处理。

（2）放热式气氛热处理　用煤气、煤油或丙烷等与空气按一定比例混合后，进行放热反应而形成气氛。其对原料的要求不高，操作简单，成本低，但未经净化的气氛含 CO_2 高，直接用于热处理会造成氧化和脱碳，应用受到一定限制。主要用于低、中碳钢的光亮退火、光亮淬火等。

（3）滴注式气氛热处理　用液体有机化合物（如甲醇、乙醇、丙醇、三乙醇胺等）混合滴入炉内而得到的气氛。其原料易制取，装置简单，成分和碳势可自动控制，在原有井式炉或箱式炉上稍加改造即可，应用很广。主要用于渗碳、碳氮共渗、保护气氛退火和淬火等。

（4）氮基可控气氛热处理　除了采用氨加热分解的氮和氢作为气氛外，还可在纯氮气里加入2%～5%的氢气（或丙烷）作为保护气氛。它不需要反应发生气，设备投资少，适应性广，用于光亮退火和淬火，渗碳及碳氮共渗等。

4.7.1.2　可控气氛热处理工艺

（1）渗碳　渗碳是轻纺行业中应用最广泛的工艺方法之一。用滴注式可控气氛渗碳在国内已经达到相当普遍的程度，尤其是在氧探头的气氛微量氧（氧势）测量、控制技术和配备微机可编程序控制器的碳势控制仪问世以后，在密封井式炉和箱式多用炉中进行可控气氛渗碳已成为一种趋势。

（2）碳氮共渗　钢件碳氮共渗时，渗层中碳氮含量不当，容易出现反常组织，造成硬度下降。因此，应针对不同钢种及不同的使用性能要求，确定渗层中的最佳碳氮含量，并通过调节共渗气氛的活性浓度及含碳氮介质的比例，以保证得到性能优良的碳氮共渗层。碳氮共渗能够提高接触疲劳强度，20Cr 钢轴承套圈热处理工艺可由渗碳 + 淬火 + 回火改为碳氮共渗 + 淬火 + 回火，GCr 15 钢制轴承热处理工艺可由淬火 + 回火改为碳氮共渗 + 淬火 + 回火，以提高表面硬度，提高表面接触疲劳强度，从而提高轴承寿命。

（3）光亮退火、淬火、复碳　在保护性可控气氛中进行退火、淬火可防止氧化和脱碳，得到光亮如新的表面，提高零件的表面质量。

常规热处理的零件表面常因脱碳而造成表面硬度不合格，可以采用在保护气氛中先进行复碳处理，然后再进行保护气氛的淬火+回火，使常规热处理的废品零件表面得到复碳，重新达到性能要求。

4.7.2 真空热处理

4.7.2.1 真空热处理的特点

真空热处理是指金属制件在真空或先抽真空后通惰性气体条件下加热，然后缓冷退火或回火，或在油或气体中淬火冷却的技术。

由于真空热处理时，工件基本不氧化、不脱碳，可保持零件表面光亮的热处理效果；同时，还可使零件脱脂、脱气，无污染环境，且便于自动控制等；采用通气对流加热方式还可使加热均匀，减少表面和心部的温差，从而也减少畸变。目前它已成为优质工模具不可或缺和首选的热处理工艺。

真空热处理由早期的真空退火、真空除气向真空淬火、真空回火、真空化学热处理和特种真空热处理方向发展。

4.7.2.2 真空热处理的工艺控制

真空热处理的加热特点决定了真空炉加热升温速度快，而工件传热需要时间，滞后比较多。为此，真空热处理加热时一般采用阶段升温，预热1~2次或者控制升温，同时还要适当延长保温时间，保温时间一般为空气炉的1.5倍。

真空热处理的真空度根据待处理材料选择，要保证热处理后表面光亮，又要注意防止表面元素贫化。对结构钢、不锈钢，真空度取10^{-1}~10Pa；对钛合金，取10^{-2}~10^{-1}Pa。

4.7.2.3 真空热处理方法

(1) 真空退火　利用真空无氧化的加热效果进行光亮退火，主要用于冷拉钢丝的中间退火、不锈钢的退火及有色金属的退火。

(2) 真空淬火　对大多数工模具钢采用真空加热，然后在空气中冷却淬火的真空气淬工艺，可大大提高工件的性能。特别是真空高压气淬，可以使工件的表面和心部都达到较高的性能。

(3) 真空渗碳　真空渗碳可实现高温渗碳（1000℃），显著缩短渗碳时间，且渗层均匀，碳浓度变化平缓，表面光洁。

4.7.2.4 真空热处理工艺的发展方向

(1) 真空加压气淬工艺　提高冷却性能、控制加热和冷却、研制更好淬透性的材料、完善气体回收技术等。

(2) 真空化学热处理工艺　提高真空渗碳技术、开发其它真空化学热处理技术以及真空化学热处理传感器等。

(3) 真空功能热处理工艺　真空磁场热处理、真空氢气热处理、真空焊接与热处理的组合等。

4.7.3 钢铁材料组织超细化处理

钢铁材料的强度和韧性是相互矛盾的两个性能，一般地，要提高强度必然降低其韧性，要提高韧性必然降低其强度。但材料组织的细化处理是同时提高其强度和韧性的最有效途径。通常认为小于4μm的细晶属于超细晶组织，4～0.1μm为微米级超细晶，100～0.1nm为纳米级超细晶。

4.7.3.1　微米级晶粒细化技术

微米级晶粒细化技术主要有形变诱导铁素体相变、循环热处理、形变热处理、磁场或电场处理和合金化细化技术等。

（1）形变诱导相变细化　形变诱导相变是将低碳钢加热到稍高于奥氏体相变（Ac_3）温度以上，对奥氏体施加连续快速大压下量变形，从而可获得超细的铁素体晶粒。在变形过程中，形变能的积聚使奥氏体向铁素体转变的相变温度上升，在变形的同时发生铁素体相变，变形后进行快速冷却，以保持在形变过程中形成的超细铁素体晶粒。

在形变诱导相变细化技术中，变形温度和变形量很重要，随变形温度的降低及形变量的增加，应变诱发铁素体相变的转变量增加，同时铁素体晶粒变细。

通过低温轧制变形和应变诱导铁素体相变，可在碳素结构钢中获得晶粒尺寸小于5μm的超细晶粒。对微合金钢，应用应变诱导相变技术可得到晶粒尺寸为1μm左右的2mm厚超细晶粒钢带。如Q235钢在Ar_3以上80℃和Ar_3以下10℃范围内，经80%大变形量多次变形，可获得2μm的超细晶铁素体。

（2）循环加热淬火细化　多次循环加热淬火是将钢由室温加热至稍高于Ac_3的温度，在较低的奥氏体化温度下短时保温，然后快速淬火冷却至室温，再重复此过程。每循环一次，奥氏体晶粒就获得一定程度的细化，从而获得细小的奥氏体晶粒组织。一般循环3～4次细化效果最佳。如利用快速循环淬火方法在65Mn钢中获得4μm的奥氏体晶粒。

（3）形变热处理细化　形变热处理大致可分为两种：第一种工艺是将钢加热到稍高于Ac_3温度，保持一段时间，达到完全奥氏体化，然后以较大的压下量使奥氏体发生强烈变形，之后等温保持一段时间，使奥氏体进行起始再结晶，并于晶粒尚未开始长大之前淬火，从而获得较细小（5μm左右）的淬火组织。第二种工艺是将淬火以后的钢，加热到相变点以下的低温进行大压下量的变形，然后加热到Ac_3以上温度短时保温，奥氏体化后迅速淬火，由于变形是在低温、马氏体组织状态下进行，材料的变形抗力较大。如把低、中碳钢的回火马氏体经过80%压缩变形，再奥氏体化可得到0.91μm的奥氏体晶粒，淬火后可获得非常细小的马氏体组织。

（4）合金化细化　通过对钢铁材料合金化也可有效细化晶粒。其原因是有些固溶强化合金元素（如W、Mo等）可提高钢的再结晶温度，同时降低在一定温度下晶粒长大的速度；而有些强碳化物形成元素（如Nb、V、Ti等）可与钢中的碳或氮形成尺寸为纳米级的化合物，强烈阻碍晶粒的长大。

4.7.3.2　纳米级晶粒细化技术

纳米级晶粒细化技术主要有大塑性变形技术、机械合金化细化和提纯技术等。

（1）大塑性变形细化　利用特殊方法使金属材料在室温产生严重变形，晶粒可得到明显细化。如对纯Ti、纯Cu等合金利用等径角挤压，当应变量达到5%～7%时，可获得纳米晶组织。如利用喷丸或深度轧制方法对304不锈钢进行处理，在试样表面可获得一层纳米晶组织。因为喷丸处理在材料表面反复施加多方向的高速机械载荷粒子，在局部接触的材料内部引起很大的塑性变形，改变了近表面的微观组织，使其产生局部切变，该切变又使更深层和其周围的材料产生塑性变形，从而在表面形成一层纳米晶。

(2) 机械合金研磨细化　它是一种用来制备具有可控微结构的金属基或陶瓷基复合粉末的高能球磨技术。即在干燥的球形装料机内，在高真空 Ar 气保护下，通过机械研磨过程中高速运行的硬质钢球与研磨体之间相互碰撞，对粉末粒子反复进行熔结、断裂，在熔结过程中使晶粒不断细化达到纳米尺寸；然后，纳米粉再采用热挤压、热等静压等技术加压制得块状纳米材料。此法在研磨过程中易产生杂质污染、氧化及应力，难以得到洁净的纳米晶界面。

4.7.4　计算机控制热处理

随着计算机技术的不断进步，计算机控制的热处理技术在生产中得到了较广泛的应用。主要用于温度控制、气氛控制、淬火介质特征曲线的测定等。

4.7.4.1　炉温控制

如单片机炉温控制系统具有以下功能：人工设定不同的温度参数，实现可变速率、可变时间的升温、保温、降温控制；显示实时炉温、时间；实现超温声光报警、超限切除控制加热电源；用 LED 实时显示加热过程曲线规律。

4.7.4.2　计算机气氛控制

如计算机控制气体渗氮，可实现可控渗氮工艺全过程的温度、氮势与渗氮时间的自动控制、测量和定期打印，并具有氨气、冷却水压力、温度和氮势超限报警自动断电功能。微机可控气体渗氮工艺可以改善渗氮层的组织和性能；可保持高的渗氮速度，缩短工艺周期，具有明显节电效果，大大降低生产成本；与常规渗氮设备相比，微机控制渗氮设备功能齐全，控制精度高，操作简便，可使渗氮工艺很快达到动态稳定。

4.7.4.3　通过计算机模拟确定最佳热处理工艺

例如采用计算机模拟技术可以对渗碳的工艺过程进行模拟。根据待处理零件的信号（钢的化学成分、设计要求的表面硬度、有效硬化层深度等），计算机选择一个初始的渗碳工艺进行模拟计算，根据计算的浓度分布曲线与期望的优化浓度分布曲线的偏差修正工艺参数（如果深度偏大则缩短渗碳时间，反之则延长渗碳时间；如果浓度分布曲线呈凸起状则提前降碳势，反之则推迟降碳势等），经反复迭代自动寻找到符合待处理零件技术要求的最优化工艺。

4.7.5　新型冷却介质

近年来国内兴起的新型淬火介质为有机聚合物淬火剂，其在国外已有 40 多年发展历史。这类淬火剂中含有各种类型的有机化合物、高分子聚合物以及适量的防腐剂和防锈剂，并且大多制成含水的浓缩液出售，使用时根据需要加水稀释成不同浓度的溶液，可以得到介于水、油之间或比油还慢的冷却能力，具有很大的灵活性。其特点是无毒、无烟、无臭、不燃烧、无腐蚀、冷却速度范围宽、淬火性能优于水或油。

有机聚合物淬火剂的冷却速度受浓度、使用温度和搅拌三个因素的影响。一般来说，浓度越高，冷却速度越慢；使用温度越高，冷却速度越慢；搅拌程度越激烈，冷却速度越快。另外，杂质对有机聚合物淬火剂的使用性能和淬火结果影响也很大。

目前，国内外研制的有机聚合物淬火剂种类很多，包括聚乙烯醇（PVA）、聚乙烯吡咯烷酮（PVP）、聚烷撑二醇（PAG）、聚丙烯酸盐（ACR）、羧甲基纤维素（CMC）和聚氧化乙烯（PEO）等。不同种类的有机聚合物淬火剂具有显著不同的冷却特性和稳定性，能适合不同淬火工艺的需要。应用面最广的有机聚合物淬火剂是聚烷撑二醇（PAG）类淬火剂，其突出特点是具有逆溶性，可以配成比盐水慢而比较接近矿物油的不同淬火烈度的淬火液，其浓度易测易控，可减少工件的变形和开裂，防止淬火软点的产生，使用寿命长，适合于各类感应加热淬火和整体淬火。有机聚合物淬火介质有逐步取代淬火油的趋势，是淬火介质的主要发展方向。

4.7.6 高能束表面淬火

高能束表面热处理主要有激光加热表面淬火、等离子加热表面淬火、电子束加热表面淬火等。

4.7.6.1 激光加热表面淬火

激光加热表面淬火是利用高能量（功率密度为10^3～10^5W/cm^2）的激光束使工件照射处在很短时间（10^{-7}～10^{-9}s）内加热到正常淬火加热温度以上，而工件其它部位仍保持常温状态。当激光束照射点转移后，通过工件本身的热传导而快速冷却（10^3～10^6℃/s），使工件表面得到马氏体组织。图4-37为大型发电机转子轴颈在进行激光表面淬火。

图4-37 发电机转子的激光表面淬火

与高频加热表面淬火相比，激光表面热处理的硬化层组织为更细小的马氏体，表面的硬度、耐磨性、疲劳强度高，变形小。为充分发挥激光高能密度热处理的特点，激光硬化层的深度一般为1mm以下。另外，激光表面淬火可对拐角、沟槽、盲孔底部、深孔内壁等一般热处理难以处理的部位进行表面淬火。

目前，激光表面热处理已用于碳钢、合金钢、铸铁等制作的活塞、汽缸套、轧辊等工件。

4.7.6.2 等离子弧加热表面淬火

直流等离子弧是一种经过压缩了的高温、高能量密度电弧，利用等离子弧的高温射流束可以快速对金属表面进行加热，达到奥氏体化温度后随着等离子弧的移动，通过工件自身的快速导热而自冷，得到表面马氏体，实现表面淬火硬化。

与激光表面淬火技术相比，等离子弧金属表面硬化处理技术具有硬化层厚、质量好、处理速度快、设备简单、成本低等优点，可用于机械设备中一些承受较大摩擦、需要表面耐磨的零件（如轴类、齿轮、模具、工具、汽缸套、机床导轨等）的硬化处理，可提高其使用性能，延长使用寿命。

4.7.6.3　电子束加热表面淬火

电子束加热表面淬火是将零件放置在高能密度的电子枪下，保持一定的真空度，用电子束流轰击零件表面，在与金属原子碰撞时，电子释放能量，被撞击表面在极短时间（$10^{-1} \sim 10^{-3}$s）内被加热到钢的相变温度以上，靠自身快速冷却进行淬火。

电子束加热表面淬火加热速度和冷却速度都很快，在相变过程中，奥氏体化时间很短，故能获得超细晶粒组织；零件热变形极小，不需要再精加工，可以直接装配使用；电子束加热表面淬火在真空中进行，无氧化无脱碳，不影响零件表面粗糙度，表面呈白色；由于电子束的射程长，零件局部淬火部分的形状不受限制，即使是深孔底部和狭小的沟槽内部也能进行淬火。但电子束加热表面淬火装置比较复杂，要配以真空泵系统、电子束发生机构、计算机控制电子束定位系统等，设备的成本高，且不能用于重负荷零件和大型零件。

4.8　钢的热处理其它有关问题

4.8.1　钢的热处理缺陷及防止

钢的热处理缺陷包括两类：加热缺陷（氧化、脱碳、晶粒粗大等）与冷却缺陷（变形、开裂等）。各种缺陷的危害及防止办法见表4-7。

表4-7　　热处理缺陷及防止办法

缺陷名称		原因	危害	防止办法
加热缺陷	欠热	加热温度偏低	淬火后硬度不足	适当提高加热温度，可通过退火或正火矫正
	过热	加热温度偏高	淬火后得到粗大马氏体，脆性大	适当降低加热温度，可通过退火或正火矫正
	过烧	加热温度过高	晶界氧化或熔化造成报废	
	氧化	钢表面形成氧化铁	使工件尺寸减小、表面粗糙	采用盐浴加热、保护气氛加热、真空加热等
	脱碳	钢表面碳氧化减少	淬火后表面硬度不足	
冷却缺陷	淬火变形	淬火时热应力与相变应力大	影响工件精度甚至报废	可选用淬透性好的钢以降低冷速；采用双液淬火或分级淬火、等温淬火；合理进行零件结构设计
	淬火裂纹	淬火时热应力与相变应力太大	造成报废	

4.8.1.1　加热缺陷的防止

热处理加热过程中的主要缺陷是氧化、脱碳和晶粒粗大等，其原因主要是加热温度过高、时间过长，或防护措施不当，使空气中的氧气进入炉内与钢表面的铁或碳发生了反应。

控制措施主要是严格控制加热温度和保温时间。此外，为防止晶粒粗大，可采用高温快速短时间的加热工艺；为防止氧化、脱碳，可采用盐浴加热炉、保护气氛加热炉、真空加热炉等。

4.8.1.2　冷却缺陷的防止

热处理冷却过程中经常发生且危害较大的缺陷是变形和开裂，其主要原因是工件各处加热特别是冷却时温度不均匀、内应力过大造成的；另外，冷却相变时的组织应力也有一定影响。对一些精密零件如精密齿轮、刀具、模具、量具等，必须控制其热处理变形及开裂。防止措施主要有：

（1）合理选材　对精密复杂工件应选择强度高的钢（如合金钢）。

（2）零件结构设计要合理　厚薄不要太悬殊，形状要对称，对于变形较大工件要掌握变形规律，预留加工余量，对于大型、精密复杂工件可采用组合结构。

（3）精密复杂工件要进行预先热处理　淬火前进行退火或正火热处理，消除工件的内应力并细化组织。

（4）合理选择加热温度，控制加热速度　对于精密复杂工件，可采取缓慢加热、预热和其它均衡加热的方法来减少热处理变形。尽量采用真空加热淬火。

（5）采用合理冷却方式　在保证工件硬度的前提下，尽量采用预冷、分级冷却淬火或等温淬火工艺。

（6）淬火后处理　对精密复杂件，淬火后采用深冷处理，降低残余奥氏体含量，保证工件尺寸稳定性。

另外，正确的热处理工艺操作（如堵孔、绑孔、机械固定、正确选择工件的冷却方向和在冷却介质中的运动方向等）和合理的回火热处理工艺也是减少精密复杂工件变形和开裂的有效措施。

4.8.2　热处理工序位置的确定

热处理工序一般安排在铸、锻、焊等热加工和切削加工的各个工序之间。预先热处理主要有退火、正火、调质等，一般安排在毛坯生产之后、切削加工之前，或粗加工之后、半精加工之前。最终热处理主要有淬火、回火、渗碳、渗氮等，由于处理后硬度高，故一般安排在半精加工后、磨削加工前。生产中灰铸铁件、铸钢件和某些无特殊要求的锻钢件、焊接件，退火、正火或调质也可作为最终热处理。

不同的零件，工作性能要求不同，选用的材料不同，故所采用的热处理方式及热处理在零件制造过程中安排的位置也不同，即零件制造的工艺路线不同。

4.8.2.1　低碳钢件的加工工艺路线

（1）受力较小的工件　如各种机架、容器等，一般为铸件、焊件或冲压件。

工艺路线：毛坯加工→退火（或正火）→切削加工。

（2）要求表硬心韧的工件　如受冲击较大的轴、轮等，一般为各种圆钢制造。

工艺路线：下料→锻造→正火→粗加工→半精加工（留防渗余量或镀铜）→渗碳→（切除防渗余量）→淬火、低温回火→磨削。

4.8.2.2　中碳钢件的加工工艺路线

（1）要求综合力学性能的工件　如连杆、螺栓等，一般为各种圆钢、方钢制造。

工艺路线：下料→锻造→退火（或正火）→粗加工→调质→半精加工→精加工。

（2）要求整体综合力学性能及表面耐磨性能的工件　如轴、轮等，一般为各种圆钢制造。

工艺路线①：下料→锻造→退火（或正火）→粗加工、半精加工（留磨量）→淬火、低温回火→磨削。

工艺路线②：下料→锻造→退火（或正火）→粗加工→调质→半精加工（留磨量）→表面淬火、低温回火→磨削。

4.8.2.3　高碳钢件的加工工艺路线

要求表面高硬度高耐磨性，如各种工具件，一般为各种圆钢、方钢制造。

工艺路线①：下料→锻造→正火→球化退火→粗加工、半精加工（留磨量）→淬火、低温回火→磨削。

工艺路线②：下料→锻造→正火→球化退火→粗加工、半精加工（留磨量）→表面淬火、低温回火→磨削。

4.8.3　热处理零件的结构工艺性

在设计零件（特别是淬火件）结构时，为防止淬火时的变形、开裂，应考虑以下要求：

（1）避免尖角、棱角，减少台阶　应设计成圆角或倒角，如图4-38所示，防止因应力集中而开裂。

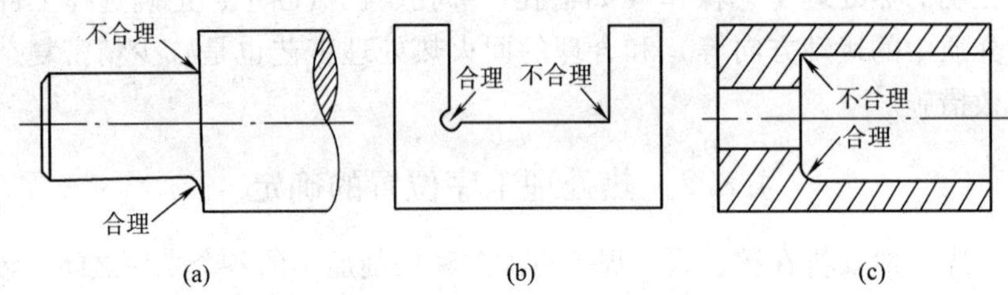

图4-38　避免尖角和棱角

（2）避免截面厚度不均匀　可采取开工艺孔、合理安排孔洞和槽的位置、变盲孔为通孔等措施，如图4-39所示，使壁厚尽量均匀，防止内应力不均匀而变形开裂。

（3）采用对称结构　使应力分布均匀，减轻变形或开裂倾向。图4-40为镗杆截面，要求渗氮后变形极小，在两侧开槽可避免一侧开槽产生弯曲变形缺陷。

（4）采用组合结构　对形状复杂或各部分性能要求不同的零件，采用组合结构可避免整体变形。

4.8.4　热处理技术条件的标注

热处理零件在图纸上应注明热处理技术条件，热处理代号及标注方法见表4-8。

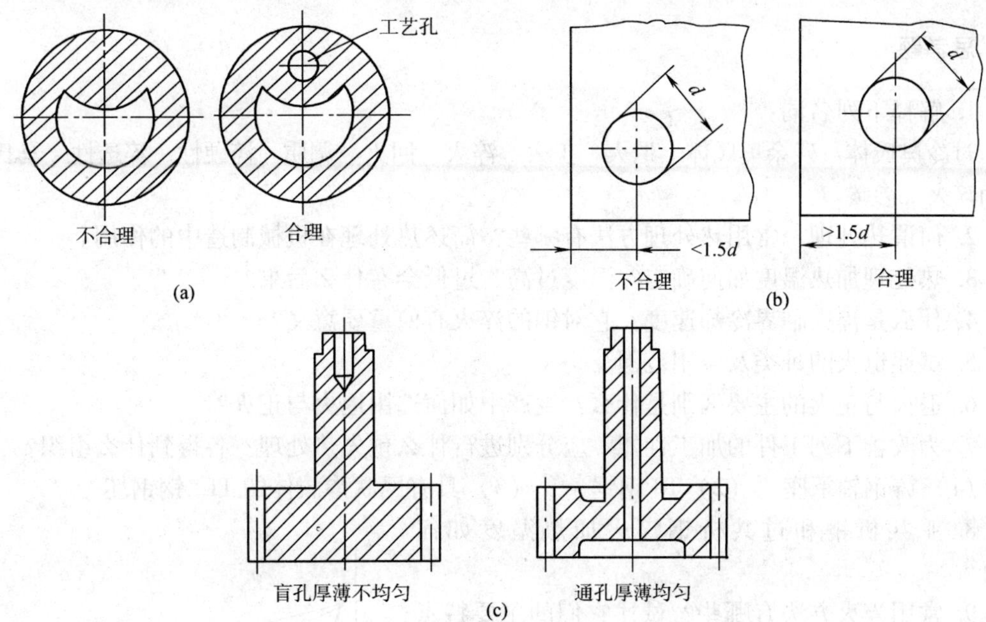

图4-39　避免截面厚度不均

（a）开工艺孔　（b）合理安排孔洞位置　（c）变盲孔为通孔

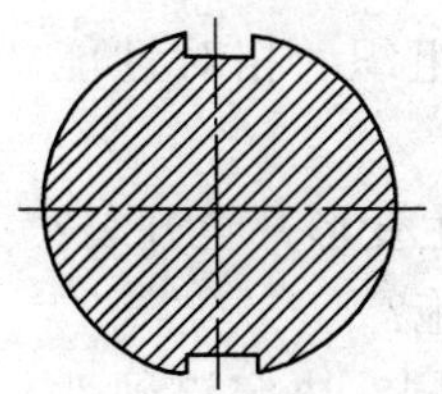

图4-40　镗杆对称结构

表4-8　　图纸上热处理代号及标注方法

热处理	代号	说明
退火	Th	Th：退火
正火	Z	Z：正火
调质	T	T235：调质至220~250HBS
淬火	C	C48：淬火回火至45~50HRC
油中淬火	Y	Y35：油中淬火后回火至32~38HRC
高频淬火	G	G52：高频淬火后回火至50~55HRC
调质—高频淬火	T-G	T-G54：调质后高频淬火回火至52~58HRC
火焰淬火	H	H54：火焰加热淬火后回火至52~58HRC
氰化（碳氮共渗）	Q	Q59：氰化淬火后回火至56~62HRC
氮化	D	D 0.3—900：氮化层深度为0.3mm，硬度>850HV
渗碳淬火	S-C	S 0.5-C59：渗碳深度为0.5mm，淬火后回火至56~62HRC
渗碳—高频淬火	S-G	S 0.9-G59：渗碳深度为0.9mm，高频淬火后回火至56~62HRC

思考题

1. 解释下列名词：

过冷奥氏体　残余奥氏体　退火　正火　淬火　回火　调质　淬硬性　淬透性　马氏体　表面淬火　渗碳

2. 何谓热处理？常用热处理方法有哪些？简述热处理在机械制造中的作用。

3. 热处理加热温度如何确定？温度过高、过低会有什么后果？

4. 什么是淬火临界冷却速度？它对钢的淬火有何重要意义？

5. 试述退火的种类及应用范围。

6. 退火与正火的主要区别是什么？生产中如何选用退火与正火？

7. 为改善下列工件的加工性能，应分别进行什么预先热处理？各得到什么组织？

（1）铸钢轴承座　（2）T8 钢锯条　（3）具有网状渗碳体的 T12 钢钢坯

8. 亚共析钢和过共析钢淬火加热温度如何选择？

9. 常用淬火方法有哪些？试述它们的主要特点和应用范围。

10. 图为 T8 钢（共析钢）奥氏体化后等温转变“C”曲线及四种冷却曲线，说明用图中四种冷却方式所对应的热处理名称、所得的组织、相对性能特点。

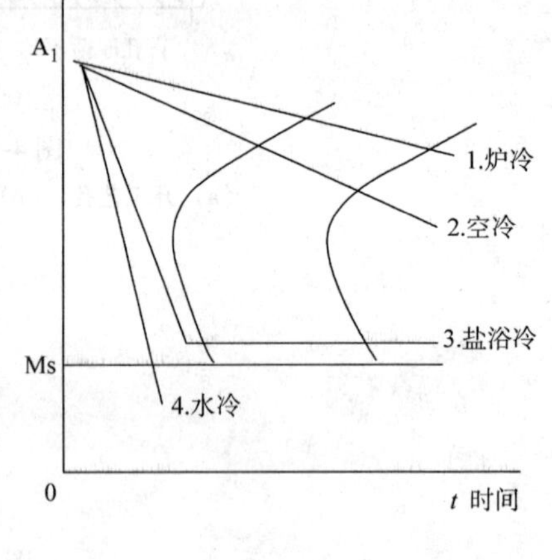

题 10 图

11. 为什么工件经淬火后会产生变形甚至开裂？减小淬火变形和防止开裂有哪些措施？

12. 淬硬性和淬透性有什么不同？决定淬硬性和淬透性的因素是什么？

13. 淬火钢回火方法有哪些？并说明各种回火方法的组织、性能及应用范围。

14. 将 45 钢和 T12 钢分别加热至 700℃、770℃、840℃淬火，试问这些淬火温度是否正确？为什么 45 钢在 770℃淬火后的硬度远低于 T12 钢的硬度（淬火温度相同）？

15. 下列零件正火的加热温度如何确定？正火后的显微组织分别是什么？

（1）20 钢齿轮　（2）45 钢小轴　（3）T12 钢锉刀

16. 甲、乙两厂同时生产一批 45 钢零件，硬度要求 220 ~ 250HBS。甲厂采用调质，乙厂采用正火，均可达到硬度要求。试分析甲、乙两厂产品的组织和性能差别。

17. 现有三个形状、尺寸完全相同的低碳钢齿轮，分别经过普通整体淬火、渗碳淬火及高频感应加热淬火，试用最简单的办法把它们区分出来。

18. 45 钢要求硬度为 220 ~ 250HB，但经调质处理后发现硬度偏高，问能否依靠减慢回火时的冷却速度使其硬度降低？若热处理后硬度偏低，能否靠降低回火时的温度，使其硬度提高？说明其原因。

19. 原定由 T12 钢制成的丝锥，硬度要求为 60 ~ 64HRC。因生产中混入 45 钢，并按 T12 钢进行淬火处理，问这些 45 钢制成的丝锥能否达到要求？若按 45 钢进行淬火处理，热处理后能否达到要求？为什么？

20. 45 钢、40Cr 钢、20CrMnTi 钢均可用来制造轴类零件，三种材料制轴的主要热处理形式、组织、性能、应用范围有何不同？

21. 试分析以下说法是否正确，为什么？

（1）过冷奥氏体的冷却速度越快，钢冷却后硬度越高。

（2）钢经淬火后是处于硬脆状态。

（3）钢中合金元素越多，则淬火后硬度就越高。

（4）同一钢材在相同的加热条件下，水淬比油淬的淬透性好，小件比大件的淬透性好。

22. 什么是表面淬火？为什么能淬硬表面层，而心部组织不变？它和淬火时没有淬透有什么不同？

23. 零件渗碳后为什么必须淬火和回火？淬火、回火后表层与心部性能如何？为什么？

24. 某拖拉机上的连杆是用 40 钢制成，其工艺路线如下：锻造→正火→切削加工→调质→精加工，最后要求：硬度为 217～241HBS。试说明各热处理的目的及其组织变化情况，并确定其加热温度和冷却方式。

第5章　碳　钢

在铁碳合金中，碳钢有较好的力学性能和工艺性能，原料来源丰富，冶炼及制造工艺比较简便，价格较低，在工业上应用广泛。

5.1　碳钢的成分及分类

5.1.1　碳钢的成分

碳钢是含碳量小于2.11%，且含有少量硅、锰、硫、磷等杂质元素的铁碳合金。碳钢的性能主要由其含碳量决定，碳钢中的杂质元素一般是冶炼时混入的，对钢的性能和质量有一定影响，冶炼时应适当控制各杂质元素的含量。

（1）硅的影响　硅是作为脱氧剂加入钢中的。在镇静钢中含硅量通常为0.10%～0.40%，在沸腾钢中仅有0.03%～0.07%。硅的脱氧作用比锰要强，它与钢液中的FeO生成炉渣，能消除FeO对钢的不良影响；硅能溶于铁素体中，并使铁素体强化，从而提高钢的强度和硬度，但降低钢的塑性和韧性。

（2）锰的影响　锰是炼钢时用锰铁脱氧后残留在钢中的。锰能把钢中的FeO还原成铁，改善钢的质量；锰还可与硫化合，形成MnS，消除硫的有害作用，降低钢的脆性，改善钢的热加工性能；锰能大部分溶解于铁素体中，使铁素体强化，提高钢的强度和硬度。碳钢中的含锰量一般为0.25%～0.80%。

（3）硫的影响　硫是在炼钢时由矿石和燃料带进钢中的。在固态下硫不溶于铁，而以FeS的形式存在。FeS与Fe能形成低熔点的共晶体，熔点为985℃，分布在晶界上，当钢材在1000～1200℃进行热加工时，由于共晶体熔化，从而导致热加工时脆化、开裂，这种现象称为“热脆”。因此必须控制钢中的含S量，一般控制在0.05%以下。

（4）磷的影响　磷是由矿石带入钢中的。磷在钢中能全部溶于铁素体中，因此提高了铁素体的强度和硬度；但在室温或更低温度下，因析出脆性化合物Fe_3P，使钢的塑性和韧性急剧下降，产生脆性，这种现象称为冷脆。因此要严格限制磷的含量，一般控制在0.045%以下。

5.1.2　碳素钢的分类

5.1.2.1　按钢中碳含量分类

（1）低碳钢$w_c<0.25\%$。

（2）中碳钢$w_c=0.25\%\sim0.60\%$。

（3）高碳钢$w_c>0.60\%$。

5.1.2.2　按钢的平衡组织分类

（1）亚共析钢平衡组织为F＋P。

（2）共析钢平衡组织为P。

（3）过共析钢平衡组织为$P+Fe_3C_{Ⅱ}$。

5.1.2.3 按钢的主要质量等级分类

（1）普通碳素钢$w_S \leq 0.055\%$、$w_P \leq 0.045\%$。

（2）优质碳素钢$w_S \leq 0.04\%$、$w_P \leq 0.04\%$。

（3）高级优质碳素钢$w_S \leq 0.03\%$、$w_P \leq 0.035\%$。

5.1.2.4 按钢的用途分类

（1）碳素结构钢 用于制造各种机械零件（如齿轮、轴、连杆、螺钉、螺母等）和各种工程结构件（如桥梁、船舶、建筑构架等）。这类钢一般属于低、中碳钢。

（2）碳素工具钢 用于制造刀具、量具和模具。这类钢一般属于高碳钢。

此外，钢按冶炼时脱氧方法不同，分为沸腾钢、镇静钢和半镇静钢等。

5.2 碳钢成分与其组织、性能的关系

5.2.1 碳钢在平衡状态下成分与组织性能的关系

由前面2.3部分的知识可知，铁碳合金的成分决定其平衡组织、性能。因此，碳钢的成分也决定其组织、性能。图5-1为含碳量对碳钢性能的影响。

碳钢的平衡组织取决于其含碳量。当含碳量$w_c=0.02\%\sim0.77\%$时，其平衡组织为亚共析组织（F+P）；当$w_c=0.77\%$时为共析组织（P）；当$w_c=0.77\%\sim2.11\%$时为过共析组织（$P+Fe_3C_{Ⅱ}$）。

碳钢的性能取决于其组织。亚共析钢中，随含碳量的增加，组织中的铁素体F减少，而珠光体量P增加，因此塑性、韧性降低，强度和硬度直线上升。过共析钢中，随着含碳量增加，开始时强度和硬度仍呈增加趋势，塑性和韧性仍呈下降趋势，当w_c超过0.9%时，硬度仍直线上升，塑性韧性仍继续下降，但抗拉强度转为下降趋势，强度在$w_c=0.9\%$时出现峰值，这是由于二次渗碳体$Fe_3C_{Ⅱ}$量逐渐增加形成了连续的网状，从而使钢的脆性增加、强度下降。

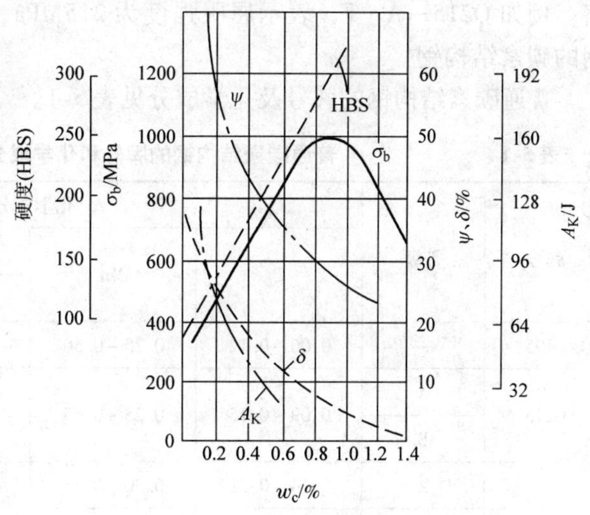

图5-1 含碳量对钢力学性能的影响

5.2.2 碳钢在热处理状态下成分与组织性能的关系

为提高性能，碳钢一般在热处理状态下使用。不同成分的碳钢，其常用的热处理工艺不同，达到的性能也不同。

低碳钢（$w_c<0.25\%$）本身塑性较好、强度不高，一般进行退火或正火热处理，组织与平衡状态相比变化不大，组织仍为F+P，但晶粒得到细化，成分得以均匀化，内应力减小，塑性、强度得以提高。低碳钢可进行渗碳及淬火低温回火热处理，使表面组织为高碳马氏体和粒状渗碳体，心部组织为低碳马氏体，达到表硬心韧的性能。

中碳钢（$w_c=0.25\%\sim0.60\%$）本身具有强度、硬度、塑性、韧性较好的综合力学性能，一般进行调质热处理，组织为回火索氏体，其综合性能进一步提高。

高碳钢（$w_c>0.60\%$）本身硬度较高，一般进行淬火及低温回火热处理，组织主要为回火马氏体（过共析钢还有粒状渗碳体），其硬度进一步提高。

5.3 常用碳钢的牌号、性能及应用

5.3.1 普通碳素结构钢

普通碳素结构钢是工程中应用最多的钢种，其产量约占钢总产量的70%～80%。其牌号由代表屈服强度的字母Q、屈服强度数值、质量等级符号、脱氧方法符号四部分顺序组成。质量等级分：A、B、C、D四级，从左至右质量依次提高。脱氧方法有F（沸腾钢）、b（半镇静钢）、Z（镇静钢）、TZ（特殊镇静钢）四种，通常Z和TZ可省略。例如Q215—A·F，表示屈服强度为215MPa、质量等级为A级、脱氧方法为沸腾钢的碳素结构钢。

普通碳素结构钢的牌号及化学成分见表5-1。

表5-1　　普通碳素结构钢的牌号和化学成分（GB700-1988）

牌号	等级	化学成分 w/%					脱氧方法
		C	Mn	Si	S	P	
				不大于			
Q195	—	0.06～0.12	0.25～0.50	0.30	0.050	0.045	F，b，Z
Q215	A	0.09～0.15	0.25～0.55	0.30	0.050	0.045	F，b，Z
	B				0.045		
Q235	A	0.14～0.22	0.30～0.65	0.30	0.050	0.045	F，b，Z
	B	0.12～0.20	0.30～0.70		0.045		
	C	≤0.18	0.35～0.80		0.040	0.040	Z
	D	≤0.17			0.035	0.035	TZ
Q255	A	0.18～0.28	0.40～0.70	0.30	0.050	0.045	Z
	B				0.045		
Q275	—	0.28～0.38	0.50～0.80	0.35	0.050	0.045	Z

普通碳素结构钢的力学性能及应用见表5-2。

表5-2 普通碳素结构钢的力学性能及应用

牌号	质量等级	σ_s/MPa				σ_b/MPa	δ_5/%				性能特点及应用
		钢材厚度（直径）/mm					钢材厚度（直径）/mm				
		≤16	>16~40	>40~60	>60~100		≤16	>16~40	>40~60	>60~100	
		不小于					不小于				
Q195	—	(195)	(185)	—	—	315~390	33	32	—	—	塑性好，有一定的强度。制成各种型材，用于桥梁建筑等钢结构；也可制造受力不大的零件，如螺钉、螺母、垫圈、焊接件、冲压件等
Q215	A B	215	205	195	185	335~410	31	30	29	28	
Q235	A B C D	235	225	215	205	375~460	26	25	24	23	强度较高，用于制造转轴、心轴、拉杆、摇杆、吊钩等受力不太大的零件
Q255	A B	255	245	235	225	410~510	24	23	22	21	强度较高，用于制造承受中等载荷的零件，如轧辊、轴、销子、连杆、农机零件等
Q275	—	275	265	255	245	490~610	20	19	18	17	

5.3.2 优质碳素结构钢

优质碳素结构钢中有害杂质含量少，塑性和韧性较高，用于制造较重要的零件。其牌号为两位数字，表示钢的平均含碳量的万分数。例如，45钢，表示平均含碳量为0.45%的优质碳素结构钢；08钢，表示平均含碳量为0.08%的优质碳素结构钢。

优质碳素结构钢中含锰量较高时（0.70%~1.20%），在其牌号后面标出元素符号“Mn”，如15Mn等。若为沸腾钢与半镇静钢，则在数字后分别加“F”与“b”，如08F等。

优质碳素结构钢的牌号、化学成分、力学性能及用途见表5-3。

08、10、15钢属于冷冲压薄板钢，含碳量低、塑性好、强度低、焊接性能好，主要用于要求塑性较高的冲压件、焊接件等。图5-2为低碳钢零件实例。

20、25钢属于渗碳钢，这类钢强度较低，但塑性、韧性较高，冷冲压性能和焊接性能很好，可以制造各种受力不大但要求高韧性的零件，如轴承端盖、螺钉、杆件、轴套、容器及支架等冲压件和焊接件。这类钢经渗碳淬火后，表面耐磨性好，而心部具有一定的强度和韧性，可用于制造耐磨并承受冲击载荷的零件。图5-3为20钢渗碳制造的模具导柱与导套。

表 5-3　　优质碳素结构钢的牌号、化学成分、力学性能和应用

钢号	化学成分 w/%				力学性能					应用举例
	C	Si	Mn	P、S	σ_b/MPa	σ_s/MPa	δ_5/%	ψ/%	a_K/(J/cm^2)	
				不大于	不小于					
08	0.05~0.11	0.17~0.37	0.35~0.65	0.035	325	195	33	60	—	受力不大但要求高韧性的冲压件、焊接件及螺栓、螺母、垫圈等 20 钢、25 钢渗碳淬火后可制造要求不高的耐磨零件，如凸轮、滑块等
10	0.07~0.13	0.17~0.37	0.35~0.65		335	205	31	55	—	
15	0.12~0.18	0.17~0.37	0.35~0.65		375	225	27	55	—	
20	0.17~0.23	0.17~0.37	0.35~0.65		410	245	25	55	—	
25	0.22~0.29	0.17~0.37	0.50~0.80		450	275	23	50	71	
30	0.27~0.34	0.17~0.37	0.50~0.80	0.035	490	295	21	50	63	受力较大的零件，如连杆、曲轴、主轴、活塞销、表面淬火齿轮、凸轮等
35	0.32~0.39	0.17~0.37	0.50~0.80		530	315	20	45	55	
40	0.37~0.44	0.17~0.37	0.50~0.80		570	335	19	45	47	
45	0.42~0.50	0.17~0.37	0.50~0.80		600	355	16	40	39	
50	0.47~0.55	0.17~0.37	0.50~0.80		630	375	14	40	31	
55	0.52~0.60	0.17~0.37	0.50~0.80		645	380	13	35	—	
60	0.57~0.65	0.17~0.37	0.50~0.80	0.035	675	400	12	35	—	要求弹性极限或强度较高的零件，如轧辊、弹簧、钢丝绳、偏心轮等
65	0.62~0.70	0.17~0.37	0.50~0.80		695	410	10	30	—	
15Mn	0.12~0.18	0.17~0.37	0.70~1.00	0.035	410	245	26	55	—	应用范围与普通含锰量的优质碳素钢相同
40Mn	0.37~0.44	0.17~0.37	0.70~1.00		590	355	17	45	47	
45Mn	0.42~0.50	0.17~0.37	0.70~1.00		620	375	15	40	39	

(a)

(b)

图 5-2　低碳钢零件
(a) 机箱　(b) 电机壳

30、35、40、45、50、55 钢属于调质钢，经过调质热处理后具有良好的综合力学性能，主要用于制造受力及冲击较大，要求强度、塑性、韧性都较高的轴类、轮类、杆类等零件，如齿轮、套筒、转轴等。这类钢在机械制造中应用非常广泛，特别是40、45 钢在机械零件中应用最广泛。图5-4 为45钢车床齿轮。

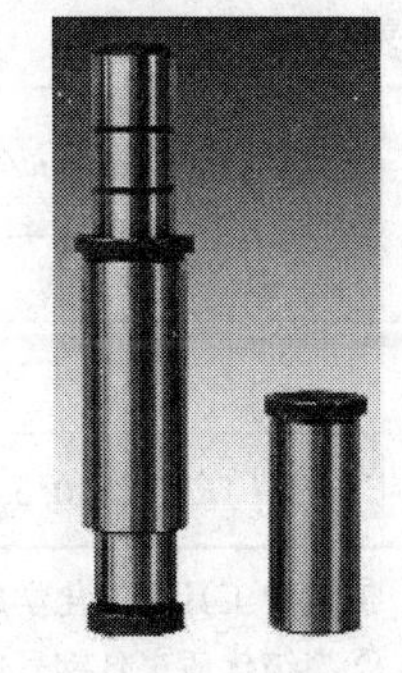

图5-3 模具导柱及导套

60、65 钢属于弹簧钢，经过淬火及中温回火热处理后可获得高的弹性，主要用于制造尺寸较小的弹簧、弹性零件。图5-5 为弹簧钢工件实例。

图5-4 车床齿轮

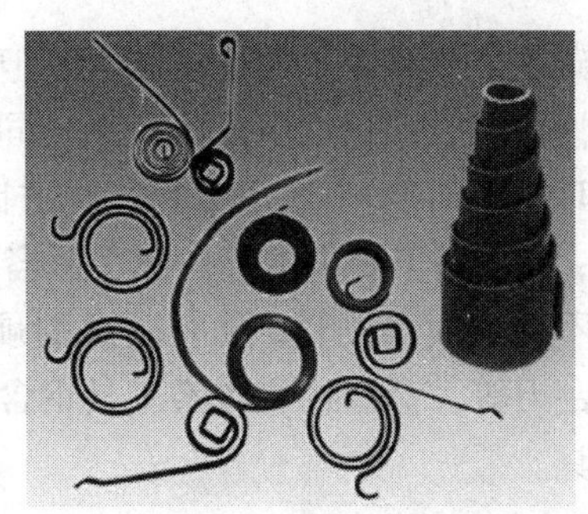

图5-5 碳钢卷簧

5.3.3 碳素工具钢

碳素工具钢主要用于制造刀具、模具和量具，含碳量大约为0.65%～1.35%，有害杂质元素（S、P）含量较少，此类钢属于优质钢和高级优质钢。

碳素工具钢的牌号以“T”（“碳”的汉语拼音字首）开头，其后的数字表示平均含碳量的千分数，如T8 表示平均含碳量为0.8%的碳素工具钢。牌号后面标以字母A 表示为高级优质碳素工具钢，如T12A 表示平均含碳量为1.2%的高级优质碳素工具钢。

碳素工具钢的牌号、化学成分、性能及用途见表5-4。

表5-4 碳素工具钢的牌号、化学成分、性能及应用

牌号	化学成分 $w/\%$			退火状态 HBS	试样淬火工艺	淬火后 HRC	性能特点及应用
	C	Si	Mn	不大于		不小于	
T7	0.65～0.74	≤0.35	≤0.40	187	800～820℃水冷	62	韧性较好，用于承受冲击较大的工具，如冲头、铲刀、手钳、锤头、木工工具、凿岩工具等
T8	0.75～0.84	≤0.35	≤0.40	187	780～800℃水冷	62	
T9	0.85～0.94	≤0.35	≤0.40	192	760～780℃水冷	62	
T10	0.95～1.04	≤0.35	≤0.40	197	760～780℃水冷	62	韧性中等，耐磨性适中，用于低速金属工具，如车刀、刨刀、冲头、丝锥、钻头、手工锯条等
T11	1.05～1.14	≤0.35	≤0.40	207	760～780℃水冷	62	

续表

牌号	化学成分 w/%			退火状态 HBS	试样淬火工艺	淬火后 HRC	性能特点及应用
	C	Si	Mn	不大于		不小于	
T12	1.15～1.24	≤0.35	≤0.40	207	760～780℃水冷	62	韧性较低，耐磨性较好，用于高耐磨的工具，如锉刀、刮刀、丝锥、量具等
T13	1.25～1.35	≤0.35	≤0.40	217	760～780℃水冷	62	

注：①表中工具钢的化学成分中 S≤0.03%，P≤0.035%。
②高级优质工具钢号后加 A，S≤0.02%，P≤0.03%。
③淬火后硬度是指工具材料淬火后的最低硬度，不是应用举例中工具的硬度。

碳素工具钢淬火后硬度相近，但随着含碳量的增加，组织中未溶渗碳体增多，使钢的耐磨性提高，而韧性下降，故用不同牌号的该类钢所制造的工具也不同。

T7、T8、T9 一般用于制造要求韧性稍高的工具，如冲头、錾子、简单模具、木工工具等；T10 用于要求中等韧性、适当硬度的工具，如手工锯条、丝锥、板牙等，也可用作要求不高的模具；T12 具有较高的硬度及耐磨性，但韧性低，用于制造量具、锉刀、钻头、刮刀等。高级优质碳素工具钢含杂质和非金属夹杂物少，适于制造重要的、形状复杂的工具。

5.3.4 铸造碳钢

形状复杂的零件，用铸铁铸造难以满足力学性能时常用铸造碳钢件。铸造碳钢广泛用于制造形状复杂又要求较高力学性能的零件，如轧钢机、破碎机、冲床等机器的机架、工作台等。图 5-6 所示的颚式破碎机机架为铸钢件。

图 5-6 颚式破碎机

铸造碳钢的含碳量一般为 0.20%～0.60%。若含碳量过高，则钢的塑性差，且铸造时易产生裂纹；若含碳量过低，则强度低，达不到性能要求。

铸造碳钢的牌号是用“铸钢”两字的汉语拼音字首“ZG”后面加两组数字组成，第一组数字代表屈服强度最低值，第二组数字代表抗拉强度最低值。例如 ZG200—400，表示屈服强度不小于 200MPa、抗拉强度不小于 400MPa 的铸造碳钢。

铸造碳钢的牌号、化学成分及力学性能见表 5-5。

表 5-5 **铸造碳钢的牌号、化学成分、力学性能**

牌号	主要化学成分 w/%					室温力学性能				
	C	Si	Mn	S 不大于	P 不大于	σ_S 或 $\sigma_{0.2}$/MPa	σ_b/MPa	δ/%	ψ/%	a_K/(J/cm^2)
ZG200—400	0.2	0.5	0.8	0.04	0.04	200	400	25	40	30
ZG230—450	0.3	0.5	0.9			230	450	22	32	25
ZG270—500	0.4	0.5	0.9			270	500	28	25	22
ZG310—570	0.5	0.6	0.9			310	570	15	21	15
ZG340—640	0.6	0.6	0.9			340	640	10	18	10

思考题

1. 简述碳钢的成分、组织与性能之间的关系。

2. 硅、锰、硫、磷对碳钢性能有什么影响?

3. 下列钢号属于哪一类钢?说明钢号中数字、字母的含义,举例说明各种钢的主要用途。

Q235A 20 45 65 T8 T12A ZG200—400

4. 45钢铸件与锻件的成分、组织、性能、应用有何区别?

第 6 章　合　金　钢

碳钢由于生产简便、成本低廉，而且通过控制含碳量及热处理方式可以达到多种性能要求，因此应用很广泛，约占工业用钢总量的 80% 左右。但由于碳钢淬透性差、强度和屈强比低、抗回火性差、不具备某些特殊性能等，限制了它在现代工业生产中的应用。这些制约可通过合金化的方法来解决，即加入合金元素形成合金钢，以改善钢的力学性能或获得某些特殊性能。

6.1　合金钢的成分、组织、性能及应用

6.1.1　合金钢的成分

6.1.1.1　合金钢成分特点

冶炼时，在碳钢的基础上有目的地加入一些合金元素所形成的钢叫合金钢。因此，合金钢的含碳量 $<2.11\%$，加入的合金元素主要有铬、镍、硅、锰，此外还可添加钼、钨、钒、钛、铌、锆、铝、硼、稀土（RE）等。合金钢中加入的合金元素可以是一种，也可以是多种，主加合金元素的量一般超过 1%，有时合金元素的总加入量甚至超过 25%。合金元素加入钢中会与铁和碳产生作用，以不同的形式存在于钢中，改变钢的内部组织及结构，提高钢的性能。

6.1.1.2　合金元素在钢中的存在形式及产生的作用

铁素体和渗碳体是碳钢在退火或正火状态下的两个基本相，合金元素加入钢中时，可以固溶于铁素体内，也可以与碳或渗碳体化合形成碳化物。

（1）固溶态　几乎所有合金元素都可或多或少地溶入铁素体中，形成固溶体，产生固溶强化，使铁素体的强度、硬度升高。合金元素中 Cr 含量小于 2%、Ni 小于 5%、Si 和 Mn 小于 1% 左右时，不会降低铁素体的韧性。

（2）化合态　在钢中能形成碳化物的元素有：铁、锰、铬、钼、钨、钒、铌、锆、钛等（按与碳的亲和力由弱到强依次排列）。

铌、钒、锆、钛是强碳化物形成元素，一般形成特殊碳化物如 NbC、VC、ZrC、TiC。

锰是弱碳化物形成元素，一般是溶入渗碳体，形成合金渗碳体 $(Fe, Mn)_3C$。

铬、钼、钨是属于中强碳化物形成元素。其含量不多时，一般形成合金渗碳体，如 $(Fe, Cr)_3C$、$(Fe, W)_3C$ 等；含量较高（超过 5% 左右）时，易形成特殊碳化物，如 Cr_7C_3、$Cr_{23}C_6$、MoC、WC 等。

合金渗碳体较渗碳体略为稳定，硬度也较高，是一般低合金钢中碳化物的主要存在形式。特殊碳化物比合金渗碳体具有更高的熔点、硬度与耐磨性，且更稳定。合金渗碳体与特殊碳化物在钢中细小均匀分布时可起到弥散强化（或弥散硬化）作用，是合金钢中的重要强化相。

6.1.2　合金钢的组织

合金钢的组织与合金元素的总加入量及含碳量有关。

6.1.2.1　平衡组织

合金总量少（<5%）时可以按照铁碳合金相图判断合金钢的平衡组织，即合金钢的组织与相同含碳量的碳钢相似。当含碳量 w_c =0.02% ~0.77%时，其平衡组织为亚共析组织（F+P）；当 w_c =0.77%时为共析组织（P）；当 w_c =0.77% ~2.11%时为过共析组织（$P+Fe_3C_{II}$）。

合金总量多时，合金元素对铁碳合金相图的影响较大。合金元素可以使相图上S点及E点左移，使合金钢的组织不能按照相同含碳量的碳钢去判断。例如，含0.3%C的3Cr2W8V合金钢为过共析钢组织，而碳含量不超过1%的W18Cr4V合金钢，在铸态下具有莱氏体组织。合金元素可以改变奥氏体相区的形状，如镍、锰、碳、氮等元素的加入都会使奥氏体相区扩大，如图6-1（a）为锰对铁碳合金相图的影响，当锰、镍含量达到一定值时，有可能在室温下形成单相奥氏体钢；铬、钼、硅、钨等元素使奥氏体相区缩小，图6-1（b）为铬对铁碳合金相图的影响，当铬含量较高时，有可能在室温下形成单相铁素体钢。因此，高合金钢可得到单相奥氏体钢或铁素体钢，使钢具有某些特殊的性能，如耐蚀、耐热、无磁等。总之，高合金钢的组织比较复杂，组织中存在大量合金元素的碳化物。

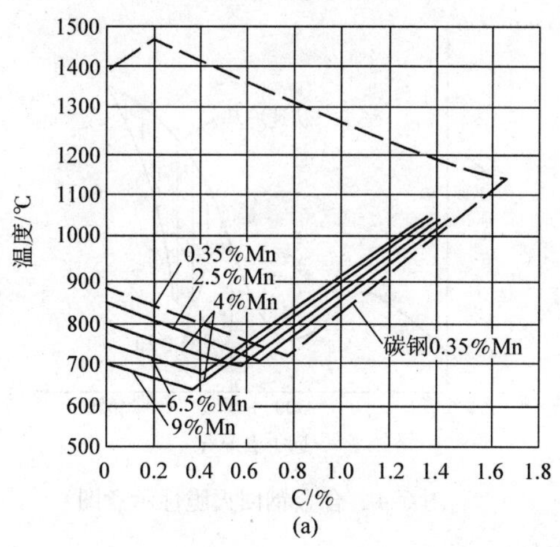

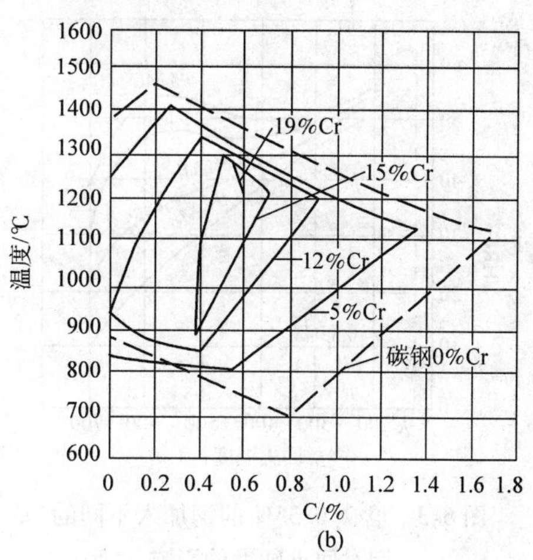

图6-1　合金元素对Fe-C合金相图的影响
（a）Mn对相图的影响　（b）Cr对相图的影响

6.1.2.2　热处理组织

（1）合金钢的热处理特点

①合金钢的热处理加热温度高于相同含碳量的碳钢。因为合金元素阻碍钢奥氏体化过程中碳和铁的扩散。

②合金钢的淬火冷却速度要低于碳钢，一般用油淬火。因为合金元素（除钴外）溶入奥氏体后，均增大过冷奥氏体的稳定性，使“C”曲线右移，提高钢的淬透性（如图6-2）。

③合金钢有时采用多次回火。因为合金元素（除钴、铝外）溶入奥氏体后，使 M_S 及 M_f 降低，使钢中残余奥氏体量增多，可多次回火降低残余奥氏体。

④合金钢回火时与相同含碳量的碳钢比，温度高、时间长。因为合金元素阻碍马氏体分

解和碳化物聚集长大，使回火时的硬度降低过程变缓。

⑤合金钢回火时会产生“二次硬化”，即回火时硬度回升现象。因为含有大量碳化物形成元素（如钨、钼、钒等）的淬火钢，在回火过程中当温度超过400℃以上时形成和析出特殊碳化物，这种碳化物颗粒很细，且不易聚集，产生弥散硬化作用，使钢的硬度提高。因此，这类钢在500～600℃回火时出现“二次硬化”现象，如图6-3所示。二次硬化现象对需要较高红硬性的工具钢具有重要意义。

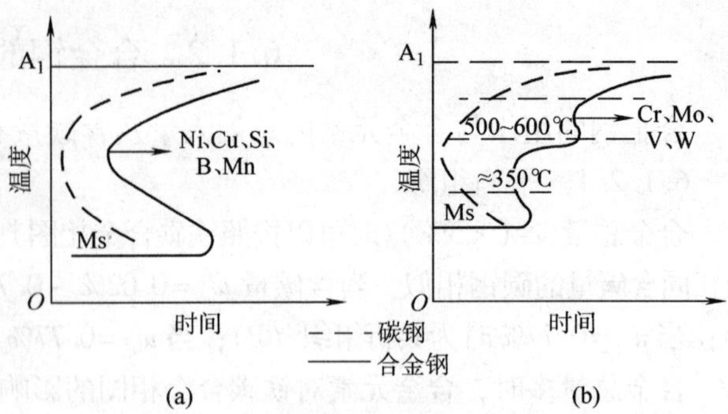

图6-2 合金元素对碳钢“C”曲线的影响
（a）非碳化物形成元素 （b）碳化物形成元素

⑥合金钢回火时会产生“回火脆性”，即淬火钢在某些温度区间回火或回火时缓慢冷却通过该温度区间时产生的脆化现象，如图6-4所示。它与Sb、Sn、P等杂质元素在原奥氏体晶界上偏聚有关。含铬、锰、镍等合金元素的合金钢回火时若缓慢冷却，最易发生这种偏聚。如果回火时快冷，杂质元素便来不及在晶界上偏聚，就可防止这种回火脆性。

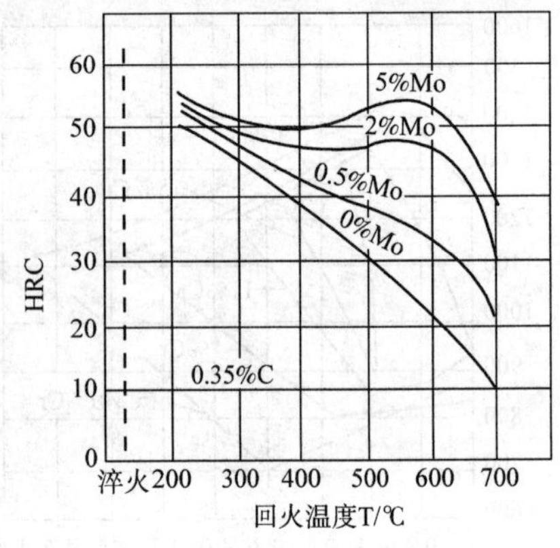

图6-3 含碳0.35%的钢加入不同的钼对回火硬度的影响

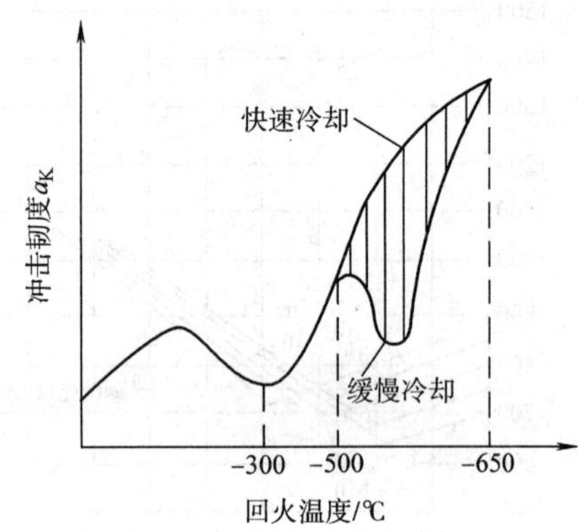

图6-4 合金钢回火脆性示意图

（2）合金钢的热处理组织　合金总量少时，合金钢的热处理组织与相同含碳量的碳钢相似。低碳钢退火或正火后，组织为F+P；中碳钢调质热处理后，组织为回火索氏体；高碳钢淬火及低温回火热处理后，组织主要为回火马氏体（过共析钢还有粒状渗碳体）。

合金总量多时，热处理组织较复杂，在此不再赘述。

6.1.3 合金钢的性能及应用

6.1.3.1 合金元素对钢性能的影响

（1）合金元素对钢力学性能的影响　合金元素加入钢中可起到固溶强化、弥散强化等作用，从而提高钢的强度及高温强度。与碳钢相比，在相同韧性条件下具有更高的强度或在相同强度条件下获得更好的韧性。

（2）合金元素对钢热处理性能的影响　合金元素使钢的“C”曲线右移，提高钢的淬透性。合金钢的临界淬火直径较大（见表4-5），对截面较大的工件容易淬透，保证淬火质量。另外，钢淬火时可用冷速相对较小的油作冷却介质，有利于防止淬火应力过大造成的变形和开裂缺陷。

（3）合金元素对钢理化性能的影响　在钢中加入较多的合金元素可使钢具有一些特殊的物理化学性能，得到不锈钢、耐热钢、耐磨钢、无磁性钢等特殊性能钢。

（4）合金元素对钢切削加工性能的影响　适当提高钢中硫、锰的含量，形成均匀分布的硫化锰夹杂物可改善切削性能。也可在钢中加入适量的铅，使它弥散、均匀分布在钢中，提高切削钢的切削性能。

（5）合金元素对钢冷变形性能的影响　合金元素溶入钢基体中一般会使钢变硬变脆，导致冷形变加工困难。因此冷变形用钢要限制钢中碳、硅、硫、磷、镍、铬、钒、铜等元素的含量。

（6）合金元素对焊接性能的影响　焊接性能的好坏，主要由钢材的淬透性决定。如果淬透性高，焊缝附近热影响区内可能出现马氏体组织，易脆裂，使焊接性能下降。但钒、钛、铌、锆等元素，可细化熔化区的晶粒，改善焊接性能。

6.1.3.2　合金钢的性能特点及应用

合金元素的作用使合金钢具有较高的强度、较好的淬透性，有的合金钢具有耐热、耐蚀、耐磨等特殊性能，因此与碳钢相比，合金钢主要用于强度要求更高的工件、尺寸更大的工件或一些特殊性能要求的工件。

6.2　合金钢的分类与牌号

6.2.1　合金钢的分类

6.2.1.1　按合金元素的种类分类

分为锰钢、铬钢、铬镍钢、硅锰钢、硼钢等。

6.2.1.2　按合金元素的含量分类

分为低合金钢（<5%）、中合金钢（5%～10%）、高合金钢（>10%）。

6.2.1.3　按钢的主要质量等级分类

分为普通合金钢（$w_S \leqslant 0.05\%$，$w_P \leqslant 0.045\%$）、优质合金钢（$w_S \leqslant 0.03\%$，$w_P \leqslant 0.035\%$）、高级优质合金钢（$w_S \leqslant 0.02\%$，$w_P \leqslant 0.025\%$）。

6.2.1.4　按用途分类

分为合金结构钢、合金工具钢、特殊性能钢。

（1）合金结构钢　用于制造各种工程结构件和机器零件，分为低合金高强度钢、合金渗碳钢、合金调质钢、弹簧钢、滚动轴承钢、易切钢等。

（2）合金工具钢　用于制造各种工、模具，分为合金刃具钢、合金模具钢和合金量具钢。

（3）特殊性能钢　是指具有特殊物理、化学性能的钢，分为不锈钢、耐热钢、耐磨钢等。

按用途分类是合金钢最常用的分类方法。

6.2.2 合金钢的牌号

按用途分的各类合金钢的牌号表示方法如表6-1所示（GB/1591—1988）。

表6-1　合金钢的牌号表示方法

分类	牌号表示方法	举例
合金结构钢	数字+化学元素符号+数字，前面的数字表示钢的平均含碳量，以万分数表示；后面的数字表示合金元素的含量，以平均含量的百分数表示。含量小于或等于1.5%时，一般不标注含量。若为高级优质钢，则在钢号的最后加“A”符号。易切钢前面加“Y”。滚动轴承钢在钢号前面加“G”符号，铬含量用千分数表示	60 Si2 Mn Mn——平均含锰量≤1.5% Si2——平均含硅量2% 60——平均含碳量0.6% Y20——含碳量为0.2%的易切钢 GCr15SiMn Cr15——平均含铬量1.5%
合金工具钢	平均含碳量≥1.0%时不标注，<1.0%时以千分数表示（高速钢例外，其平均含碳量<1.0%也无标注）。合金元素含量的表示方法与合金结构钢相同	5CrMnMo 5——平均含碳量0.5% CrWMn钢的平均含碳量≥1.0%
特殊性能钢	平均含碳量以千分之几表示。但当平均含碳量≤0.03%及≤0.08%时，钢号前分别冠以00及0表示。合金元素含量的表示方法与合金结构钢相同	2Cr13 2——平均含碳量0.2% 0Cr18Ni9 0——平均含碳量≤0.08%

合金结构钢中的低合金高强度钢牌号的新标准表示方法与普通碳素结构钢相同，见表6-2（GBT/1591—1994）。

表6-2　低合金高强度钢牌号的新标准表示方法

分类	牌号表示方法	举例
低合金高强度结构钢	钢的牌号由代表屈服强度的汉语拼音字母（Q）、屈服强度数值、质量等级符号（A、B、C、D、E）三个部分按顺序排列	Q 345 C C——质量等级符号 345——屈服点数值，单位MPa Q——屈服点的“屈”字拼音首字母

6.3 合金结构钢

合金结构钢中的低合金高强度结构钢主要用于各种受力的工程结构，大多为普通质量钢，冶炼简便，成本低，使用时一般不进行热处理。合金渗碳钢、合金调质钢、弹簧钢、滚动轴承钢等用于制造机器零件，对力学性能要求较高，属于优质钢或高级优质钢，一般都经过热处理后使用。

6.3.1 低合金高强度钢

6.3.1.1 成分

低合金高强度结构钢又称普通低合金结构钢（简称普低钢），是在碳素结构钢的基础上加入少量合金元素发展起来的。它含碳量较低，$w_c<0.16\%$，以少量锰为主加元素，并

辅加钛、钒、铌、铜、磷等合金元素。锰是强化基体元素，含量在1.8%以下，除固溶强化外，还细化铁素体晶粒，所以既提高了强度，又改善了塑性和韧性。钛、钒、铌等合金元素在钢中形成微细碳化物，起到细化晶粒和弥散强化的作用，从而提高钢的强度和冲击韧性等。铜、磷可提高钢对大气的抗蚀能力。

6.3.1.2　组织

低合金高强度钢一般在热轧状态或热轧后正火状态下使用，组织为铁素体和少量珠光体。

6.3.1.3　性能及应用

低合金高强度钢具有良好的焊接性、耐蚀性以及较好的韧性、塑性，强度显著高于相同含碳量的碳钢。如Q345（16Mn）的屈服强度$\sigma_s=300\sim400$MPa，而普通碳素结构钢Q235的屈服强度$\sigma_s=185\sim235$MPa。因此，用这种钢代替普通碳素结构钢，可大幅度减轻结构重量，节约钢材，提高使用可靠性。另外，由于而其成本与碳素结构钢相近，因此这种钢在桥梁、船舶、高压容器、车辆、石油化工等工程结构中应用广泛。

图6-5为Q345钢建造的南京长江大桥钢结构，其主跨跨度为160m，与Q235相比跨度增加，而且可节约钢材15%以上。低合金高强度钢中的Q460是我国新研制的钢种，在奥运场馆“鸟巢”上首次使用，钢板厚度达110mm，是撑起“鸟巢”的钢筋铁骨。

图6-5　南京长江大桥钢结构

6.3.1.4　常用低合金高强度钢

常用低合金高强度钢的牌号、成分、性能及应用见表6-3。其中Q345钢是我国发展最早、使用最多、产量最大、各种性能匹配较好的钢种，其应用最为广泛。

表6-3　常用低合金高强度钢的牌号、成分、性能及应用

牌号	质量等级	化学成分（质量分数）/%					力学性能			应用举例	相当旧牌号
		C（≤）	Mn	Si（≤）	P（≤）	S（≤）	σ_b/MPa	σ_s/MPa	δ/%		
Q295	A	0.16	0.18～1.50	0.55	0.045	0.045	390～570	295	23	油槽、车辆、桥梁等	12Mn 09MnNb 09MnV
	B				0.40	0.40					

续表

牌号	质量等级	化学成分（质量分数）/%					力学性能			应用举例	相当旧牌号
		C（≤）	Mn	Si（≤）	P（≤）	S（≤）	σ_b/MPa	σ_s/MPa	δ/%		
Q345	A	0.20	1.00 ~ 1.60	0.55	0.045	0.045	470 ~ 630	345	21	锅炉、车辆、桥梁、压力容器、输油管道、建筑结构	16Mn 16MnNb 12MnV
	B				0.040	0.040					
	C				0.035	0.035					
	D	0.18			0.030	0.030			22		
	E				0.025	0.025					
Q390	A	0.20	1.00 ~ 1.60	0.55	0.045	0.045	490 ~ 650	390	19	桥梁、起重设备、船舶、压力容器、电站设备等	15MnV 16MnNb
	B				0.040	0.040					
	C				0.035	0.035					
	D				0.030	0.030			20		
	E				0.025	0.025					
Q420	A	0.20	1.00 ~ 1.70	0.55	0.045	0.045	520 ~ 680	420	18	桥梁、高压容器、大型船舶、电站设备、大型焊接结构等	14Mn VTi RE 5MnVN
	B				0.040	0.040					
	C				0.035	0.035			19		
	D				0.030	0.030					
	E				0.025	0.025					
Q460	C	0.20	1.00 ~ 1.70	0.55	0.035	0.035	550 ~ 720	460	17	同上	—
	D				0.030	0.030					
	E				0.025	0.025					

6.3.2 合金渗碳钢

6.3.2.1 成分

合金渗碳钢的含碳量一般介于0.15% ~0.25%，低的含碳量是保证渗碳零件的心部具有足够的韧性。主加的合金元素有锰、铬、镍等，可辅加少量的硼、钛、钒、钼等。合金元素能提高钢的淬透性、改善心部性能，还可细化晶粒，防止渗碳过程中钢件产生过热。

6.3.2.2 热处理方法及组织

合金渗碳钢的热处理一般是在渗碳后进行淬火及低温回火处理。热处理后表层组织由回火马氏体及少量分布均匀的碳化物组成，有很高的硬度（58 ~62HRC）和耐磨性。心部组织与钢的淬透性及零件尺寸有关，全部淬透时是低碳回火马氏体（40 ~48HRC），未淬透时是托氏体、少量低碳回火马氏体（25 ~40HRC，$a_K \geqslant 60J/cm^2$）。

6.3.2.3 性能及应用

合金渗碳钢零件在渗碳、淬火及低温回火后具有“表硬心强韧”的性能，能在冲击载荷作用下及强烈磨损条件下工作，主要用于制造性能要求较高或截面尺寸较大的渗碳零件。如汽车、拖拉机上的变速齿轮，内燃机上的凸轮轴、活塞销等。图6-6为汽车变速箱齿轮轴。

6.3.2.4 合金渗碳钢零件制造工艺路线

20CrMnTi钢制造汽车变速箱齿轮的工艺路线如下：

下料→锻造→正火→加工齿形→渗碳（930℃）→预冷淬火（830℃）→低温回火(200℃)→磨削齿形

6.3.2.5 常用合金渗碳钢

常用合金渗碳钢的牌号、成分、热处理、性能及应用见表6-4。

表 6-4 常用合金渗碳钢的牌号、成分、热处理参数、性能及应用

类别	牌号	主要化学成分（质量分数）/%								毛坯尺寸/mm	热处理温度/℃				力学性能					应用举例
		C	Mn	Si	Cr	Ni	V	Ti	其它		渗碳	一次淬火	二次淬火	回火	σ_b /MPa	σ_s /MPa	δ/%	ψ/%	A_K/J	
低淬透性	20Mn2	0.17 ~ 0.24	1.40 ~ 1.80	0.17 ~ 0.37	—	—	—	—	—	15	910 ~ 930	850 水、油		200 水、空	785	590	10	40	47	小齿轮、小轴、活塞销
低淬透性	20Cr	0.18 ~ 0.24	0.50 ~ 0.80	0.17 ~ 0.37	0.70 ~ 1.00	—			—	15	890 ~ 910	880 水、油	780 ~ 820 水、油	200 水、空	835	540	10	40	47	同上
低淬透性	20MnV	0.17 ~ 0.20	1.30 ~ 1.60	0.17 ~ 0.37	—	—	0.07 ~	—	—	15	930	880 水、油		200 水、空	785	590	10	40	55	同上及锅炉高压容器等
低淬透性	20CrV	0.17 ~ 0.20	0.50 ~ 0.80	0.17 ~ 0.37	0.80 ~ 1.10	—	0.07 ~	—	—	15	900 ~ 925	880 水、油	800 水	200 水、空	835	590	12	45	55	齿轮小轴活塞销等
中淬透性	20CrMn	0.17 ~ 0.20	0.90 ~ 1.20	0.17 ~ 0.37	0.90 ~ 1.20	—	—	—	—	15	900 ~ 930	850 油		200 水、空	930	735	10	45	47	齿轮轴蜗杆摩擦轮等
中淬透性	20CrMnTi	0.17 ~ 0.23	0.80 ~ 1.10	0.17 ~ 0.37	1.00 ~ 1.30	—	—	0.04 ~ 0.10	—	15	930 ~ 950	880 油	870 油	200 水、空	1080	835	10	45	55	同上
中淬透性	20SiMnVB	0.17 ~ 0.24	1.30 ~ 1.60	0.50 ~ 0.80	—	—	0.07 ~		B：0.0005 ~0.0035	15	900 ~ 950	900 油		200 水、空	1175	980	10	45	55	汽车拖拉机变速箱齿轮
高淬透性	20Cr2Ni4A	0.17 ~ 0.20	0.30 ~ 0.60	0.17 ~ 0.37	1.25 ~ 1.60	3.25 ~	—	—	—	15	900 ~ 950	880 油	780 油	200 水、空	1175	1080	10	45	63	大型渗碳齿轮和轴
高淬透性	18Cr2Ni4WA	0.13 ~ 0.19	0.30 ~ 0.60	0.17 ~ 0.37	1.35 ~ 1.65	4.00 ~	—	—	W：0.80 ~1.20	15	900 ~ 920	900 空	840 空	200 水、空	1175	835	10	45	78	同上

图6-6　汽车变速箱齿轮轴

6.3.3　合金调质钢

6.3.3.1　成分

合金调质钢的含碳量在0.25%~0.5%。主加合金元素为硅、锰、铬、镍等，辅加元素有硼（0.001%~0.003%）、钨、钛、钒、钼等。合金元素可提高淬透性，可起固溶强化及弥散强化作用，微量的钨、钼等元素可减轻或防止回火脆性。

6.3.3.2　热处理方法及组织

合金调质钢的预先热处理一般采用正火或退火，目的是细化晶粒，降低硬度以改善切削加工性能。对于合金元素含量较高的钢，正火后形成马氏体组织，硬度很高，需进行一次高温回火，以降低硬度。

调质钢的最终热处理一般采用调质处理，得到回火索氏体组织。如果零件还要求表面有良好的耐磨性，则要在调质处理后进行表面淬火（或淬火）后低温回火，以使表面得到回火马氏体组织。

6.3.3.3　性能及应用

调质处理后，合金调质钢具有良好的综合力学性能，广泛用于制造高强度和高韧性要求的各种重要机器零件，如轴、连杆、齿轮等。如图6-7为40Cr钢制汽车发动机连杆零件形状。对于一些大截面零件，为保证足够的淬透性，必须选用合金调质钢。

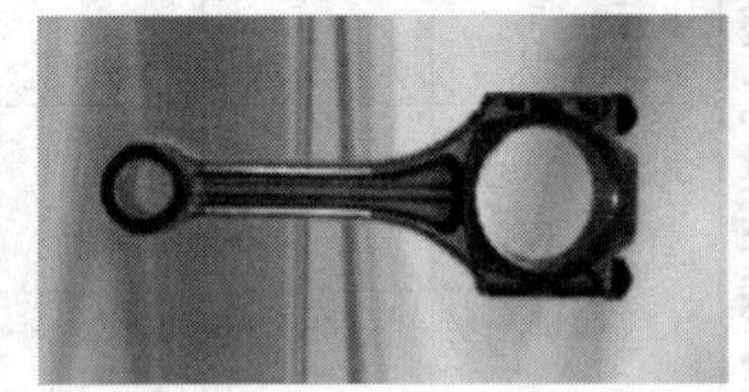

图6-7　汽车发动机连杆

6.3.3.4　合金调质钢零件制造工艺路线

40Cr汽车或拖拉机连杆的工艺路线为：

下料→锻造→退火→粗切削加工→调质→精切削加工→装配

6.3.3.5　常用合金调质钢

常用合金调质钢的牌号、化学成分、热处理参数、性能及应用见表6-5。

6.3.4　合金弹簧钢

6.3.4.1　成分

合金弹簧钢的含碳量一般为0.45%~0.7%（碳素弹簧钢的含碳量约为0.6%~0.9%），主加合金元素是硅和锰，辅加少量的铬、钒等。合金元素的作用是固溶强化、细化晶粒、弥散强化等，并提高淬透性。

6.3.4.2　热处理方法及组织

弹簧按加工工艺方法不同，可分为冷成型弹簧和热成型弹簧，它们的热处理方法及组

表 6-5　常用合金调质钢的牌号、化学成分、热处理、性能及应用

牌号	主要化学成分（质量分数）/%								毛坯尺寸/mm	热处理温度/℃		力学性能						应用举例
	C	Si	Mn	Cr	Ni	Mo	V	其它		淬火	回火	σ_b/MPa	σ_s/MPa	δ/%	ψ/%	A_K/J	HBS（≥）	
40Cr	0.37～0.44	0.17～0.37	0.50～0.80	0.80～1.10	—	—	—	—	25	850 油	520 水，油	980	785	9	45	47	207	轴、齿轮、连杆、螺栓
40CrMnMo	0.37～0.45	0.17～0.37	0.90～1.20	0.90～1.20	—	0.20～0.30	—	—	25	850 油	600 水，油	980	785	10	45	63	217	高强度耐磨齿轮、主轴等重载荷零件
42CrMo	0.38～0.45	0.17～0.37	0.50～1.80	0.90～1.20	—	0.15～0.25	—	—	25	850 油	560 水，油	1080	930	12	45	63	217	连杆、齿轮、摇臂等
30CrMnSi	0.27～0.34	0.90～1.20	0.80～1.10	0.80～1.10	—	—	—	—	25	880 油	560 水，油	1080	885	10	45	39	229	高压鼓风机叶片、飞机重要零件
40MnB	0.37～0.44	0.17～0.37	1.10～1.40	—	—	—	—	B：0.0005～0.0035	25	850 油	500 水，油	980	785	10	45	47	207	代替40Cr做转向节、半轴、花键轴
40MnVB	0.37～0.44	0.17～0.37	1.10～1.40	—	—	—	0.05～0.10	B：0.0005～0.0035	25	850 油	520 水，油	980	785	10	45	47	207	同上
40CrNiMoA	0.37～0.44	0.17～0.37	0.50～0.80	0.60～0.90	1.25～1.65	0.15～0.25	—	—	25	85 油	600 水，油	980	835	12	55	78	269	制造高强度耐磨齿轮
38CrMoAl	0.35～0.42	0.20～0.45	0.30～0.60	1.35～1.65	—	0.15～0.25	—	Al：0.70～1.10	30	940 水，油	640 水，油	980	835	14	50	71	229	高精度镗杆等

织也不同。

(1) 冷成型弹簧　直径较小的弹簧，可采用冷拉钢丝冷卷成型。冷卷后的弹簧不必进行淬火处理，只需进行一次消除内应力和稳定尺寸的定型处理，即加热到250~300℃，保温一段时间，从炉内取出空冷即可，组织为珠光体和少量铁素体，且晶粒有拉长变形。

(2) 热成型弹簧　截面尺寸较大的弹簧，通常是在热成型后进行淬火+中温回火(350~500℃)处理，得到回火托氏体组织。

6.3.4.3　性能及应用

合金弹簧钢具有高的屈服强度特别是高的弹性极限，并有一定的塑性和韧性，用来制造各种弹簧和弹性元件。图6-8为60Si2Mn制汽车板簧形状。弹簧的表面质量对使用寿命影响很大，常采用喷丸处理以强化表面，提高弹簧钢的屈服强度和疲劳强度。

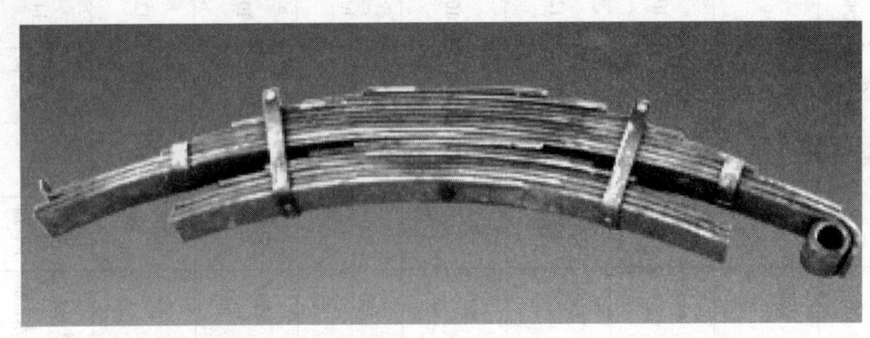

图6-8　汽车板簧

6.3.4.4　合金弹簧钢零件制造工艺路线

60Si2Mn汽车板簧的工艺路线为：

扁钢下料→加热压弯成型→淬火+中温回火→喷丸

6.3.4.5　常用合金弹簧钢

常用合金弹簧钢的牌号、化学成分、热处理、性能及应用见表6-6。

6.3.5　滚动轴承钢

6.3.5.1　成分

滚动轴承钢含碳量为0.95%~1.15%，为高碳钢，可保证高硬度和高耐磨性。主加合金元素是铬，含量为0.4%~1.65%；有时可添加硅、锰等元素。合金元素可提高淬透性，铬元素还可形成弥散分布的碳化物提高钢的耐磨性和接触疲劳强度。

6.3.5.2　热处理方法及组织

滚动轴承钢在锻造后进行球化退火作为预先热处理，以降低硬度，方便加工。最终热处理是淬火+低温回火，组织为回火马氏体及细粒状碳化物。

6.3.5.3　性能及应用

滚动轴承钢热处理后具有很高的硬度、耐磨性及良好的疲劳强度，还有足够的韧性，表面能承受较高的局部应力和磨损，主要用来制造滚动轴承的内、外套圈和滚动体。图6-9为滚动轴承的结构形状。

表 6-6 常用合金弹簧钢的牌号、化学成分、热处理、性能及用途

钢号	化学成分（质量分数）w/%					热处理温度/℃		力学性能				应用举例
	C≤	Si	Mn	V	其它	淬火	回火	σ_b/MPa	σ_s/MPa	δ/%	ψ/%	
65Mn	0.62~0.70	0.17~0.37	0.09~0.12	—	—	830 油冷	540	980	785	9	30	截面<20mm 的螺旋弹簧、板弹簧
60Si2Mn	0.56~0.64	1.50~2.00	0.60~0.90	—	—	870 油冷	480	1275	1175	5	25	截面<25mm 机车板簧、螺旋弹簧 工作温度<230℃
55Si2MnB	0.52~0.60	1.50~2.00	0.60~0.90	—	B：0.0005~0.004	870 油冷	480	1300	1200	6	25	同上
60Si2CrVA	0.56~0.64	1.40~1.80	0.40~0.70	0.10~0.20	Cr：0.9~1.2	850 油冷	410	1865	1665	6	20	高载荷、耐冲击的重要弹簧，<250℃耐热弹簧
50CrVA	0.46~0.54	0.17~0.37	0.50~0.80	0.10~0.20	Cr：0.8~1.1	850 油冷	500	1275	1130	9	40	大截面<30mm 的高应力螺旋弹簧，<300℃耐热弹簧

6.3.5.4　滚动轴承钢零件制造工艺路线

GCr15 轴承钢制造轴承的工艺路线：

轧制或锻造→球化退火→切削加工→淬火＋低温退火→磨削加工

对于精密轴承，为保证尺寸稳定性，可在淬火后进行冷处理，并在磨削加工后在 120～130℃下进行 5～10h 的稳定化处理。

6.3.5.5　常用滚动轴承钢

常用滚动轴承钢的牌号、化学成分、热处理及应用见表 6-7。

图 6-9　滚动轴承的结构形状

表 6-7　　常用滚动轴承钢的牌号、化学成分、热处理及应用

钢号	化学成分 w（质量分数）/%				典型热处理			应用举例
	C	Cr	Mn	Si	淬火/℃	回火/℃	回火后硬度/HRC	
GCr9	1.00～1.10	0.90～1.20	0.25～0.45	0.15～0.35	830 水、油	160	61～65	10～20mm 的滚珠、滚柱及滚针
GCr15	0.95～1.05	1.40～1.65	0.25～0.45	0.15～0.35	830～845 油	150～160	61～65	壁厚＜20mm 的中小型套圈，$\phi<50$mm 的钢球
GCr15SiMn	0.95～1.05	1.40～1.65	0.95～1.25	0.45～0.75	830	180	62	壁厚＞30mm 的大型套圈，$\phi>50$mm 的钢球

对于承受很大冲击或特大型轴承，常用合金渗碳钢制造，目前最常用的渗碳轴承钢有 20Cr2Ni4 等。对于要求耐腐蚀的不锈轴承，可采用马氏体不锈钢 8Cr17 等制造。

6.3.6　易　切　钢

6.3.6.1　成分

易切钢是在碳钢基础上加入一定量的 S、Pb、P、Ca 等合金元素形成的容易切削加工的钢。其可以是从低碳到高碳各种含碳量的钢，钢中含硫量为 0.18%～0.30%，含锰量为 0.6%～1.55%，使钢中形成大量的 MnS 夹杂物，使切屑易断，且有一定的润滑作用，从而改善切削性能。适当提高含磷量可以使铁素体脆化，也能提高切削性能。含锰量较高的易切钢，应在钢号后附加 Mn，如 Y40Mn 等。

6.3.6.2　热处理方法及组织

易切钢的热处理及组织主要由钢中含碳量决定。

6.3.6.3　性能及应用

易切钢适合在自动机床上进行高速切削，切削后零件表面质量较高，而且刀具的磨损较小，使用寿命较长。主要用于制造受力较小、不太重要且大批生产的标准件，如螺钉、螺母、垫圈、垫片、缝纫机、计算机和仪表零件等。

6.3.6.4　常用易切钢

常用易切钢的牌号、化学成分及力学性能见表 6-8。

表 6-8 易切削结构钢的牌号、化学成分和力学性能

钢号	化学成分 w/%				力学性能（热轧状态）	
	C	Mn	S	P	σ_b/MPa	δ_5/%（不小于）
Y12	0.08 ~ 0.16	0.70 ~ 1.00	0.10 ~ 0.20	0.08 ~ 0.15	390 ~ 540	22
Y20	0.17 ~ 0.25	0.70 ~ 1.00	0.08 ~ 0.15	≤0.06	450 ~ 600	20
Y30	0.27 ~ 0.35				510 ~ 655	15
Y35	0.32 ~ 0.40				510 ~ 655	14
Y40Mn	0.37 ~ 0.45	1.20 ~ 1.55	0.20 ~ 0.30	≤0.05	539 ~ 735	14

6.4 合金工具钢

6.4.1 合金刃具钢

刃具钢可制造各种车刀、铣刀等切削刀具。它必须具有高硬度（>60HRC）、高耐磨性、高热硬性（钢在高温下保持硬度的能力称为热硬性或红硬性）、足够的韧性和塑性。

6.4.1.1 低合金刃具钢

（1）成分 含碳量高，为0.75% ~ 1.50%，主加硅、铬、锰、钨等合金元素，保证高硬度、高耐磨性、高热硬性，提高淬透性。

（2）热处理方法及组织 锻造后进行球化退火预先热处理，降低硬度，方便切削加工。最终热处理为淬火 + 低温回火，组织为回火马氏体 + 粒状碳化物。

（3）性能及应用 低合金刃具钢与碳素工具钢相比，有较高的淬透性、较小的淬火变形、较高的红硬性（达300℃）、较高的强度与耐磨性。但其红硬性、耐磨性、淬透性仍不能满足高速切削要求。主要用于制造变形要求小的、尺寸较小的或低速切削的刀具，如丝锥、板牙、铰刀、钻头、低速车刀、刨刀等。图6-10为加工内外螺纹的丝锥和板牙工具。

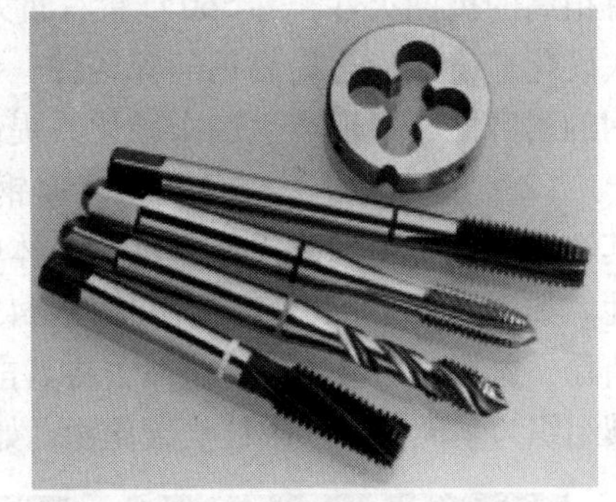

图 6-10 丝锥、板牙外形

（4）低合金刃具钢制造工艺路线 9SiCr圆板牙制造工艺路线：

下料→锻造→球化退火→粗切削加工→淬火 + 低温回火→精切削加工

（5）常用钢种 常用低合金刃具钢的牌号、成分、热处理及应用见表6-9。

表 6-9 常用低合金刃具钢的牌号、成分、热处理及应用

钢号	化学成分 w（质量分数）/%					试样淬火		退火状态/HBS（不小于）	应用举例
	C	Si	Mn	Cr	其它	淬火温度/℃	HRC（不小于）		
Cr06	1.30 ~ 1.15	≤0.40	≤0.40	0.50 ~ 0.70	—	780 ~ 810 水	64	214 ~ 187	锉刀、刮刀、刻刀、刀片、剃刀

续表

钢号	化学成分 w（质量分数）/%					试样淬火		退火状态/HBS（不小于）	应用举例
	C	Si	Mn	Cr	其它	淬火温度/℃	HRC（不小于）		
Cr2	0.95 ~ 1.10	≤0.40	≤0.40	1.30 ~ 1.15	—	830 ~ 860 油	62	229 ~ 179	车刀、插刀、铰刀、冷轧辊
9SiCr	0.85 ~ 0.95	0.30 ~ 0.60	1.20 ~ 1.60	0.95 ~ 1.25	—	830 ~ 860 油	舱	241 ~ 197	丝锥、板牙、钻头、铰刀、冷冲模等
8MnSi	0.75 ~ 0.85	0.8 ~ 1.10	0.30 ~ 0.60	—	—	800 ~ 820 油	60	≤229	长铰刀、长丝锥
9Cr2	0.85 ~ 0.95	≤0.40	≤0.40	—	Cr 1.30 ~ 1.70	820 ~ 850 油	62	217 ~ 179	尺寸较大的铰刀、车刀等刃具
W_2C	1.05 ~ 1.25	≤0.40	≤0.40	0.10 ~ 0.30	W0.80 ~ 1.20	800 ~ 830 油	62	229 ~ 187	低速切削硬金属刃具，如麻花钻、车刀和特殊切削工具

6.4.1.2　高速钢

（1）成分　含碳量高，为0.75% ~1.65%，可保证形成较多的合金碳化物，获得高碳马氏体，从而保证高硬度及高耐磨性。还含有质量分数总和在10%以上的钨、钼、钒、铬等碳化物形成元素。钨和钼的作用主要是提高钢的热硬性，含有大量钨和钼的马氏体具有很高的抗回火性，在560℃左右回火时，会析出弥散的特殊碳化物 W_2C、Mo_2C，造成二次硬化；铬能显著提高钢的淬透性；钒形成的碳化物 VC 很稳定，硬度极高，可显著提高钢的耐磨性，钒也产生二次硬化，提高钢的热硬性。

（2）热处理方法及组织　高速钢中大量的合金元素使铁碳相图上的 E 点显著左移，其铸态组织中出现莱氏体，且莱氏体中的大量共晶碳化物呈鱼骨状分布，使钢有很大的脆性。如图 6-11 所示为高速钢 W18Cr4V 的铸态组织，组织中粗大的碳化物不能用热处理来消除，通常采用反复锻造的办法将其击碎，并使其均匀分布。高速钢锻造后进行球化退火，其组织为索氏体和细小粒状碳化物，如图 6-12 所示为高速钢 W18Cr4V 锻造后退火的组织。

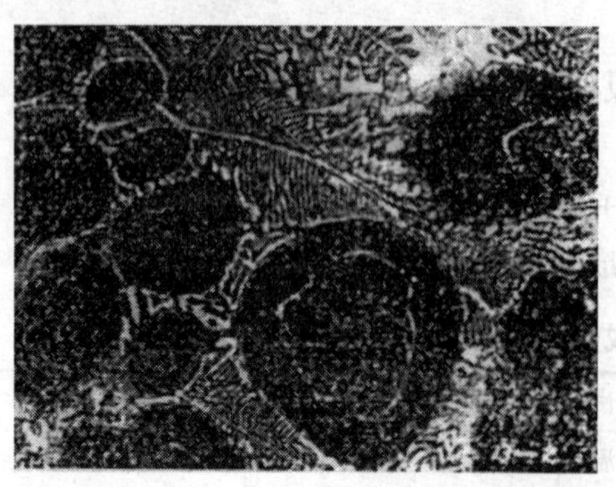

图 6-11　W18Cr4V 钢的铸态组织

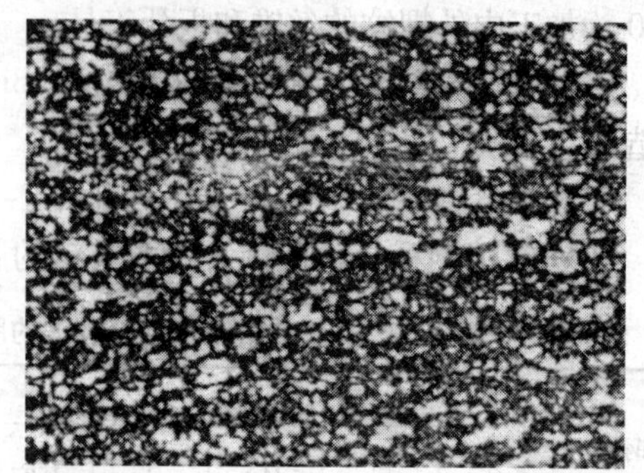

图 6-12　W18Cr4V 钢的退火组织

高速钢的优良性能只有经过正确的淬火和回火之后才能发挥出来。为了使钨、钼、钒等合金元素较多地溶入奥氏体，以提高钢的红硬性，它的淬火温度非常高（1200℃以上）。高速钢的导热性很差，淬火加热温度又很高，所以淬火加热时，必须进行一次预热（800～850℃）或两次预热（500～600℃，800℃～850℃），以防止开裂。高速钢淬火后组织为细小针片状马氏体（一般光学显微组织分辨不出，称隐针马氏体）、粒状碳化物及大量残余奥氏体组成，如图6-13所示为高速钢W18Cr4V的淬火组织。

高速钢的回火工艺通常是在550～570℃回火（每次保温1h）三次，以使残余奥氏体尽量都转变为回火马氏体。最后的组织为极细的回火马氏体、细粒状碳化物及少量残余奥氏体，如图6-14所示为高速钢W18Cr4V的回火组织。在回火过程中，由马氏体中析出高度弥散的钨、钼及钒的碳化物，使钢的硬度明显提高，形成二次硬化；同时残余奥氏体转变为马氏体，也使硬度提高，保证了钢的高硬度和热硬性。高速钢W18Cr4V硬度与回火温度的关系如图6-15所示。

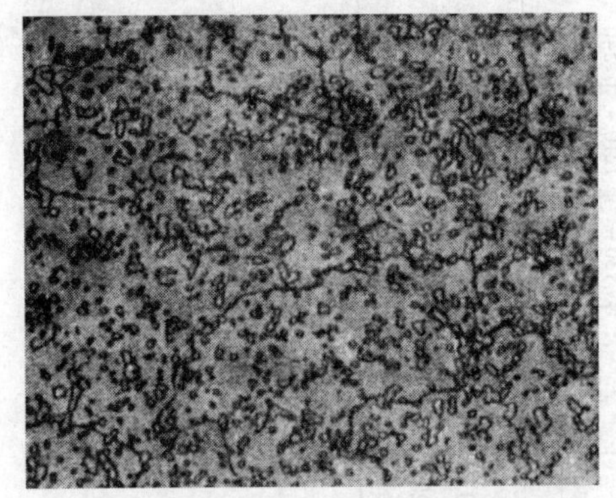

图6-13　W18Cr4V钢的淬火组织

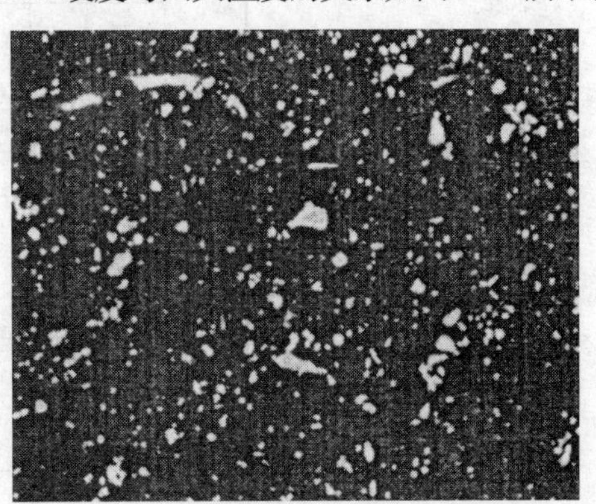

图6-14　W18Cr4V钢的回火组织

（3）性能及应用　高速钢与其它工具钢相比的突出特点是高的热硬性，它可使刀具在高速切削、刃部温度升高到600℃时硬度仍能维持在55～60HRC。高速钢还具有高硬度和高耐磨性，使切削时刀刃保持锋利，因此高速钢也称为“锋钢”。高速钢的淬透性优良，甚至在空气中冷却也能得到马氏体，又称“风钢”。高速钢广泛应用于制造尺寸大、形状复杂、负荷重、工作温度高的各种高速切削刀具。图6-16为高速钢制造的铣刀及钻头。

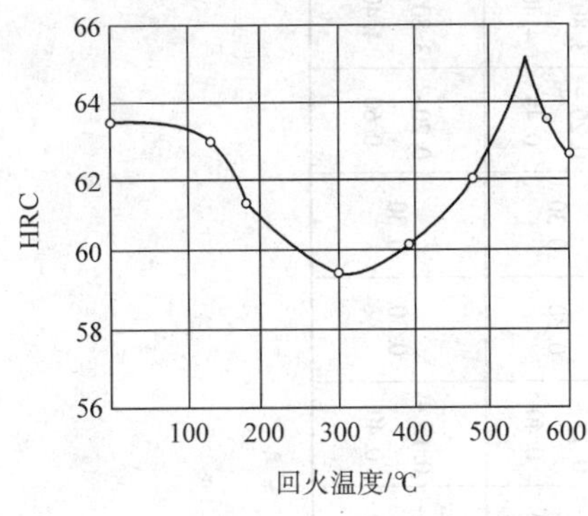

图6-15　W18Cr4V钢硬度与回火温度的关系

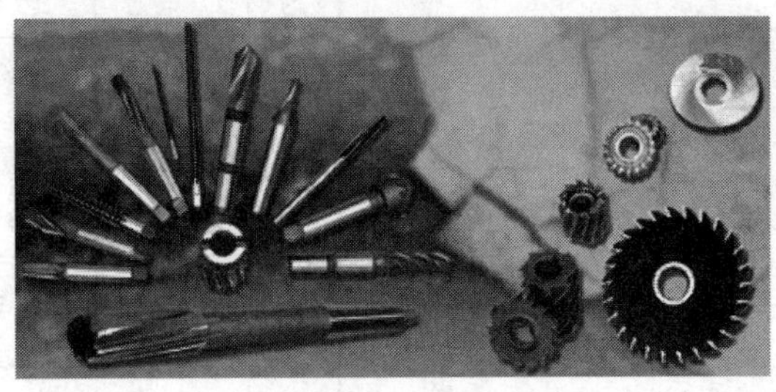

图6-16　高速钢铣刀及钻头

（4）高速钢制造工艺路线　W18Cr4V钢制造盘形铣刀的工艺路线：

下料→锻造→球化退火→切削加工→淬火＋回火→喷砂→磨削加工

（5）常用钢种　常用高速工具钢的牌号、成分、热处理及用途见表6-10。W18Cr4V

表 6-10　常用高速工具钢的牌号、成分、热处理及应用

牌号	化学成分（质量分数）/%										退火状态 HBS（不大于）	热处理				应用举例
	C	Mn	P（≤）	S（≤）	Si	Cr	V	W	Mo	Al		预热温度/℃	淬火温度/℃	回火温度/℃	HRC（不小于）	
W18Cr4V	0.70～0.80	0.10～0.40	0.30	0.30	0.20～0.40	0.38～4.40	1.00～1.40	17.50～19.00	≤0.30		255	820～870	1270～1285 油	550～570	63	制造一般高速切削用车刀、刨刀、钻头、铣刀等
W6Mo5Cr4V2	0.80～0.90	0.15～0.40	0.30	0.30	0.20～0.45	3.80～4.40	1.75～2.20	5.50～6.75	4.50～5.50		255	730～840	1210～1230 油	540～560	63	制造要求耐磨性和韧性好的高速切削刀具，如丝锥、钻头等
W6Mo5Cr4V2Al	1.05～1.20	0.15～0.40	0.30	0.30	0.20～0.60	3.80～4.40	1.75～2.20	5.50～6.75	4.50～5.50	0.80～1.20	269	820～870	1230～1240 油	540～560	65	加工一般材料的刀具，使用寿命为 W18Cr4V 的 1～2 倍，也可做冷热模具零件

钢是我国发展最早、应用最广的一个钢种，它的特点是热硬性高、加工性好。目前应用较广的还有 W6Mo5Cr4V2 等钨钼系高速钢，这类钢的耐磨性、热塑性和韧性都优于 W18Cr4V 钢，而且价格相对较低，但其脱碳倾向较大，热加工时应注意。

6.4.2　合金模具钢

模具是用于压力加工的工具，模具的品种不同，性能要求也不同，用作模具的材料也不同，碳素工具钢、合金工具钢、高速钢、滚动轴承钢等都可用于制造模具。根据模具的工作条件不同，模具钢可分为冷作模具钢和热作模具钢。

6.4.2.1　冷作模具钢

（1）成分　含碳量较高，为0.85% ~2.3%，以保证高硬度；常加入铬、钨、锰、钼等合金元素提高淬透性、耐磨性等。

（2）热处理方法及组织　预先热处理为球化退火以软化材料，方便切削加工；最终热处理为淬火和较低温度回火，以提高硬度及耐磨性。

（3）性能及应用　冷作模具钢具有高的硬度和良好的耐磨性以及足够的强度和韧性，具有较高的淬透性。用于制造使金属在较低温度下变形的模具，如冷冲模、冷镦模、拉丝模等。图6-17为冲孔模具的冲头形状。

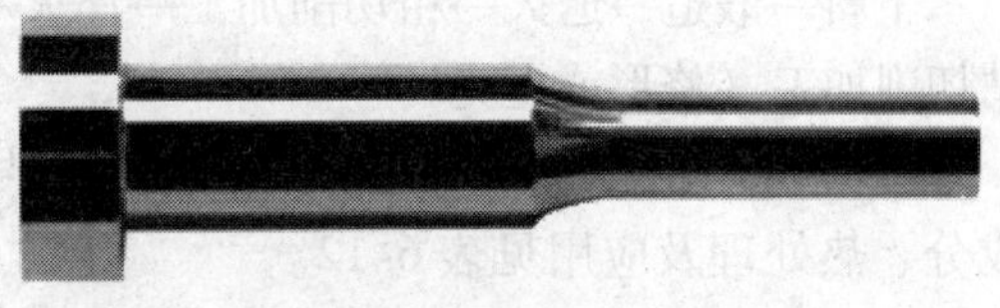

图6-17　冲孔模具的冲头

（4）冷作模具加工工艺路线　Cr12MoV 钢制冲孔模具的工艺路线：

下料→锻造→球化退火→切削加工→淬火 + 回火→磨削加工或电火花加工

（5）常用钢种　尺寸较小的轻载模具，可采用 T10A、9SiCr、9Mn2V 等一般刃具钢来制造。尺寸较大的重载模具或要求精度较高、热处理变形小的模具，一般采用 Cr12 型钢如 Cr12、Cr12MoV 等。Cr12 型钢的化学成分、热处理和应用见表6-11，这类钢含有高碳和高铬，其组织中有较多铬的碳化物，耐磨性好。Cr12MoV 钢的含碳量低于 Cr12 钢，故其碳化物不均匀性较 Cr12 钢有所减轻，因此强度和韧性较高。钼能减轻碳化物偏析，并能提高淬透性。钒可细化钢的晶粒，增加韧性。

表6-11　Cr12 型钢的化学成分、热处理和应用

钢号	化学成分 w（质量分数）/%						热处理温度/℃			硬度		应用举例
	C	Si（≤）	Mn（≤）	Cr	Mo	V	退火	淬火	回火	退火 HBS	回火 HRC	
Cr12	2.00 ~ 2.30	0.40	0.40	11.50 ~ 13.50			870 ~ 900	930 ~ 980	200 ~ 450	207 ~ 255	58 ~ 64	重载荷、高耐磨、变形要求小的冲压模具
Gr12MoV	1.45 ~ 1.70	0.40	0.40	11.00 ~ 12.50	0.40 ~ 0.60	0.15 ~ 0.30	850 ~ 870	1020 ~ 1040	150 ~ 425	207 ~ 255	55 ~ 63	同上

6.4.2.2　热作模具钢

热作模具钢用于制造使金属热成型的模具，如热锻模、热挤压模、压铸模等。其工作部分的温度会升高到300~400℃（热锻模）、500~800℃（热挤压模），甚至达到1000℃（钢铁压铸模），工作时承受较大冲击、摩擦、反复的热循环、热应力。

（1）成分　含碳量为0.3%~0.6%，在中碳范围，保证较高的韧性、强度、硬度、导热性；常加入Cr、Ni、Mn、Si等合金元素提高淬透性、高温强度、抗热疲劳能力等。

（2）热处理特点及组织　热处理与调质钢相似，锻造后预先热处理采用退火，最终热处理是淬火+高温回火，组织为回火索氏体。

（3）性能及应用　良好的综合力学性能，如高的热强性和足够高的韧性，高的热硬性和高温耐磨性，高的热疲劳抗力和抗氧化能力，高的淬透性和良好的导热性。用于各种热变形模具。如图6-18所示为连杆的热锻模具。

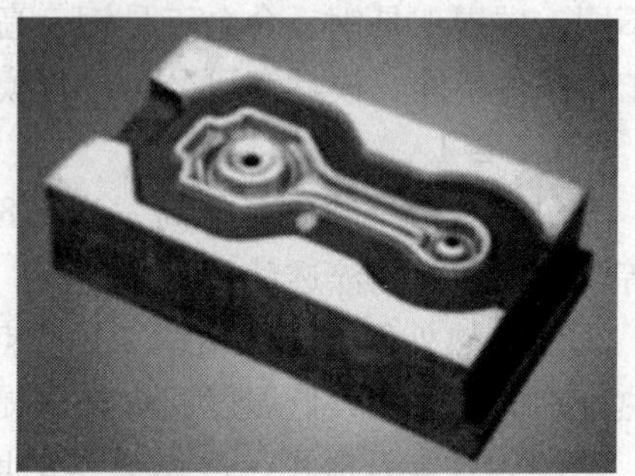

图6-18　连杆锻造模具

（4）热作模具制造工艺路线　5CrMnMo钢制热锻模具的工艺路线：

下料→锻造→退火→粗切削加工→淬火+回火→精切削加工（修形或抛光）

（5）常用钢种　常用热作模具钢的牌号、化学成分、热处理及应用见表6-12。

表6-12　常用热作模具钢的牌号、化学成分、热处理及应用

钢号	化学成分 w（质量分数）/%								热处理温度		硬度 HRC	应用举例
	C	Cr	Mn	Mo	Ni	Si	W	V	淬火/℃	回火/℃		
5CrMnMo	0.50~0.60	0.60~0.90	1.20~1.60	0.15~0.30		0.25~0.60	—	—	830~860	560~580	35~37	中、小型锤锻模
CrNiMo	0.50~0.60	0.50~0.80	0.50~0.80	0.15~0.30	1.40~1.80	≤0.40	—	—	830~860	530~550	38~40	大型锤锻模
3Cr2W8V	0.30~0.40	2.20~2.70	≤0.40			≤0.40	7.50~9.00	0.20~0.50	1050~1100 油或硝盐	560~580（三次）	46~48	高应力压模，如铜合金挤压模、热剪切刀等

6.4.3　合金量具钢

6.4.3.1　成分、性能及应用

量具钢为高碳钢，以保证其工作部分具有高的硬度和耐磨性，在长期使用过程中不因磨损而失去原有的精度。量具钢可用于制造各种测量工具，如卡尺、千分尺、块规、塞规等，图6-19为塞规量具的形状。

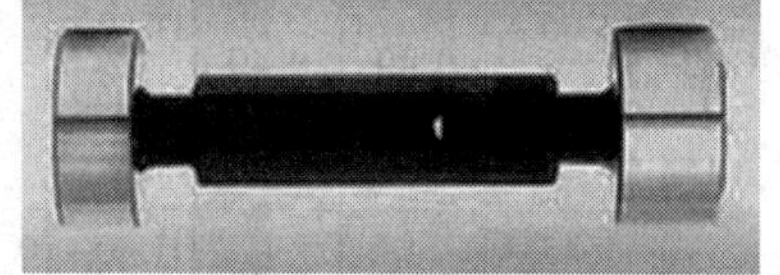

图6-19　塞规

6.4.3.2　热处理及组织

量具钢预先热处理为球化退火，最终热处理为淬火+低温回火。为保证其硬度及尺寸

稳定性，量具淬火后应进行 -70～-80℃的冷处理，使残余奥氏体尽可能地转变为马氏体，然后进行低温回火。精度要求高的量具，淬火回火后，再在120～130℃进行几至几十小时的时效处理，以进一步提高其尺寸稳定性。最终组织为回火马氏体及粒状碳化物。

6.4.3.3　量具制造工艺路线

CrWMn 钢制块规的工艺路线为：

下料→锻造→球化退火→粗切削加工→淬火→冷处理→低温回火→粗磨→低温人工时效处理→精磨→去应力回火→研磨

6.4.3.4　常用量具钢

常用量具钢的种类及应用见表6-13。其中最常用的为碳素工具钢和低合金工具钢。

表6-13　　常用量具钢的种类及应用

钢的类别	牌号	应用
碳素工具钢	T10A、T11A、T12A	精度不高、形状简单的量具、塞规、样板等
低合金工具钢	9CrWMn、CrWMn	块规、塞规、样柱、样套等
渗碳钢	20、20Cr	精度不高、耐冲击的卡板、样板、直尺等
滚动轴承钢	GCr15	块规、塞规、样柱等
冷作模具钢	9Mn2V	高精度的量具

6.5　特殊性能钢

特殊性能钢是指具有特殊的物理、化学性能的钢，如不锈钢、耐热钢和耐磨钢等。

6.5.1　不　锈　钢

不锈钢是指在大气、酸、碱或盐的水溶液等腐蚀介质中具有高度稳定性的钢。

金属的腐蚀通常可分为化学腐蚀和电化学腐蚀两类。金属直接与周围介质发生化学反应而产生的腐蚀称为化学腐蚀；而金属在电解质溶液中由于原电池作用产生电流而引起的腐蚀称为电化学腐蚀。大部分金属的腐蚀都属于电化学腐蚀。当两种电极电位不同的金属互相接触，且有电解质溶液存在时，将形成原电池，使电极电位较低的金属成为阳极并不断被腐蚀。在同一合金中，也有可能形成微电池而产生电化学腐蚀，例如，钢中渗碳体的电极电位比铁素体的高，当存在电解质溶液时，铁素体成为阳极而被腐蚀。

要提高钢的抗腐蚀能力，可采取以下措施：

①加入合金元素，使钢在室温下为单相的铁素体、单相的奥氏体或单相的马氏体组织，这样可减少构成微电池的条件，从而提高钢的耐蚀性。

②加入合金元素，提高钢中基本相的电极电位。

③加入合金元素，在钢的表面形成一层致密的、牢固的氧化膜，使钢与周围介质隔绝，提高抗腐蚀能力。

不锈钢按正火状态的组织，可分为马氏体不锈钢、铁素体不锈钢、奥氏体不锈钢等。

6.5.1.1 铁素体不锈钢

常用铁素体不锈钢的含碳量低于0.12%，含铬量为12%～18%。典型牌号有1Cr17等。

这类钢为单相铁素体组织，耐蚀性、焊接性好，塑性好，强度低。主要用于制造耐蚀而强度要求较低的化工设备的容器、管道等，广泛用于硝酸和氮肥工业中。

6.5.1.2 马氏体不锈钢

常用马氏体不锈钢的含碳量为0.1%～0.4%，含铬量为12%～14%。典型牌号有1Cr13、2Cr13、3Cr13、4Cr13等。随含碳量增加，强度增加，但由于碳与铬化合使基体中铬量降低造成耐蚀性下降。

这类钢在氧化性介质如大气、水蒸气、海水氧化性酸等中具有较好的耐蚀性，一般用来制造既能承受载荷又需要耐蚀性的零件。1Cr13、2Cr13在锻造空冷后组织中出现马氏体，硬度较高，锻后应退火软化，最终热处理为调质状态的回火索氏体组织，用于汽轮机叶片、水压机阀门、螺栓、螺母等。而3Cr13、4Cr13最终热处理为淬火及低温回火状态，组织为回火马氏体，用于要求硬度和耐磨性的手术钳、医用镊子、手术剪刀等。

6.5.1.3 奥氏体不锈钢

奥氏体不锈钢是目前应用最多的不锈钢，典型的钢种是18—8型镍铬不锈钢，含铬量为18%左右，含镍量为8%左右，如1Cr18Ni9。此类钢的耐腐蚀性很好，冷热加工性和焊接性也很好，还具有一定的耐热性，广泛用于化工生产中的某些设备及管道等。

此类钢常用的热处理工艺是固溶处理，即把钢加热到1100℃，使碳化物充分溶解，然后水冷，使单相奥氏体保留到室温，从而提高耐蚀性。对于含钛或铌的18—8型不锈钢，经固溶处理后再进行一次稳定化处理，可消除晶间腐蚀倾向。稳定化处理温度为850～880℃，保温6h左右，随后缓慢冷却，使碳几乎全部稳定于碳化钛或碳化铌中，防止碳与铬形成$(Cr, Fe)_{23}C_6$，提高基体中含铬量，从而提高基体的电极电位，提高耐蚀性。

常用不锈钢的牌号、成分、热处理及应用见表6-14。

6.5.2 耐热钢

钢的耐热性包括抗高温氧化性和高温强度两方面。

在钢中加入足够的铬、硅、铝等元素，使钢在高温下与氧接触时，表面能生成致密的高熔点氧化膜Cr_2O_3、SiO_2、Al_2O_3等，严密地覆盖住钢的表面，可以保护钢免于高温气体的继续腐蚀，提高钢的抗氧化能力。

高温强度通常用蠕变极限和持久强度来评定。高温工作的金属材料，在恒定应力作用下，即使应力小于屈服强度，也会缓慢地产生塑性变形的现象称为蠕变。蠕变极限通常是指在给定温度下和规定的试验时间内，使试样产生一定蠕变变形量的应力值。如$\sigma_{0.2/1000}^{700}$表示工作温度是700℃，经100h试验后，产生0.2%变形量的最大应力值。持久强度是指在给定温度下，经过规定时间发生断裂的应力值。如σ_{1000}^{700}指在700℃工作温度下，经过100h后产生破断的应力。

表 6-14　常用不锈钢的牌号、成分、热处理及用途

类别	牌号	化学成分 w（质量分数）/%								热处理温度/℃				力学性能						应用举例
		C	Si（≤）	Mn（≤）	P（≤）	S（≤）	Ni	Cr	其它	固溶处理	退火	淬火	回火	$\sigma_{0.2}$ /MPa（≥）	σ_b /MPa（≥）	δ /%（≥）	ψ /%（≥）	HBS（≥）	A_K/J（≥）	
马氏体型	1Cr13	≤0.15	1.00	1.00	0.035	0.030	—	11.50～13.50	—	—	800～900 缓冷或约 750 快冷	950～1000 油冷	700～750 快冷	345	540	25	55	195	78	汽轮机叶片，水压机阀等抗弱腐蚀并承受冲击的零件
马氏体型	2Cr13	0.16～0.25	1.00	1.00	0.035	0.030	—	12.00～14.00	—	—	800～900 缓冷或约 750 快冷	920～980 油冷	600～750 快冷	440	635	20	50	192	63	汽轮机叶片，水压机阀等抗弱腐蚀并承受冲击的零件
马氏体型	3Cr13	0.26～0.35	1.00	1.00	0.035	0.030	—	12.00～14.00	—	—	800～900 缓冷或约 750 快冷	920～980 油冷	600～750 快冷	540	735	12	40	217	24	医用工具、喷嘴、阀座、阀门座、阀门等
马氏体型	7Cr17	0.60～0.75	1.00	1.00	0.035	0.030	—	16.00～18.00	—	—	800～920 缓冷	1010～1070 油冷	100～180 快冷	—	—	—	—	≥54 HRC	—	刀具、量具、轴承等
铁素体型	1Cr17	≤0.12	0.75	1.00	0.040	0.030	—	16.00～18.00	—	—	780～850 缓冷	—	—	205	450	22	50	183	—	重油燃烧器、家用电器部件
铁素体型	1Cr17Mo	≤0.12	1.00	1.00	0.040	0.030	—	16.00～18.00	Mo：0.75～1.25	—	780～850 缓冷	—	—	205	450	22	60	183	—	比1Cr17抗盐溶性强，装饰性强，作汽车外装材料用
奥氏体型	0Cr18Ni19	≤0.07	1.00	2.00	0.035	0.030	8.00～11.00	17.00～19.00	—	1010～1150 快冷	—	—	—	205	520	40	60	187	—	食品用设备，一般化工设备，原子能工业用
奥氏体型	1Cr18Ni9	≤0.15	1.00	2.00	0.035	0.030	8.00～10.00	17.00～19.00	—	1010～1150 快冷	—	—	—	205	520	40	60	187	—	建筑用装饰部件

为了提高钢的高温强度，通常采用以下几种措施：

①加入铬、钼、钨等合金元素造成固溶强化，而且增大原子间的结合力，提高钢的再结晶温度，使热强性提高。

②加入铌、钒、钛等，形成 NbC、VC、TiC 等碳化物，在晶内弥散析出，提高钢的热强性。

③加入钼、锆、硼等元素以净化晶界和提高晶界强度，从而提高热强性。

按照正火组织，耐热钢可分为珠光体耐热钢、马氏体耐热钢和奥氏体耐热钢。

6.5.2.1　珠光体耐热钢

这类钢是低合金耐热钢，合金元素总量不超过 3% ~5%。加入铬主要是为提高抗氧化性，加入钼和钒是为提高高温强度。使用温度为 500℃以下。常用牌号有 15CrMo、12CrMoV，前者常用作锅炉材料，后者常用于汽轮机叶片。

6.5.2.2　马氏体耐热钢

马氏体不锈钢也常用作耐热钢。通常在 1Cr13 钢的基础上加入钼、钨、钒以提高再结晶温度和高温强度。工作温度不超过 600 ~650℃。这类钢主要用于制造汽轮机叶片和内燃机气阀等。

6.5.2.3　奥氏体耐热钢

18—8 型镍铬不锈钢也常用作耐热钢。钢中加入的铬可提高抗氧化性和高温强度，镍使钢形成稳定的奥氏体，并与铬相配合提高高温强度，钛、钨、钼等是通过形成弥散的碳化物提高钢的高温强度。这类钢的耐热性能优于以上两种耐热钢，其冷成形性能和焊接性能均很好，工作温度在 600 ~700℃之间。

常用耐热钢的钢号、成分、热处理、性能及应用见表 6-15。

6.5.3　耐　磨　钢

耐磨钢是指在承受严重磨损和强烈冲击时具有很高抗磨损能力的钢。目前应用最多的耐磨钢是高锰钢。

高锰钢的主要成分为：含碳量 0.9% ~1.5%，含锰量 11% ~14%。由于机械加工困难，高锰钢主要用于制造铸件，牌号为 ZGMn13—1 等，“—”后数字表示序号。

高锰钢的热处理为“水韧处理”，即把钢加热到 1060 ~1100℃，使碳化物全部溶解，然后迅速水淬，在室温下获得均匀单一奥氏体组织。此时钢的硬度很低（180 ~220HBS），而韧性很高。

当在工作中受到强烈冲击或强大压力而变形时，表面层产生强烈的加工硬化，并且还发生马氏体转变，使硬度显著提高（500 ~550HBW），获得高的耐磨性；而心部仍为具有高韧性的奥氏体组织，能承受冲击。当表面磨损后，新露出的表面又可在冲击和磨损条件下获得新的硬化层，故高锰钢具有很高的耐磨性和抗冲击能力。广泛用于制造耐磨性要求特别高且在高冲击与高压力下工作的零件，如球磨机的衬板（如图 6-20 所示）、破碎机的颚板、挖掘机铲斗、拖拉机和坦克的履带板、铁路的道岔等耐磨零件。

表6-15　常用耐热钢的钢号、成分、热处理、性能及用途

类别	钢号	化学成分 w（质量分数）/%							热处理工艺及温度/℃	力学性能					用途举例
		C	Si	Mn	Mo	Ni	Cr	其它		σ_b/MPa（≥）	$\sigma_{0.2}$/MPa（≥）	δ/%（≥）	ψ/%	HBS	
珠光体型	15CrMo	0.12～0.18	0.17～0.37	0.40～0.70	0.40～0.55	—	0.80～1.10	—	正火：900～950 空冷 高回：630～700 空冷	—	—	—	—	—	≤540℃锅炉受热管、垫圈等
珠光体型	12CrMoV	0.08～0.15	0.17～0.37	0.40～0.70	0.25～0.35	—	0.40～0.60	V：0.15～0.30	正火：960～980 空冷 高回：700～760 空冷	—	—	—	—	—	≤570℃的过热气管、导管
马氏体型	1Cr13	≤0.15	≤1.00	≤1.00	—	—	11.50～13.50	—	淬火 950～1000 油冷 回火：700～750 快冷	540	345	25	55	150	<480℃的汽轮机叶片
马氏体型	4Cr9Si2	0.35～0.50	2.00～3.00	≤0.70	—	≤0.60	8.00～10.00	—	淬火 1020～1040 油冷 回火：700～780 空冷	885	590	19	50	—	<700℃的发动机排气阀或<900℃的加热炉件
马氏体型	4Cr10Si2Mo	0.35～0.45	1.90～2.60	≤0.70	0.70～0.90	≤0.60	9.00～10.50	—	淬火：1010～1040 油冷 回火：720～760 空冷	885	685	10	35	—	同上
奥氏体型	0Cr18Ni9	≤0.07	≤1.00	≤2.00	—	8.00～11.00	17.00～18.00	—	固溶处理： 1010～1050 快冷	520	205	40	60	187	<870℃反复加热耐氧化钢
奥氏体型	4Cr14Ni14W2Mo	0.40～0.50	≤0.80	≤0.70	0.25～0.40	13.00～15.00	13.00～15.00	W：2.00～2.75	固溶处理： 820～850 快冷	705	315	20	35	248	500～600℃锅炉和汽轮机零件、大功率发动机排气阀

图6-20　高锰钢球磨机衬板铸件

常用高锰钢铸件的钢号、成分、性能及用途见表6-16。

表6-16　　常用高锰钢铸件的钢号、成分、性能及应用

钢号	化学成分 w（质量分数）/%					水韧处理后的力学性能				适用范围
	C	Mn	Si	S（≤）	P（≤）	σ_b/MPa	δ/%（≥）	A_K/J（≥）	硬度/HBS（≤）	
ZGMn13—1	1.10～1.50	11.0～14.0	0.30～1.00	0.05	0.090	635	20		229	低冲击件
ZGMn13—2	1.00～1.40									普通件
ZGMn13—3	0.90～1.30		0.30～0.80		0.080	685	25	118		复杂件
ZGMn13—4	0.90～1.20				0.070	35	35			高冲击件

思考题

1. 在合金钢中，常加入的合金元素有哪些？合金元素的主要作用有哪些？

2. 和碳素钢相比，合金钢具有哪些性能优点？

3. 合金钢的热处理与碳钢相比有哪些特点？

4. 为什么合金钢的淬透性比碳素钢高？试比较20CrMnTi与T10钢的淬透性和淬硬性。

5. 20CrMnTi、40Cr、40钢都可用来制造轴类零件，试比较它们制造轴的工艺路线、最终的组织、性能特点、应用特点。

6. 为下列自行车零件选材：链条、大梁、前轴、链盒、车座弹簧。

7. W18Cr4V钢淬火后为什么要经过三次回火？回火后的组织是什么？回火后的组织与淬火组织有什么区别？

8. 为什么轴承钢要具有较高的碳含量？在淬火后为什么需要冷处理？

9. 试比较T9、9SiCr、W6Mo5Cr4V2作为切削刀具的热处理特点、力学性能特点及应用范围。

10. 如何提高钢的耐蚀性？不锈钢的成分有何特点？

11. 说明下列钢号属于何种钢，数字的含意是什么？主要用途是什么？

16Mn　20CrMnTi　ZGMn13—2　40Cr　GCr15　60Si2Mn　W18Cr4V　1Cr18Ni9Ti　1Cr13　Cr12MoV　12CrMoV　5CrMnMo　9SiCr　Cr12　3Cr2W8　15CrMo　CrWMn　W6Mo5Cr4V2

第7章 铸 铁

铸铁是含碳量大于2.11%且含有硅、锰、磷、硫等合金元素的铁碳合金。铸铁的抗拉强度、塑性、韧性较低，但却具有优良的铸造性能、切削加工性能、减振耐磨性等，生产成本较低，其应用广泛，铸铁件的总量在一般机械中占40%～70%，在机床和重型机械中则高达60%～90%。

7.1 铸铁的成分、分类、组织、性能及应用

7.1.1 铸铁的成分及分类

7.1.1.1 铸铁的成分

与碳钢相比，铸铁含有更高的碳和硅以及硫、磷等杂质元素，常用铸铁的成分为：2.5%～4.0%C、1.0%～3.0%Si、0.5%～1.4%Mn、0.05%～0.2%S、0.05%～0.5%P。

7.1.1.2 铸铁中碳的存在形式

铸铁中含有较多的碳，碳除少量溶于铁素体外，其余大部分因结晶条件不同而以渗碳体或者石墨（G）的形式存在。渗碳体是一个亚稳定相，加热到高温可分解为铁素体和石墨，即 $Fe_3C \rightarrow 3Fe + C$（G）。石墨是碳的稳定相，其晶体结构为简单六方晶格，如图7-1所示，原子呈层状排列，同层的原子间距较小（1.42×10^{-10}m），结合力较强，而层与层之间间距较大（3.40×10^{-10}m），结合力较弱，易滑移，故石墨常发展成片状，其强度、硬度、塑性、韧性极低，是铸铁中的脆弱相。

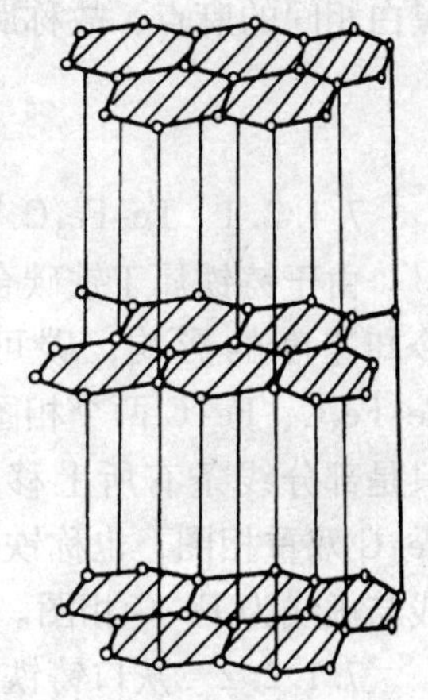

图7-1 石墨的晶体结构

铸铁中碳、硅含量越高，从铸铁中析出石墨的可能性越大；碳、硅含量越低，从铸铁中析出渗碳体的可能性越大。在共析温度以上的高温，从铸铁中析出石墨的可能性较大；在共析温度以下的低温，析出渗碳体的可能性较大。冷却速度越慢，从铸铁中析出石墨的可能性越大；冷却速度越快，析出渗碳体的可能性越大。

7.1.1.3 铸铁的分类

按碳的存在形式不同，铸铁可分为三类：

(1) 白口铸铁　碳大部分以渗碳体形式存在，断口呈银白色，故称白口铸铁。$Fe\text{-}Fe_3C$相图中的亚共晶、共晶、过共晶合金即属于这种铸铁，其组织中都存在共晶莱氏体（渗碳体作为基体占大部分），性能硬而脆，很难切削加工，很少直接用来制造零件。

(2) 灰口铸铁　碳大部分以石墨形式存在，断口呈暗灰色，故称灰口铸铁。灰口铸

铁具有良好的切削加工性能、减摩性、减振性及铸造性能，且熔炼工艺及设备简单，成本低，是目前工业中广泛应用的一类铸铁。灰口铸铁中按石墨形态的不同，又可分为灰铸铁（石墨呈片状）、蠕墨铸铁（石墨呈蠕虫状）、可锻铸铁（石墨呈团絮状）、球墨铸铁（石墨呈球状）。图7-2为四种灰口铸铁组织中的石墨形态（未侵蚀，基体组织未显示）。

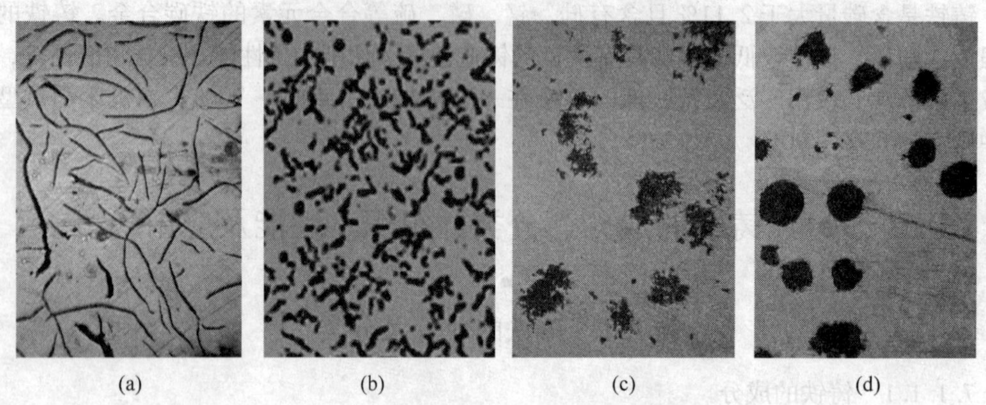

(a) (b) (c) (d)

图7-2 四种灰口铸铁组织中的石墨形态
（a）灰铸铁 （b）蠕墨铸铁 （c）可锻铸铁 （d）球墨铸铁

（3）麻口铸铁 碳一部分以渗碳体形式存在，另一部分以石墨形式存在，断口上呈黑白相间的麻点，故称麻口铸铁。这类铸铁也具有较大的硬脆性，很少使用。

7.1.2 灰口铸铁的组织

7.1.2.1 Fe-Fe_3C与Fe-G双重相图

由于铸铁属于铁碳合金，其组织主要由含碳量决定（并受硅含量的影响），也受铸造冷却速度的影响，碳可以以渗碳体或者石墨的形式存在，因此铸铁的组织需要用Fe-Fe_3C、Fe-G两个相图进行分析。Fe-G相图的形状和Fe-Fe_3C相图的形状基本相似，只是部分线条有所上移。把Fe-Fe_3C、Fe-G两个相图画在一张图上，可得到Fe-Fe_3C、Fe-G双重相图，也称铁碳双重相图，如图7-3所示。图中实线为Fe-Fe_3C相图，部分实线与虚线为Fe-G相图。

7.1.2.2 灰口铸铁结晶组织分析

铸铁一般为共晶或亚共晶成分，下面以亚共晶铸铁为例，用铁碳双重相图分析其结晶组织，如图7-4所示。图中亚共晶铸铁从高温冷却到1点时，从液体中开始结晶，析出奥氏体A，即L→A。冷却到共晶温度2点时，由于温度较高，常按Fe-G相图进行共晶转变，即L→（A+G），共晶转变结束时组织为A+（A+G）。从2点继续向3点冷却时，温度仍较高，一般还按Fe-G相图进行转变，从A中析出石墨G。到共析温度3点时，奥氏体A可以按Fe-G相图进行共析转变（冷速慢时），即A→（F+G），共析转变结束时组织为F+G；奥氏体A也可以按Fe-Fe_3C相图进行共析转变（冷速快时），即A→P（F+Fe_3C），共析转变结束时组织为P+G；奥氏体A也可以一部分按Fe-G相图进行共析转变，另一部分按Fe-Fe_3C相图进行共析转变，共析转变结束时组织为F+P+G。在共析

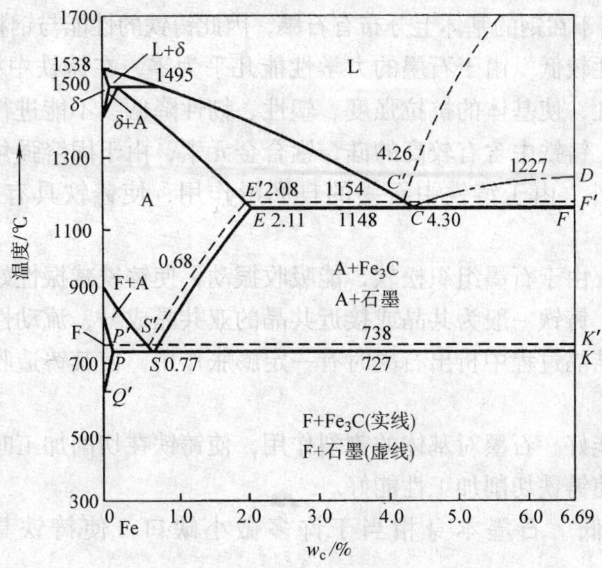

图7-3 Fe-Fe_3C与Fe-G双重相图

转变温度以下，铸铁的组织基本不再发生变化。因此，铸铁的组织是在F基体或P基体或F+P基体上分布有石墨。

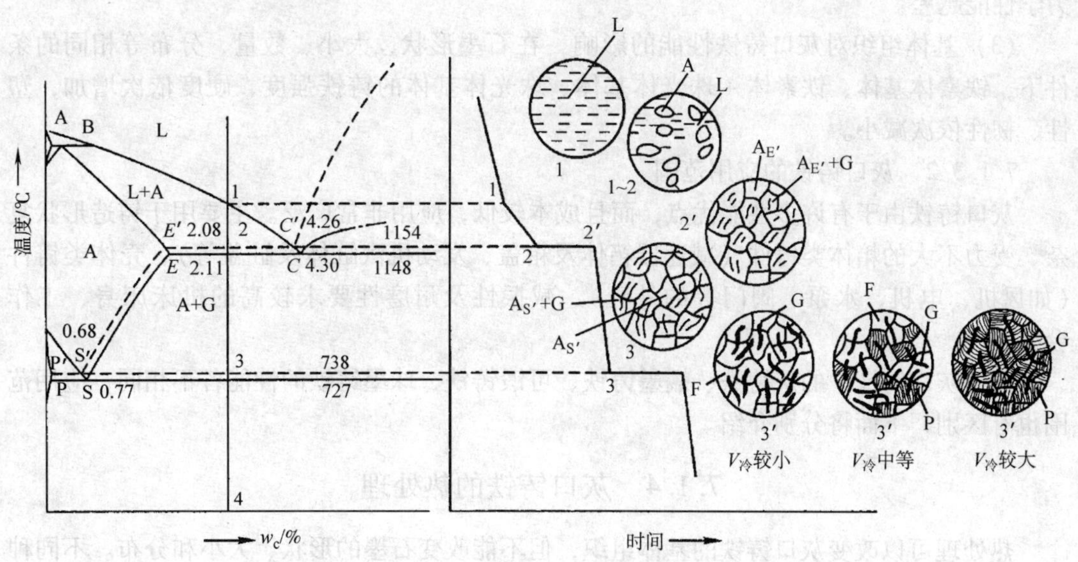

图7-4 铸铁的结晶过程分析

7.1.3 灰口铸铁的性能及应用

7.1.3.1 灰口铸铁的性能特点

(1) 与钢相比铸铁的性能特点 由于灰口铸铁的组织为基体（F或P或F+P）

上分布有石墨，相当于在钢的基体上分布有石墨，因此铸铁的性能与钢相比有如下特点：

①强度及塑韧性较低　由于石墨的力学性能几乎为零，在铸铁中相当于孔洞和裂纹，破坏了基体的连续性，使基体的抗拉强度、塑性、韧性降低，不能进行锻造。

②耐磨性较高　铸铁中含有较高的硅、锰合金元素，由于固溶强化作用使得铸铁基体的硬度高于钢；另外，由于铸铁中石墨的自润滑作用，使铸铁具有较高的耐磨性及减摩性。

③减振性能好　由于石墨组织松软，能吸收振动，使铸铁减振性好。

④铸造性能好　铸铁一般为共晶或接近共晶的亚共晶成分，流动性较好；另外，铸铁的浇注温度低，且结晶过程中析出石墨时有一定膨胀作用，使其铸造收缩率较小，故铸铁的铸造性能好于钢。

⑤切削加工性能好　石墨对基体的割裂作用，使铸铁在切削加工时切屑易脆断，加上石墨的润滑作用，使铸铁切削加工性能好。

⑥缺口敏感性低　石墨本身相当于许多微小缺口，使铸铁具有较低的缺口敏感性。

（2）石墨对灰口铸铁性能的影响　灰口铸铁的性能受石墨形状、大小、数量、分布等的影响。石墨形状为片状、蠕虫状、团絮状、球状时，对基体的割裂作用依次降低，因此在其它条件相同时，灰铸铁、蠕墨铸铁、可锻铸铁、球墨铸铁的强度、塑性、韧性等力学性能依次增加。石墨数量越多、尺寸越大、分布越不均匀，对基体的割裂作用越大，其力学性能越差。

（3）基体组织对灰口铸铁性能的影响　在石墨形状、大小、数量、分布等相同的条件下，铁素体基体、铁素体＋珠光体基体、珠光体基体的铸铁强度、硬度依次增加，塑性、韧性依次减小。

7.1.3.2　灰口铸铁的应用范围

灰口铸铁由于有许多性能优点，而且成本较低，应用非常广泛。主要用于铸造形状复杂、受力不大的箱体类铸件（减速器箱体及箱盖、发动机汽缸体及缸盖等）、壳体类铸件（如风机、电机、水泵、阀门等的外壳）、减振性及耐磨性要求较高的机床床身、工作台等。

四种灰口铸铁中的灰铸铁、蠕墨铸铁、可锻铸铁、球墨铸铁的性能各不相同，应用范围也有区别，下面将分别介绍。

7.1.4　灰口铸铁的热处理

热处理可以改变灰口铸铁的基体组织，但不能改变石墨的形状、大小和分布。不同种类的灰口铸铁性能不同，热处理形式也不同，后面将分别介绍。

7.2　常用铸铁

7.2.1　灰　铸　铁

灰铸铁生产工艺简单，铸造性能优良，是生产中应用最广的一种铸铁，约占铸铁总量的80%。

7.2.1.1 灰铸铁的成分

灰铸铁的化学成分一般为 $w_c = 2.7\% \sim 3.6\%$；$w_{Si} = 1.0\% \sim 2.5\%$；$w_{Mn} = 0.5\% \sim 1.3\%$；$w_P < 0.3\%$；$w_S < 0.15\%$。

7.2.1.2 灰铸铁的组织

灰铸铁的组织为基体（铁素体或珠光体或铁素体+珠光体）+片状石墨。图7-5为三种基体的灰铸铁的组织。

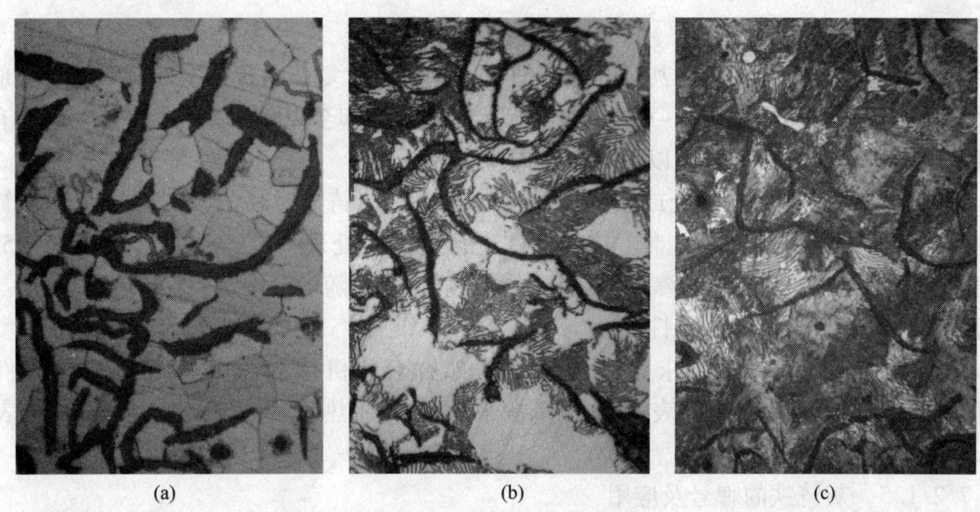

(a) (b) (c)

图7-5 三种基体的灰铸铁的组织

（a）铁素体基体 （b）铁素体+珠光体基体 （c）珠光体基体

7.2.1.3 灰铸铁的性能及应用

由于灰铸铁组织中的石墨呈片状，石墨尖端造成的应力集中较大，因此灰铸铁的强度、塑性、韧性明显低于其它种类的灰口铸铁。生产中为提高灰铸铁的强度及塑韧性，可采用变质处理（也称孕育处理），即在铸铁浇注前向铁水中加入4%左右的变质剂（硅铁或硅钙合金），使凝固过程中石墨的形核率提高，以获得细小的石墨片。此外，为提高灰铸铁的强度，还可控制铸造的冷却速度，得到珠光体基体的灰铸铁。

因为抗压强度受石墨片的影响较小，灰铸铁的抗压强度比较高，约为抗拉强度的3～4倍，故灰铸铁适宜制造承受简单压应力和要求减振性的零件，如机床床身、底座、支柱等；由于灰铸铁工艺简单、成本低，常用于铸造受力不大、结构形状复杂的箱体和壳体零件，如电机、风机、水泵等壳体；也常用作耐磨零件，如导轨、工作台等。孕育铸铁适用于制造性能要求较高、截面尺寸变化较大的大型铸件。图7-6为灰铸铁铸件实例。

7.2.1.4 灰铸铁的热处理

灰铸铁本身强度较低，一般不进行淬火强化热处理。热处理的目的一般是消除铸造内应力、改善切削加工性能，有时是为提高表面的硬度和耐磨性。

（1）去应力退火 铸造过程中，由于铸件各部位冷速不同使铸件内部产生内应力，

(a)

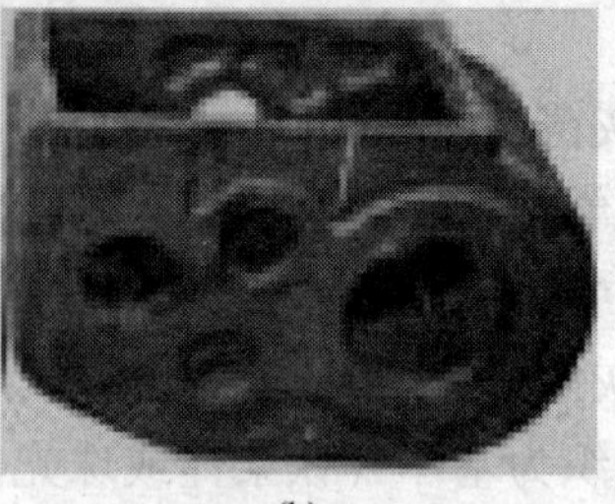
(b)

图 7-6　灰铸铁铸件

（a）机床床身　（b）减速器外壳

使用时有可能造成铸件的变形甚至开裂。故对大型或形状复杂的灰铸铁件，常进行去应力退火：将铸件缓慢加热至500～600℃保温，然后随炉冷却至200℃以下出炉。生产中有时也可采用自然时效或振动时效以消除铸造内应力。

（2）退火　铸件的薄壁处或表面由于冷却速度大，铸造时易出现白口组织，使铸件的硬度增加，造成切削加工困难。常对铸件进行退火热处理：将铸件加热至850～950℃保温2～5h，使白口组织中的渗碳体在高温下分解，然后随炉缓冷至400～500℃出炉。这样可降低硬度，改善切削加工性能。

（3）表面淬火　对于要求耐磨的铸件，如缸套、机床导轨等，为提高其铸件表面的硬度和耐磨性，可进行表面淬火，常采用火焰加热表面淬火或电接触加热表面淬火。

7.2.1.5　灰铸铁的牌号及应用

灰铸铁的牌号、力学性能及应用见表7-1。牌号中的“HT”是“灰铁”两字的汉语拼音字首，后面的数字表示最低抗拉强度，如HT200表示最低抗拉强度为200MPa的灰铸铁。灰铸铁的强度与铸件的壁厚有关，同一牌号的铸铁，随壁厚的增加，强度和硬度下降。

表 7-1　　常用灰铸铁的牌号、力学性能及应用

牌号	基体	铸件壁厚/mm	铸件最小抗拉强度 σ_b/MPa	应用举例
HT100	铁素体	2.5～10	130	低载荷和不重要的零件，如盖、外壳、手轮、支架、重锤等
		10～20	100	
		20～30	90	
		30～50	80	
HT150	铁素体＋珠光体	2.5～10	175	承受中等应力（抗弯应力小于100MPa）的零件，如支柱、底座、齿轮箱、工作台、刀架、端盖、阀体、管道等
		10～20	145	
		20～30	130	
		30～50	120	

续表

牌号	基体	铸件壁厚/mm	铸件最小抗拉强度 σ_b/MPa	应用举例
HT200	珠光体	2.5～10	220	承受较大应力（抗弯应力小于300MPa）和较重要的零件，如汽缸体、齿轮、机座、飞轮、床身、缸套、活塞、刹车轮、联轴器、齿轮箱、轴承座、液压缸等
		10～20	195	
		20～30	170	
		30～50	160	
HT250		4.0～10	270	
		10～20	240	
		20～30	220	
		30～50	200	
HT300	细珠光体	10～20	290	承受高应力（抗弯应力小于500MPa）和重要的零件，如齿轮、凸轮、车床卡盘、压力机机身、床身、高压液压缸、滑阀壳体等
		20～30	250	
		30～50	230	
HT350		10～20	340	
		20～30	290	
		30～50	260	

7.2.2 蠕墨铸铁

蠕墨铸铁是近40多年发展起来的一种新型铸铁。它是在一定成分的铁水中加入适量蠕化剂（稀土镁合金）进行蠕化处理，并加入硅铁进行孕育处理，使石墨结晶为蠕虫状的铸铁。

7.2.2.1 蠕墨铸铁的成分

蠕墨铸铁的成分特点为高碳、高硅、低磷、低硫。其化学成分一般为 $w_c = 3.5\% \sim 3.9\%$；$w_{Si} = 2.1\% \sim 2.8\%$；$w_{Mn} = 0.4\% \sim 0.8\%$；$w_P < 0.1\%$；$w_S < 0.1\%$。

7.2.2.2 蠕墨铸铁的组织

蠕墨铸铁的组织为基体（铁素体或珠光体或铁素体+珠光体）+蠕虫状石墨。图7-7为铁素体+珠光体基体的蠕墨铸铁的组织。

7.2.2.3 蠕墨铸铁的性能及应用

蠕墨铸铁中的石墨呈蠕虫状，与灰铸铁中的片状石墨相比，蠕虫状石墨的端部圆滑，且分布较均匀，其强度、塑韧性等力学性能高于灰铸铁，具有优良的耐热疲劳性能，而铸造性能、减振性能和导热性能与灰铸铁相近。

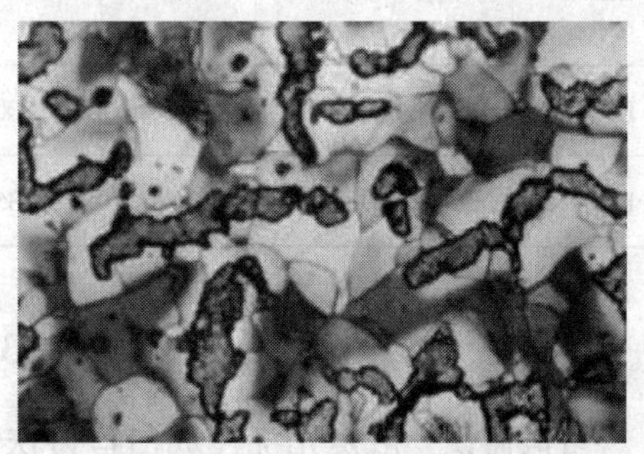

图7-7 蠕墨铸铁的组织

蠕墨铸铁主要用于承受热循环载荷、结构复杂、要求组织致密、强度和热疲劳性能要求高的铸件，如大功率柴油机进（排）气管、气缸盖、钢锭模、阀体、汽车和拖拉机底盘零件、玻璃模具等。图 7-8 为蠕墨铸铁的应用实例。

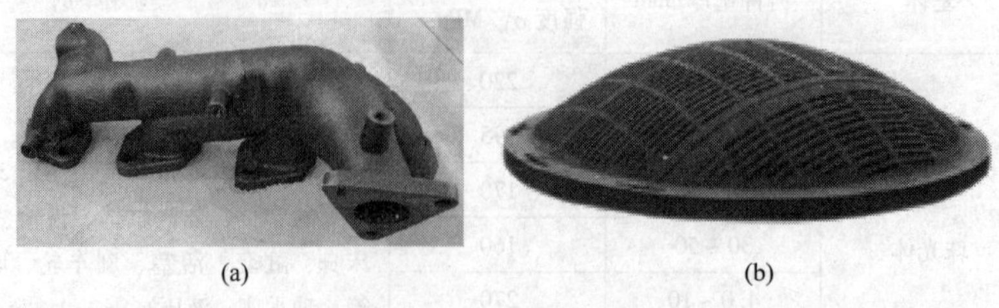

(a)　　(b)

图 7-8　蠕墨铸铁铸件

(a) 汽车排气管　(b) 热风炉球形炉篦

7.2.2.4　蠕墨铸铁的热处理

蠕墨铸铁除了像灰铸铁那样可进行退火和表面淬火外，还常进行正火热处理，以细化基体的组织并提高基体组织中珠光体的含量，从而提高其强度。

7.2.2.5　蠕墨铸铁的牌号及应用

常用蠕墨铸铁的牌号、性能及应用见表 7-2。牌号中 “RuT” 是 “蠕铁” 二字的拼音字首，后面的数据为最低抗拉强度值。例如 RuT420 表示最低抗拉强度为 420MPa 的蠕墨铸铁。

表 7-2　　蠕墨铸铁的牌号、力学性能及应用

牌号	基体	抗拉强度 σ_b /MPa	屈服强度 $\sigma_{0.2}$ /MPa	延伸率 δ /%	硬度 /HBW	应用举例
		不小于				
RuT260	铁素体	260	195	3.0	121 ~ 197	增压器废气进气壳体、汽车底盘零件等
RuT300	铁素体 + 珠光体	300	240	1.5	140 ~ 217	排气管、气缸盖、钢锭模、变速箱体、液压件、纺织机零件
RuT340	铁素体 + 珠光体	340	270	1.0	170 ~ 249	重型机床件、大型齿轮箱体、盖、座、飞轮、起重机卷筒等
RuT380	珠光体	380	300	0.75	193 ~ 274	活塞环、气缸套、制动盘、玻璃模具、钢珠研磨盘、吸泥泵等
RuT420	珠光体	420	335	0.75	200 ~ 280	

7.2.3　可锻铸铁

可锻铸铁一般是先浇注成白口铸铁，然后通过较长时间高温（900 ~ 980℃）石墨化退火，使渗碳体分解为团絮状石墨而得到的。石墨化退火时采用不同的冷却工艺，可获得铁素体基体可锻铸铁或珠光体基体可锻铸铁。

7.2.3.1 可锻铸铁的成分

为保证浇注后获得全部白口组织，可锻铸铁的含碳量和含硅量一般较低。其化学成分为：$w_c = 2.2\% \sim 2.8\%$；$w_{Si} = 1\% \sim 1.8\%$；$w_{Mn} = 0.4\% \sim 1.2\%$；$w_S < 0.18\%$；$w_P < 0.2\%$。

7.2.3.2 可锻铸铁的组织

可锻铸铁的组织为基体（铁素体或珠光体或铁素体 + 珠光体）+ 团絮状石墨。图7-9为铁素体基体和珠光体基体的可锻铸铁的组织。

(a)

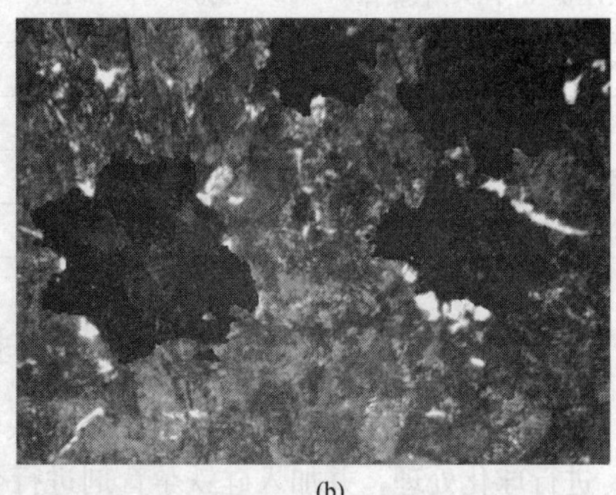

(b)

图7-9 可锻铸铁的组织

（a）铁素体可锻铸铁 （b）珠光体可锻铸铁

7.2.3.3 可锻铸铁的性能及应用

可锻铸铁的组织中石墨为团絮状，对基体的割裂作用小于片状和蠕虫状石墨，故其强度、塑韧性等力学性能高于蠕墨铸铁。

铁素体基体的可锻铸铁具有较好的塑性和韧性，常用于制造薄壁、形状复杂且要求有一定韧性的小型铸件，如水管接头，汽车后桥壳、轮鼓、差速器壳、散热器进水管等。珠光体基体的可锻铸铁具有较高的强度，可用于制造强度及韧性要求较高的曲轴、连杆、齿轮等零件。但由于石墨化退火工艺复杂，生产率低，可锻铸铁的应用受到一定限制，可采用球墨铸铁来代替。图7-10为可锻铸铁的应用实例。

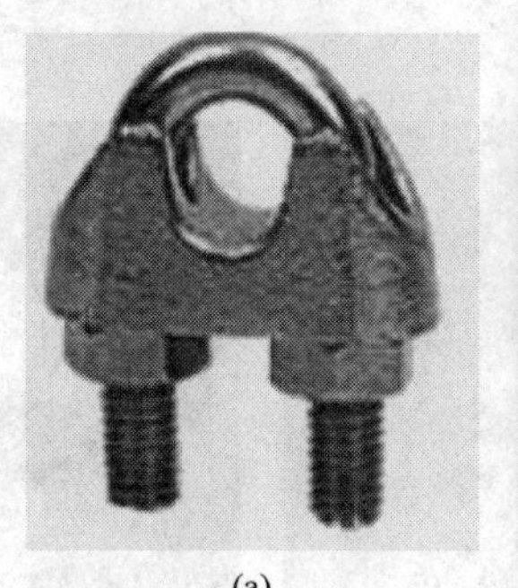

(a)

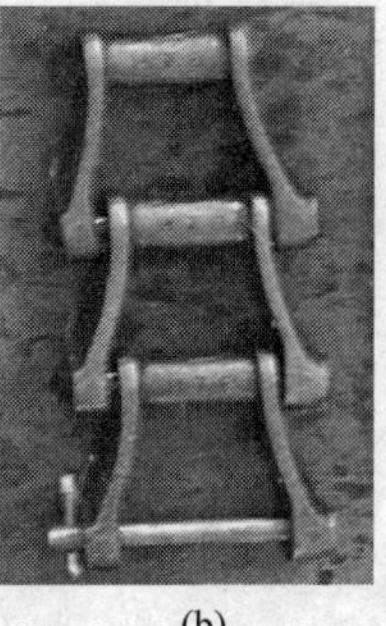

(b)

图7-10 可锻铸铁件

（a）紧固卡头 （b）传动链条

7.2.3.4 可锻铸铁的牌号及应用

可锻铸铁的牌号、力学性能及应用见表7-3。牌号中“KTH”表示黑心可锻铸铁（以铁素体为基体），“KTZ”表示珠光体可锻铸铁（以珠光体为基体）；符号后的第一组数据为最低抗拉强度值，第二组数据为最小伸长率。例如，KTZ550-04表示最低抗拉强度为550MPa、最小伸长率为4%的珠光体可锻铸铁。

表 7-3　　可锻铸铁的牌号、力学性能及应用

牌号	基体	抗拉强度 σ_b /MPa	屈服强度 $\sigma_{0.2}$ /MPa	延伸率 δ /%	硬度 /HBW	应用举例
		不小于				
KTH300-06	铁素体	300	—	6	≤150	弯头、三通等
KTH330-08	铁素体	330	—	8		农机犁刀、犁柱、螺纹扳手、铁道扣板等
KTH350-10	铁素体	350	200	10		汽车拖拉机前后轮壳、制动器、弹簧钢板支座、船用电机壳等
KTH370-12	铁素体	370	—	12		
KTZ450-06	珠光体	450	270	6	150 ~ 200	要求高强度、高耐磨性、较高抗冲击的零件，如曲轴、凸轮轴、连杆、齿轮等
KTZ550-04	珠光体	550	340	4	180 ~ 230	
KTZ700-02	珠光体	700	530	2	240 ~ 290	

7.2.4 球墨铸铁

球墨铸铁是在浇注前，向一定成分的铁液中加入一定量的球化剂（一般为稀土镁合金）进行球化处理，并加入硅铁孕育剂进行孕育处理，使石墨形成球状而得到的铸铁。

7.2.4.1 球墨铸铁的化学成分

为保证获得形状圆整、分布均匀的球状石墨，球墨铸铁中的碳和硅含量一般高于灰铸铁，并需严格控制硫与磷含量。其成分为 $w_c = 3.6\% \sim 3.9\%$；$w_{Si} = 2.0\% \sim 3.1\%$；$w_{Mn} = 0.6\% \sim 0.8\%$；一般 $w_S < 0.07\%$，$w_P < 0.1\%$。

7.2.4.2 球墨铸铁的组织

球墨铸铁的组织为基体（铁素体或珠光体或铁素体 + 珠光体）+ 球状石墨。图 7-11 为球墨铸铁的组织。

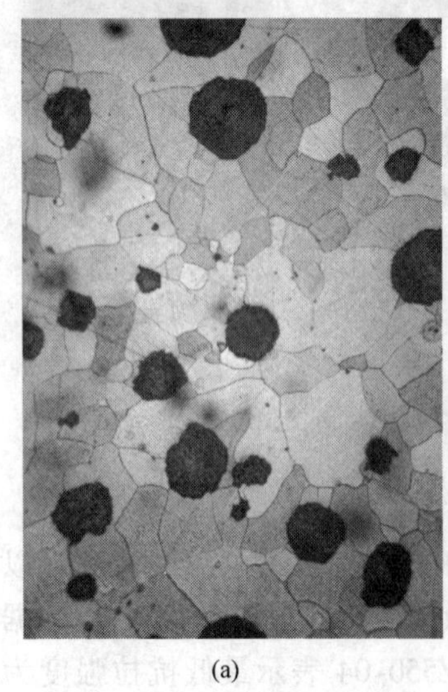
(a)

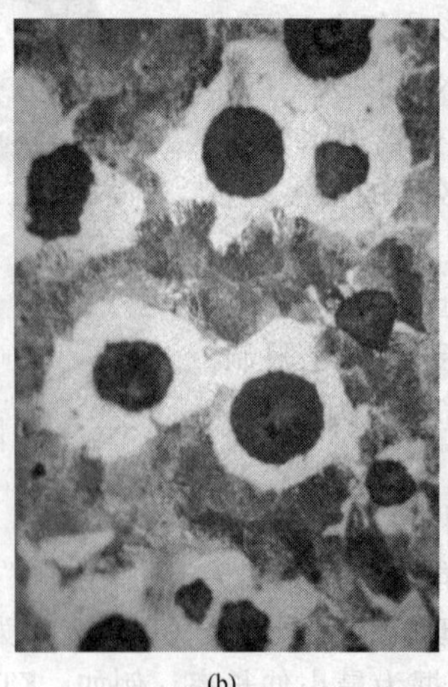
(b)

(c)

图 7-11　球墨铸铁的组织

（a）铁素体基体　（b）铁素体 + 珠光体基体　（c）珠光体基体

7.2.4.3 球墨铸铁的性能及应用

球墨铸铁组织中的石墨为球状，石墨边缘的应力集中小，对基体的割裂作用也较小，所以球墨铸铁的强度、塑韧性等力学性能高于灰铸铁、蠕墨铸铁及可锻铸铁。

珠光体基体的球墨球铁的抗拉强度、屈服强度和疲劳强度可与钢相媲美，可用于制造柴油机曲轴、连杆、齿轮、凸轮、涡轮等。铁素体基体的球墨铸铁塑性和韧性较高，可用于制作受压阀门、机器底座、汽车后桥壳等。图7-12为球墨铸铁的应用实例。

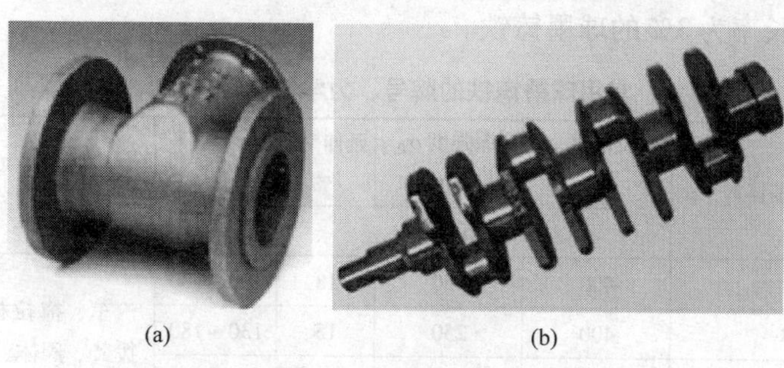

(a) (b)

图7-12 球墨铸铁件

（a）阀体 （b）曲轴

7.2.4.4 球墨铸铁的热处理

铸态下的球墨铸铁基体组织通常为铁素体+珠光体，通过热处理可获得其它的基体组织。还可通过热处理强化基体的组织，进一步改善球墨铸铁的力学性能。

（1）高温退火 当铸态组织中有游离状的渗碳体时，采用高温退火：将铸件加热至900~950℃保温2~5h，使游离状渗碳体和基体中渗碳体分解为石墨和铁素体，随后缓慢冷却至600℃出炉。高温退火可改善球墨铸铁的加工性能并提高其塑性、韧性。

（2）低温退火 当铸态组织中无游离状渗碳体时，采用低温退火：将铸件加热至700~760℃保温3~6h，使基体中的渗碳体分解为铁素体和石墨，随后随炉缓冷至600℃出炉。低温退火的目的也是改善球墨铸铁的加工性能及塑性、韧性。

（3）去应力退火 球墨铸铁的收缩率较大，铸造内应力较大，对于不再进行其它热处理的球墨铸铁件，一般要将其加热至500~620℃，保温2~8h，然后随炉缓冷，以消除铸造内应力。

（4）正火 正火的目的是增加基体中珠光体的数量，并细化珠光体组织，获得珠光体基体或珠光体+铁素体基体，提高强度、硬度和耐磨性。高温正火是将铸件加热至900~950℃，保温1~3h，使基体组织全部奥氏体化，然后出炉空冷，使基体全部转变为珠光体组织；低温正火是将钢加热至820~860℃，保温1~4h，使基体组织部分奥氏体化，然后出炉空冷，使基体组织转变为铁素体和珠光体。

（5）调质处理 调质处理是将铸件加热至860~920℃，保温后油冷，然后在550~620℃高温回火2~6h，获得回火索氏体基体，使铸铁具有良好的综合性能。常用于连杆、曲轴等零件。

（6）等温淬火 等温淬火是将铸件加热至860~920℃，保温后放入250~350℃的盐浴内进行0.5~1.5h的等温，然后出炉空冷，获得下贝氏体+少量残余奥氏体的基体，使铸铁具有很高的强度、硬度和韧性。适用于尺寸不大、强韧性要求较高、尺寸精度要求较高的零件，如齿轮、滚动轴承套圈、凸轮轴等。

除上述热处理外，球墨铸铁还可进行渗氮、碳氮共渗等化学热处理，以改善其表面性能。

7.2.4.5　球墨铸铁的牌号及应用

球墨铸铁的牌号、性能及应用见表7-4。牌号中"QT"是"球铁"二字的拼音字首，后面的两组数据分别为最低抗拉强度和最小伸长率。例如，QT600-3表示最低抗拉强度为600MPa、最小伸长率为3%的球墨铸铁。

表7-4　常用球墨铸铁的牌号、力学性能及应用

牌号	基体	抗拉强度 σ_b /MPa	屈服强度 $\sigma_{0.2}$ /MPa	延伸率 δ /%	硬度 /HBS	应用举例
		不小于				
QT400-18	铁素体	400	250	18	130～180	汽车、拖拉机轮毂、驱动桥壳、拨叉、阀体、气缸、齿轮箱等
QT400-15	铁素体	400	250	15	130～180	
QT450-10	铁素体	450	310	10	160～210	
QT500-7	铁素体+珠光体	500	320	7	170～230	传动轴、飞轮、电动机架、油泵齿轮等
QT600-3	铁素体+珠光体	600	370	3	190～270	柴油机曲轴、凸轮轴、连杆、气缸套等
QT700-2	珠光体	700	420	2	225～305	曲轴、凸轮轴、缸体、缸套、轻负荷齿轮、部分机床的主轴等
QT800-2	珠光体	800	480	2	245～335	
QT900-2	回火马氏体或下贝氏体	900	600	2	280～360	汽车的螺旋锥齿轮、转向节、传动轴、内燃机曲轴、凸轮轴等

7.2.5　合金铸铁

在铸铁中加入一定量的合金元素，使之具有某种特殊性能的铸铁称为合金铸铁。常用的有耐磨铸铁、耐热铸铁、耐蚀铸铁等。

7.2.5.1　耐磨铸铁

耐磨铸铁是指具有较好的耐磨性或减摩性的铸铁。通常加入铜、钼、锰、磷等合金元素以形成一定数量的硬化相，提高其耐磨性能。主要有冷硬铸铁、合金白口铸铁、中锰球铁、高磷铸铁等。

(1) 冷硬铸铁　是采用激冷的方法使铸件的表面或局部获得白口组织，从而具有高的硬度和耐磨性。可用于制作车轮、轧辊等。

(2) 合金白口铸铁　是在白口铸铁中加入铬、钼、钨、钒、硼等元素，使之形成碳化物或合金渗碳体，提高抗磨性。根据加入的铬元素的含量，分为低铬白口铸铁(<2% Cr) 和高铬白口铸铁(>11% Cr)。

(3) 中锰球铁　是在球墨铸铁中加入5.0%～9.5%的锰，经球化和孕育处理后适当控制冷却速度，获得马氏体及碳化物和球状石墨组织。可制作在干摩擦条件下工作的零件，如球磨机中的磨球、农机中的犁铧等。

(4) 高磷铸铁　是在珠光体灰铸铁中加入少量磷，使组织中形成高硬度的磷共晶，以提高其硬度和耐磨性。使用时，珠光体中的铁素体和石墨首先磨损形成凹坑起储油作用，而渗碳体可起支承作用。用于在润滑条件下工作的零件，如汽缸套、活塞环、机床导轨等。

7.2.5.2　耐热铸铁

耐热铸铁是指可在高温下使用的铸铁，应具有抗氧化性和抗热膨胀性。可在铸铁中加入铝、铬、硅等合金元素，使铸件的表面形成一层致密的氧化膜（SiO_2、Al_2O_3、Cr_2O_3），保护内层金属不被继续氧化。合金元素还可形成稳定的碳化物，提高铸铁的热稳定性。

耐热铸铁大多为铁素体基体的球墨铸铁。常用的耐热铸铁有中锰耐热铸铁、中硅球墨铸铁、高铝球墨铸铁、铝硅球墨铸铁和高铬耐热铸铁等。

耐热铸铁常用于制作加热炉底板、坩埚、热交换器等。

7.2.5.3　耐蚀铸铁

耐蚀铸铁是指能在腐蚀性环境中使用的铸铁。可加入硅、铝、铬等合金元素使铸件表面形成一层致密氧化膜，并提高铁素体基体的电极电位，从而提高耐腐蚀性能。

耐蚀铸铁主要有高硅耐蚀铸铁、高铝耐蚀铸铁、高铬耐蚀铸铁等。高硅耐蚀铸铁应用较广泛，这种铸铁在含氧酸中的耐蚀性不亚于1Cr18Ni9不锈钢，而在碱性介质中的耐腐蚀性较差，添加铜可提高其在碱性介质中的耐腐蚀性。

耐蚀铸铁广泛应用于化学工业，如管道、容器、阀门、泵体、反应釜、盛储器等。

图7-13为合金铸铁的应用实例。

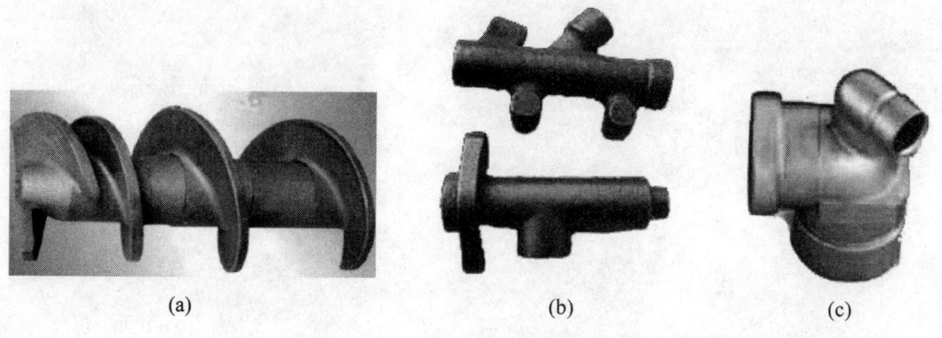

(a)　(b)　(c)

图7-13　合金铸铁的应用实例

(a) 耐磨铸铁搅拌器　(b) 耐热铸铁炉管　(c) 耐蚀铸铁管接头

思考题

1. 灰铸铁的成分、组织、性能、应用与钢相比有何区别?
2. 石墨的形状、大小、数量及分布对铸铁的性能有何影响?
3. 机床床身、床腿、箱体等为什么常采用灰铸铁制造? 若用钢板焊接是否合适? 为什么?
4. 为什么铸件的薄壁及表面部位常会出现白口组织?
5. 如何消除铸件表面白口现象，改善切削加工性能?
6. 分析锻钢曲轴、珠光体可锻铸铁曲轴、珠光体球墨铸铁曲轴的优缺点。

7. 说明下列铸铁牌号的含义、类别、应用范围。

HT200　KTH300-06　KTZ550-04　QT400-15　RuT340

8. 下列说法是否正确？为什么？

（1）球化退火可得到球墨铸铁。

（2）白口铸铁因硬度高可作刀具。

（3）灰铸铁不能淬火。

（4）可锻铸铁可以锻造。

（5）灰铸铁可以通过热处理将其片状石墨变为球状石墨。

第8章 有色金属

在工业生产中，通常把钢铁材料称为黑色金属，而把其它的金属材料称为有色金属。与钢铁等黑色金属材料相比，有色金属具有许多优良的特性，是现代工业中不可缺少的材料，在国民经济中占有十分重要的地位。例如，铝、镁、钛等具有相对密度小、比强度高的特点，因而广泛应用于航空、航天、汽车、船舶等行业；银、铜、铝等具有优良导电性和导热性的材料广泛应用于电器工业和仪表工业；铀、钨、钼、镭、钍、铍等是原子能工业所必需的材料，等等。随着航空、航天、航海、石油化工、汽车、能源、电子等新型工业的发展，有色金属及其合金的地位将会越来越重要。本章主要介绍工业上广泛使用的铝合金、铜合金、钛合金、镁合金和轴承合金等有色金属的性能特点及应用。

8.1 铝及其合金

铝及铝合金是目前工业中仅次于钢铁的重要金属材料，应用较为广泛。

8.1.1 纯铝

纯铝是一种银白色的轻金属，熔点为660℃，具有面心立方晶格。它的密度小，为2.72g/cm^3；导电导热性好，导电性仅次于银、铜。纯铝化学性质活泼，在大气中极易与氧作用，在表面形成一层牢固致密的氧化膜，可以阻止进一步氧化，从而使它在大气和淡水中具有良好的抗蚀性。纯铝在低温下，甚至在超低温下都具有良好的塑性和韧性，在0~-253℃塑性和冲击韧性不降低。

纯铝具有一系列优良的工艺性能，易于铸造，易于切削，也易于通过压力加工制成各种规格的半成品。所以，纯铝主要用于制造电缆电线的线芯和导电零件，耐蚀器皿和生活器皿，以及配制铝合金和做铝合金的包覆层。由于纯铝的强度很低（如纯度为99.99%时，其抗拉强度仅有45MPa），一般不宜直接作为结构材料。

纯铝中含有铁、硅、铜、锌等杂质，按纯度分为工业纯铝和高纯铝。工业纯铝的含铝量小于99.85%，高纯铝的含铝量在99.85%~99.99%。根据GB/T3190—1996，工业纯铝的牌号为1080、1070、1060...，第一位数“1”表示纯铝；第二位数“0”表示杂质含量，无特殊控制；最后两位数表示纯度，即铝质量分数中小数点后面的两位数，如1080表示含铝量为99.80%的工业纯铝。高纯铝的牌号为1A99、1A97、1A93、1A90、1A85，其中“A”表示原始铝，如1A99表示含铝量为99.99%的原始高纯铝。

纯铝的原代号用“铝”字汉语拼音字首“L”和其后面的编号表示。工业纯铝的牌号有L1、L2、L3、L4、L5等，数字越大，纯度越低。工业高纯铝纯度为99.85%~99.9%，牌号有L0、L00；高纯铝纯度为99.93%~99.99%，牌号有L01、L02、L03、L04，后面的数字越大，纯度越高。

工业纯铝可制作电线、电缆及配制合金；工业高纯铝可制作铝箔、包铝及冶炼铝合金。高纯铝主要用于科学研究及制作电容器。

8.1.2 铝 合 金

8.1.2.1 铝合金的分类及热处理

在铝中加入适量的硅、铜、镁、锌、锰等合金元素可形成的铝合金，它具有较高的强度，且具有良好的加工性能广泛用于航空航天，交通运输，家电五金等行业。

(1) 铝合金的分类及牌号 根据铝合金的成分、组织和工艺特点，可以将其分为变形铝合金与铸造铝合金两大类。变形铝合金是将铝合金铸锭通过压力加工（轧制、挤压、模锻等）制成半成品或模锻件，所以要求有良好的塑性变形能力。铸造铝合金则是将熔融的合金直接浇铸成形状复杂的甚至是薄壁的成型件，所以要求合金具有良好的铸造流动性。

工程上常用的铝合金大都具有与图 8-1 类似的相图。由图可见，凡位于相图上 D 点成分以左的合金，在加热至高温时能形成单相固溶体组织，合金的塑性较高，适用于压力加工，所以称为变形铝合金；凡位于 D 点成分以右的合金，因含有共晶组织，液态流动性较高，适用于铸造，所以称为铸造铝合金。

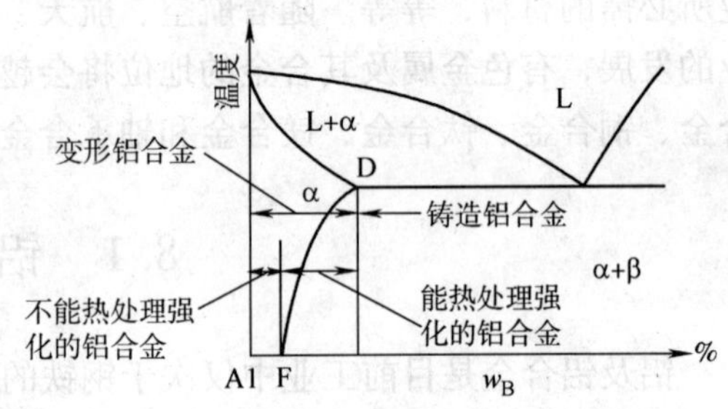

图 8-1 铝合金分类示意图

对于变形铝合金来说，位于 F 点以左成分的合金，在固态始终是单相的，不能进行热处理强化，被称为不能热处理强化的铝合金；成分在 F 和 D 之间的铝合金，由于合金元素在铝中随温度变化有溶解度的变化，会析出第二相，可通过热处理使合金强度提高，所以称为能热处理强化的铝合金。

变形铝合金按照性能特点和用途，分为防锈铝、硬铝、超硬铝和锻铝四种。防锈铝属于不能热处理强化的铝合金，硬铝、超硬铝、锻铝属于能热处理强化的铝合金。根据 GB/T16474-1996，变形铝合金的牌号用“×A××”表示。第一位数字表示合金系，2 为 Al－Cu系，3 为 Al－Mn 系，4 为 Al－Si 系，5 为 Al－Mg 系，6 为 Al－Mg－Si 系，7 为Al－Zn 系；牌号中“A”表示原始铝合金；第三、四位数字表示序号。如 2A11 表示 11 号铝铜合金。

变形铝合金的代号：防锈铝、硬铝、超硬铝、锻铝，分别用“LF”（铝防）、“LY”（铝硬）、“LC”（铝超）、“LD”（铝锻）和后面的顺序号来表示。如“LF5”表示 5 号防锈铝，LY11 表示 11 号硬铝，LC4 表示 4 号超硬铝，LD8 表示 8 号锻铝。

铸造铝合金合金代号用“铸铝”二字汉语拼音字首“ZL”后跟三位数字表示。第一位数表示合金系列，1 为 Al－Si 系合金，2 为 Al－Cu 系合金，3 为 Al－Mg 系合金，4 为 Al－Zn系合金；第二、三位数表示合金的顺序号。如 ZL201 表示 1 号铝铜系铸造铝合金，ZL107 表示 7 号铝硅系铸造铝合金。铸造铝合金牌号用 ZAl＋合金元素＋合金含量表示，如 Z Al Si5Cu1Mg 表示含 5% Si、1% Cu 及少量 Mg 的铝合金。

(2) 铝合金的热处理 铝合金可通过冷塑性变形提高强度，也可通过热处理来改善性能，其中有些铝合金抗拉强度可提高到 480～680MPa，相当于低合金结构钢的强度水平。铝合金的热处理方法主要有两种：退火和固溶＋时效处理。

1) 铝合金的退火 为消除铝合金铸件的内应力及成分偏析，提高塑性，可对铝合金进行高温均匀化退火（350～530℃）或低温去应力退火（200～300℃）。为了消除变形铝合金在塑性变形过程中产生的加工硬化，提高塑性，可对其进行再结晶退火（350～450℃）。

2）铝合金的淬火（固溶处理） 将铝合金加热到固溶线以上某一温度淬火后，可以得到过饱和的α固溶体。淬火后强度、硬度有所提高，但提高不多。如含4% Cu的铝合金退火状态 σ_b 为200MPa，淬火后为250MPa。

3）时效处理 铝合金淬火后的过饱和α固溶体在室温或加热到某一温度放置时，其强度和硬度随时间的延长而增高，这个过程称为时效。在室温下进行的为自然时效，在加热条件下进行的为人工时效。铝合金时效处理后强度大大提高（但塑性有较大下降），如含4% Cu的铝合金淬火并自然时效4～5天后 σ_b 达420MPa。铝合金时效强化的效果与时效温度有关，图8-2是含4% Cu的铝合金在不同温度下的时效曲线。

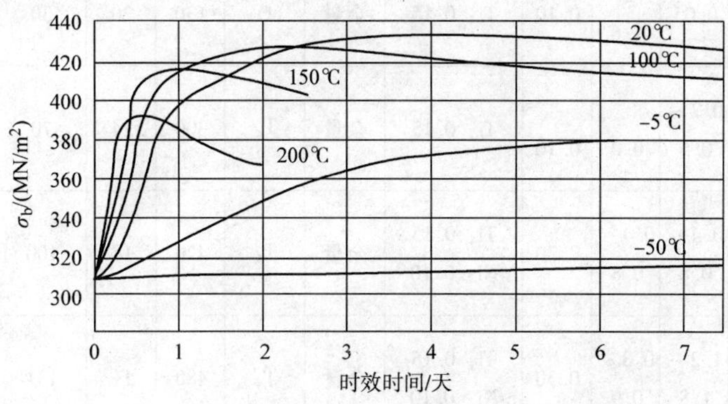

图8-2 含4% Cu的铝合金在不同温度下的时效曲线

由图8-2中可以看出，提高时效温度，可以使时效速度加快，但获得的强度值比较低；在自然时效条件下，时效进行得十分缓慢，约需4～5天才能达到最高强度值；而在−50℃时效，时效过程基本停止，各种性能没有明显变化，所以降低温度是抑制时效的有效办法。

（3）铝合金的状态代号 变形铝及铝合金的状态代号如表8-1。

表8-1 变形铝及铝合金的状态代号（GB/T16475—1996）

状态代号	说明	状态代号	说明
O	退火状态	T4	固溶热处理后自然时效至基本稳定状态
H	加工硬化状态（H代号后面必须跟两位或三位阿拉伯数字）	T5	由高温成型过程冷却，然后进行人工时效的状态
W	固溶热处理状态	T6	固溶热处理后进行人工时效的状态
T0	固溶热处理后，经自然时效再通过冷加工的状态	T7	固溶热处理后进行过时效的状态
T1	由高温成型过程冷却，然后自然时效至基本稳定的状态	T8	固溶热处理后经冷加工，然后进行人工时效的状态
T2	由高温成型过程冷却，经冷加工后自然时效至基本稳定的状态	T9	固溶热处理后人工时效，然后进行冷加工的状态
T3	固溶热处理后进行冷加工，再经自然时效至基本稳定状态	T10	由高温成型过程冷却后，进行冷加工，然后人工时效的状态

8.1.2.2 变形铝合金

变形铝合金的主要牌号、化学成分、性能及主要用途见表8-2。

表 8-2　变形铝合金的主要牌号、成分、力学性能及用途

类别	牌号（代号）	各化学成分的质量分数 w/%						热处理状态	力学性能			用途举例
		Cu	Mg	Mn	Zn	其它	Al		σ_b/MPa	δ/%	硬度/HBS	
防锈铝合金	5A05（LF5）	0.10	4.0~5.5	0.3~0.6	0.20		余量	O	270	20	70	中载零件及制品、铆钉、焊接油箱、油管、焊条
	3A21（LF21）	0.20	0.05	1.0~1.6	0.10	Ti：0.15	余量	O	130	20	30	管道、容器、铆钉及轻载零件及制品
硬铝合金	2A01（LY1）	2.2~3.0	0.2~0.5	0.2	0.10	Ti：0.15	余量	T_4	300	24	70	中等强度、工作温度不超过100℃的铆钉
	2A11（LY11）	3.8~4.8	0.4~0.8	0.4~0.8	0.30	Ti：0.15 Ni：0.10	余量	T_4	420	18	100	中等强度构件和零件，如骨架、螺旋桨叶片、螺栓等
	2A12（LY12）	3.8~4.9	1.2~1.8	0.3~0.9	0.30	Ti：0.15 Ni：0.10	余量	T_4	480	11	131	高强度构件及150℃以下工作的零件，如骨架等
超硬铝合金	7A04（LC4）	1.4~2.0	1.8~2.8	0.2~0.6	5.0~7.0	Cr：0.10~0.25	余量	T_6	600	12	150	主受力构件及高载荷零件，如飞机大梁、起落架等
	7A06（LC6）	2.4~2.8	2.5~3.2	0.2~0.5	7.6~8.6	Cr：0.10~0.25	余量	T_6	680	7	190	同上
锻铝合金	2A50（LD5）	1.8~2.6	0.4~0.8	0.4~0.8	0.30	Ti：0.15 Ni：0.10 Si：0.7~1.2	余量	T_6	420	13	105	现状复杂和中等强度的锻件及模锻件
	2A70（LD7）	1.9~2.5	1.4~1.8	0.20	0.30	Ti：0.02~0.1 Ni：1.0~1.5 Fe：1.0~1.5		T_6	440	13	120	高温下工作的复杂锻件和结构件、内燃机活塞

（1）防锈铝合金　防锈铝合金主要是Al－Mn系和A1－Mg系合金，主要合金元素是Mn和Mg。Mn的主要作用是提高铝合金的抗蚀能力，并起到固溶强化作用；Mg也可起到强化作用，并使合金的相对密度降低。防锈铝合金锻造退火后是单相固溶体，抗腐蚀能力高，塑性好。这类铝合金不能进行时效硬化，属于不能热处理强化的铝合金，但可冷变形加工，利用加工硬化，提高合金的强度。还具有良好的焊接性能。主要用于制作需要弯曲或冷拔的耐蚀容器，及受力小、耐蚀的制品与构件，如油箱、导管、生活用品、防锈蒙皮等。常用牌号有5A05（LF5）、3A21（LF21）等。

（2）硬铝合金　硬铝合金为Al－Cu－Mg系合金，还含有少量的Mn。各种硬铝合金都可以进行时效强化，属于可以热处理强化的铝合金，亦可进行变形强化。合金中的Cu、Mg是为了形成强化相θ（$CuAl_2$）相及S（$CuMgAl_2$）相；Mn主要是提高合金的抗蚀性，并有一定的固溶强化作用，但Mn的析出倾向小，不参与时效过程；少量的Ti或B可细化晶粒和提高合金强度。硬铝合金有较好的切削加工性，但耐蚀性较差，尤其不耐海水腐蚀，常用包铝方法提高耐蚀性。硬铝合金的固溶处理加热温度范围很窄，其生产工艺比较困难。主要用于制作中等强度的构件和零件，如空气螺旋桨、铆钉、螺栓及航空工业中的一般受力结构件。图8-3为奥迪A8轿车的硬铝合金车架。常用硬铝合金牌号有2A01（LY1）、2A11（LY11）等，2A01主要制作铆钉，也称为"铆钉硬铝"。

图8-3 奥迪A8轿车车架

（3）超硬铝合金　超硬铝合金为Al－Mg－Zn－Cu系合金，并含有少量的Cr和Mn。Zn、Cu、Mg与Al可以形成固溶体和多种复杂的第二相，例如$MgZn_2$、Al_2CuMg、AlMgZnCu等，所以经过固溶处理和人工时效后，可获得很高的强度和硬度，它是强度最高的一种铝合金。但这种合金的抗蚀性较差，当温度大于120℃时合金会软化，可以用包铝法提高抗蚀性。超硬铝合金多用来制造要求重量轻、受力大的重要构件，如飞机大梁、起落架、桁架、翼肋等。常用牌号有7A04（LC4）。

（4）锻铝合金　锻铝合金为Al－Mg－Si－Cu系和Al－Cu－Mg－Ni－Fe系合金。合金中的元素种类多但用量少，具有良好的热塑性和耐蚀性，良好的铸造性能和锻造性能，锻铝合金通常都要进行固溶处理和人工时效，力学性能与硬铝合金相近。这类合金主要用于制作形状复杂、比强度较高的锻件，以及在高温下工作的构件。图8-4为铝合金拉杆锻件。常用锻造铝合金牌号有2A50（LD5）、2A70（LD7）等。

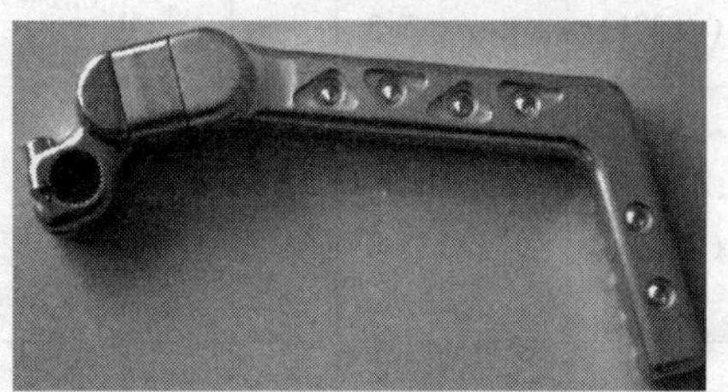

图8-4 铝合金拉杆锻件

8.1.2.3 铸造铝合金

铸造铝合金的牌号、化学成分、性能及用途见表8-3。

表8-3　常用铸造铝合金的牌号（代号）、化学成分、力学性能及用途

牌号（代号）	各化学成分的质量分数 w/%						铸造方法与热处理状态	力学性能			用途举例
	Si	Cu	Mg	Mn	其它	Al		σ_b/MPa	δ/%	硬度/HBS	
Z Al Si7 Mg（ZL101）	6.0～7.5		0.2～0.45			余量	J，T5 S，T5	205 195	2 2	60 60	形状复杂的构件，如飞机、仪表的零件，抽水机壳体，工作温度不超过185℃的汽化器等

续表

牌号（代号）	各化学成分的质量分数 w/%						铸造方法与热处理状态	力学性能			用途举例
	Si	Cu	Mg	Mn	其它	Al		σ_b/MPa	δ/%	硬度/HBS	
Z Al Si12 (ZL102)	10.0 ~ 13.0					余量	J SB，JB SB，JB，T2	155 145 135	2 4 4	50 50 50	形状复杂的构件，如仪表、抽水机壳体，工作温度不超过200℃要求高气密性、承受低载荷的零件
ZAlSi5CuMg (ZL105)	4.5 ~ 5.5	1.0 ~ 1.5	0.4 ~ 0.6			余量	J，T5 S，T5 S，T6	235 195 225	0.5 1.0 0.5	70 70 70	形状复杂、在225℃以下工作的零件，如风冷发动机的气缸头，机匣、油泵壳体等
ZAlSi12CuMg1 (ZL108)	11 ~ 13.0	1.0 ~ 2.0	0.4 ~ 1.0	0.3 ~ 0.9		余量	J，T1 J，T6	195 255		85 90	要求高温强度及低膨胀系数的内燃机活塞及其它耐热零件
ZAlSi59Cu2Mg (ZL111)	8.0 ~ 10.0	1.3 ~ 1.8	0.4 ~ 0.6	0.1	0.1 ~ 0.35	余量	SB，T6 J，T6	255 315	0.5 2	90 100	250℃以下工作的承受重载的气密零件，如大马力柴油机缸体、活塞等
ZAlCu5 Mn (ZL201)		4.5 ~ 5.3			Ti：0.1 ~ 0.35	余量	S，T4 S，T5	295 335	8 4	70 90	在175 ~ 300℃或以下工作的零件，如支臂、活塞等
ZAlCu4 (ZL203)		4.0 ~ 5.0				余量	J，T4 J，T5	205 225	6 3	60 70	中等载荷、形状较简单的零件，如托架和工作温度低于200℃并要求加工性能好的小零件
Z Al Mg10 (ZL301)			9.5 ~ 11.0			余量	S，T4	208	10	60	在大气或海水中工作的零件，承受大振荡载荷、工作温度不超过150℃的零件
ZAlMg5Si (ZL303)	0.8 ~ 1.3		4.5 ~ 5.5			余量	S，J	145	1	55	腐蚀介质、中等载荷作用零件、在严寒大气中及工作温度低于200℃的零件，如海轮配件和各种壳体
ZAlZn11Si7 (ZL401)	6.0 ~ 8.0		0.1 ~ 0.3		Zn：9.0 ~ 13.0	余量	J，T1 S，T1	245 195	0.5 0.2	90 80	工作温度不超过200℃、机构形状复杂的汽车、飞机零件，也可制作日用品

注：①表中主要内容摘自 GB113—1995。

②铸造方法：S—砂型铸造，J—金属型铸造，B—变质处理。

③热处理状态：T1—人工时效，T2—退火，T4—固溶处理＋自然时效，T5—固溶处理＋不完全处理，T6—固溶处理＋完全人工时效。

（1）Al-Si系铸造铝合金　Al-Si系铸造铝合金通常称为硅铝明，硅铝明包括简单硅铝明（Al-Si二元合金）和复杂铝硅明（Al-Si-Mg-Cu等多元合金）。含11%～13%Si的简单硅铝明（ZL102）铸造后几乎全部是共晶组织。因此，这种合金流动性好，铸件产生的热裂倾向小，适用于铸造复杂形状的零件。它的耐腐蚀性能高，有较低的膨胀系数，可焊性良好。该合金的不足之处是铸造时吸气性高，结晶时能产生大量分散缩孔，使铸件的致密度下降。但一般情况下ZL102共晶组织由α固溶体和粗针状硅组成，见图8-5（a），使合金的力学性能降低。因此生产上常采用变质处理，即浇注前向合金液中加入2%～3%的变质剂（常用钠盐混合物：2/3NaF+1/3NaCl），以细化组织，提高强度及塑性。变质处理使共晶点左移得到亚共晶组织，为细小均匀的共晶体和初生α固溶体，如图8-5（b）。

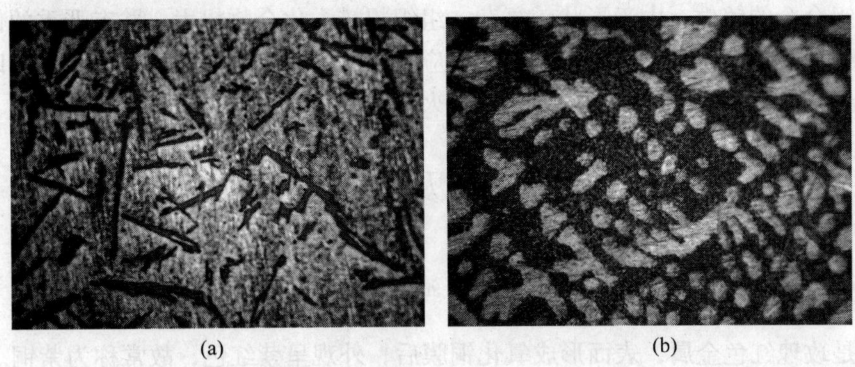
(a)　(b)

图8-5　ZL102合金的铸态组织
（a）未变质处理　（b）变质处理后

内燃机中的活塞是在高速、高温、高压、变负荷下工作的，所以要求制造活塞的材料必须相对密度小、高耐磨、高的耐蚀性、耐热性，还要求活塞材料的线膨胀系数接近汽缸体的线膨胀系数。复杂硅铝明基本上能满足这些要求，它是制造活塞的理想材料。图8-6为铸造铝硅合金汽车轮毂及发动机活塞零件。

(a)　(b)

图8-6　铸造铝合金零件
（a）轮毂　（b）发动机活塞

（2）Al-Cu系铸造铝合金　Al-Cu合金的强度较高，耐热性好，但铸造性能不好，有热裂和疏松倾向，耐蚀性较差。ZL201的室温强度高，塑性比较好，可制作在300℃以下工作的零件，常用于铸造内燃机汽缸头、活塞等零件。ZL202塑性较低，多用于高温下不受冲击的零件。ZL203 经淬火时效后，强度较高，可作结构材料铸造受中等载荷和形状较简单的零件。

（3）AL－Mg 系铸造铝合金　Al－Mg 合金强度高，相对密度小，有良好的耐蚀性，但铸造性能不好，耐热性低。Al－Mg 合金可进行时效处理，通常采用自然时效。多用于制造承受冲击载荷，在腐蚀性介质中工作的，外形不太复杂的零件，如舰船配件、氨用泵体等。

（4）Al－Zn 系铸造铝合金　Al－Zn 合金价格便宜，铸造性能优良，经变质处理和时效处理后强度较高，但抗蚀性差，热裂倾向大。常用于制造汽车、拖拉机的发动机零件及形状复杂的仪器零件，也可用于制造日用品。

铸造铝合金的铸件，由于形状较复杂，组织粗糙，化合物粗大，并有严重的偏析，因此它的热处理与变形铝合金相比，淬火温度应高一些，加热保温时间要长一些，以使粗大析出物完全溶解并使固溶体成分均匀化。淬火一般用水冷却，并多采用人工时效。

8.2　铜及其合金

8.2.1　纯　　铜

纯铜是玫瑰红色金属，表面形成氧化铜膜后，外观呈紫红色，故常称为紫铜。

工业纯铜中含有铅、铋、氧、硫、磷等杂质，含铜量为 99.70%～99.95%。根据杂质的含量，工业纯铜可分为四种：T1、T2、T3、T4。“T”为铜的汉语拼音字头，编号越大，纯度越低。

纯铜的密度为 8.96g/cm^3，熔点为 1083℃。具有良好的导电性、导热性及抗大气腐蚀性，因其为面心立方晶格，故塑性好，易进行冷、热加工。

纯铜主要用于制作电工导体以及配制各种铜合金。纯铜的强度低，不宜用作结构材料。

8.2.2　铜　合　金

8.2.2.1　铜合金的分类及牌号表示方法

（1）铜合金的分类　按化学成分，铜合金可分为黄铜、青铜及白铜（铜镍合金）三大类。在机器制造业中，应用较广的是黄铜和青铜。

1）黄铜　是以锌为主要合金元素的铜—锌合金。其中不含其它合金元素的黄铜称普通黄铜（或简单黄铜），含有其它合金元素的黄铜称为特殊黄铜（或复杂黄铜）。

2）青铜　是以除锌和镍以外的其它元素作为主要合金元素的铜合金。按其所含主要合金元素的种类，可分为锡青铜、铅青铜、铝青铜、硅青铜等。

按生产方法，铜合金可分为压力加工产品和铸造产品两类。

（2）铜合金牌号表示方法

1）加工黄铜　普通加工黄铜代号表示方法为“H”＋铜元素含量（质量分数×100）。例如，H68 表示含铜 68%、余量为锌的黄铜。特殊加工黄铜代号表示方法为“H”＋主加元素的化学符号（除锌以外）＋铜及各合金元素的含量（质量分数×100）。例如，HPb59-1 表示含铜 59%、含铅 1%、余量为锌的黄铜。

2）加工青铜 代号表示方法是“Q”+第一主加元素的化学符号及含量+其它合金元素含量。例如，QA15表示含铝5%、余量为铜的加工铝青铜。

3）铸造铜合金 铸造黄铜与铸造青铜的牌号表示方法相同，它是：“Z”+铜元素化学符号+主加元素的化学符号及含量+其它合金元素的化学符号及含量。例如，ZCuZn38，表示含锌38%、余量为铜的铸造普通黄铜；ZCuSn10Pb5，表示含锡10%、含铅5%、余量为铜的铸造锡青铜。

8.2.2.2 黄铜

（1）黄铜的组织及性能 普通黄铜的组织和性能受含锌量的影响，如图8-7所示。

当锌含量小于32%时，合金的组织由单相面心立方晶格的α固溶体构成，称为单相黄铜，其组织如图8-8所示。单相黄铜（H80、H70等）塑性好，而且随Zn量的增加，强度和塑性均增加，可进行冷、热加工。

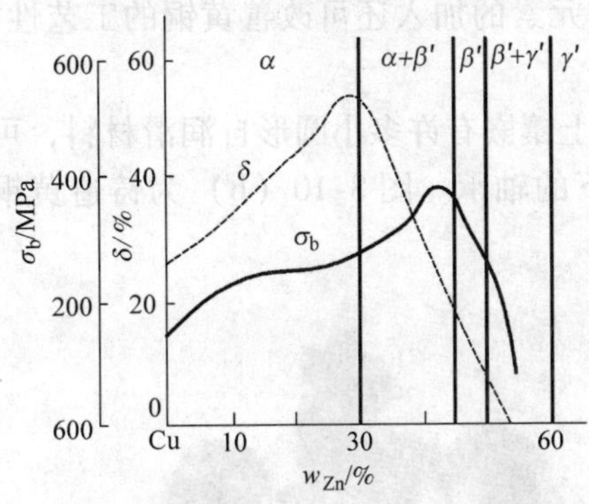

图8-7 黄铜含锌量与力学性能的关系

图8-8 单相黄铜显微组织

当锌含量大于32%后，合金组织为α+β′，称为双相黄铜，其组织如图8-9所示。β′相为以电子化合物CuZn为基体的固溶体，性能较脆。合金的塑性随Zn的增加而下降，但强度仍然在上升，因为少量β′相存在对强度并无不利的影响。双相黄铜（H62、H59等）室温组织中的β′相很脆，故不适于冷变形加工。但当加热使β′转变为β后，便可进行热变形加工。

当Zn含量超过45%之后，β′相已占合金组织的大部分直至全部，其强度和塑性急剧下降。所以，工业黄铜中锌含量一般不超过47%。

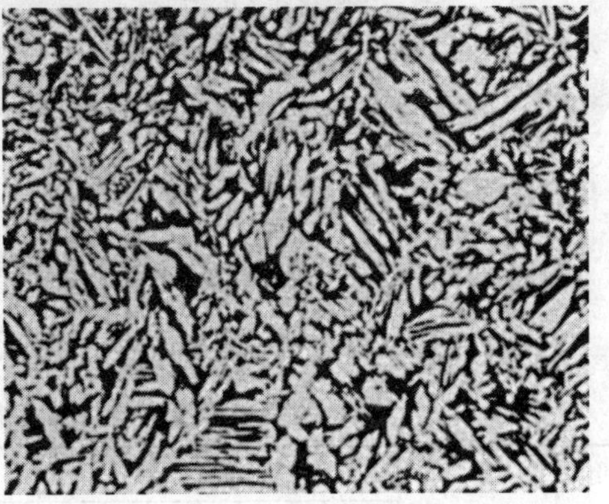

图8-9 双相黄铜显微组织

黄铜具有良好的耐海水和大气腐蚀的能力，并且单相黄铜优于双相黄铜。但经冷加工的黄铜制品存在残余应力，如果处在潮湿大气和海水中，特别是在含氨的介质中，易发生应力腐蚀开裂，或称“季裂”。因此，冷加工后的制品要进行去应力退火。

（2）普通黄铜 普通黄铜主要供压力加工用，按加工特点分为冷加工用α单相黄铜与热加工用α+β′双相黄铜两类。

1）H90（及H80等） α单相黄铜，有优良的耐蚀性、导热性和冷变形能力，并呈金黄色，故有金色黄铜之称。常用于镀层，及制作艺术装饰品、奖章、散热器等。

2）H68（及H70） α单相黄铜，按成分称为七三黄铜。它具有优良的冷、热塑性变形能力，适宜用冷冲压（深拉延、弯曲等）方法制造形状复杂而要求耐蚀的管、套类零件，如弹壳、波纹管等，故又有弹壳黄铜之称。

3）H62（及H59） α+β′双相黄铜，按成分称为六四黄铜。它的强度较高，并有一定的耐蚀性，广泛用来制作电器上要求导电、耐蚀及适当强度的结构件，如螺栓、螺母、垫圈、弹簧及机器中的轴套等，是应用广泛的合金，有商业黄铜之称。

（3）特殊黄铜 在普通黄铜基础上，再加入其它合金元素所组成的多元合金称为特殊黄铜。常加入的元素有锡、铅、铝、硅、锰、铁等。特殊黄铜也可依据加入的第二合金元素命名，如锡黄铜、铅黄铜、铝黄铜等。

合金元素加入黄铜后，一般或多或少地能提高其强度。加入锡、铝、锰、硅后，还可提高耐蚀性与减少黄铜应力腐蚀破裂的倾向。某些元素的加入还可改善黄铜的工艺性能，如加硅改善铸造性能，加铅改善切削加工性能等。

图8-10（a）为黄铜制造的强力滑动轴承，其上镶嵌有许多小圆形自润滑材料，可用于矿山机械、轧钢机械等粉尘较大不便润滑环境下的轴承。图8-10（b）为铸造黄铜球阀，适合于耐蚀耐磨的化工设备。

(a)

(b)

图8-10 黄铜零件
（a）滑动轴承 （b）球阀

常用普通黄铜、特殊黄铜的牌号、代号、成分、力学性能及应用如表8-4所示。

表8-4 常用普通黄铜与特殊黄铜的代号、成分、力学性能及应用

组别	代号或牌号	化学成分 $w_{Cu}\times100$	化学成分 $w_{其它}\times100$	力学性能 σ_b/MPa	力学性能 $\delta\times100$	力学性能 HBS	主要应用
普通黄铜	H90	88.0~91.0	余量Zn	$\frac{245}{392}$	$\frac{35}{3}$	—	双金属片、供水和排水管、证章、艺术品
	H68	67.0~70.0	余量Zn	$\frac{294}{392}$	$\frac{40}{13}$	—	复杂的冷冲压件、散热器外壳、弹壳、导管、波纹管、轴套
	H62	60.5~63.5	余量Zn	$\frac{294}{412}$	$\frac{40}{10}$	—	销钉、铆钉、螺钉、螺母、垫圈、弹簧、夹线板
	ZCuZn38	60.0~63.0	余量Zn	$\frac{295}{295}$	$\frac{30}{30}$	$\frac{59}{68.5}$	一般结构件，如散热器、螺钉、支架等

续表

组别	代号或牌号	化学成分		力学性能			主要应用
		$w_{Cu}\times100$	$w_{其它}\times100$	σ_b/MPa	$\delta\times100$	HBS	
特殊黄铜	HSn62-1	61.0~63.0	Sn：0.7~1.1 余量 Zn	$\frac{249}{392}$	$\frac{35}{5}$	—	与海水和汽油接触的船舶零件（又称海军黄铜）
	HSi80-3	79.0~81.0	Si：2.5~4.5 余量 Zn	$\frac{300}{350}$	$\frac{15}{20}$	—	船舶零件，在海水、淡水和蒸汽（<265℃）条件下工作的零件
	HMn58-2	57.0~60.0	Mn：1.0~2.0 余量 Zn	$\frac{382}{588}$	$\frac{30}{3}$	—	海轮制造业和弱电用零件
	HPb59-1	57.0~60.0	Pb：0.8~1.9 余量 Zn	$\frac{343}{441}$	$\frac{25}{5}$	—	热冲压及切削加工零件，如销、螺钉、螺母、轴套（又称易削黄铜）
	ZCuZn40Mn3Fel	53.0~58.0	Mn：3.0~4.0 Fe：0.5~1.5 余量 Zn	$\frac{440}{490}$	$\frac{18}{15}$	$\frac{98}{108}$	轮廓不复杂的重要零件，海轮上在300℃以下工作的管配件，螺旋桨等大型铸件
	ZCuZn25A16Fe3Mn3	60.0~66.0	Al：4.5~7 Fe：2~4 Mn：1.5~4.0 余量 Zn	$\frac{725}{745}$	$\frac{7}{7}$	$\frac{166.5}{166.5}$	要求强度耐蚀零件，如压紧螺母、重型蜗杆、轴承、衬套

注：力学性能中分母的数值，对压力加工黄铜来说是指硬化状态（变形程度50%）的数值，对铸造黄铜来说是指金属型铸造时的数值；分子数值，对压力加工黄铜为退火状态（600℃）时的数值，对铸造黄铜为砂型铸造时的数值。

8.2.2.3 青铜

青铜分为压力加工青铜和铸造青铜两类，其牌号、化学成分、力学性能及主要应用如表8-5所示。

表8-5 常用青铜的牌号（代号）、化学成分、力学性能及应用

组别	牌号（代号）	化学成分 w_c（质量分数）/%		力学性能			主要应用
		第一主加元素	其它	σ_b/MPa	δ/%	HBS	
压力加工锡青铜	（QSn4-3）	Sn 3.5~4.5	Zn 2.7~3.3 余量 Cu	$\frac{350}{550}$	$\frac{40}{4}$	$\frac{60}{160}$	弹性元件、管配件、化工机械中耐磨零件及抗磁零件
	（QSn6.5-0.1）	Sn 6.0~7.0	P 0.1~0.25 余量 Cu	$\frac{350\sim450}{700\sim800}$	$\frac{60\sim70}{7.5\sim12}$	$\frac{70\sim90}{160\sim200}$	弹簧、接触片、振动片、精密仪器中的耐磨零件
铸造锡青铜	ZCuSn10P1（ZQSn10-1）	Sn 9.0~11.5	P 0.5~1.0 余量 Cu	$\frac{220}{310}$	$\frac{3}{2}$	$\frac{80}{90}$	重要的减磨零件，如轴承、轴套、涡轮、摩擦轮、机床丝杆螺母
	ZCuSn5Zn5Pb5（ZQSn5-5-5）	Sn 4.0~6.0	Zn 4.0~6.0 Pb 4.0~6.0 余量 Cu	$\frac{200}{200}$	$\frac{13}{13}$	$\frac{60}{65}$	中速、中等载荷的轴承、轴套、涡轮及1MPa压力下的蒸汽管配件和水管配件

续表

组别	牌号（代号）	化学成分 w_c（质量分数）/%		力学性能			主要应用
		第一主加元素	其它	σ_b/MPa	δ/%	HBS	
其它青铜	ZCuAl10Fe3（ZQA19-4）	Al 8.5 ~ 11.0	Fe 2.0 ~ 4.0 余量 Cu	$\frac{490}{540}$	$\frac{13}{15}$	$\frac{100}{110}$	耐磨零件（压下螺母、轴承、涡轮、齿圈）及在蒸汽、海水中工作的高强度耐蚀件，250℃以下的管配件
	ZCuPb30（ZQPb30）	Pb 27.0 ~ 33.0	余量 Cu	—	—	$\frac{-}{25}$	大功率航空发动机、柴油机曲轴及连杆的轴承
	（QBe2）	Be 1.8 ~ 2.1	Ni 0.2 ~ 0.5 余量 Cu	$\frac{500}{850}$	$\frac{40}{3}$	$\frac{90}{250}$	重要的弹簧与弹性元件，耐磨零件以及在高速、高压和高温下工作的轴承

注：力学性能数字表示意义同表 8-4。

（1）锡青铜　锡含量低于 8% 的锡青铜称为压力加工锡青铜，锡含量大于 10% 的锡青铜称为铸造锡青铜。

锡青铜在铸造时流动性差，偏析倾向大，易形成分散缩孔。锡青铜铸造因极易形成分散缩孔而收缩率小，能够获得完全符合铸模形状的铸件，适合铸造形状复杂的零件；但铸件的致密程度较低，若制成容器在高压下易漏水。

锡青铜在大气、海水、淡水以及水蒸气中抗蚀性比纯铜和黄铜好，但在盐酸、硫酸及氨水中的抗蚀性较差。

锡青铜中还可以加入其它合金元素以改善性能。例如，加入锌可以提高流动性，并可以通过固溶强化作用提高合金强度；加入铅可以使合金的组织中存在软而细小的黑灰色铅夹杂物，提高锡青铜的耐磨性和切削加工性；加入磷，可以提高合金的流动性，并生成 Cu_3P 硬质点，提高合金的耐磨性。

（2）铝青铜　铝青铜是以铝为主加元素的铜合金，一般铝含量为 5% ~ 10%。铝青铜的力学性能和耐磨性均高于黄铜和锡青铜，它的结晶温度范围小，不易产生化学成分偏析，而且流动性好，分散缩孔倾向小，易获得致密铸件；但收缩率大，铸造时应在工艺上采取相应的措施。

铝青铜的耐蚀性优良，在大气、海水、碳酸及大多数有机酸中具有比黄铜和锡青铜更高的耐蚀性。

为了进一步提高铝青铜的强度和耐蚀性，可添加适量的铁、锰、镍元素。铝青铜可制造齿轮、轴套、涡轮等高强度、耐磨的零件以及弹簧和其它耐蚀元件。

（3）铍青铜　铍青铜一般铍含量为 1.7% ~ 2.5%。铍青铜可以进行淬火时效强化，淬火后得到单相 α 固溶体组织，塑性好，可以进行冷变形和切削加工，制成零件后再进行人工时效处理，获得很高的强度和硬度（σ_b = 1200 ~ 1400MPa，δ = 2% ~ 4%，330 ~ 400HBS），超过其它所有的铜合金。

铍青铜的弹性极限、疲劳极限都很高，耐磨性、抗蚀性、导热性、导电性和低温性能也非常好，此外，尚具有无磁性、冲击时不产生火花等特性。在工艺方面，它承受冷热压力加工的能力很好，铸造性能也好。但铍青铜价格昂贵。

铍青铜主要用来制作精密仪器、仪表的重要弹簧、膜片和其它弹性元件，钟表齿轮，还可以制造高速、高温、高压下工作的轴承、衬套、齿轮等耐磨零件，也可以用来制造换向开关、电接触器等。铍青铜一般是淬火状态供应，用它制成零件后可不再淬火而直接进行时效处理。

8.3 钛及其合金

钛及其合金在强度、耐热性、耐蚀性等方面优于铝及其合金，在航空、化工、导弹、航天及舰艇等方面得到较广泛的应用。但由于钛在高温时异常活泼，钛及其合金的熔炼、浇铸、焊接和热处理等都要在真空或惰性气体中进行，加工条件严格，成本较高，使它的应用受到一定限制。

8.3.1 纯 钛

钛是银白色金属，熔点为1680℃，密度为4.5g/cm^3，比铝重，但比钢轻。钛有很好的强度，约为铝的6倍，故比强度高。钛的塑性高、耐热性高，且热膨胀系数较小，在高温工作条件下或热加工过程中产生的热应力小。钛在硫酸、盐酸、硝酸和氢氧化钠等碱溶液中，在湿气及海水中具有优良的抗蚀性。但钛不能抵抗氢氟酸的侵蚀作用。钛在大气中十分稳定，表面生成致密的氧化膜，使它保持金属光泽。但当加热到600℃以上时，氧化膜就失去保护作用。

钛有两种同素异构体，在882.5℃以下的稳定结构为密排六方晶格，用α-Ti表示；在882.5℃以上直到熔点的稳定结构为体心立方晶格，用β-Ti表示。

工业纯钛按杂质含量不同可分为三个等级，即TA1、TA2、TA3。其中“T”为钛的汉语拼音字头，编号越大则杂质越多。工业纯钛可制作在350℃以下工作的强度要求不高的零件。如主要用于飞机的蒙皮、构件和耐蚀的化学装置，反应器，海水淡化装置等。

工业纯钛不能进行热处理强化，实际使用中主要采用冷变形的方法对其进行强化，其热处理工艺主要有再结晶退火和消除应力退火。

8.3.2 钛 合 金

8.3.2.1 钛合金的分类

为了进一步提高强度，可在钛中加入合金元素。合金元素溶入α-Ti中形成α固溶体，溶入β-Ti中形成β固溶体。铝、碳、氮、氧、硼等元素使α、β同素异晶转变温度升高，称为α稳定化元素；而铁、钼、镁、铬、锰、钒等元素使同素异晶转变温度下降，称为β稳定化元素；锡、锆等元素对转变温度影响不明显，称为中性元素。

根据使用状态的组织，钛合金可分为三类：α钛合金、β钛合金、（α+β）钛合金。牌号分别以TA、TB、TC加上编号表示。

8.3.2.2 常用钛合金的性能及应用

（1）α钛合金 由于α钛合金的组织全部为α固溶体，因而具有很好的强度、韧性及塑性。在冷态也能加工成某种半成品，如板材、棒材等。它在高温下组织稳定，抗氧化能力较强，热强性较好。在高温（500~600℃）时的强度性能为三类合金中较高者，但它的室温强度一般低于β和（α+β）钛合金。典型牌号为TA7，成分为Ti-5Al-2.5Sn，主要用于制造导弹的燃料罐、超音速飞机的涡轮机匣等。

（2）β钛合金　全部是β相的钛合金在工业上很少应用。因为这类合金相对密度较大，耐热性差及抗氧化性能低。当温度高于700℃时，合金很容易受大气中的杂质气体污染，生产工艺复杂，因而限制了它的使用。但全β钛合金由于是体心立方结构，合金具有良好的塑性，为了利用这一特点，发展了一种介稳定的β相钛合金。典型牌号为TB2，成分为Ti-5Mo-5V-8Cr-3Al，一般在350℃以下使用，适于制造压气机叶片、轴、轮盘等重载的回转件等。

（3）（α+β）钛合金　（α+β）钛合金兼有α和β钛合金两者的优点，耐热性和塑性都比较好，并且可进行热处理强化，这类合金的生产工艺也比较简单。因此，（α+β）合金的应用比较广泛，其中以TC4（Ti-6Al-4V）合金应用最广、最多。适于制造400℃以下要求一定高温强度的发动机零件，以及低温下使用的火箭、导弹的液氢燃料箱部件等。

图8-11（a）为钛合金直升机转子壳体，图8-11（b）为钛合金航空发动机叶片。

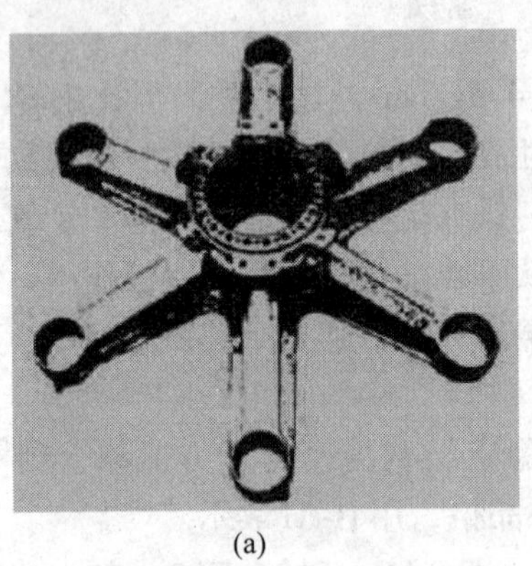
(a)

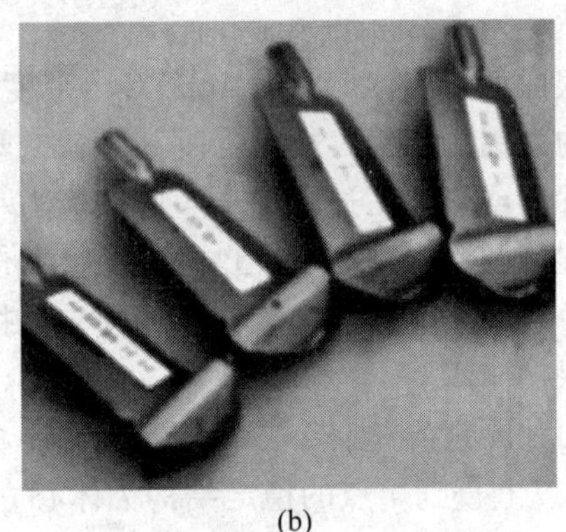
(b)

图8-11　钛合金零件

（a）直升机转子壳体　（b）航空发动机叶片

表8-6列出了工业纯钛和部分钛合金的牌号、成分、性能及应用。

表8-6　　工业纯钛和部分钛合金的牌号、成分、力学性能及应用

组别	合金牌号	化学成分（质量分数）/%	热处理	室温力学性能		高温力学性能			应用
				σ_b /MPa	δ_5 /%	试验温度/℃	σ_b /MPa	σ_{100} /MPa	
工业纯钛	TA3	Ti（杂质微量）	退火	540	15	—	—	—	热交换器、飞机蒙皮、舰船零件等
α型钛合金	TA6	Ti-5Al	退火	685	10	350	420	390	火箭、飞船的高压容器（<500℃），发动机叶片，导弹燃料缸等
	TA7	Ti-5Al-2.5Sn		785	10	350	490	440	
（α+β）钛合金	TC2	Ti-3Al-1.5Mn	退火	685	12	350	420	390	发动机叶片、火箭发动机外壳及冷却喷管、舰船耐压壳体等
	TC3	Ti-5Al-4V	退火	800	10	500	450	400	
	TC4	Ti-6Al-4V	淬火+时效	1200	8	400	630	580	
β钛合金	TB2	Ti-5Mo-5V-8Cr-3Al	淬火+时效	1370	8	—	—	—	发动机叶片、弹簧、紧固件等

8.3.2.3 钛合金的热处理

钛合金的热处理有：

（1）消除应力退火 目的是消除钛合金零件加工或焊接后的内应力。退火温度一般为450～650℃，保温1～4h，空冷。

（2）再结晶退火 目的是消除加工硬化。对于纯钛一般用550～690℃温度，而钛合金用750～800℃，保温1～3h，空冷。

（3）钛合金的淬火和时效 淬火和时效的目的是提高钛合金的强度和硬度。α钛合金一般不进行淬火和时效处理。β钛合金和含稳定化元素较多的（α+β）钛合金，淬火温度一般选在α+β两相区的上部范围，一般为760～950℃，保温5～60min，水中冷却。淬火后部分α保留下来，β相变成介稳定的β相，加热时效时，介稳定β相析出弥散的α相，使合金的强度和硬度提高。如TC4淬火时效后的组织为块状α+β+针状α，见图8-12。钛合金的时效温度一般在450～550℃，时间为几小时到几十小时。钛合金热处理加热时应防止污染和氧化，并严防过热。β晶粒长大后，无法用热处理方法挽救。

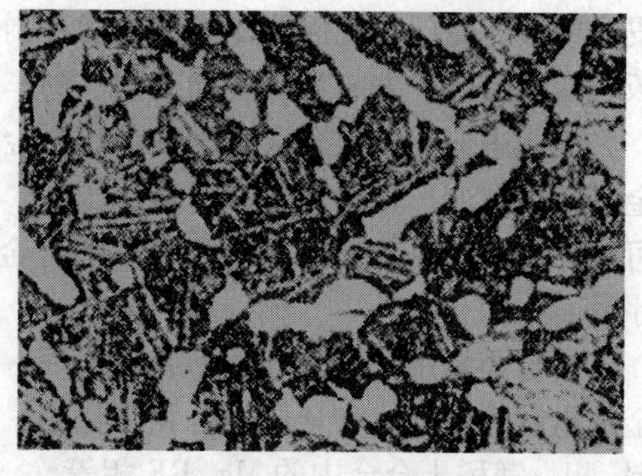

图8-12 Ti-6Al-4V合金时效处理后的组织

8.4 镁及其合金

8.4.1 纯 镁

纯镁是一种轻金属，熔点为650℃，密度为1.74g/cm^3，比铝轻。绝对强度较低（150MPa左右），比强度较高，屈服强度和弹性模量较低。在大气中有足够的耐蚀性，在氢氟酸、碱和矿物油中也耐蚀，但在淡水、海水中耐蚀性差。镁的性能可用合金化来加以改善。镁具有密排六方晶格、其滑移系较少，冷变形较困难。升高温度到250℃以上，变形较容易，因而有较好的塑性。镁和镁合金在300～500℃间可以挤压、轧制和锻造，在230～350℃间可进行温加工。

工业纯镁的牌号有M1（>99.95%Mg）、M2（>99.92%Mg）、M3（>99.85%Mg）三种，其主要用途为制造镁合金和其它合金的合金元素，也用在烟火工业和化学、石油工业部门。

8.4.2 镁 合 金

8.4.2.1 镁合金的性能、应用及分类

镁合金中的合金元素主要是Al、Zn、Re、Li、Ag、Zr、Th、Mn及微量元素Ni等。它们在镁合金中有固溶强化、沉淀强化、细晶强化等作用。目前用得最多的镁合金有Mg-Mn系、Mg-Al-Zn系、Mg-Zn-Zr系、Mg-Re-Zr系合金。

镁合金铸件抗拉强度与铝合金铸件相当，一般可达250MPA，最高达600MPa。屈服

强度、延伸率与铝合金也相差不大。镁合金的比强度高于铝合金、钢铁及工程塑料，弹性模量大，消振性好，承受冲击载荷能力比铝合金大，耐有机物和碱的腐蚀性能好。另外，还有高的导热和导电性能、无磁性、屏蔽性好和无毒的特点。镁合金熔点比铝合金熔点低，压铸成型性能好，压铸件壁厚最小可达0.5mm。

镁合金是航空器、航天器和火箭导弹制造工业中使用的最轻金属结构材料，主要用于制造低承力的要求重量轻、耐蚀性好、耐一定冲击的零件，如飞机机翼长桁、襟翼、蒙皮、壁板、舱门和舵面等零件。也用于制造汽车各类压铸件，如离合器壳体、阀盖、仪表板、变速箱体、方向盘、转向支架、刹车支架、坐椅框架、车镜支架等。

工业中应用的镁合金分为变形镁合金和铸造镁合金两大类。许多镁合金既可作铸造合金，又可作变形合金。经锻造和挤压后，变形合金比相同成分的铸造合金有更高的强度，可加工成形状更复杂的部件。变形镁合金牌号冠以MB，铸造镁合金冠以ZM，后面标以序号。

镁合金常用的热处理类型有退火（一般温度为340～420℃）、固溶处理+时效。镁合金的组织为固溶体和金属化合物强化相，如镁锌合金中的Mg_2Zn_3相、镁铝合金中的$Mg_{17}Al_{12}$相、镁稀土合金中的$Mg_{12}RE$相等。

8.4.2.2　变形镁合金

变形镁合金的主要合金系为：Mg－Zn－Zr系、Mg－Al－Zn系、Mg－RE－Zr系、Mg－Mn系和Mg－Li系。常用变形镁合金的牌号、成分、性能及应用见表8-7。

表8-7　常用变形镁合金的牌号、成分、性能及应用

牌号	成分/%					状态	力学性能			应用
	Al	Zn	Mn	其它	Mg		σ_b/MPa	$\sigma_{0.2}$/MPa	δ/%	
MB1	—	—	1.3～2.5	—	余量	板材退火	170	90	3.0	飞机蒙皮、壁板
MB8	—	—	1.3～2.2	Ce：0.15～0.35	余量	板材热轧	205	110	10.0	
MB2	3.0～4.0	0.2～0.8	0.15～0.50	—	余量	板材退火	235	—	12.0	汽车、摩托车、光学仪器等的仪表框架、壁板、仪表电机壳、操纵系统支架等
MB3	3.7～4.7	0.8～1.4	0.30～0.60	—	余量	板材退火	245	—	12.0	
MB5	5.5～7.0	0.5～1.5	0.15～0.50	—	余量	锻件退火	260	—	8.0	
MB6	5.0～7.0	2.0～3.0	0.20～0.50	—	余量	挤压棒材	300	—	10.0	
MB7	7.8～9.2	0.2～0.8	0.15～0.50	—	余量	挤压棒材	300	—	8.0	
MB15	—	5.0～6.0	0.1	Zr：0.3～0.9 —	余量	挤压棒材	320	—	6.0	机翼长衍、翼肋、仪表板骨架等高强度件

（1）Mg－Zn－Zr系　这类镁合金是热处理强化变形镁合金，属于高强度镁合金。典型合金为MB15，其热处理工艺为固溶处理和人工时效，或热变形（挤压或锻造）后直接进行人工时效。挤压棒材经过固溶处理和人工时效，组织为α固溶体基体上分布块状或

棒状强化相 $MgZn_2$，如图8-13所示。其屈服强度 σ_s 为343MPa、抗拉强度 σ_b 为363MPa，伸长率为9.5%。

MB15的缺点是焊接性差，不能做焊接件，使用温度不超过150℃。由于其强度高、耐蚀性好、无应力腐蚀倾向、热处理工艺简单，能制造形状复杂的大型构件，如飞机上的机翼长衍、翼肋等，图8-14为镁合金制造的汽车仪表板骨架。

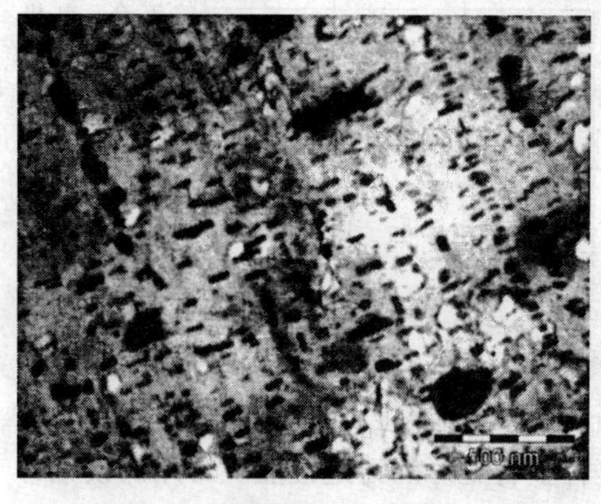

图8-13 MB15镁合金的组织

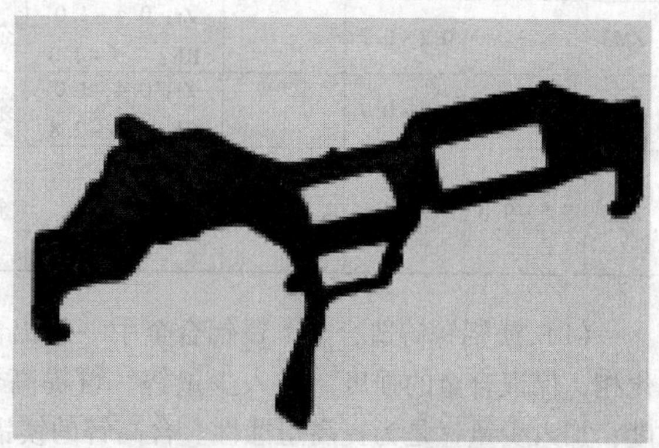
图8-14 镁合金汽车仪表板骨架

在镁锌锆合金系中加入稀土金属可改善合金质量，减少铸锭疏松，降低热裂倾向，提高耐腐蚀性，提高强度，可以取代部分中等强度铝合金，用于制造飞机受力构件。

（2）Mg－Mn系合金　镁锰合金一般在退火状态下使用，其组织是在固溶体基体上分布着少量β－Mn颗粒。随锰含量增高，合金的强度略有提高。这类合金经过挤压成型，强度有所提高。镁锰合金有良好的耐蚀性、焊接性和高温塑性。典型的合金为MB1（含锰量1.3%～1.5%），经过340～400℃退火，其 $\sigma_{0.2}=98$MPa、$\sigma_b=206$MPa，$\delta=4\%$。可生产板材、型材和锻件，用于制造飞机蒙皮、壁板及润滑系统的附件。

（3）Mg－RE系及Mg－Th系耐热镁合金　Nd、Y、Sc和Th、Mn等元素可显著提高镁合金的工作温度，从低于150℃提高到300～350℃范围。重要的合金有Mg－Nd系，可利用 Mg_9Nd 的沉淀强化作用。镁钍系的沉淀强化相为 $Mg_{23}Th_6$。

（4）Mg－Li合金　密度为1.3～1.65g/cm^3，属于超轻型结构合金。Li在镁中的固溶度5.5%范围内，随Li含量增加强度变化不大，其显微组织是单相密排六方的α固溶体；在Li＝5.5%～10%范围是α＋β复相组织，由于β相为体心立方，其强度较低，但室温和低温塑性很好；Li大于10%为β单相组织，强度低，室温和低温塑性很高。为了提高镁锂合金强度，需进一步进行合金化，加入强化元素Al、Zn、Mn、Th、Nd和Ce等。

8.4.2.3　铸造镁合金

铸造镁合金中主要合金系为Mg－Zn－Zr系、Mg－Al－Zn系、Mg－Re－Zr系、Mg－Th－Zr系、Mg－Al－Ag系等。铸造镁合金大多含稀土元素，以提高镁合金熔体的流动性，降低微孔率，减轻疏松和热裂倾向，并提高耐热性。

常用铸造镁合金的牌号、成分、性能及应用见表8-8。

表 8-8　常用铸造镁合金的牌号、成分、性能及应用

牌号	成分/%					力学性能			应用
	Al	Zn	Mn	其它	Mg	σ_b/MPa	$\sigma_{0.2}$/MPa	δ/%	
ZM1		3.5～5.5		Zr：0.5～1.0	余量	280	170	8	飞机发动机匣、整流仓、电机壳等温度较高的零件
ZM2		3.5～5.0		Zr：0.5～1.0 RE：0.75～1.75	余量	230	150	6	
ZM3		0.2～0.7		Zr：0.4～1.0 RE：2.5～4.0	余量	130	100	3	
ZM6		0.2～0.7		Zr：0.4～1.0 RE：2.0～2.8	余量	250	160	4.0	
ZM5	7.5～9.0	0.2～0.8	0.15～0.5		余量	250	95	8.5	飞机的发动机和导弹要求强度较高的各种铸件

(1) 镁铝锌铸造合金　镁铝合金中一般铝含量要高于7%，以产生足够的 $Mg_{17}Al_{12}$ 强化相，保证合金的强度。加入少量锌，可提高合金元素的固溶度，以提高合金的屈服强度；加入少量锰是为提高耐蚀性。含高锌的镁铝锌合金有更好的铸造性能。常用的镁铝锌铸造合金为 ZM5，固溶及时效处理后力学性能为 $\sigma_{0.2}=118$MPa、$\sigma_b=250$MPa，$\delta=3.5\%$，用于制造发动机、仪表和其它结构上承受载荷的零件。

(2) 镁锌锆铸造合金　镁锌合金中有沉淀强化相 Mg_2Zn_3、$MgZn_2$，加入少量锆后可细化合金的晶粒，改善力学性能。加入镉和银后，增大了固溶强化作用。ZM1 合金铸件直接进行人工时效，其 $\sigma_{0.2}=167$MPa、$\sigma_b=275$MPa，$\delta=7.5\%$。ZM2 合金在 ZM1 基础上加入 0.7%～1.7% 稀土金属以改善 ZM1 的显微疏松和焊接性，提高其高温强度，可在 170～200℃工作，用于飞机的发动机和导弹各种铸件。

(3) 镁稀土锆系耐热铸造合金　以稀土金属为主要合金元素的铸造镁合金，具有良好的高温强度，用于 200～300℃范围。镁钕系的 Mg_9Nd 有稳定的沉淀强化效应，在高温下仍能保持高的强度。加入一定量锆后可以进一步细化晶粒，保证显微组织和性能的稳定，并可改善耐蚀性，形成镁稀土锆系合金。ZM6 经固溶及时效处理，室温下 $\sigma_{0.2}=157$MPa、$\sigma_b=245$MPa，$\delta=4\%$；在 200℃，强度仍保持较高水平，其 $\sigma_{0.2}=108$MPa、$\sigma_b=196$MPa，可在 250℃长期工作。

8.5　轴承合金

8.5.1　轴承合金概述

轴承合金是指用于制造滑动轴承轴瓦及内衬的材料。轴承在工作时，承受轴传给它的一定压力，并和轴颈之间存在摩擦，因而产生磨损。由于轴的高速旋转，工作温度升高，故对用作轴承的合金，首先要求它在工作温度下具有足够的抗压强度和疲劳强度、良好的耐磨性和一定的塑性及韧性，其次还要求它具有良好的耐蚀性、导热性和较小的膨胀系数。

为了满足上述要求，轴承合金应该是在软基体上分布着硬质点或者在硬基体上分布着软质点，如图 8-15 所示。当机器运转时，软基体受磨损而凹陷，硬质点就凸出于基体上，减小轴与轴瓦间的摩擦因数，同时使外来硬物能嵌入基体中，使轴颈不被擦伤。软基体能承受冲击和振动，并使轴与轴瓦很好地磨合。采取硬基体上分布软质点，也可达到上述目的，这种组织承载能力较大，但磨合性差。

8.5.2 常用轴承合金

常用的有锡基或铅基轴承合金，也称为巴氏合金。它们强度较低，需镶铸在钢质轴瓦上，形成薄而均匀的内衬，做成双金属轴承。其编号方法为："Z＋基体元素符号＋主加元素符号及含量＋辅加元素及含量"，其中"Z"是"铸"的汉语拼音字首。例如ZSnSb11 Cu6表示含11% Sb、6% Cu的锡基轴承合金。此外，用作轴承的还有铜基合金、铝基合金。

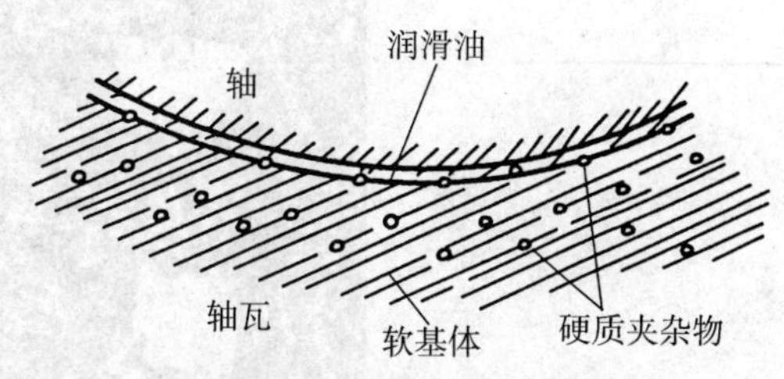

图8-15 轴承合金结构示意图

常用轴承合金的牌号、成分、性能及应用如表8-9所示。

表8-9 常用轴承合金的牌号、化学成分、力学性能及应用（摘自GB/T 1174—1992）

种类	合金牌号	化学成分/%				铸造方法	力学性能（不小于）			应用举例
		Sn	Pb	Cu	其它		σ_b/MPa	δ_5/%	HB	
锡基	ZSnSb12Pb10Cu4	余量	9.0～11.0	2.5～5.0	Sb：11～13	J	—	—	29	适用于一般中载、中速发动机轴承，但不适用于高温部分
	ZSnSb11Cu6	余量	0.35	5.5～6.5	Sb：10～12	J	—	—	27	适于重载、高速的汽轮机、涡轮机、内燃机、透平压缩机等
	ZSnSb4Cu4	余量	0.35	4.0～5.0	Sb：4.0～5.0	J	—	—	20	韧性要求高、浇注层较薄的重载、高速轴承，如涡轮机、航空发动机轴承
铅基	ZPbSb16Sn16Cu2	15.0～17.0	余量	1.5～2.0	Sb：15～17	J	—	—	30	承受小冲击载荷的高速轴承、轴衬，如汽车、轮船的轴承、轴衬
	ZPbSb15Sn10	9.0～11.0	余量	0.7	Sb：14～16	J	—	—	24	中载、中速、中冲击载荷机械的轴承，如汽车、拖拉机曲轴、连杆的轴承
	ZPbSb15Sn5	4.0～5.5	余量	0.5～1.0	Sb：14～15.5	J	—	—	20	低速、轻载机械轴承，如水泵、空压机轴承、轴套
铜基	ZCuPb30	1.0	27～33	余量	—	J	—	—	25	高速、高压下工作的航空发动机、高压柴油机轴承
	ZCuSn5Pb5Zn5	4.0～6.0	4.0～6.0	余量	Zn：4.0～6.0	S，J	200	13	60	用于常温下受稳定载荷的轴承，如减速机、起重机、发电机、离心机、压缩机
铝基	ZAlSn6Cu1Ni1	5.5～7.0	—	0.7～1.3	Al：余量 Ni：0.7～1.3	S J	110 130	10 15	35 40	高速、高载荷机械轴承，如汽车、拖拉机、内燃机轴承

8.5.2.1 锡基轴承合金（锡基巴氏合金）

锡基轴承合金的组织特点为软基体硬质点，如ZSnSb11Cu6的组织为Sb溶于Sn中的暗色α固溶体+白色块状硬质点SnSb+白色放射状硬质点Cu_3Sn，如图8-16所示。

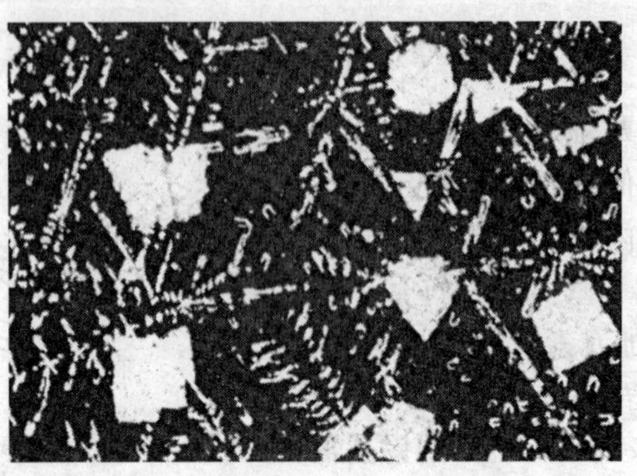

图8-16 ZSnSb11Cu6轴承合金的组织

它具有良好的磨合性、抗咬合性、嵌藏性和耐蚀性，浇注性能也很好。因而普遍用于汽车发动机、气体压缩机、冷冻机和船用低速柴油机的轴承和轴瓦。

锡基轴承合金的缺点是疲劳强度不高，工作温度较低（一般不大于150℃），价格高。

8.5.2.2 铅基轴承合金（铅基巴氏合金）

铅基轴承合金也是软基体硬质点，它的硬度、强度、韧性都比锡基轴承合金低，但摩擦因数较大，价格较便宜，铸造性能好。常用于制造承受中、低载荷的轴承，如汽车、拖拉机的曲轴、连杆轴承及电动机轴承。但其工作温度不能超过120℃。

8.5.2.3 铜基轴承合金

铜基轴承合金有铅青铜和锡青铜等，属于硬基体软质点的轴承合金。如铅青铜ZQPb30，由于固态下Pb不溶于Cu，其组织为硬的Cu基体上分布着软的Pb颗粒。

铅青铜具有高的强度、导热性和塑性，摩擦因数小，可制作高速度、高载荷的柴油机轴承。它不必做成双金属，可直接做成轴承或轴套。

8.5.2.4 铝基轴承合金

铝基轴承合金具有相对密度小、导热性好、疲劳强度高和耐蚀性好的优点。它原料丰富，价格便宜，广泛用在高速、高负荷条件下工作的轴承。按化学成分可分为铝锡系、铝锑系和铝石墨系三类。铝基轴承合金的缺点是膨胀系数较大，抗咬合性低于巴氏合金。它一般用08钢作衬背，一起轧成双合金带使用。

除上述轴承合金外，用作轴承的还有多层复合材料、粉末冶金含油轴承等。例如，将锡锑合金、铅锑合金、铜铅合金、铝基合金等之一与低碳钢带一起轧制，复合而成双金属，再在双层减磨合金表面上镀上一层软而薄的镀层，构成三层减磨材料。再如，船舶用的水润滑轴承采用铜合金作衬套，橡胶作内衬复合而成。

思考题

1. 铝合金按性能分有哪些种类？
2. 变形铝合金分为哪几类？主要性能特点是什么？

3. 铸造铝硅合金变质处理的目的是什么？变质处理后组织及力学性能有什么变化？

4. 铝合金的淬火与钢相比有什么不同？什么是铝合金的时效处理？

5. 简述铜合金的分类、主要性能特点和应用。

6. 滑动轴承合金的组织、性能有什么特点？常用的轴承合金有哪些种类？

7. 说明下列牌号的材料类别、字母和数字的含义，并举例说明其用途。

1070 1A99 2A01 LY12 LD6 ZAlSi12 H68 HSn62-1 ZCuZn16Si4 QSn4-3 ZCuSn10Zn2 ZSnSb11Cu6 ZPbSb16Sn16Cu2

第 9 章 特殊金属材料

特殊金属材料是指具有特殊性能的金属材料，是通过特殊成型方法或通过成分设计而制成的。如非晶态金属就是将熔融金属或合金通过特殊装置，以高于 10^6℃/S 的速度冷却，得到的具有高强度、高导磁性、高耐腐蚀性的金属材料。如高温合金是通过成分设计得到的耐热性优良的金属材料，包括铁基奥氏体耐热钢、镍基合金、钴基合金等。本章主要介绍用作结构件的特殊金属材料，如粉末烧结合金、非晶态合金、高温合金、单晶合金、超塑性合金及形状记忆合金等。

9.1 粉末烧结合金

粉末烧结合金是采用粉末冶金技术将粉末烧结制成的具有一定形状的金属材料或零件。粉末冶金是一门比较古老的技术，人们用此法在 1870 年制成了多孔性含油轴承，在 1909 年制成钨丝，1927 年制出硬质合金，后来制出了磁性材料。我国从 1958 年以来粉末冶金工业发展迅速，无论在数量或品种上都有明显增长，1971 年铁基粉末烧结合金机械零件产品的产量为 1966 年的 10 倍。近年来，中国粉末冶金产业和技术都呈现出高速发展的态势，是中国机械通用零部件中增长最快的行业之一，每年粉末冶金行业的产值以 35% 的速度递增。

粉末冶金技术是一种少、无切削工艺，可减少零件的加工量，节约材料并提高劳动生产率，可制造出其它工艺无法制造或难以制造的材料与零件，如高熔点金属材料（W、Mo 及某些金属化合物）、复合材料（金属陶瓷等各种复合材料）等。粉末冶金法目前在各种机械零件、工具件、电磁元件、耐热工件等的制造方面有较广泛的应用，但受压制设备及烧结设备的限制，生产效率不够高。

9.1.1 粉末烧结合金的制法

粉末冶金的生产工艺流程为制粉、压制、烧结等主要工序及整形、浸渍、复压复烧等后续工序。

9.1.1.1 制粉

粉末的性质如粒度、形状、硬度、塑性、纯度等影响压制、烧结过程，从而影响粉末烧结合金的质量。而粉末的性质与其制备方法有关。

制粉方法很多，如：

（1）球磨法 是采用直径为 10 ~ 20mm 的钢球或硬质合金球对金属进行研磨，适用于制备脆性金属粉末。

（2）漩涡研磨法 是通过螺旋桨的作用产生高速涡旋气流，使金属颗粒自行相互碰撞而粉碎，适用于软金属粉。

（3）雾化法 是目前用的较多的制粉方法，特别适用于合金粉制备，图 9-1 为雾化法制粉示意图。将熔化的金属液体通过小孔缓慢下流，用高压气体或液体喷射，通过机械力与急冷作用使金属溶液雾化，结果得到颗粒大小不同的金属粉末。此法成本低，产量高，主要用于铝粉与合金钢粉的生产。

(4) 气相沉积　主要对低熔点金属，如锌、铅，将其金属气体冷凝而获得。

(5) 液相沉积　是将金属羰基物，如 $Fe(CO)_5$、$Ni(CO)_4$ 液体经 180 ~ 250℃加热，产生热离解而得到高纯度超细铁或镍的粉末。

(6) 电解法　是采用金属盐的水溶液电解析出或熔盐电解析出，获得高纯金属块或海绵状金属，再用机械法破碎。

(7) 还原法　是最常用的金属粉末生产方法之一。如铁粉，国内外都采用固体还原法，把氧化铁粉与煤粉或焦炭粉，按一定比例装入耐热罐，入炉（常用隧道窑）加热到 900 ~ 1200℃，可得海绵铁，然后磨碎成铁粉（纯度大于 97%）。如制造钨、钼、钴粉时常用气相还原法，采用高温氢气或 CO 气体将金属氧化物进行还原。

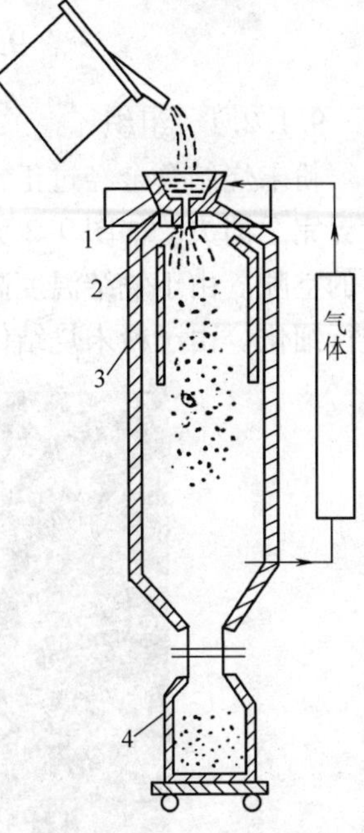

图 9-1　气体雾化法示意图
1—金属溶液容器　2—喷气嘴
3—雾化塔　4—盛粉桶

制备出金属或合金粉末后，将所需的粉末及一定的成型剂充分混合后即可进行压制。

9.1.1.2　压制成型

压制过程是将粉末装入已设计好的模具型腔内，通过机械施压，在压力作用下，粉末之间相互挤压，使粉粒产生弹性变形、塑性变形、破碎，粉粒间结合力增加，压坯密度、强度也提高。坚固的压坯便于生产过程中的运输与半成品的加工。对于某些硬质材料，往往要加入石蜡、橡胶来增加压制时粉末间的连接与压坯强度。

9.1.1.3　烧结

制成的压坯必须烧结，即通过高温加热使粉粒间产生原子扩散而紧密结合成坚实的合金晶体。正确控制烧结温度对制品性能非常重要，较高的烧结温度可促进粉粒间原子扩散，从而使烧结体硬度、强度升高；但过高的烧结温度将导致出现过多液相从表面渗出。纯铁粉末烧结制品的烧结温度为 1000 ~ 1200℃，钨、钴硬质合金为 1380 ~ 1490℃。保温时间也影响制品质量，延长保温时间，显微组织中孔隙减少，密度不断提高。烧结时粉粒表面易氧化造成废品，必须在真空或还原性气氛中进行，硬质合金与某些磁性材料采用真空或氢气，铁、铜常用炉煤气、分解氨等。

经过制粉、压制、烧结等工序制出粉末烧结制品后，可进行锻造或冲压整形等再加工工序，使其孔隙度接近于零。铁粉制品、铝制品、工具材料及耐热材料，目前广泛采用粉末锻造工艺，制造齿轮、凸轮、连杆及各种工具，可显著提高使用寿命，如锻造后粉末冶金高速钢刀具比未经锻造的高 1 ~ 2 倍。有些零件还要进行其它后续处理，如含油轴承的浸油处理，铁粉制零件的渗碳与氮化，工具材料的退火、淬火与回火等。

9.1.2 粉末烧结合金的组织与性能

9.1.2.1 组织

粉末烧结合金经过正常烧结后，在显微组织中呈现出晶粒与晶界，而原来粉末颗粒的周界完全消失。如图 9-2 为 W－Ni5－Cu2 烧结合金的组织，组织中的小黑点为烧结后遗留的空隙。由于烧结温度高，保温时间长，一般情况下组织比较粗大，可通过相变再结晶进行细化。由于粉末烧结体的原材料纯度高，组织中非金属夹杂量少。

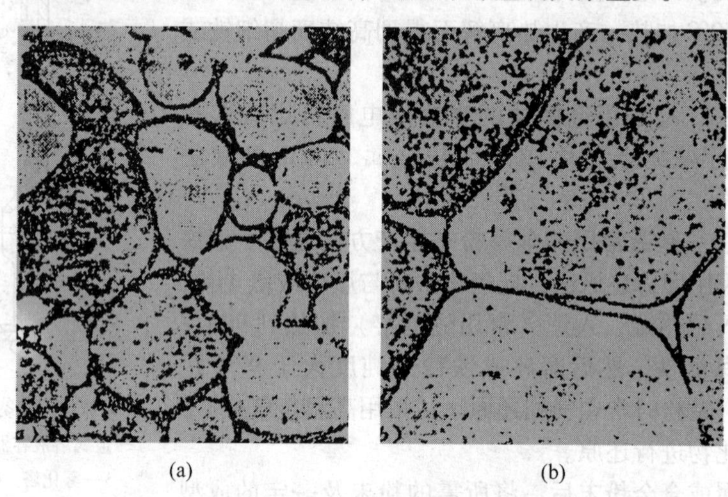

(a) (b)

图 9-2 W－Ni5－Cu2 烧结合金的组织

（a）1400℃ ×1h 烧结 （b）1400℃ ×6h 烧结

一般情况下，粉末烧结合金（如铁基、铜基材料）显微组织可根据合金状态图来确定；对硬质合金与陶瓷材料，由于其中大量难熔化合物的存在，必须借助专门状态图来分析。

9.1.2.2 性能

粉末烧结合金的性能主要包括密度、孔隙度、强度、硬度等。其性能受多种因素的影响，如粉末性质（粒度、粒度性质、粒度分布、纯度等）、成型条件（压力、温度、压坯形状、模具精度等）、烧结条件（加热温度、烧结温度、烧结时间等）。其中成型压力、烧结温度与时间是影响烧结体密度的主要因素，因而强烈影响制品的力学性能，造成粉末烧结材料与相同成分的熔铸材料在力学性能上的差异。由于孔隙度的存在，使烧结合金抗拉强度、伸长率、冲击值、疲劳强度因应力集中显著下降，但孔隙率的存在便于储存润滑油，可提高材料的减摩性能。

9.1.3 粉末烧结合金的应用

粉末烧结合金由于其工艺、性能及经济上的特点而被大量用作机械结构零件、工具零件和耐热零件。

9.1.3.1 结构零件

（1）烧结碳钢　把铁粉与石墨的混合料经 700～1500MPa 的压力冷压成型后，于

1100～1400℃保温 1～4h，以发生炉煤气为保护气氛烧结，石墨会充分扩散与铁形成碳钢。烧结碳钢中随含碳量不同，其组织与性能也不同(组织中珠光体量不同)。图 9-3 为烧结碳钢中不同含碳量对抗拉强度的影响。烧结中碳钢的抗拉强度高达 700MPa，硬度与耐磨性比铁基材料有所提高，可进行热处理和表面硬化处理，适于制造齿轮等零件。

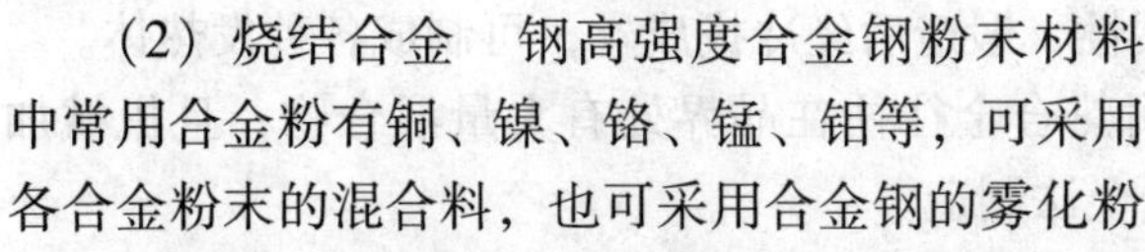

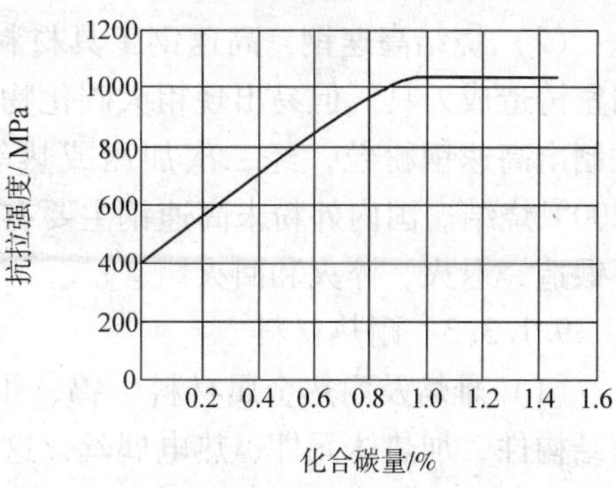

图 9-3　烧结碳钢化合碳量与抗拉强度之间的关系

(2) 烧结合金　钢高强度合金钢粉末材料中常用合金粉有铜、镍、铬、锰、钼等，可采用各合金粉末的混合料，也可采用合金钢的雾化粉末。其制造工艺过程与铁基或碳钢粉末烧结材料相同。烧结合金钢可进行淬火 + 回火、渗碳、氮化等热处理。我国铁—镍—锰—钨—碳系粉末烧结合金钢广泛用作缝纫机零件、油泵转子、油泵齿轮、锁配件及转动盘、齿轮等。烧结不锈钢常用作过滤器及一些要求耐蚀、耐热等特殊用途的齿轮、测量仪器、轴承等。

(3) 烧结轴承合金　轴承合金在铸造成型时易发生相对密度偏析，采用粉末冶金方法可避免此现象。如图 9-4 为 60Cu－40Pb 烧结轴承合金的组织，其性能比铸造合金优越，密度达 9.55g/cm^3，维氏硬度为 37HV，广泛用于飞机、汽车等车辆轴承。粉末烧结法还可制成铜基、铁基含油轴承，我国生产的含油轴承主要有铁—石墨系与青铜—石墨系两种。

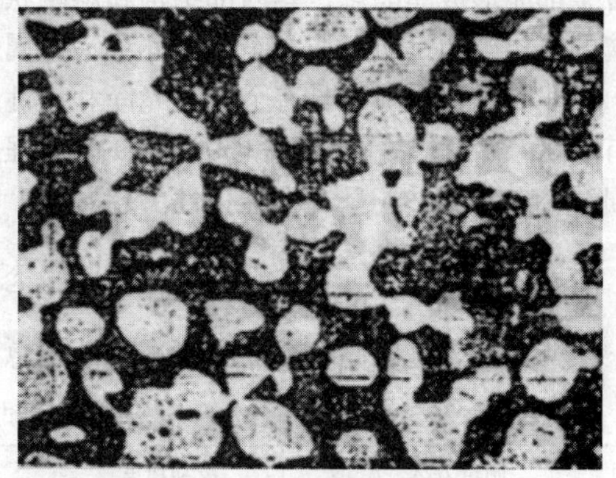

图 9-4　60Cu－40Pb 烧结轴承合金的组织

粉末冶金法还可制造青铜过滤器等多孔性材料及铜基、铁基刹车片、离合器片等摩擦材料。

9.1.3.2　工具材料

(1) 烧结硬质合金　烧结硬质合金又称烧结碳化物，是以高硬度、耐高温、耐磨的金属碳化物（WC、TiC、TaC、NbC 等）为主要成分，用抗机械冲击和热冲击的金属（Co、Ni、Mo 等）为粘结剂，用粉末冶金法烧结而成的。常用的硬质合金 WC－6% Co（YG6）组织为钴基固溶体 + 大量颗粒状 WC，如图 9-5 所示。钴基固溶体为 WC 溶于 Co 内的固溶体，为基体相，呈黑色；WC 为三角形、四边形及不规则形状的白色颗粒，为硬化相。烧结硬质合金具有高硬度、高红硬性，适合高速切削钢件。

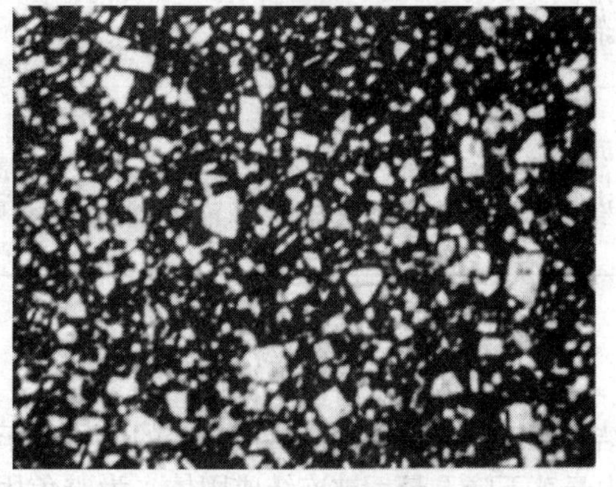

图 9-5　钨钴类硬质合金的组织

（2）烧结高速钢　高速钢工具材料一般用熔铸法制成钢锭，再经轧制、加工成型或精密铸造成刀具。但易出现粗大碳化物及偏析，采用粉末冶金法可避免这些缺陷。用雾化法制出高速钢粉粒，经二次加压或热等静压法成型，在真空或氢保护气氛中于1150～1200℃烧结。国内外粉末高速钢主要有两种：W18Cr4V和W6Mo5CrV2。粉末高速钢坯料可锻造、退火、淬火和回火。

9.1.3.3　耐热材料

（1）难熔及耐热金属材料　钨、钼等及其合金熔点较高，作为耐热材料应用于导弹等结构件、加热体元件、热电偶丝，这些金属难以通过熔铸成型，可进行粉末烧结成型。烧结钨棒坯在1300～1700℃有较好的延展性，锻造后经冷拔成丝，可制成各种发热体。

（2）耐热合金　铸造铁、钴、镍基耐热合金往往在晶界处有大量混合物，且机械加工比较困难，金属消耗量大，常用粉末冶金法制造。

9.2　非晶态合金

非晶态合金是1960年左右由美国加利福尼亚大学的多尔教授最先研究的，20世纪70年代发展到制造实用合金，是一种性能优异的金属材料。在一定条件下，许多金属和合金都能形成非晶态，其内部结构和熔融状态完全一样，原子无规则排列。这种结构与玻璃的结构类似，所以非晶态合金亦称为金属玻璃。

非晶态合金除了具有金属的光泽和韧性外，还具有一般金属不具备的优良性能。如具有1000HV以上的高硬度和3000MPa的高强度、耐蚀性超过不锈钢，具有高导磁率、低磁损等特点，此外还呈现出催化性、超导性、吸氢性等特殊性能。

9.2.1　非晶态合金的制备方法

非晶态合金的制备方法主要采用液相急冷法、气相沉积法，如表9-1所示。

表9-1　非晶态金属和合金的制备方法

<table>
<tr><th colspan="3">制备方法</th><th>冷却速度</th><th>结构</th><th>形状及尺寸</th><th>特点</th></tr>
<tr><td rowspan="4">液态淬火法</td><td rowspan="2">单辊法</td><td>外圆法</td><td rowspan="4">10^6～10^9℃/s</td><td rowspan="4">液态结构冻结</td><td rowspan="3">厚度10～80μm薄带</td><td rowspan="3">可大量制备连续非晶合金</td></tr>
<tr><td>内圆法</td></tr>
<tr><td colspan="2">双辊压延法</td></tr>
<tr><td colspan="2">雾化法</td><td>直径10～20μm粉末</td><td>利用静水压制备非晶合金</td></tr>
<tr><td rowspan="4">沉积法</td><td rowspan="2">气相</td><td>蒸发法</td><td rowspan="4">10^{12}～10^{15}℃/s</td><td rowspan="4">原子无规则堆积</td><td>厚0.1～10μm</td><td rowspan="2">冷速高，真空惰性气体中</td></tr>
<tr><td>溅射法</td><td>厚10^{-4}～1μm</td></tr>
<tr><td rowspan="2">液相</td><td>电沉积法</td><td rowspan="2">厚0.1～100μm薄膜</td><td rowspan="2">方法简便，适合少数合金</td></tr>
<tr><td>化学沉积法</td></tr>
</table>

9.2.1.1　液态淬火法

当金属或合金熔体在快速冷却条件下，晶核的产生与长大受到抑制，即使冷却到理论结晶温度以下也不结晶。被过冷的熔体处于亚稳态，进一步冷却时，熔体中原子的扩散能力显著下降，最后被冻结成固体。为避免固化过程中结晶，冷却速度应高于10^6℃/s，每种金属或合金都有各自的临界冷却速度。纯金属的非晶化需要更快的冷却速度，因而纯金属很难制成非晶态。

液态淬火法分为单辊法、双辊法、雾化法等。单辊法和双辊法是制造非晶薄带最常用的方法，图9-6为单辊法示意图。将金属或合金试样放入石英坩埚中，在氩气保护下用高频感应加热使其熔化，再用气压将熔融金属从管底部的扁平口喷出，落在高速旋转的铜滚轮上，经过急冷立即形成很薄的非晶条带。

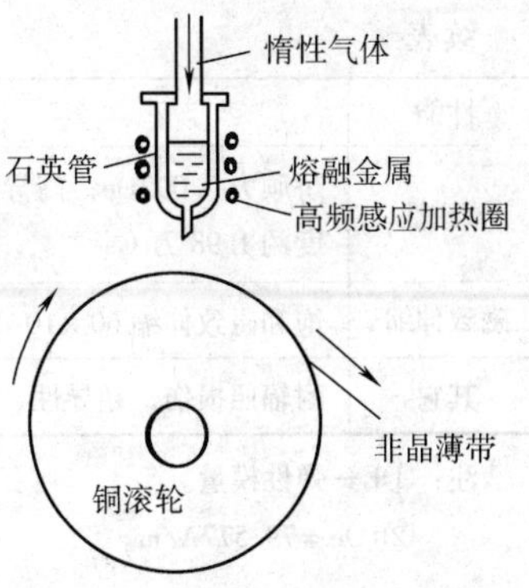

图9-6　单辊法制造非晶薄带示意图

9.2.1.2　真空蒸镀法和溅射法

蒸镀法是将金属材料在真空下气化，再沉积在冷底板上而获得非晶材料。这种方法的衬底必须具有很低的温度，有时要低到液氮温度（-196℃）才能避免形成晶核。这是至今获得非晶态纯金属（如铁、钴、镍等）唯一的方法。这种方法所得的非晶材料不够稳定，在40~50℃即会晶化。

溅射法是通过高能惰性气体离子碰撞，把原材料中的原子打出来再沉积。其沉积固化过程是一个原子接一个原子排列堆积，增长速度很慢，使用上有困难，仅在大规模集成电路上有应用。此法所得非晶薄膜稳定性较高。

电沉积法和化学沉积法可获得较大面积的非晶态薄膜，但仅适用于少数几种合金，如Ni-P、Ni-B、Fe-P等。

制造非晶合金必须恰当选择成分，若合金成分设计不当，即使急冷也得不到非晶材料。实用意义较大的是铁、镍、钴等金属与硼、磷、硅等非金属组成的合金。

9.2.2　非晶态合金的内部结构

非晶态合金的结构是合金液体结构的冻结，即原子短程有序、远程无序排列的非晶态，即致密的无序结构。但严格来讲，在结构有序化方面非晶固体比液体高。非晶态合金的结构从微观看是不均质的，但从宏观看是均质的，原子排列紊乱，原子间的间隙大，由于没有原子排列的规则面，所以没有滑移面，本身也不存在位错。

非晶态合金的结构是液体原子排列原封不动地固化的结构，但非晶合金加热到一定温度下保温较长时间会产生晶化，这个温度叫晶化温度。如钯—硅合金在250℃时效460min，用暗场电子显微镜观察，非晶态晶体中已存在有大约50nm大小的晶粒。铁系非晶合金晶化温度较高，为650℃。非晶态合金使用温度必须低于其晶化温度，才能保持非晶的各种优点。

9.2.3　非晶态合金的性能及应用

非晶态合金具有良好的强度、硬度、耐蚀性、导磁性等，如表9-2所示。

表9-2　　非晶态合金的主要性能及用途

性能	特性举例	应用举例
强韧性	屈服强度为E/30~E/50，硬度500~1400HV	刀具材料、复合材料、弹簧材料
耐蚀性	耐酸、碱及晶间腐蚀	过滤器、电极、混纺等材料

续表

性能	特性举例	应用举例
软磁性	矫顽力0.002Oe，高导磁率、低磁损，饱和磁感应张度约1.98万Gs	磁屏蔽、磁头、变压器、热传感器等材料
磁致伸缩	饱和磁致伸缩 60×10^{-6}	振子材料、延迟材料等
其它	耐辐照损伤，超导性、低熔点等	超导材料、钎焊材料

注：①E—弹性模量。

②1Oe = 79.577A/m。

非晶态合金有较高的强度和硬度。如非晶态铝合金抗拉强度为1140MPa，而超硬铝为520MPa；铁系非晶合金屈服强度约为4000MPa，而马氏体超高强高钢屈服强度为1800～2000MPa。非晶合金的强度远远超过实际使用的合金（晶体）的强度。

非晶态合金缺口敏感性很低，韧性很高。非晶态合金薄带可反复弯曲，即使弯180°也不会断裂。因此，可冷轧和弯曲加工，可编织成各种网状物。

非晶态合金具有远优于不锈钢的耐腐蚀性能，非晶合金耐蚀性好的原因是能迅速形成致密、均匀、稳定的高纯度表面钝化膜。由于非晶合金组织结构均匀，不存在晶界、位错成分偏析等腐蚀形核部位，因此其钝化膜非常均匀。

非晶合金具有高导磁率、高磁感、低铁损和低磁矫顽力等特性，而且无磁，所以非晶合金用作磁性材料是其重要应用领域。高导磁率、高磁感、低铁损的非晶材料多为铁基非晶合金，如Fe81B13Si5C1非晶合金。

由于非晶合金具有上述种种优良性能而成为一种有广阔应用前景的新材料，但由于它的生产方式有限，必须急冷操作，板厚取决于合金的非晶态形成能力及装置的冷却能力，所以应用受到一定限制。非晶合金主要用作变压器及电动机铁芯材料，与硅钢片相比，磁损降低1/4以下，可大大节约能量；非晶合金不仅磁性能好，且耐磨性好，可用作磁头材料；非晶合金还可用作焊料，如镍磷合金（P11%）、铜磷合金（P7%）用激冷法制成非晶合金，可防止生成脆性磷化物，从而制得柔软、强韧、组织致密、结合力强的焊料；非晶合金用作高强材料、高耐腐蚀材料也极有希望。

9.3 高温合金

高温合金也称耐热合金，是能在650℃以上高温下长期使用的合金，它要求有较高的高温强度、高温抗蠕变性及耐高温氧化和高温腐蚀性。高温合金有三类：铁基高温合金、镍基高温合金和钴基高温合金。高温合金的历史比较短，1940年前后研制出高温合金，使燃气涡轮和喷气发动机问世。随着高温合金的发展，喷气式飞机正在向高速巨量运输发展。除了喷气式发动机之外，很多设备也都是在高温下运转的，如石油化学工业的乙烯裂化炉温度为1000～1100℃，石脑油进行水蒸气重整处理温度为800～950℃，发电用燃气涡轮机温度为1000～1100℃等，这些都离不开高温合金。

高温合金按生产工艺不同，又分为变形高温合金和铸造高温合金两类。变形高温合金指可用压力加工方法成型的高温合金，以汉语拼音字母“GH”加序号数表示，如GH36、

GH135 等。铸造高温合金是用铸造方法成型，以“K”字母加序号表示，如 K1、K2 表示 1 号、2 号铸造高温合金。

9.3.1 铁基高温合金

铁基高温合金即耐热钢，以钢为主并加入大量的镍（7%以上）、铬（10%以上）、钴等提高抗氧化、抗腐蚀性和耐热性。

9.3.1.1 变形铁基高温合金

变形铁基高温合金可以是铁素体基体，也可以是奥氏体基体，因面心立方结构比体心立方结构的原子结合力强，故常用的为奥氏体耐热钢。其热处理为固溶处理或固溶 + 时效，组织为奥氏体或奥氏体 + 化合物。主要用来制造工作温度高、抗腐蚀能力要求高的零件，如发动机燃烧室、发动机的涡轮盘、叶片和高温下的紧固件等。

9.3.1.2 铸造铁基高温合金

铸造铁基高温合金是用铸造方法来制造形状复杂的高温零件，如涡轮导向叶片等。因铸造成型，可省去大量切削加工，从而提高生产率并节约昂贵的合金材料。因不需要变形加工，可大幅度提高合金化程度。

9.3.2 镍基高温合金

镍的室温强度不高，高温强度更低，且在 300℃以上会剧烈氧化，通常在镍中加入铬、钨、钼等制成镍基合金，提高其高温强度和高温抗氧化性。镍基高温合金也可分为变形镍基合金和铸造镍基合金。

9.3.2.1 变形镍基高温合金

变形镍基合金中主加元素铬为10%以上，在工件表面形成 Cr_2O_3，提高工件表面抗氧化能力；一定量的钨、钼起固溶强化及提高再结晶温度的作用，一定量的钒、铌、铝、钛等碳化物形成元素和金属间化合物形成元素起弥散强化作用。热处理方法主要为固溶处理或固溶 + 时效处理。

经固溶处理的合金组织为单相固溶体，有较好的塑性，可冷压成形，冷压和焊接加工后常进行退火处理，消除应力、稳定尺寸。用来制造形状复杂、受力不大、要求有好的抗氧化能力的高温零件，如发动机燃烧室、火焰筒等。

固溶 + 时效处理的合金中含有的大量强化相形成元素钒、铝、钛，组织为奥氏体 + 大量化合物强化相。如 GH49（C ≤ 0.07%，Cr9.5% ~ 11%，Co14% ~ 16%，Mo4.5% ~ 5.5%，W5% ~ 6%，Ti1.4% ~ 1.9%，Al3.7% ~ 4.4%，B0.015% ~ 0.025%，Ce0.02%），其电子显微组织如图 9-7 所示，图中白色大正四方体及小球状析出物为强化相 Ni_5（Al，Ti），强化相高达49%，因此其室温及高温强度、韧性均较高，但塑性低，导热性差且加工硬化现象严重，切削加工性差，常用电解加工工艺。

这类合金主要用来制造高温受力零件和涡轮叶片等。

9.3.2.2 铸造镍基高温合金

这类耐热合金含铝、钛较多，强化相 Ni_5Al、Ni_5Ti、Ni_5（Al，Ti）较多。如 K17，铝、钛总含量高达 11%，强化相高达 67%，奥氏体仅起粘结作用，将大量强化相粘结起来。

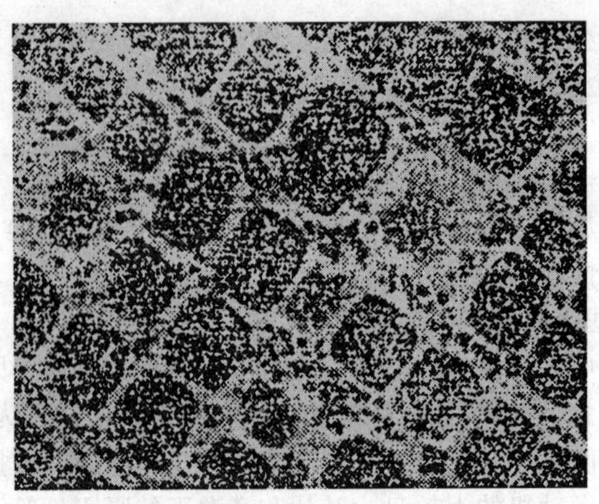

图 9-7　GH49 镍基合金时效后的组织

铸造镍基高温合金使用温度比时效强化镍基合金的高，本身已有大量强化相，不需实效，可在铸态下使用。铸造镍基合金具有较高抗氧化性、高温强度，可用作在 950℃左右工作的导向叶片。为进一步提高抗氧化性，可采用渗铝等表面处理。

9.3.3　钴基高温合金

钴基高温合金是在 20 世纪 50 年代前半期用于飞机燃气涡轮发动机的主要材料。钴基高温合金含较高的铬（20%以上）、镍、钨，因此具有好的抗高温腐蚀性和热疲劳性能，使用温度较高。但是随着越来越多的高温、高强度镍合金的出现，钴基合金更多地被镍基合金取代。

铁基、镍基、钴基三类高温合金相比，镍基高温合金具有较高的抗高温氧化性，同时又有较高的高温强度，目前应用占绝对优势，现在的喷气发动机和燃气涡轮机叶片主要使用镍基合金。钴基高温合金由于抗高温腐蚀和热疲劳性能好，所以在温度较高条件下有时采用，如发动机温度最高的喷嘴。铁基高温合金高温强度高，在中等温度下的受力零件经常使用，如锅炉管道、汽轮机叶轮等。

高温合金中，镍基合金和钴基合金最高使用温度可达 1100～1300℃。在高于 1300℃温度下可采用超耐热合金，如铌基、钼基、钽基、钨基合金或高温陶瓷。如钨合金作为结构材料，使用温度可达 2000℃以上，可用于原子能火箭发动机喷嘴及核能工业领域。

9.4　耐热单晶合金

单晶合金是晶粒粗大到只有一个晶粒的合金，是用特殊方法制备而成的。实际应用的单晶合金有三类：单晶半导体（硅、砷化镓）、单晶磁性材料（磁石、磁心等）、单晶耐热合金。这里主要介绍机械工程结构零件所用的耐热单晶合金。

9.4.1　单晶合金的成分、结构及特性

单晶合金主要用作耐热零件，因此必须是耐热合金，而且最好是镍基合金。单晶合金不必添加碳、铌、硼、锆等元素，熔点不会下降，可提高耐热温度。如美国研制的单晶镍

基耐热合金 PWA1480 的主要成分为：10% Cr、5% Co、4% W、1.5% Ti、5% Al、12% Ta。

单晶合金的结构特点是没有晶界，可提高合金的高温蠕变强度和热疲劳强度，避免在高温和高应力作用下沿晶界开裂。因此，单晶合金主要用于制造高温受力零件，如燃气涡轮发动机的涡轮叶片。

9.4.2　单晶合金的制造方法

单晶耐热合金的制造原理如图 9-8 所示。

这里所用的铸模是用熔模法制的陶瓷铸模，下部有铸模板，中部有一个称之为选择器的颈部。首先将铸模加热到比合金熔点还高的高温，然后注入熔融合金，随着温度下降，有一些柱状晶从连接铸模板处向上生长，其后取下铸模进行冷却，于是在中部的选择器处有一支柱状晶向上部生长，即在铸模上部成为单晶，此时最重要的是尽可能快地保持固液界面的温度梯度，并慢慢进行凝固。必须注意使铸模和熔融合金保持干净，因为杂质会引起多晶化。因此，采用电子束熔解等方法要比采用易于渗入杂质的高频溶解法好。

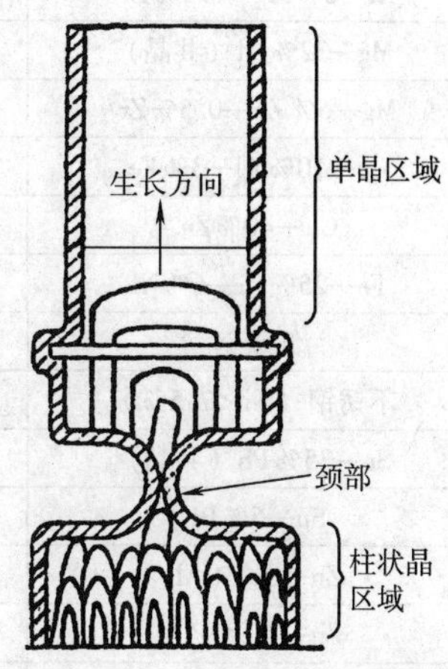

图 9-8　单晶制造原理图

单晶合金的研制依赖于合金熔炼、单晶制备装置及机械加工等方面。可用于飞机制造，也可作为热交换器、加热炉部件等一般耐热材料。

9.5　超塑性合金

所谓超塑性是指合金在较小的应力作用下，产生较大的塑性变形，伸长率达 100% ~ 1000% 的现象。利用超塑性可方便加工、减少工序，因此，不仅在锻压、轧制、挤压等压力加工工艺，而且在粉末成型、焊接、切削等几乎所有金属加工方面，超塑性合金的应用日益受到重视，其应用范围已从有色合金发展到钢、铸铁等黑色金属，这将给金属加工技术带来重大变革，并进一步促进新型结构零件的研制。

9.5.1　超塑性产生的条件和类型

超塑性产生与合金的显微组织、变形时的温度、变形速度有关，只有恰当配合，才能产生超塑性。按其产生条件不同，超塑性主要分以下两种类型。

9.5.1.1　微细晶粒超塑性

将具有微细晶粒（直径小于 10μm）的金属材料，在一定的变形温度（$0.5T_{熔}$ 左右）和一定的应变速率条件下，进行变形时可得到超塑性，称为微细晶粒超塑性。它是在恒温下进行的，也称为恒温超塑性或组织超塑性。

这种超塑性合金的成分大多为共析或共晶两相组织的合金，其晶粒为大小及强度大体相同的等轴晶粒。超塑性变形后，晶粒大小及形状不变，仍为等轴晶，无残余内应力，可保证零件的精度。除共晶或共析合金外，超塑性合金的成分范围已扩大到许多单相合金中。表 9-3 为部分超塑性合金的成分、温度、伸长率及应变速度敏感指数的大约数值。

表 9-3　部分微细晶粒超塑性合金

合金成分	温度/℃	伸长率/%	m
Al—33% Cu	440 ~ 530	500	0.9
Al—33% Cu—7% Mg	420 ~ 480	600	0.72
Al—25% Cu—5% Si	500	1310	0.43
Al—33% Cu—0.5% Zr	480	2000	0.5
Al—6% Mg—0.4% Zr	400 ~ 520	900	0.6
Mg—32% Al（共晶）	350 ~ 400	2100	0.8
Mg—6% Zn—0.5% Zr	270 ~ 310	1000	0.6
Cu—10% Al—3% Fe	800	720	0.6
Cu—40% Zn	450 ~ 550	300	0.5
Fe—25% Cr—6% Ni	870 ~ 980	600	—
低碳钢	725 ~ 900	350	0.5 ~ 0.6
不锈钢（Ni < 7.5%）	20 ~ 30	70	—
Sn—35% Pb（共晶）	20	700	0.6
Sn—5% Bi	20	1000	0.68
Zn—0.2% Al	30	45	0.8
Zn—4.9% Al	200 ~ 360	300	0.5
Ti—6% Al—4% V	800 ~ 1000	1000	0.85
Ti—5% Al—2.5% Sn	900 ~ 1100	450	0.72
Co—10% Al	1200	850	0.47

注：m 为应变速度敏感指数。

由表 9-3 看出，所有超塑性合金都比一般金属材料具有更高的伸长率；产生超塑性时，材料对温度和变形速度非常敏感。

9.5.1.2　相变超塑性

材料在发生同素异构转变过程中，利用周期性温度或周期性形变能产生极大的延伸率，这种超塑性称为动态相变超塑性。合金在马氏体相变过程中，加上应力也能出现很大的塑性变形，这种超塑性称为相变诱发超塑性。

相变诱发超塑性目前已被用在强化 Fe－Cr－Ni、Fe－Mn－C 系钢的形变热处理中。

9.5.2　超塑性在金属加工技术中的应用

利用超塑性可方便加工，微细晶粒超塑性常用于压力加工，相变超塑性多用于热处理、焊接。

9.5.2.1　超塑性压力加工

利用超塑性进行压力加工，对形状复杂和变形量很大的零件都可以一次直接成型，成型方式有气压成型、液压成型、板材成型、管材成型、无模拉拔等多种方式。其优点是流动性好，填充性好，需要设备功率小，材料利用率高，成型件表面精度高。缺点是需要一定的成型温度和持续时间，对设备、模具润滑、材料保护等有一定要求。用超塑性进行压力加工的成型材料一般为微细晶粒超塑性材料，目前应用的材料品种不多，有 Zn－Al 系合金、Ti 基合金、Al 基合金以及 Ni 基合金等。

微细晶粒超塑性合金都是在晶粒开始粗大化的温度，也就是在0.5$T_{熔}$（K）附近产生超塑性，所以在这个温度范围进行各种塑性加工能得到很好的加工效果。如Zn－Al系合金加工温度在200～400℃，Al基合金在400～500℃。

9.5.2.2　超塑性焊合

相同超塑性合金或超塑性合金与其它金属的压焊，在较低的压力下很容易实现。利用轧制与挤压的方法，也能轻易地生产出超塑性合金和其它金属压焊的板、管等加工产品。此技术可使两块或两块以上的板材一次制成所需复杂断面形状的构件。应用较多的为Ti－6Al－4V板材作直升机的防火壁、机翼的夹层结构等。这种工艺大大简化了零件设计，减少了大批机械紧固件，即使用钛材代替铝材，也能使重量减轻，成本降低。

相变超塑性在焊接方面也可应用，将两块金属材料进行接触，施加很小的负荷和加热冷却循环，即可使接触面完全黏合，得到牢固的焊接。这种焊接由于加热温度低（固相加热，超过相变50～100℃），没有一般熔化焊的热影响区和压焊的大变形区，焊后不经热处理可直接使用。相变超塑性焊接材料可以是钢材、铸铁、铝合金等。焊接对偶可以是同种材料，也可是异种材料。加热速度一般用50～150℃/s，温度循环次数可以是4～5或更多。所加压力一般为（1/10～1/30）σ_b，如低碳钢焊接压力为20MPa；铸铁为10MPa；铝合金压力要高些，大于20MPa。

9.5.2.3　热处理

相变超塑性在热处理领域也得到多方面的应用，例如钢材的形变热处理、等温锻造、渗碳、渗氮、渗金属等都可应用相变超塑性增加效果，有效地细化晶粒，改善性能。在相变超塑性处理时，每一次通过相变点（A_1或A_2）的热循环，由于新相形成，晶粒可得到一次细化，经多次热循环可获得极细的晶粒。晶粒细化程度与加热速度、冷却速度、加热温度上限、作用应力、处理次数等有关。

相变超塑性在渗碳等表面热处理中也有应用。渗碳钢在有外加应力下经循环加热通过相变点A_1或A_3时，材料处于活化状态具有极大扩散能力，利用此特点可极大提高渗入效率，缩短浸渗时间。

9.6　形状记忆合金

9.6.1　形状记忆合金概述

具有初始形状的合金制品，变形后被加热到一定的温度时，它又可以魔术般地变回到原来的形状，这种现象为形状记忆。如将Ti50Ni50合金的直线状细丝在室温下弯曲，它像铅一样软，能任意变形，但变形后将其浸入90℃热水中，就会立即恢复原来的直线状。形状记忆合金在较低的温度下变形，加热后可恢复变形前的形状，这种只在加热过程中存在的形状记忆现象称为单程记忆效应。某些合金加热时恢复高温形状，冷却时又能恢复低温形状，称为双程记忆效应。

具有形状记忆特殊功能的合金称为形状记忆合金。它是一种神奇的功能材料，除了具有记忆特性外，还具有塑性好、变形量大的特点，而且随温度升降可反复动作很多次，耐疲劳性好。因此，形状记忆合金在智能机械、航空航天、生物医疗等领域具有独特的应用。

形状记忆合金主要有 Au－Cd、Ag－Cd、Cu－Zn、Cu－Zn－Al、Cu－Zn－Sn、Cu－Zn－Si、Cu－Sn、Cu－Zn－Ga、In－Ti、Au－Cu－Zn、Ni－Al、Fe－Pt、Ti－Ni、Ti－Ni－Pd、Ti－Nb、U－Nb 和 Fe－Mn－Si 等，其中发现较早的（20 世纪 50、60 年代）形状记忆合金为 Au－Cd、In－Ti、Ti－Ni 合金系。目前已开发成功的形状记忆合金有 Ti－Ni 基形状记忆合金、铜基形状记忆合金、铁基形状记忆合金等。

9.6.2　形状记忆合金的记忆机理

9.6.2.1　热弹性马氏体相变

形状记忆效应源于热弹性马氏体相变，这种马氏体一旦形成，就会随着温度下降而继续生长，如果温度上升它又会减少，以完全相反的过程消失。两项自由能之差作为相变驱动力。两项自由能相等的温度 T_0 称为平衡温度，当温度低于 T_0 时产生马氏体相变，温度高于 T_0 时发生逆相变。

马氏体相变不仅由温度引起，也可以由应力引起，这种由应力引起的马氏体相变叫做应力诱发马氏体相变。

9.6.2.2　马氏体相变与形状记忆

马氏体相变过程的晶体结构变化与形状记忆效应如图 9-9 所示。试样从母相（高温）淬火至低温得到孪生马氏体，在外力作用下，马氏体的变形是通过有利取向长大、不利取向缩小而实现的，最后得到变形马氏体。变形马氏体加热到一定温度以上转变为母相，恢复母相的形状。图中的虚线表示应力诱发的马氏体相变及形状记忆效应。

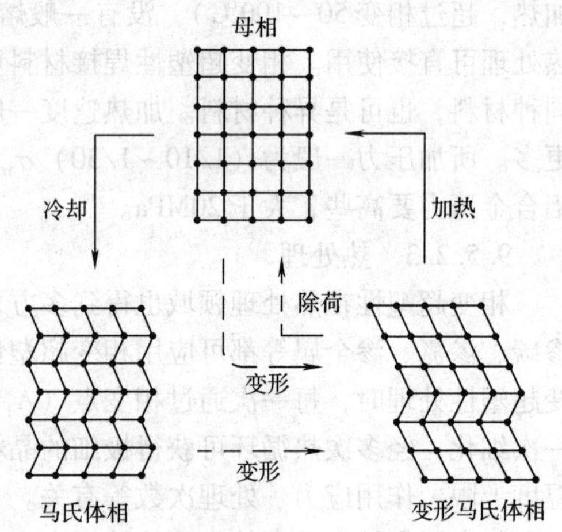

图 9-9　马氏体相变过程的晶体结构变化与形状记忆效应

9.6.3　形状记忆合金的加工处理方法

为使形状记忆合金元件记住其形状，要进行一定的形状记忆处理（热处理），处理工艺受合金种类、使用目的、元件形状等多种因素影响。这里以 Ti－Ni 合金为例介绍其形状处理工艺。

（1）中温处理　将轧制或拉丝后充分加工硬化的合金成形为给定形状，在 400～500℃温度下保温一定时间（几分钟到几小时），使之记住形状的工艺。

（2）低温处理　将处于高温退火状态的合金成形为给定形状，在 200～300℃温度下保温一定时间，使之记住形状的工艺。这种退火软状态下的成形有利于得到复杂的原始形状，但形状恢复特性低于中温处理。

（3）时效处理　将合金在 800～1000℃温度下固溶处理后淬火，成形为一定形状后，在 400℃左右的温度下时效几小时让其记住形状的工艺。该工艺的形状恢复特性与中温处理相似，但合金的强度较高。

9.6.4 形状记忆合金的应用实例

9.6.4.1 在航空航天方面的应用

如用一个小型形状记忆合金驱动器，控制直升机水平旋翼叶片边缘上小翼片的位置，平衡叶片距，使各叶片能精确地在同一平面旋转，直升机的振动和噪声可大大降低。

如用形状记忆合金制造的月球天线，在高温环境下做成天线的巨伞形状，在低温下把它压缩变形成一个小铁球，使它的体积缩小到原来的千分之一，方便运送。到月球后，受太阳的强烈照射使它恢复原来的形状，伞形天线打开，向地球发送宇宙信息。

9.6.4.2 在机械电子产品中的应用

形状记忆合金可用于各种机械装置的零件，如紧固铆钉、管接头、接线柱等。图9-10为形状记忆紧固铆钉的动作过程。把形状记忆合金铆钉的尾部形状处理成开口状，紧固前把铆钉浸泡在干冰或液态空气中，低温下将其尾部拉直，插入紧固孔，经一定时间后，温度回升到室温，铆钉恢复其原状，尾部叉开把物体紧固。特别是形状记忆管接头零件，由于具有密封可靠、自动连接、双向拆装等功能，用于喷气式战机、核潜艇、水上快艇的管路连接及大口径海底输油管道的连接很有优势。

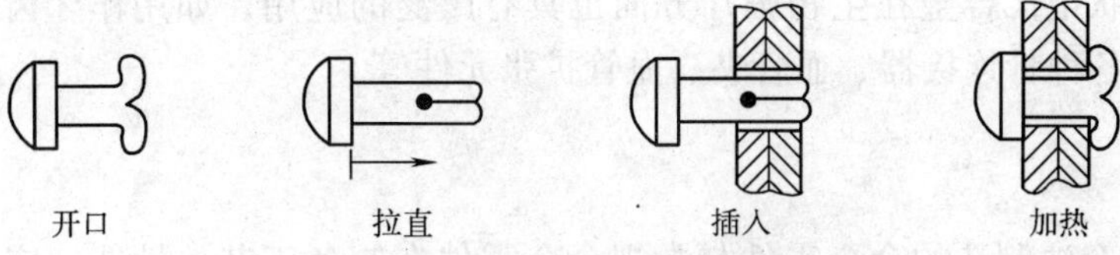

图9-10 形状记忆紧固铆钉的动作过程

形状记忆合金也可用于各种自动控制机械装置的驱动元件等。图9-11为形状记忆合

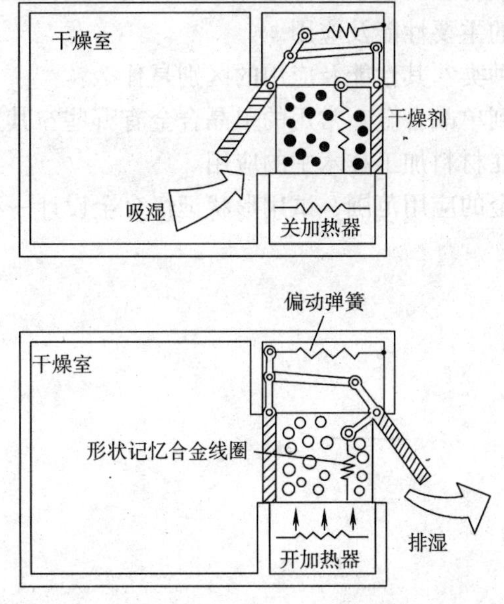

图9-11 形状记忆合金驱动的自动干燥箱动作示意图

金驱动的自动干燥箱动作示意图。连通装有干燥剂的干燥机构和干燥室的内闸门，平常开着进行吸湿，经一定时间后需关闭内闸门，打开外闸门，并加热把干燥剂吸收的水分排出，经充分排湿后，停止加热，关闭外闸门，打开内闸门继续吸湿；形状记忆线圈驱动内外闸门的开闭，干燥剂加热器用作驱动源。图 9-12 表示具有相当于肩、肘、腕、指 5 维自由度的微型机器人，其手指和手腕是靠 Ti－Ni 合金线圈的伸缩，而肘和肩是靠直线状 Ti－Ni 合金丝的伸缩，分别实现开闭和屈伸动作，每个元件通过直接接通由脉冲宽度控制的电流，来调节其位置和动作速度；这种机器人的结构小巧玲珑，动作柔软自如，适于抓取盛液体的纸杯等柔软物体。

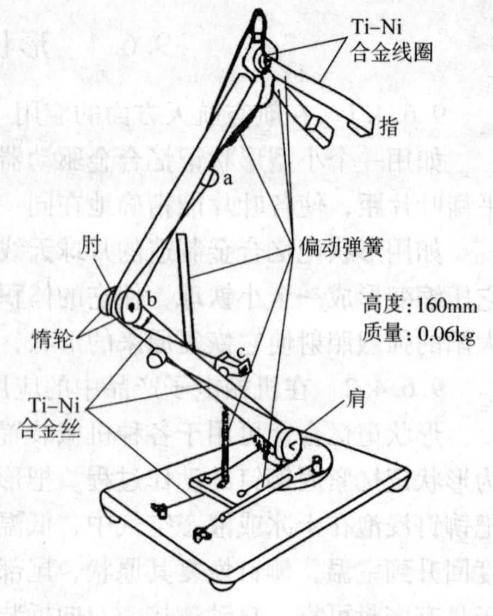

图 9-12　形状记忆合金微型机器人

9.6.4.3　在生物医疗方面的应用

Ti－Ni 形状记忆合金在生物医疗方面也具有广泛的应用，如用作牙齿校形丝、脊柱侧弯校形棒、各种骨连接器、血管夹、血管扩张元件等。

思考题

1. 粉末冶金法制造的合金零件与常规合金零件在制备工艺、性能、应用方面有什么区别？
2. 粉末冶金法主要适于哪些零件的制造？
3. 制备非晶态金属或合金的基本条件是什么？可用哪些方法？
4. 简述非晶态合金的主要性能及应用。
5. 高温合金有哪些种类？其性能及应用的区别是什么？
6. 用什么方法可得到单晶合金？常用的单晶合金有哪些？其主要应用范围是什么？
7. 简述金属超塑性在材料加工技术中的应用。
8. 简述形状记忆合金的应用范围，试用形状记忆合金设计一种自动装置。

第 10 章　非金属材料

非金属材料由于资源丰富、能耗低，具有优良的理化性能及力学性能，近几十年来发展迅速，广泛用于国民经济的各个领域。如在机床与工程机械行业，工程塑料可用于制造手轮、手柄、齿轮、齿条和导轨等；在化工机械行业，高分子材料可用于制造容器、管道、阀门和密封件等；在汽车、飞机等交通运输工具行业，工程塑料可用于制造车门把手、保险杠、仪表壳等；在航空、航天、电子工业、通信技术等领域，陶瓷材料及复合材料在耐热零件、高强零件制造中占有非常重要的地位。非金属材料种类较多，本章主要介绍有机高分子合成材料中的工程塑料和合成橡胶、无机非金属材料中的工业陶瓷、复合材料等。

10.1 工程塑料

塑料是以天然或合成树脂为主要组成部分，加入适量的添加剂，在一定的温度和压力下通过注射、挤压、模压、吹塑等方法成型，并在常温下能保持其形状不变的有机高分子材料。塑料的品种繁多，功能各异，从使用角度塑料可分为通用塑料和工程塑料。本节在介绍塑料的组成、分类、成型方法的基础上，主要介绍能在机械设备和工程结构中应用的工程塑料。

10.1.1 塑料的组成、分类、性能、应用及成型加工

10.1.1.1 塑料的组成及显微组织

（1）塑料的组成　塑料是以高分子化合物（或树脂）为基础，加入改善性能或工艺的各种添加剂（也称塑料助剂，如填充剂、增塑剂、稳定剂、固化剂、着色剂、润滑剂等）制成的材料，塑料中各组分的作用如下：

1）树脂　树脂在塑料中起黏结各组分的作用，所以也称为黏料。它是塑料的主要组分，约占塑料质量的40%～100%，其决定了塑料的类型（热塑性或热固性）和基本性能，因此塑料的名称也多用其原料树脂的名称来命名。如聚氯乙烯塑料、酚醛塑料、ABS塑料等。

2）填充剂　填充剂又称填料，是塑料中重要的组分，占塑料质量的25%～50%。填料不仅可以降低塑料的成本，同时还可以改善塑料的性能。如玻璃纤维可提高塑料的力学强度，石棉可增加塑料的耐热性，云母可增强塑料的电绝缘性能，石墨、二氧化钼可提高塑料的耐热性等。填料的形状有粉状、纤维状和片状等。常用的粉状填料有木粉、云母粉、滑石粉、石墨粉、炭粉、各种金属粉（如铁粉、铝粉）及金属氧化物粉（如氧化铝、二氧化硅）等；纤维状填料有玻璃纤维、石棉纤维、碳纤维等；片状填料有木片、玻璃布、棉布、麻布等。

3）增塑剂　增塑剂是增加树脂塑性、改善加工性、赋予制品柔韧性的一种添加剂，

如邻苯二甲酸酯、磷酸酯、石蜡等。增塑剂的增塑机理是插入到聚合物大分子间，消弱聚合物大分子间的作用力。因而能降低聚合物的软化温度和熔融温度，减小熔体黏度，增加其流动性，从而改善聚合物的加工性和制品的柔韧性。

4）稳定剂　稳定剂包括热稳定剂和光稳定剂两类。热稳定剂（铅盐、金属皂、有机锡、亚磷酸酯等）可改善聚合物的热稳定性，防止聚合物在加工过程受热降解；光稳定剂（水杨酸酯、二苯甲酮等）能抑制或减弱光降解作用，提高材料耐光性，防止聚合物在使用过程中变色老化、物理力学性能恶化等。

5）润滑剂　为防止塑料在成型过程中粘在模具或其它设备上所加入的少量物质，称为润滑剂。润滑剂还可使塑料制品表面光亮美观。常用的润滑剂有硬脂酸及其盐类、有机硅等，其用量为0.5%～1.5%（质量分数）。

6）固化剂　固化剂又称硬化剂或交联剂，其主要作用是在高聚物分子间产生横跨链，使大分子交联，使高分子链的线性结构转变成体型结构。固化剂的种类很多，随着塑料的品种和成型加工不同而异。酚醛树脂的固化剂常用六次甲基四胺，环氧树脂的固化剂常用胺类和酸酐类化合物，聚酯树脂的固化剂常用过氧化物。

塑料的添加剂除上述几种外，还有发泡剂、抗静电剂、阻燃剂、着色剂、防鼠剂、防蚊剂、防霉菌剂等。并非每一种塑料都要加入全部添加剂，而是根据塑料品种和使用要求的不同加入所需要的某些添加剂。

（2）塑料的显微组织　塑料的内部显微组织需用电子显微镜观察。图10-1为熔融聚氯乙烯（PVC）的扫描电子显微镜照片，内部有许多圆球形的初级粒子组成，这些粒子是从氯乙烯（VC）中沉析出的聚合PVC大分子线团不断聚并长大而成的。再如ABS塑料，它是丙烯腈（A）、丁二烯（B）、苯乙烯（S）的三元共聚物，其透射电子显微镜照片如图10-2所示，聚丁二烯橡胶粒子像一个个小岛均匀分散在丙烯腈—苯乙烯二元共聚物的基体上，并以化学链和二元共聚物相接，由于橡胶粒子可分散应力集中，故ABS抗冲击性好。

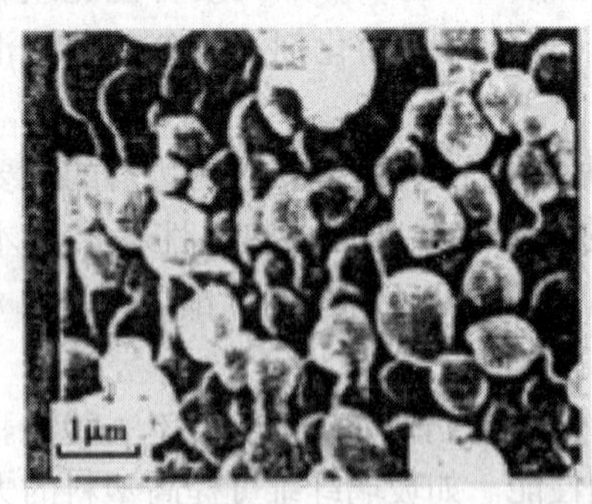

图10-1　熔融聚氯乙烯（PVC）的扫描电镜照片

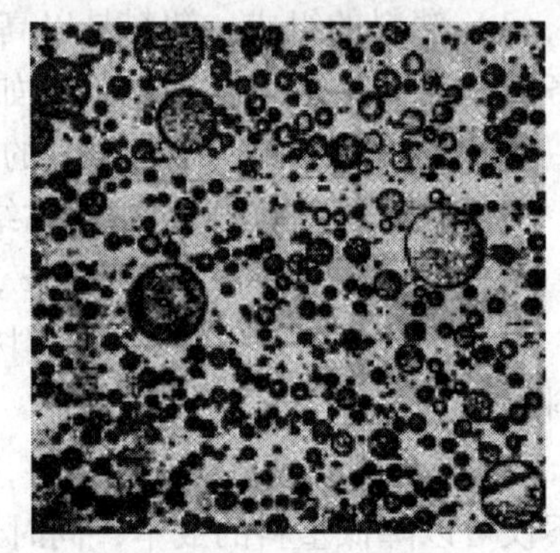

图10-2　ABS塑料的透射电镜照片（9000×）

10.1.1.2　塑料的分类

（1）按塑料的热性能分类

1）热塑性塑料　这类塑料加热时软化，可塑造成型，冷却后变硬。再次加热又软化，冷却又硬化，可多次重复。它的变化只是一种物理变化（塑化），化学结构基本不变。常用的热塑性塑料有聚乙烯、聚氯乙烯、聚丙烯、聚苯乙烯及其共聚物ABS、聚甲醛、聚碳酸酯、聚苯乙烯、聚四氟乙烯、聚砜等。

2）热固性塑料　这类塑料初加热时软化，可塑造成型，但固化后的塑料既不溶于熔剂，也不再受热软化，只能塑制一次。常用的热固性塑料有酚醛塑料、氨基塑料、环氧塑料等。

（2）按塑料使用范围分类

1）通用塑料　通用塑料是指产量大、用途广、价格低而受力不大的塑料品种。主要有聚乙烯、聚氯乙烯、聚苯乙烯、聚丙烯、酚醛塑料和氨基塑料等。

2）工程塑料　工程塑料是指力学性能较高，耐热、耐寒、耐蚀和电绝缘性能良好的塑料。这类塑料主要有聚碳酸酯、聚酰胺（即尼龙）、聚甲醛、聚砜、ABS、聚四氟乙烯、环氧塑料等。近年来又发展了一些综合性能更高的工程塑料（也称特种工程塑料），长期使用温度在150℃以上，如聚苯硫醚、聚酰亚胺、聚醚醚酮、聚砜（包括聚芳砜、聚醚砜、聚苯砜）、聚芳酯、液晶聚合物等。

塑料可通过各种措施来改性和增强，因此上述塑料的分类并没有很严格的限定。

10.1.1.3　塑料的性能

（1）拉伸性能　塑料的拉伸性能由其内部单体的种类、分子链中原子的共价键能、分子间范德华力、分子量、结晶度等决定，并受环境温度和压力的影响。热塑性塑料具有一定的抗拉强度、较高的延伸率，热塑性塑料分子链中有侧基原子团的聚酰胺、聚碳酸酯等抗拉强度较高。热固性塑料的强度及硬度较高，但伸长率很差，为零。塑料的弹性模量比金属小得多，其中有结晶态分子链结构时，弹性模量相对高一些。

（2）硬度　塑料的硬度较低，通常用洛氏硬度HRD测定。一般硬度高的塑料强度也较高。工程塑料虽然硬度并不比普通塑料高，但由于它们的摩擦因数低，且具有自润滑性，因此耐磨性较好。

（3）冲击韧性　塑料的冲击韧性与其强度和延伸率有关。不同塑料的冲击韧性差别很大，如聚苯乙烯的冲击韧性为1.2～1.6J/cm^2，而聚碳酸酯的冲击韧性为6.5～7.5J/cm^2。

（4）耐蚀性　塑料一般具有良好的化学稳定性，耐酸、碱及大气腐蚀。如聚四氟乙烯在极强的无机酸或碱中都不腐蚀。但聚酰胺、聚酯等在酸碱作用下会水解。

（5）绝缘性　由于其内部没有自由电子，多数塑料为良好的绝缘材料。

10.1.1.4　塑料的应用

通用塑料由于具有轻便、美观、绝缘、耐蚀等优点，是一般工农业生产和日常生活不可缺少的塑料，常用作薄膜、软管、餐具、玩具及化工容器、管道、电工绝缘件等。

工程塑料可取代金属材料来制造机械零件和工程结构。可用于汽车、办公机械、医疗器械的轴套、齿轮、接线柱、紧固件等。特种工程塑料主要应用于国防军工和尖端技术领域，如舰船、飞机内部结构件，天线的反射面、支架等。

10.1.1.5　塑料的成型加工

塑料的成型是将各种形态（粉状、粒状、液态、糊状或碎料）的塑料制成具有一定形状和尺寸的制品的过程。塑料的成型工艺简便，形式多样。根据制品选用的塑料、制品的形状和尺寸以及生产量的不同，可以采用注射成型、压制成型、挤出成型和吹塑成型等。

（1）注射成型　如图10-3所示，将颗粒或粉末状塑料原料置于注射机的料斗内，通过推杆把塑料推入加热区，经分流梭将熔融的塑料自喷嘴高速注入温度低的闭合模具中；冷却后脱模，得到所需的塑料制品。这种方法生产率高、易自动化，可制作复杂和精密的制品。

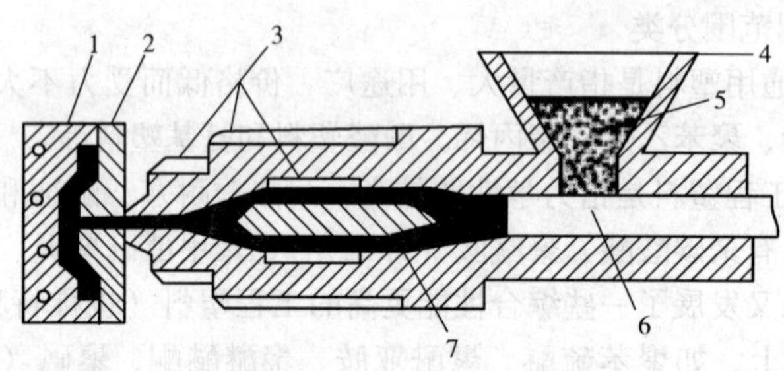

图10-3　注射成型示意图

1—模具　2—制品　3—加热器　4—料斗　5—粒状塑料　6—推杆　7—分流梭

（2）吹塑成型　如图10-4是吹塑成型的示意图。将适当大的坯料（管状或片状塑料）放置于模具中［图10-4（a）］，闭合模具并通入压缩空气［图10-4（b）］，使尚具有良好塑性的坯料吹胀而紧贴于模壁内侧［图10-4（c）］，待冷却后打开模具，即得到中空制品［图10-4（d）］。吹塑成型主要用来制取薄壁、小口径的空心制品以及塑料薄膜。

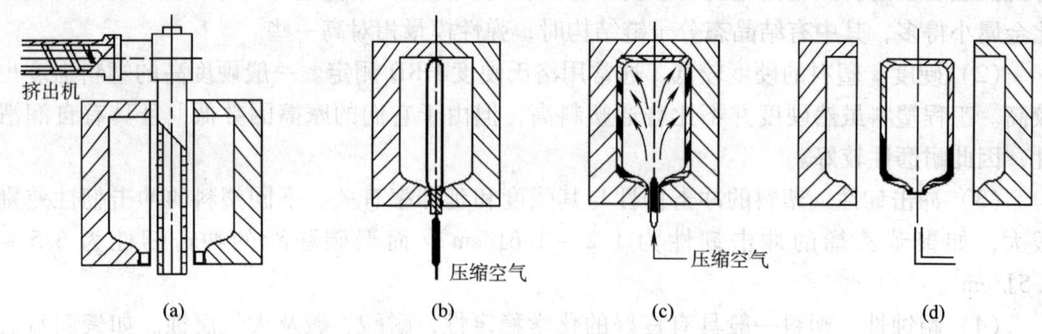

图10-4　单层直接挤坯吹塑成型过程

（a）型坯挤出成型　（b）入模　（c）吹塑成型　（d）脱模

（3）压制成型　压制成型通常用于热固性塑料的成型。是将粉状、粒状或纤维状的热固性塑料放入成型温度下的模具型腔中，然后闭模加压，在温度和压力作用下，热固性塑料转为熔融的粘流态并充满型腔，随后发生交联固化反应，得到塑料制品。压制成型的示意图如图10-5。

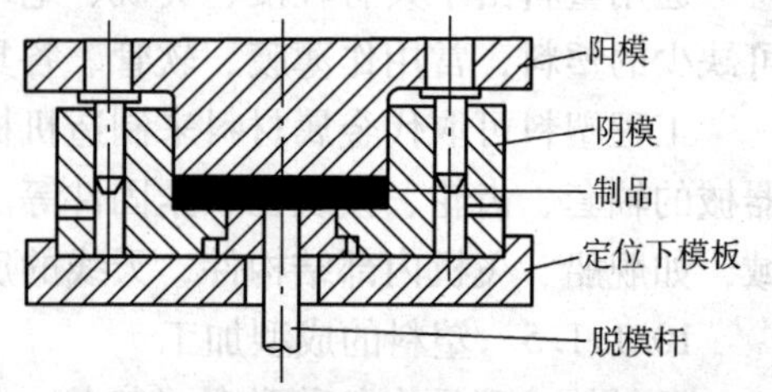

图10-5　压制成型示意图

（4）挤出成型　挤出成型示意图如图10-6。将粉状或颗粒状塑料从料斗加入料筒中，由旋转的螺杆将原料送到预热区并受到压缩，使原料进入已加热的模具的模孔，挤出的制品经定型冷却由牵引机拉开，最后按所需长度截断，得到所需的制品。

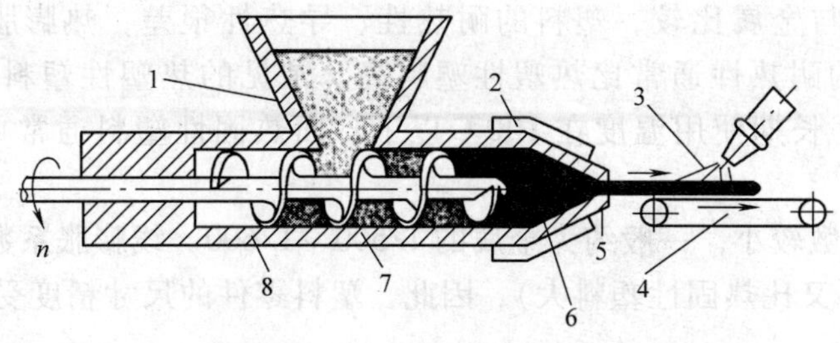

图 10-6　挤出成型示意图
1—料斗　2—加热器　3—空气或水冷却　4—输送器　5—模孔
6—预热区　7—螺杆　8—料筒

塑料也可用喷涂、浸渍、粘贴等工艺覆盖于其它材料的表面。而塑料的表面也可镀覆一些金属层。

除了塑料成型之外，还可以对塑料制品进行切削加工、焊接和粘接。可以对塑料型材采用与金属加工相同的切削加工工具与设备进行加工。也可以将注射或压制成型的制品进行修整或进一步加工。

对于泡沫塑料，可以用木工工具和设备加工，也可以用电阻丝通电发热进行熔割。

10. 1. 2　工程塑料的性能特点及应用

工程塑料是近几十年发展起来的新型工程材料，具有质量轻、比强度高、韧性好、耐腐蚀、消声、隔热及良好的减摩、耐磨和电性能等特点，是一种原料易得、加工方便、价格低廉、在工农业生产、国防和日常生活的各个领域广泛应用的有机合成材料，其发展速度超过了金属材料。

10. 1. 2. 1　工程塑料的性能特点

(1) 力学性能　力学性能是决定塑料适用范围的重要指标之一。一般说来，塑料的力学性能不如金属，但其变化甚大，从柔顺到坚韧、刚脆都存在，可应用于各种不同场合。

1) 强度　与金属相比，塑料的强度和弹性模量较低。例如热塑性塑料的强度一般在 50 ~ 100MPa，热固性塑料一般在 30 ~ 60MPa；即便是增强塑料，其强度也只有 200MPa，相当于铸铁的强度。弹性模量一般只有金属的 1/10。但是由于其密度小（一般只有 0. 85 ~ 2. 2），是钢铁材料的 1/8 ~ 1/4，所以比强度和比模量并不比金属低，是当前比强度和比模量较高的材料。

2) 硬度与耐磨性　塑料的硬度比金属低，但摩擦、磨损性能却远远优于金属。这是由于塑料的摩擦因数比较小，同时，许多塑料，如聚四氟乙烯、尼龙等本身就具有自润滑性能。用塑料制成的摩擦零件，可以在各种液体摩擦、边界摩擦、甚至干摩擦等条件下有效地工作。

3) 蠕变　蠕变是指材料在一定温度、一定载荷作用下，随时间延长发生缓慢塑性变形的现象。金属材料在高温时才有明显的蠕变现象，而塑料则不然，室温下受载后便会产生蠕变。载荷大时甚至出现蠕变断裂，造成破坏（塑料的这种现象称为冷流）。

（2）其它性能

1）热性能　与金属比较，塑料的耐热性、导热性很差，热膨胀性大，易燃烧。其中热固性塑料的耐热性通常比热塑性塑料高。常见的热塑性塑料，如聚乙烯、聚氯乙烯、尼龙等，长期使用温度在100℃以下；而热固性塑料通常可在200～300℃下使用。

塑料的导热系数较小，一般约为金属的1/500～1/600，线膨胀系数比金属大3～10倍（而热塑性塑料又比热固性塑料大），因此，塑料零件的尺寸精度受环境温度的影响较大。

2）电性能　一般地说，塑料的大分子中既无自由电子，又无足够的自由运动电子，因而是不良导体（绝缘体）。其介电损耗小，耐电弧性好。例如聚乙烯、聚苯乙烯、聚四氟乙烯、酚醛塑料的电绝缘性可与陶瓷和橡胶相媲美。

3）耐蚀性能　大多数塑料对酸、碱、盐等介质具有良好的抗腐蚀能力，并广泛用作防腐蚀工程材料。如氟塑料，特别是聚四氟乙烯能耐很强的酸和碱的作用。

4）抗老化性能　塑料受到阳光、大气中的氧、湿气、雨水、工业腐蚀气体等长期作用，各种性能逐渐变坏，称为塑料的老化。在一般塑料中，应增加防老化剂并通过塑料改性或改变成型加工工艺等办法来提高塑料的抗老化性能。

10.1.2.2　工程塑料的应用

工程塑料主要用于飞机、汽车、电子电气、家用电器、办公机械、医疗器械等要求轻型化的设备。可用作比强度要求高的零件，如车门拉手、保险杠、外护板、操纵杆等；也可用作耐磨性要求高的零件，如轴承、轴套、齿轮、凸轮、机床导轨、高压密封圈等，如图10-7。

(a)

(b)

图10-7　工程塑料制造的零件
（a）齿轮　（b）轴承套圈

10.1.3　常用工程塑料

常用工程塑料的种类、代号、性能及应用见表10-1。

表10-1　　常用工程塑料的种类、代号、性能及应用

序号	名称（代号）	密度/(g/cm^3)	抗拉强度/MPa	缺口冲击韧性/(J/cm^2)	使用温度/℃	性能特点	应用举例
1	聚酰胺（尼龙）（PA）	1.05～1.36	45～90	0.3～2.68	<100	强度、韧性、耐磨性、耐蚀性、成型性好，导热性较差，吸水性高	尼龙610、66、6等，制造小型零件（齿轮、涡轮等）；芳香尼龙制作高温下耐磨的零件、绝缘材料和宇宙服等
2	聚碳酸酯（PC）	1.18～1.2	65～70	6.5～8.5	-100～130	强度高，冲击韧度及抗蠕变性能好，耐热性、耐磨性及尺寸稳定性较高，透明度高，吸水性小	垫圈、垫片、套管、电容器等绝缘件；仪表外壳、护罩；航空及宇航工业中制造信号灯、挡风玻璃、座舱罩、帽盔等
3	聚甲醛（POM）	1.41～1.43	58～75	0.65～0.88	-40～100	具有高的刚度和硬度，极佳的耐疲劳性和耐磨性，较小的蠕变性和吸水性；易受强酸侵蚀，熔融加工困难	轴承、凸轮、滚轮、辊子、齿轮、阀门上的阀杆、螺母、垫圈、法兰、仪表板、汽化器、各种仪器外壳、箱体、容器、泵叶轮、叶片、滑轮等
4	ABS塑料	1.05～1.08	21～63	0.6～5.3	-40～90	较高强度和冲击韧度，良好的耐磨性和耐热性，加工性好，耐高、低温性能差	齿轮、轴承、仪表盘壳及容器、管道、飞机舱内装饰板、窗框、隔音板等，也可做轿车车身及挡泥板、扶手等汽车零件
5	聚四氟乙烯（塑料王）（PTFE）	2.1～2.2	21～28	1.6	-180～260	优异的耐化学腐蚀性和耐高低温性能，摩擦因数小，吸水性小，硬度、强度低，成本较高	减摩密封零件、化工耐蚀零件与热交换器以及高频或潮湿条件下的绝缘材料，如化工管道、电气设备、腐蚀介质过滤器等
6	聚苯醚（PPO）	1.06～1.1	55～68	2.72	-127～121	力学性能与PC、PA、POM相当，使用温度范围宽，尺寸稳定性好，耐蚀性好，成型加工困难	绝缘支柱、高频骨架、各种线圈架、齿轮、轴承、凸轮、泵叶轮、叶片、水泵零件、水箱零件、高温用化工管道、紧固件等
7	聚对苯二甲酸丁二醇酯（PBT）	1.31～1.38	58	4.4～5.4	-170～190	成型性和表面光亮度好，韧性和耐疲劳性好，摩擦因数低、磨耗小，耐化学药品、耐油、耐有机溶剂性好	电子工业中的接插件、线圈骨架、插销、小型马达罩等
8	聚甲基丙烯酸甲酯（有机玻璃）（PMMA）	1.17～1.2	50～77	0.16～0.27	-60～80	透光率高，强度、韧性较高，耐紫外线、防大气老化，易成型；硬度不高，不耐磨	飞机座舱盖、炮塔观察孔盖、仪表灯罩及光学镜片、防弹玻璃、电视和雷达标图的屏幕、汽车风挡、仪器设备的防护罩等

10.1.3.1　聚酰胺（PA，俗称尼龙）

聚酰胺是最重要的工程塑料，在五大工程塑料（聚酰胺、聚碳酸酯、聚甲醛、改性聚苯醚、热塑性聚酯）中产量居首位。其主要品种有PA6、PA66、PA11、PA12、PA1010、PA610、PA612、单体浇注PA。此外还有改性PA，如纤维增强PA，PA6或PA66与弹性体接枝共混的超韧PA，PA与聚醚树脂嵌段共聚的PA热塑性弹性体，芳香PA、透明PA、电镀PA、阻燃PA等。

聚酰胺的共同特点是：有较高的抗拉强度，良好的冲击韧性、耐油性、耐磨性、自润滑性，具有低的摩擦因数和良好的耐腐蚀性能、对化学试剂稳定等。聚酰胺的缺点是热膨胀系数较大，约为金属的5~7倍，吸水性也较大，制品尺寸的稳定性较差，耐热性也不够高，一般只能在100℃以下使用。

聚酰胺广泛用于工业上制造各种机械、化工、电气零部件，如轴承、齿轮、凸轮、泵叶轮、风扇叶片、高压密封圈、耐油密封垫片、阀门零件、高压油管、储油容器、各种衬套、电池箱、家用电器和绳索等。在汽车工业中，尼龙还常用来制作保险杠、挡泥板、刹车管、引擎罩、车窗门手柄以及仪表板支架及组件等。此外尼龙纤维还可代替丝织品，其薄膜可用作包装材料。

10.1.3.2　聚碳酸酯（PC）

聚碳酸酯具有很好的抗拉强度，良好的冲击韧性，较好的耐化学腐蚀性、尺寸稳定性和介电性能，良好的耐高、低温性能，无毒、无味、无臭，具有自熄性，模塑收缩率很小；透明性好，片厚2mm时透光率90%，被誉为“透明金属”。聚碳酸酯的缺点是疲劳强度较低，容易产生应力腐蚀开裂。

聚碳酸酯广泛用于各工业部门。在机械工业上，可代替金属制作各种零件，如齿轮、轴承、凸轮、蜗杆等，特别是代替钢材使用。在航空、电子、仪表工业中用于制作挡风玻璃、座舱罩、防弹玻璃、灯罩、信号灯，仪器仪表的观察窗、防护面罩，电话、通信设备零件如拨号盘、微调器盘、接线板、线圈骨架、绝缘套、计数器齿轮，以及电动工具外壳等。

10.1.3.3　聚甲醛（POM）

聚甲醛具有优良的摩擦磨损性能和自润滑性，对金属的摩擦因数小，且其静、动摩擦因数相同；并具有刚性大，强度、硬度高和不容易蠕变和吸水性小等特点；具有较好的韧性，温度和湿度对其冲击韧度影响不大；有优良的电绝缘性能、耐化学药品性能、耐热性能。聚甲醛的缺点是成型时热稳定性较差，阻燃性、耐候性不太理想。

聚甲醛可用来代替锌、铜、铝等有色金属和不锈钢，还能在一些情况下取代铸铁和钢冲压件。适用于制作滑动部件、精密机械部件和耐热水性部件，如轴承、齿轮、叶轮、凸轮、衬套、垫圈、活塞环、导轨、固体、管件、手柄、把手等。

10.1.3.4　ABS塑料

ABS塑料全名为丙烯腈—丁二烯—苯乙烯共聚物。成型性能好，抗冲击性能、抗蠕变性与耐磨性较好；其摩擦因数很低，虽不能用作自润滑材料，但因其有良好的耐油性和尺寸稳定性，也可用于制作中等载荷和转速下的轴承。ABS塑料的缺点是耐候性较差，耐热性也不够理想。

ABS塑料可分为通用型、挤出型、电镀型、阻燃型、耐热型、耐寒型、高流动型、低冲击型、中冲击型、高冲击型和超高冲击型等。

10.1.3.5　聚四氟乙烯（PTFE，简称F－4）

聚四氟乙烯具有优良的耐高、低温性能，优异的耐腐蚀性和极好的电绝缘性能，极小的摩擦因数和极佳的自润滑性，为其它合成材料所不及，故有“塑料王”之称。PTFE的不足之处是：力学强度和硬度比较低，在外力作用下易发生蠕变冷流；热导率低，热膨胀系数大；加工成型性能差。

聚四氟乙烯主要用于制造各种耐腐蚀和耐高温的零部件。如用多孔性F－4板材制作的各种强腐蚀介质的过滤器，高温输液管道、容器、泵、阀等各种耐腐蚀零件。在机械工业方面，主要用于制作减摩密封零件，如活塞环、轴承、导轨等。在电工、无线电技术方面用作高频电子仪器的绝缘、高频电缆、电容器线圈、电机槽等的绝缘，用PTFE乳液浸渍玻璃制成的层压板用于制作印刷电路的底板等。在医疗方面，可用于制作代用血管、人工心肺装置、消毒保护器等。

玻璃纤维、石墨、青铜粉、二硫化钼等填料填充PTFE，可以制作无油润滑压缩机的活塞环、密封环，高速轴承保持器、计量泵的V形圈和O形圈等。

10.1.3.6　聚苯醚（PPO）

聚苯醚具有优良的抗蠕变性、尺寸稳定性，耐应力松弛、耐水及耐蒸汽性、抗疲劳等，高温下抗蠕变性好，电绝缘性好，难燃、离火后自熄。PPO的缺点是熔融流动性差，成型加工困难，所以多使用改性聚苯醚（MPPO），利用聚苯乙烯进行改性，改性后能显著改善PPO的成型加工性能。MPPO中聚苯乙烯的含量对其热性能有明显的影响，随着聚苯乙烯含量的增加，MPPO的热变形温度和玻璃化温度均有所下降。

MPPO主要用于航空、航天及其它部门制造电子电气仪表外壳、底座和连接件，各种仪器设备的结构件。如计算机、电传机、复印机、打印机及雷达的外壳、基座、多头接插件、开关、继电器、变压器骨架和外罩，印制电路板，热水系统的计量仪表等。

10.1.3.7　聚对苯二甲酸丁二醇酯（PBT）

聚对苯二甲酸丁二醇酯力学性能、电性能、耐热性和耐化学药品性能优异，耐水性也很好；容易进行阻燃处理，制品表面光洁，尺寸稳定，机械加工性能好；PBT最大的优点是长期耐热性好，对有机溶剂有很强的耐应力开裂性。缺点是不耐强酸、强碱及苯酚类化学药品。

PBT主要用于制造接插件，高电压的电气电子部件、开关，汽车点火器周围的部件等。利用其耐热性，用于制作汽车的外装部件（能与钢板一体烘漆）。玻璃纤维增强制品在工程方面的应用可与聚酰胺、聚甲醛、聚碳酸酯、酚醛塑料等相竞争，以取代铜、锌、铝及铸铁等金属材料。

10.1.3.8　聚甲基丙烯酸甲酯（PMMA）

又称有机玻璃，和无机玻璃相比具有较高的强度和韧性，有优良的透光性能；优良的电绝缘性和耐化学腐蚀性。但硬度低，耐磨性差，表面易划伤，而且耐热性不高。

主要用于仪表外壳、飞机及汽车等的窗玻璃、光学镜片、广告牌、透明模型、绘图工具、医疗器械等。

10.1.3.9　其它工程塑料

近年来还研制出一些新型的、具有更高性能的工程塑料，如聚砜、聚酰亚胺、聚苯硫醚、聚醚醚酮等。

（1）聚砜（PSF）　聚砜抗蠕变性好，在热塑性工程塑料中具有最高的耐蠕变性；刚度大，耐磨，热稳定性、耐热老化性好，在较宽的温度和频率范围内具有良好的介电性能，难燃自熄，对酸、碱、盐稳定。不足之处是：在有机溶液如酮类、卤代烃、芳香烃等的作用下会发生溶解或溶胀，成型加工性较差。

聚砜在工业上主要用来制造高强度、耐热、抗蠕变的结构件，以及耐腐蚀零部件和电气绝缘等。例如：齿轮、凸轮、真空泵叶片，仪器仪表零件，飞机上的热空气导管和窗框，热水阀、冷冻系统器具，食品制造和传送设备零件，炊具、酒类过滤器，肉类加工机械的零部件，电视机、收音机和电子计算机的线路板，各种电气设备（电钻、电池组等）的壳体，汽车上的护板、分速器盖、仪表盘、风扇罩和挡泥板等。

（2）聚酰亚胺（PI） 聚酰亚胺刚性大，力学强度高，具有优异的耐热性，可在 -240～260℃下长期使用，在无氧气存在的环境中长期使用温度可达300℃以上；有优良的摩擦磨损性能、尺寸稳定性及介电性能，耐辐射、韧性好、冷流小，化学稳定性好、阻燃。聚酰亚胺的缺点是成型困难。

聚酰亚胺可用来制作在高温、高真空、自润滑条件下使用的各种机械零部件，例如轴承、轴套、齿轮、压缩机活塞环、密封圈、鼓风机叶轮等；也可用来制作导线包皮、柔性印刷电路底板，集成电路和功率晶体管的绝缘部件，以及高温下工作的其它电气设备零件。

（3）聚苯硫醚（PPS） 聚苯硫醚耐化学药品性突出，耐腐蚀性强，可与氟塑料相媲美；力学强度大，高温高湿下尺寸稳定，耐磨性好，能超薄膜成型。应用于原子能、航空、航天、汽车、机械等领域，可制作运动器械、电子等部门的零部件，近年来用于制造汽车发动机进气歧管、活塞环、排气循环阀等耐温部件。

（4）聚醚醚酮（PEEK） 聚醚醚酮是一种耐高温塑料，连续使用温度可达240℃以上，负载使用温度高达310℃，具有较为均衡的韧性、强度、硬度和负载特性，耐磨损和摩擦性能优异，耐油、阻燃、耐辐照性好，除硫酸外几乎耐所有的化学药品。可用于制作飞机上耐热、耐有机溶剂的连接件，汽车轴承支架、活塞密封、发动机的传动零部件，精密机械、电子设备等的零部件。

10.2 橡 胶

橡胶是一种具有高弹性的高分子材料。它在较小的外力作用下能产生很大的变形，当外力取消时又能立即恢复原状。同时橡胶有优良的伸缩性和积储能量的能力，隔音性、阻尼性、耐磨性均好。广泛用作弹性材料、密封材料、传动材料和绝缘材料，用于制造轮胎、胶带、胶管、密封圈、输油管、储油管衬里、电绝缘制品等。

10.2.1 橡胶的分类、组成

根据原料来源不同，分为天然橡胶和合成橡胶。天然橡胶是橡树的乳胶，经过凝固、干燥、加压等工序制成的片状生胶。合成橡胶是用石油、天然气、煤和农副产品为原料，通过有机合成方法制成类似天然橡胶的高分子材料。

工业上使用的橡胶是在生胶中加入各种配合剂后得到的产品。主加的配合剂有硫化剂、硫化促进剂、活性剂、软化剂、填充剂、防老剂、着色剂等，用以提高和改善橡胶制品的性能。

10.2.2　常用橡胶材料

常用合成橡胶材料的性能特点及应用见表 10-2。

表 10-2　　合成橡胶的性能特点及应用

名称（代号）	化学组成	主要性能特点	用途举例
丁苯橡胶（SBR）	由苯乙烯和丁二烯形成的共聚物	是合成橡胶中应用最广、产量最大的品种。具有较好的耐磨性、耐热性、抗老化性、耐臭氧性，比天然橡胶质地均匀，价格低。但加工性不如天然橡胶，使用温度应不高于 100℃	做汽车轮胎、胶带、胶管、胶板、胶布等
顺丁橡胶（BR）	以丁二烯为原料，在催化剂作用下经聚合反应而成	产量仅次于丁苯橡胶。具有优异的耐磨性、抗老化性、耐寒性和高弹性，易与金属黏合。但不易加工，硬度差。最高使用温度 120℃	制作轮胎、三角胶带、橡胶弹簧、减振器、运输带、耐热胶管、电绝缘制品
氯丁橡胶（CR）	由氯丁二烯聚合而成	物理性质、力学性质与天然橡胶相近。具有耐油、耐溶剂、耐氧化、抗老化、耐酸、耐碱、耐热、耐燃烧、耐挠曲和透气性好等性能，称为“万能橡胶”。但耐寒性较差，密度大。最高使用温度 120℃	制作电线、电缆包皮、胶管、运输带、垫圈、油罐衬里、黏结剂、汽车门窗嵌条等
乙丙橡胶（FPM）	由乙烯和丙烯形成的弹性共聚物	优异的耐臭氧性、抗老化性、电绝缘性、化学稳定性（不适用于浓硝酸），价格低。回弹性、耐磨性、耐油性与丁苯橡胶相近。使用温度范围宽，在 -60℃ 下仍能使用。但黏着性差，硫化速度缓慢	车辆配件、蒸汽胶管、胶带、耐热运输带、密封圈、散热软管、化工设备衬里、电线绝缘等
硅橡胶	主链由硅、氧原子组成。它是一种有弹性的有机硅聚合物	优异的耐高温、低温性能（-100 ~ 300℃），良好的耐候性、耐臭氧老化性和电绝缘性。但力学强度较低，价格高	制作耐高、低温橡胶制品，例如：管道系统接头，高温下使用的垫圈、密封件及电线、电缆的绝缘层等
氟橡胶（EPM）	由含氟的单体聚合而成	优异的耐腐蚀性，其耐酸碱及耐强氧化剂腐蚀的能力是各类橡胶中最好的。良好的耐高温性（可达 300℃）、耐臭氧性和大气老化性。但加工性、耐寒性较差，价格高	是国防和尖端技术中的重要材料。制作耐蚀件、高级密封件、高真空橡胶件、特种电线、电缆护套等
聚氨酯橡胶（UR）	由氨基甲酸酯聚合而成	耐磨性高于其它橡胶，优良的耐油性。但耐水、酸、碱的性能较差。最高使用温度 80℃	制作胶辊、实心轮胎、耐磨制品、特种垫圈等
聚丙烯酸酯橡胶（AR）	由丙烯酸酯与丙烯腈乳液聚合而成	良好的耐热性与耐油性，可在 180℃ 以下热油中使用，耐老化、耐氧与臭氧、耐紫外线，气密性较好。但耐寒性、耐磨性、弹性、电绝缘性和加工性差	制作耐油、耐热、抗老化制品，例如汽车配件、油封、皮碗、耐热软管、化工衬里等

10.3　工程陶瓷

陶瓷是各种无机非金属材料的通称，传统上是指陶器和瓷器，也包括玻璃、搪瓷、耐火材料、砖瓦、水泥、石灰、石膏等人造无机非金属材料。近20年来随着材料科学的进步，人们在提取高纯度人工合成化合物的基础上，研制出许多具有特殊性能的工程陶瓷。

10.3.1 陶瓷的分类、组成、性能、应用及制备工艺

10.3.1.1 陶瓷的分类

陶瓷按材料来源可分为普通陶瓷（又称传统陶瓷）和特种陶瓷（又称现代陶瓷）；按用途可分为日用陶瓷和工业陶瓷；按性能可分为高强度陶瓷、高温陶瓷、耐酸陶瓷等；按其化学成分可分为氧化物陶瓷、氮化物陶瓷、碳化物陶瓷等。

（1）普通陶瓷　主要是指黏土制品。是由黏土、石英、长石烧结制成的材料。可分为日用陶瓷、建筑陶瓷、电器绝缘陶瓷（高压电瓷）、化工陶瓷、多孔陶瓷等。

（2）工程陶瓷　是一些具有各种特殊力学、物理或化学性能的陶瓷。可分电容器陶瓷、压电陶瓷、磁性陶瓷、电光陶瓷、高温陶瓷等。在机械工程中非常重要的是高温陶瓷，包括氧化物陶瓷（如 Al_2O_3、MgO、CaO、BeO、ZrO_2 等）、碳化物陶瓷（SiC、WC、BC、TiC 等）、氮化物陶瓷（Si_3N_4、BN 等）。

10.3.1.2 陶瓷的内部组成

陶瓷是由金属和非金属元素的无机化合物所构成的多晶固体材料，其结构比金属复杂，它们可以是离子键为主的离子晶体，如 Al_2O_3、MgO 等，也可以是共价键为主的共价键晶体，如金刚石、SiO_2 等，但多数为二者的混合型，这是陶瓷晶体的特点之一。陶瓷的内部组成主要由三种相组成，即晶相、玻璃相和气相。三种相的数量、形状及分布对陶瓷的性能起着决定性的作用。图10-8为陶瓷内部组成示意图，图10-9是陶瓷内部组成显微照片。

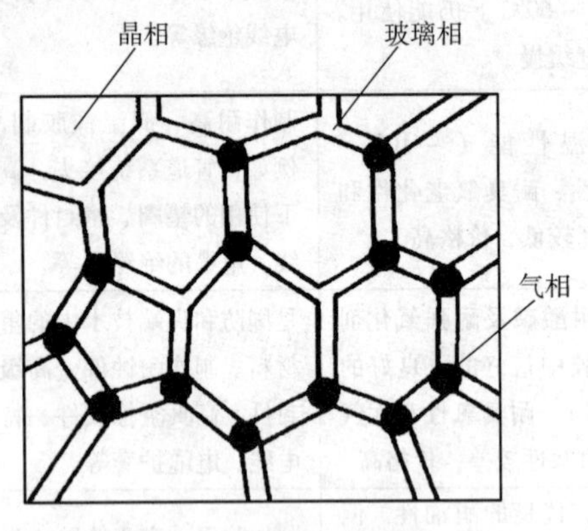

图10-8　陶瓷内部组成示意图

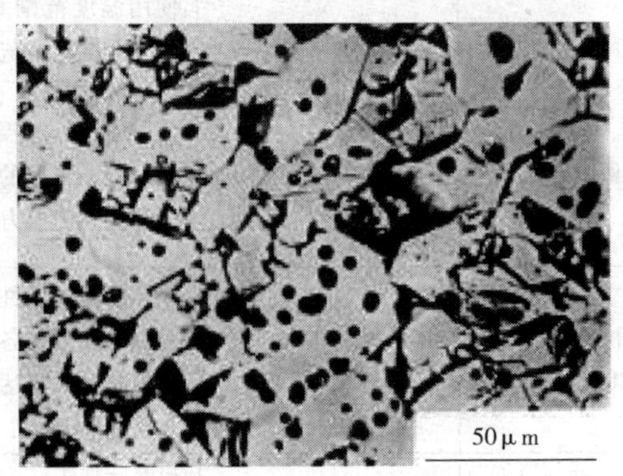

图10-9　陶瓷内部组成显微照片

（1）晶相　是陶瓷的主要组成相，它由某些固溶体或化合物组成，一般是多晶体。同金属一样，存在晶粒与晶界，细化晶粒及亚晶的存在同样可以提高陶瓷的强度并影响其它性能。从晶格结构上看，常见的有硅酸盐结构和氧化物结构两类。

（2）玻璃相　陶瓷在烧结过程中，有些原料如 SiO_2 等已处于熔化状态；但在熔点附近，SiO_2 的黏度很大的原子迁移困难，所以当液态 SiO_2 冷却到熔点以下时不能排列成晶体状态，而形成过冷液体；当过冷液体继续冷却到玻璃化温度 Tg 时则凝固为非晶态的玻璃相。其主要作用是将分散的晶相粘结在一起，降低烧结温度，抑制晶体长大以及填充气孔、空隙等。但玻璃相的熔点低、热稳定性差、力学强度低于晶相，所以工业陶瓷中玻璃

相应控制在20%～40%范围内。

(3) 气相　气相是陶瓷组织中的气孔。它常以孤立状态分布于玻璃相中，或以细小气孔存在于晶界或晶内。气相是应力集中的地方，并导致陶瓷强度和抗电击穿能力降低、透明度变差，但当要求相对密度小、重量轻或绝缘性好时，却希望保留一定量气相（一般约占陶瓷体积的5%～10%）。

10.3.1.3　陶瓷的性能特点

(1) 力学性能　由于陶瓷材料的结合键为共价键和离子键及其混合键，而且键合能量很高，所以它的弹性模量和硬度都很高。弹性模量比金属高几倍，比塑料则高出几十倍。一般陶瓷的硬度为1000～5000HV，而淬火钢只有500～800HV，高分子材料最硬则不超过20HV。陶瓷的理论强度很高，但由于其组织中存在晶界，使实际强度大大降低。常见氧化物陶瓷的断裂强度如表10-3；陶瓷在常温下几乎没有塑性，且韧性极低（脆性极高）。

表10-3　　常见氧化物陶瓷的断裂强度

陶瓷材料	晶体尺寸/μm	气孔率/%	强度/MPa
高铝砖	—	24	13.5
烧结 Al_2O_3	43	0	266
热压 Al_2O_3	3	0	900
单晶 Al_2O_3	—	0	2000
烧结 MgO	1	0	340
热压 MgO	20	1.1	70
单晶 MgO	—	0	1300

(2) 热性能　陶瓷是工程上常用的耐高温材料，多数金属在1000℃以上时即丧失强度，而陶瓷则不然，其工作温度高达到1400℃左右。受其组成和结构的影响，陶瓷的热膨胀系数和导热性一般均低于金属，且抗振性较差。

(3) 电性能　陶瓷中无自由运动的电子，具有极高的电阻率，是传统的绝缘材料。有些陶瓷具有半导体特性，可用作整流器元件。

(4) 化学性能　陶瓷的组织结构稳定，因此不仅抗氧化，而且对大多数酸、碱、盐物质具有良好的抗腐蚀能力。

10.3.1.4　陶瓷的应用

普通陶瓷由于制造工艺简单，成本低廉，应用非常广泛。普通陶瓷除了用作餐具、茶具及工艺美术品外，由于其热稳定性好、外观光泽好，在建筑装饰、卫生洁具方面广泛应用；由于其耐蚀性好，在食品化工管道、耐蚀容器及实验器皿方面广为应用；由于其具有优良的电绝缘性、耐热性、硬度等，可用作电工绝缘件、热电偶套管等。

工程陶瓷由于是由人工合成的高纯度、高硬度原料制成，具有更高的硬度、耐热性及耐蚀性，而且具有较高的强度，可用于高温结构件、耐蚀耐磨件、工具件等。

10.3.1.5　陶瓷的制造过程

陶瓷的制造工艺主要有原料的制备、坯料的成型和制品的烧成或烧结等三大步骤。

(1) 原料的制备

1) 传统陶瓷　原料为黏土、石英和长石，这些天然矿物经过拣选、破碎等工序后，进行配料，然后再经过混合、磨细等加工以备制坯。

2）工程陶瓷 一般采用人工的化学或化工原料，原料的纯度和粒度都有更高的要求，并且在坯料的加工过程中严防有害杂质的混入，加强化学成分和物理性能的检测和控制。

（2）坯料的成型 成型的目的是将原料加工成一定形状和尺寸的半成品，使坯料具有必要的力学强度和一定的致密度。成型方法主要有三种：

1）可塑成型 是在原料中加入水或塑化剂，捏炼成塑性泥料，然后由手工、挤压或机加工成型。这种方法在传统陶瓷中应用较多。

2）注浆成型 是在原料中加入水制成浆料，然后浇注到石膏模中成型。常用于制造形状复杂、精度要求不高的日用陶瓷和建筑陶瓷。

3）压制成型 在粉料中加入少量水分或塑化剂，然后在金属模具中施加较高的压力成型。应用范围较广，主要用于工程陶瓷。

（3）制品的烧成或烧结 干燥后的坯件加热到高温进行烧成或烧结，目的是通过一系列物理化学变化，成瓷并获得要求的性能（强度、致密度等）。传统陶瓷实行烧成，烧成温度一般为1250～1450℃，烧成时使开口气孔率接近于零。获得高致密度程度的瓷化过程通常称为烧结，工程陶瓷多采用烧结，烧结温度一般是其绝对熔点温度的2/3～4/5。

陶瓷的质量取决于原料成分和生产工艺，即原料的纯度、细度、原料混合的均匀性、成型密度及均匀性、烧结烧成温度、炉内气氛、升温和降温速度等。

10.3.2 工程陶瓷的性能特点及应用

10.3.2.1 工程陶瓷的性能特点

工程陶瓷的原料为人工合成的各种氧化物、氮化物、碳化物等，且粉料粒度更细，其内部结构更加细小致密，故各方面性能优于普通陶瓷。具有优良的耐热性，较高的抗高温氧化性，较高的高温强度，具有很高硬度、高耐磨性，具有很好的抗酸、碱、盐腐蚀的能力；具有很好的绝缘性。

10.3.2.2 工程陶瓷的应用

工程陶瓷可用于制作耐高温件，如火箭尾喷嘴、发动机燃烧室喷嘴、炉管等；用作高温、高强度件，如高温轴承、发动机转子叶片等；用作耐蚀耐磨件，如化工管道、阀门、泵的密封环、柴油机汽缸、活塞等；用作高硬度耐磨件，如高硬刀具、高温模具、轴承、叶轮等。图10-10为工程陶瓷制作的高温喷嘴、球阀、高温轴承工件。

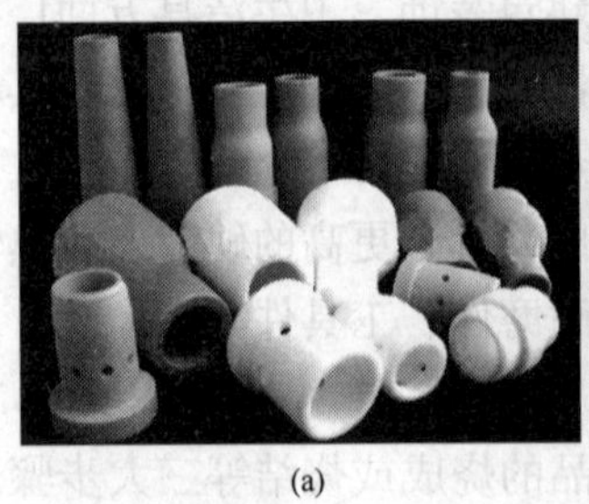
(a)

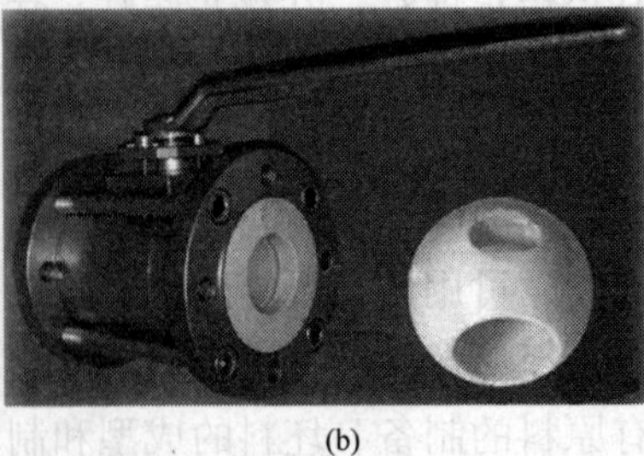
(b)

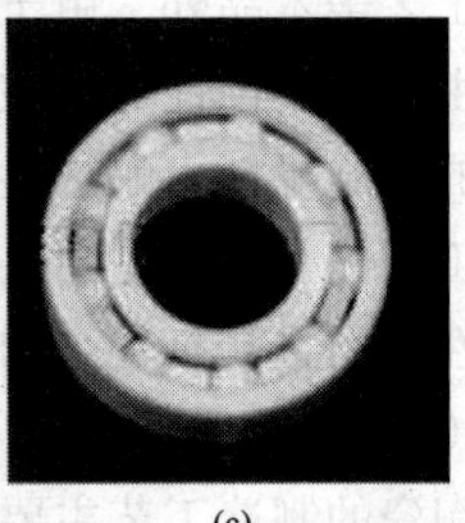
(c)

图10-10 工程陶瓷工件

（a）高温喷嘴 （b）球阀 （c）高温轴承

10.3.3 常用工程陶瓷

常用工程陶瓷的种类、性能及应用见表10-4。

表10-4 常用工程陶瓷的种类、性能及应用

种类	名称	密度/(g/cm^3)	抗弯强度/MPa	抗拉强度/MPa	断裂韧性/$MPa \cdot m^{1/2}$	性能特点	应用举例
氧化物陶瓷	氧化铝陶瓷 Al_2O_3（刚玉瓷）	3.2~3.9	250~490	140~150	4.5	强度高，硬度高，耐高温，可在1500℃下工作，优良的电绝缘性和耐蚀性。缺点是脆性大，抗急冷、急热性差	用作高温坩埚、测温热电偶的绝缘套管、内燃机火花塞、切削高硬材料的刀具等
	氧化锆陶瓷 ZrO_2	5.6	180	148.5	2.4	耐热性高，耐蚀性好，热导率小，硬度高	用作高温坩埚、高温喷嘴、阀芯、密封件、刀具、模具等
碳化物陶瓷	碳化硅陶瓷 SiC	3.08~3.14	530~700	—	3.4~4.3	很高的高温强度，工作温度达1700℃；抗蠕变性好，耐磨性及耐蚀性高，导热性好	火箭尾部喷嘴、高温轴承、轴套、轧钢导轮、热电偶套管等
氮化物陶瓷	氮化硅陶瓷 Si_3N_4	2.2~2.27	200~300	141	2~3	具有好的耐蚀性，硬度高，耐磨性好，电绝缘性能和抗急、冷急热性能好	泵的密封件、高温轴承、输送铝液的电液泵管道、阀门、燃气轮机叶片、刀具、转子发动机中的刮片等
	氮化硼陶瓷（BN）	2.15~2.3	53~109	110	—	具有良好的耐热性，抗急冷、急热性好，热导率与不锈钢相当，热稳定性好	用作高温轴承、刀具、玻璃制品的成型模具等

注：表中SiC陶瓷和Si_3N_4陶瓷的性能数据为反应烧结法制备的材料。

10.3.3.1 氧化物陶瓷（Al_2O_3、BeO、CaO、ZrO_2等）

氧化铝陶瓷（Al_2O_3）的力学性能、使用温度和耐蚀性随氧化铝含量的增加而提高。氧化铝瓷具有很高的热硬性，它比硬质合金还硬，而且能耐1200~1450℃的高温，在机械工业中常用作刀具材料，进行高速切削。其缺点主要是抗弯强度和冲击韧性差，切削时容易崩刃。目前一般制成多边形不重磨刀片，主要用于半精加工和精加工有色金属、铸铁以及各种钢料。在Al_2O_3基体中添加某些高硬度、难熔碳化物（如TiC等）和其它金属元素（如Ni、Mo等），可提高其抗弯强度，扩大其应用范围。

BeO、CaO、ZrO_2、CeO_2、UO_2、MgO等的熔点均在2000℃左右，具有一些特殊的性能。如氧化镁陶瓷耐高温，抗熔融金属腐蚀；可用作坩埚，熔炼高纯度Fe、Cu、Mo、Mg、V、Th及其合金。氧化锆陶瓷耐高温、耐腐蚀，室温下为绝缘体，但1000℃以上为导体，可用于制作高频电炉的坩埚和高温绝缘的电子元件。氧化铍可以像镜子反射光线那样把中子反射回去，故氧化铍陶瓷可用作核反应堆的中子减速剂和反射材料。

10.3.3.2 碳化物陶瓷（SiC、B_4C 等）

碳化物陶瓷（SiC）最大的优点是高温强度高，在1400℃时，其抗弯强度保持在500～600MPa，而其它陶瓷在此温度下强度已显著降低。其次是导热性好，仅次于氧化铍陶瓷。热稳定性、耐蚀性、耐磨性也相当好。主要用于制造火箭尾喷管的喷嘴、浇注金属的浇道口、炉管、燃气轮机叶片、高温轴承、热交换器及核燃料包封材料等。

10.3.3.3 氮化物陶瓷（Si_3N_4、BN 等）

氮化硅陶瓷（Si_3N_4）除具有陶瓷的共同特点外，其线膨胀系数比其它陶瓷材料小，并有良好的抗热振性和耐热疲劳性能，在空气中使用到1200℃以上仍能保持其强度；除氢氟酸外，可耐各种无机酸的腐蚀，并具有很好的绝缘性。主要用于制造形状复杂、尺寸精度要求高的零件，如各种潜水泵、船用泵、化工球阀的阀芯等，也可以用于制造刀具材料。

近年来，在 Si_3N_4 中添加一定数量 Al_2O_3 构成的新型陶瓷材料叫赛伦陶瓷。它可用常压烧结法达到或接近热压烧结氮化硅陶瓷的性能，是目前强度最高，并且有优异化学稳定性、耐磨性、热稳定性的陶瓷。

氮化硼陶瓷（BN）属共价晶体，其晶体结构与石墨相近，为六方晶系，故有“白石墨”之称。它具有良好的耐热性和导热性，在惰性气体中温度达2800℃时仍非常稳定，导热率与不锈钢相当，而膨胀系数比金属和其它陶瓷低得多，抗热振性和热稳定性均较好，高温绝缘性好，在200℃时仍是绝缘体，化学稳定性高，能抗多种熔融金属侵蚀；硬度比其它陶瓷低，可进行切削加工，并具有自润滑性。常用于制造热电偶套管，熔炼半导体金属的坩埚和冶金用高温容器和管道，高温轴承，玻璃制品成型模，高温、高频电绝缘材料，半导体的散热绝缘零件以及高温轴衬耐磨材料。

10.4 复合材料

近30年来，航空、运输和建筑等工业的迅速发展，对材料性能提出了越来越高的要求，使单一的金属材料、高分子材料和陶瓷材料难以满足强度、韧性、重量和稳定性等方面的综合要求，于是各种各样的复合材料应运而生。复合材料是由两种或两种以上性能不同的物质经人工复合制成的一种多相固体材料，它既保留原组分材料的特性，又具有原单一组分材料所无法获得的或更优异的特性。复合材料的优点很多：第一，它可改善或克服组成材料的弱点，充分发挥它们的优点。例如，玻璃和树脂的韧性和强度都不高，可是它们组合成的复合材料（玻璃钢）却有很高的强度和韧性，而且重量很轻。第二，它可按照构件的结构和受力要求，给出预定的、分布合理的配套性能，进行材料的最佳设计。例如，用缠绕法制造玻璃钢容器或火箭的发动机外壳时，使玻璃纤维的方向与主应力的方向一致时，可将这个方向上的强度提高到树脂的20倍以上，最大限度地发挥材料的潜力，并减轻构件的重量。第三，它可创造单一材料不易具备的性能或功能。例如，由两层塑料中间加一层铜片所构成的复合材料，具有导电和隔热的双重作用，而这一功能是单一材料无法实现的。所以，复合材料开拓了一条创新材料研究的新途径，在很多工业和技术部门中受到了极大的重视。

10.4.1　复合材料的分类、内部组成、制法及性能特点

10.4.1.1　复合材料的分类及内部组成

复合材料是由两种或两种以上的金属、高分子和陶瓷人工合成的多相材料，其内部的相可分为两类：一类为基体相，起粘结剂的作用；另一类为增强相，起提高强度的作用。

复合材料按照增强相的性质和形态，可分为颗粒复合材料、短纤维复合材料、连续纤维复合材料、层叠复合材料等，主要复合结构如图10-11。按照基体材料的种类，可分为金属基复合材料、陶瓷基复合材料、塑料基复合材料、橡胶基复合材料等。

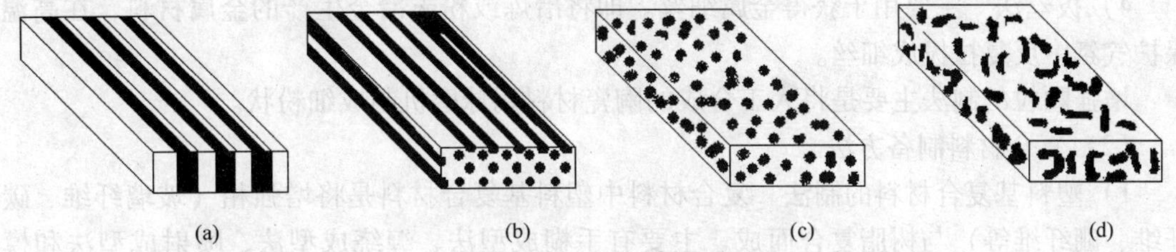

图10-11　部分复合材料结构示意图

(a) 层叠复合　(b) 连续纤维复合　(c) 颗粒复合　(d) 短切纤维复合

复合材料的微观组织为基体的形态和增强相的形态。图10-12是碳短纤维和氧化铝纤维混杂增强的ZL109复合材料的组织，图中直径较细的是碳纤维，直径较粗的纤维是氧化铝纤维。图10-12（a）为纵向截面组织，图10-12（b）为横向截面组织，可以看到总体上纤维分布比较均匀，照片上针状表明纤维平行或基本平行于观察面，椭圆形或圆形表明纤维垂直或基本垂直于观察面。

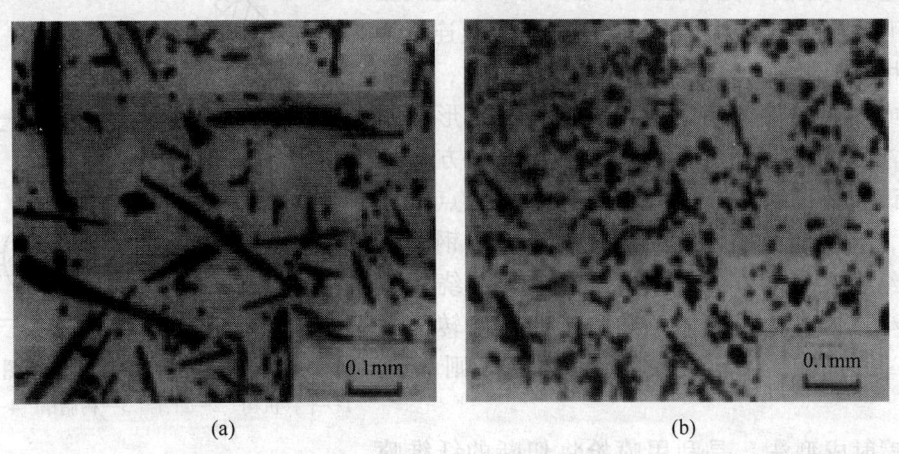

图10-12　4%碳短纤维+8%氧化铝纤维混杂增强ZL109复合材料的组织（未侵蚀）

(a) 纵向组织　(b) 横向组织

10.4.1.2　复合材料的制备

（1）增强相制备方法　复合材料中的增强相主要有陶瓷颗粒（Al_2O_3、SiC、WC等颗

粒）、陶瓷纤维（Al_2O_3、SiC 等纤维）、碳纤维、硼纤维和难溶的金属丝等，其中增强纤维用得最多。

纤维的制法主要有：

1）熔体抽丝法　主要用于获得玻璃、氧化铝等纤维。例如，将玻璃熔化为液体，然后从液体中以极快的速度抽出丝。

2）热分解法　主要用于获得碳或石墨纤维。例如，将有机纤维（聚丙烯腈、棉等）在200～300℃的空气中预氧化，在1000～2000℃的氮气中碳化，可制成碳或石墨纤维。

3）气相沉积法　主要用于获得硼、碳化硼、碳化硅等纤维。例如，将三氧化硼等气体同氢气混合，加热到2000℃以上，使得硼沉积在极细的钨丝上，可制成硼纤维。

4）拔丝法　主要用于获得金属细丝。即将冶炼或粉末冶金生产的金属材料，在高温保护气氛中反复拉拔成细丝。

增强颗粒的制法主要是将人工合成的陶瓷材料用球磨机制成细粉状。

（2）复合材料制备方法

1）塑料基复合材料的制法　复合材料中塑料基复合材料是将增强相（玻璃纤维、碳纤维、硼纤维等）与树脂复合而成。主要有手糊成型法、缠绕成型法、喷射成型法和模压成型法等。

①手糊成型法　以手工作业为主，把玻璃纤维织物和树脂交替层铺在模具上，然后固化成型为玻璃钢（FRP）制品的工艺。此种方法的优点是操作灵活，制品尺寸和形状不受限制，模具简单，但生产效率低，劳动强度大。该法主要适用于多品种、小批量生产精度要求不高的制品。手糊成型制作的 FRP 产品广泛用于建筑制品、造船业、汽车、火车、机械电器设备、防腐产品及体育、游乐设备等，如生产波形瓦、浴盆、玻璃钢大篷、储罐、风机叶片、汽车壳体、保险杠、各种油罐、配电箱、赛艇等。

②缠绕成型法　是在控制纤维张力和预定线型的条件下，将纤维粗纱或布带浸渍树脂胶液连续地缠绕在相应于制品内腔尺寸的芯模或内衬上，然后在室温或加热条件下使之固化成型为一定形状制品的方法，如图 10-13 所示。与其它成型方法比较，用该法获得的复合材料制品有以下特点：比强度高，缠绕成型玻璃钢的比强度 3 倍于钢，可使产品结构在不同方向的强度比最佳。缠绕成型多用于生产圆柱体、球体及某些正曲率回转体制品，对非回转体制品或负曲率回转体则较难缠绕。

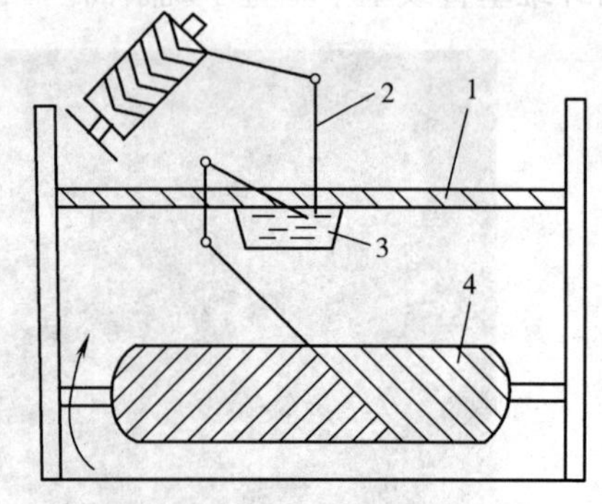

图 10-13　缠绕成型法示意图

1—平移机构　2—纤维　3—树脂槽　4—制品

③喷射成型法　是利用喷枪将切断的纤维喷散，树脂雾化，并使两者在空间混合后，沉积到模具上，然后经压辊压实的一种成型方法。喷射法成型效率高，制品无接缝，适应性强。该方法用于制造汽车车身、船身、浴缸、异形板、机罩等。

④模压成型法　是将浸渍料或预混料先做成具有制品形状的模塑料，然后放入模具中压制成制品。图 10-14 为模压成型示意图。

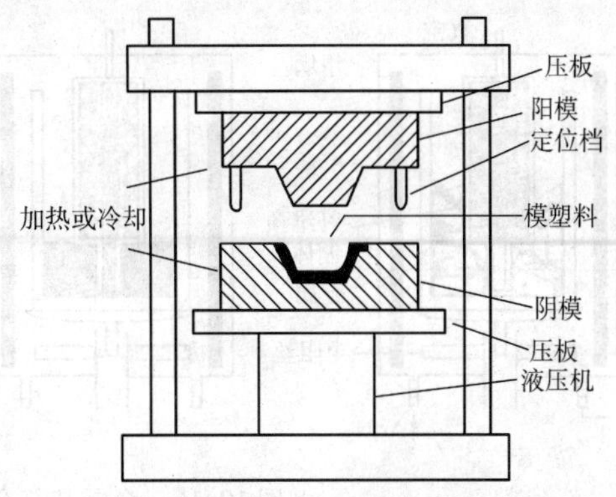

图10-14　模压成型示意图

2）金属基复合材料的制法　金属基复合材料是将增强相（陶瓷颗粒或纤维、金属颗粒或纤维等）与金属基体复合而成。主要有粉末冶金法、热压扩散法、液态铸造法等。

①粉末冶金法　广泛用于各种颗粒、晶须及短纤维增强的金属基复合材料。其工艺与金属材料的粉末冶金工艺基本相同，首先将金属粉末和增强体均匀混合，压制成复合坯料，再烧结成锭，然后可通过挤压、轧制和锻造等二次加工制成型材或零件的方法。此法是制备金属基复合材料，尤其是非连续纤维增强复合材料的主要工艺方法。

②热压扩散法　是连续纤维增强金属基复合材料成型的一种常用方法。按照制品的形状、纤维体积密度及性能要求，将金属基体与增强材料按一定顺序和方式组装成型，然后加热到某一低于金属基体熔点的温度，同时加压保持一定时间，使基体金属产生蠕变和扩散，与纤维之间形成良好的界面结合，得到复合材料制品。多用于制作形状较简单的板材和其它型材及叶片等产品，易精确控制制品的形状。

③液态铸造法　包括压铸法、半固态铸造法、真空压力浸渗法等。压铸成型是指在压力作用下，将液态或半液态金属基复合材料以一定的速度填充到压铸模型腔，在压力下凝固成型的工艺方法。图10-15为压铸成型工艺流程示意图。半固态复合铸造是指将颗粒加入处于半固态的金属基体中，通过搅拌使颗粒在金属基体中均匀分布，然后浇注成型。真空压力浸渗法是将增强纤维的预制体放入铸型（模具）中，铸型的一端浸入熔融的金属液中，而另一端接真空装置，使金属溶液在型腔两端压差的作用下渗入预制体中，冷却凝固后制得复合材料，其制备装置示意图见图10-16。为了改善浸渗效果，一般在真空压力浸渗的过程中可以在浸渗端辅以气压，加大铸型两端的压差。

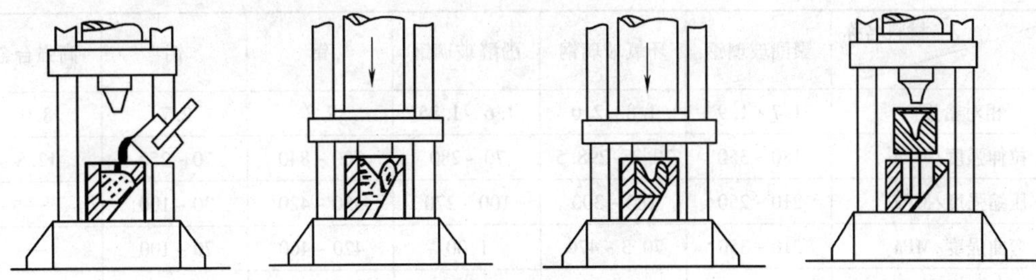
图10-15　金属基复合材料压铸成型工艺示意图

3）陶瓷基复合材料的制法　对颗粒、晶须及短纤维增强的陶瓷基复合材料，可以采用热压烧结和化学气相渗透等方法制造。对连续纤维增强的陶瓷基复合材料，还需要一些特殊的工序，如料浆浸渍热压成型。

①热压烧结成型　热压烧结成型是将松散的或预成型的陶瓷基复合材料混合物，在高温下通过外压使其致密化的成型方法。该方法只用于制造形状简单的零件。

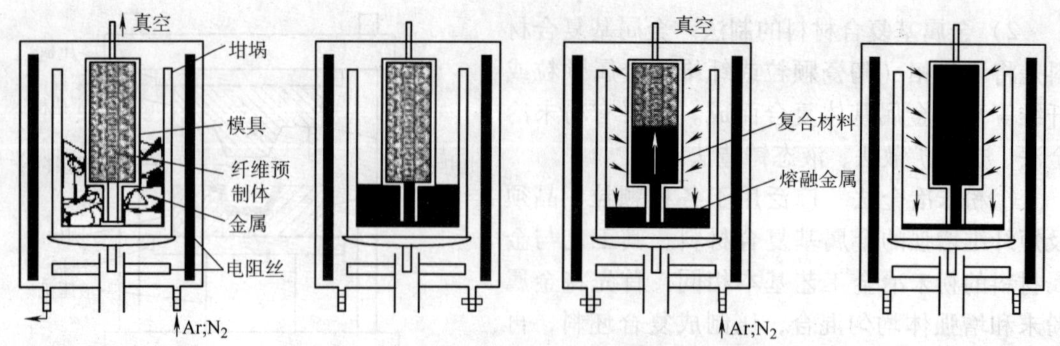

图 10-16　金属基复合材料真空压力浸渗法示意图

②化学气相沉积（CVD）成型　化学气相沉积成型是将纤维做成所需形状的预成型体，在预成型体的骨架上开有气孔，在一定温度下，让气体通过并发生热分解或化学反应沉积出所需的陶瓷基质，直至预成型体中各孔穴被完全填满，获得高致密度、高强度、高韧性的复合材料制品。

③料浆浸渍热压成型　料浆浸渍热压成型是将纤维置于陶瓷粉浆料中，使纤维粘附一层浆料，然后将纤维布成一定结构，经干燥、排胶和热压烧结成为制品。该方法的优点是不损伤增强纤维，不需成型模具，能制造大型零件，工艺较简单，因此广泛用于连续纤维增强陶瓷基复合材料的成型。

10.4.1.3　复合材料的性能特点

（1）比强度和比刚度高　复合材料一般情况下基体为相对密度小的材料，而增强剂多是强度很高的纤维。所以复合材料的比强度和比弹性模量都很高，表 10-5 为几种玻璃钢与金属的性能比较。比强度和比模量是度量材料承载能力的一个指标，比强度越高，相同强度的零件的自重越小；比模量越高，相同质量的零件的刚度越大。因此，这些特性为某些要求自重轻、刚度或强度好的零件提供了理想的材料。

表 10-5　　**几种玻璃钢与金属的性能比较**

性能 \ 材料名称	聚酯玻璃钢	环氧玻璃钢	酚醛玻璃钢	钢	铝	高强合金
相对密度	1.7～1.9	1.8～2.0	1.6～1.85	7.8	2.7	8.0
拉伸强度/MPa	180～350	70.3～298.5	70～280	700～840	70～250	12.8
压缩强度/MPa	210～250	180～300	100～270	350～420	30～100	—
弯曲强度/MPa	210～350	70.3～470	1100	420～460	70～100	—
吸水率/%	0.2～0.5	0.05～0.2	1.5～5	—	—	—
热导率/［W（m.K）］	1.026	0.732～1.751	—	0.157～0.869	0.844～0.962	—
线膨胀系数/（$\times10^{-4}$/℃）	—	1.1～3.5	0.35～1.07	0.012	0.023	—
比强度/MPa	160	130	145	100	90	160

（2）抗疲劳性能好　复合材料的抗疲劳性能比较好，这是因为：首先，缺陷少的纤维的疲劳抗力很高；其次，基体的塑性好，能消除或减少应力集中区的大小和数量，使疲劳源难以萌生出微裂纹；再者，即使微裂纹形成，塑性变形也能使裂纹尖端钝化，减轻裂

纹的扩展。由图 10-17 可知，碳纤维聚酯树脂复合材料的疲劳强度很高，可达到其抗拉强度的 70%～80%，而多数金属的疲劳极限是抗拉强度的 40%～50%。

（3）减振能力强　构件的自振频率与结构有关，并且与材料的弹性模量与密度之比（即比模量）的平方根成正比。复合材料的比模量大，所以它的自振频率很高，在一般加载速度或频率情况下，不容易发生共振而快速断裂。另外，复合材料是一种非均质多相体系，其中有大量（纤维与基体之间）的界面，界面对振动有反射和吸引作用；一般基体的阻尼也比较大。因此，在复合材料中振动的衰减都很快。复合材料的减振能力比钢强得多，图 10-18 为碳纤维聚酯复合材料与钢材料的振动衰减特性比较。

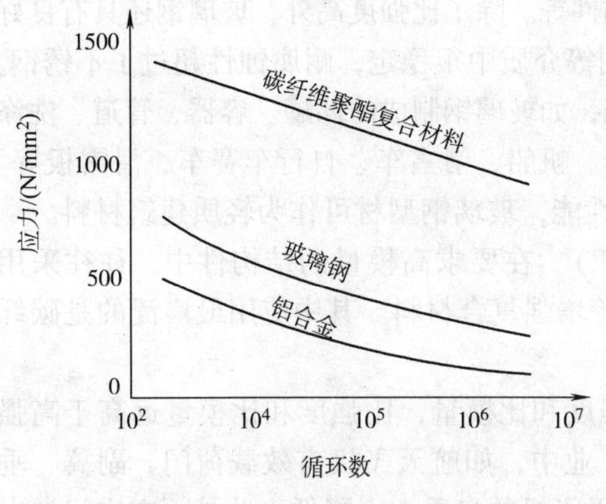

图 10-17　三种材料的疲劳强度

图 10-18　两种材料的振动衰减特性

（4）高温性能好　增强剂纤维多有较高的弹性模量，因而常有较高的熔点和较高的高温强度。玻璃纤维增强树脂可以工作到 200～300℃。铝在 400～500℃以后完全丧失强度，但用连续的硼纤维或碳化硅纤维增强的铝复合材料，在这样的温度下仍有较高的强度。用钨纤维增强钴、镍或是它们的合金时，可把这些金属的使用温度提高到 1000℃以上。

（5）断裂安全性高　纤维增强复合材料每平方厘米截面上有成千上万根隔离的细纤维，当其受力时，将处于力学上的静不定状态。过载会使其中的部分纤维断裂，但随即进行应力重新分配，由未断纤维将载荷承担起来，不至于造成构件在瞬间完全丧失承载能力而断裂，所以工作的安全性高。

除上述几种特性外，复合材料的减摩性、耐蚀性以及工艺性能也都较好。但是应该指出，复合材料为各向异性材料，横向拉伸率较低，冲击韧性有时也不是很好；尤其是成本太高，所以应用还受到一定限制。

10.4.2　常用复合材料

10.4.2.1　聚合物基复合材料

聚合物基复合材料在结构复合材料中应用最广，主要有玻璃纤维增强、碳纤维增强、芳纶纤维、硼纤维、碳化硅纤维等增强复合材料。为了获得更高比强度、比模量的复合材料，除主要用于玻璃钢的酚醛树脂、环氧树脂和聚酯外，还研究开发了许多具有耐热性好的基体树脂，如聚酰亚胺（PI）、聚苯硫醚（PPS）、聚醚砜（PES）和聚醚醚酮（PEEK）等热塑性树脂。

（1）玻璃钢（玻璃纤维增强塑料，GFRP） GFRP是一类采用玻璃纤维增强，以酚醛树脂、环氧树脂、聚酯树脂等热固性树脂及聚酰胺、聚丙烯等热塑性树脂为基体的聚合物基复合材料。GFRP是物美价廉的复合材料。GFRP的突出特点是密度低、比强度高，其密度为1.6～2.0g/cm^3，比铝还低，而比强度比最高强度的合金钢还高。因此，玻璃钢在需要轻质高强材料的航空航天工业上得到了广泛应用，如飞机的雷达罩、机舱门、燃料箱、行李架和地板等。由于火箭结构材料不但要求具有高比强度和比模量，而且还要求材料的耐烧蚀性能，玻璃钢还在航天工业中做火箭发动机壳体、喷管等。

在现代汽车工业中，为了减轻自重、降低油耗，玻璃钢也得到了大量应用，如汽车车身、保险杠、车门、挡泥板、灯罩以及内部装饰件等。除了比强度高外，玻璃钢还具有良好的耐腐蚀性能，在酸、碱、海水，甚至有机溶剂等介质中很稳定，耐腐蚀性超过了不锈钢。因此，在石油化工工业中玻璃钢得到了广泛应用，如玻璃钢制成的储罐、容器、管道、洗涤器、冷却塔等。玻璃钢也用于体育用品，如快艇、帆船、滑雪车、自行车赛车、滑雪板等。此外，玻璃钢具有透光、隔热、隔音和防腐等性能，玻璃钢型材可作为轻质建筑材料。

（2）碳纤维增强聚合物基复合材料（CFRP） 在要求高模量的结构件中，往往采用高模量的纤维，如碳纤维、硼纤维或SiC纤维等增强复合材料。其中应用最广泛的是碳纤维增强聚合物基复合材料（CFRP）。

CFRP密度更低，具有比玻璃钢更高的比强度和比模量，比强度和比模量远高于高强度钢和钛合金。因此，CFRP广泛应用在航天工业中，如航天飞机有效载荷门、副翼、垂直尾翼、主起落架门、内部压力容器等，使航天飞机的自重大大降低。此外，在空间站大型结构桁架及太阳能电池支架也采用CFRP。

由于碳纤维的价格高，CFRP主要应用于航空航天领域。但随着碳纤维研究开发工作的深入，碳纤维价格在不断降低，因此在玻璃钢应用的一些领域也开始采用更轻、更强和刚度更好的CFRP。如体育用品中的网球拍、高尔夫球杆、钓鱼竿、方程式赛车车身等。

10.4.2.2 金属基复合材料（MMC）

金属基复合材料与聚合物基复合材料相比，耐高温性好，具有较高的比强度和比模量。MMC的金属基体大多是属于密度低的轻金属，如铝、镁、钛等，只有作为发动机叶片材料才考虑密度较大的镍和钴基高温合金等。因此，MMC以基体来分类可分为铝基、钛基、镁基和高温合金基复合材料。MMC还具有高韧性、耐热冲击性，具有好的导电和导热性，并可和金属材料一样进行热处理和其它强化方法来进一步提高性能。

MMC中应用最广的是铝基复合材料。它与铝合金相比，具有更高的比强度和比模量，可以进一步减轻结构件的质量。铝基复合材料已用于空间站结构材料，如主结构支架等，飞机结构件，如发动机风扇叶片、尾翼等。由于Al_2O_3颗粒或短纤维、SiC颗粒或晶须、B_4C颗粒增强的铝基MMC具有良好的高温力学性能、导热性和耐磨性，因此可制成汽车发动机的汽缸套、活塞（活塞环）、连杆以及制动器的刹车盘、刹车衬片等。图10-19为铝基复合材料刹车盘。铝基复合材料也可用于

图10-19 铝基复合材料刹车盘

体育用品，如自行车赛车车架、棒球击球杆等。

10.4.2.3　陶瓷基复合材料（CMC）

陶瓷材料具有高强度、高模量、高硬度以及耐高温、耐腐蚀等许多优良的性能。但陶瓷特有的脆性、抗热振性能差以及对裂纹、空隙等缺陷的敏感，又限制了其在工程领域作为结构材料的广泛使用。因此需采用纤维、晶须、颗粒等增强增韧提高陶瓷材料的韧性。

目前 CMC 的基体主要有玻璃陶瓷（如锂铝硅玻璃、硼硅玻璃）和氧化铝、碳化硅、氮化硅等，采用的增强材料有碳化硅纤维、碳纤维，碳化硅晶须、碳化硅颗粒、氧化铝颗粒等。典型的 CMC 有 SiC/SiC、C/SiC、SiC/Al_2O_3、SiC/Si_3N_4、ZrO_2/Al_2O_3 等。

从增韧效果来看，纤维增韧效果最佳，如碳纤维增韧氮化硅（C/Si_3N_4）的断裂韧性由基体的 3.0MPa · $m^{1/2}$ 提高为 16MPa · $m^{1/2}$，C/SiC 和 SiC/SiC 的断裂韧性甚至达 25MPa · $m^{1/2}$，比基体韧性提高 6 ~ 7 倍。而晶须和颗粒增韧的 CMC 虽然不如纤维增韧，但与陶瓷基体相比仍有较大提高，同时强度和模量也有较大提高。表 10-6 为陶瓷材料与陶瓷基复合材料的性能比较。

表 10-6　陶瓷材料与陶瓷基复合材料的性能比较

材料	抗弯强度/MPa	断裂韧性/MPa · $m^{1/2}$
SiO_2	62	1.1
SiC/SiO_2	825	17.6
Si_3N_4（反应烧结）	340	3.0
SiC/Si_3N_4	800	7.0
SiC（反应烧结）	530	4.3
SiC/SiC	750	25.0
TiC/SiC	586	7.15
Al_2O_3	490	4.5
SiC/Al_2O_3	790	8.8

CMC 具有高硬度、耐腐蚀性和耐磨性，可用于现代高速数控机床中的高速切削刀具以及加工高硬度材料的切削刀具。CMC 的高温强度和模量高，可应用于航空航天领域，如发动机的高温叶片、燃烧室和导弹的鼻锥、火箭喷管等。此外，CMC 也可以用于生物医学领域，如制作人工关节等。

10.4.2.4　碳/碳复合材料（C/C）

碳/碳复合材料（C/C）是由碳纤维及其制品（碳毡、碳布等）增强的碳基复合材料。一般 C/C 是由碳纤维及其制品作为预制体，通过化学气相沉积法（CVD）或液态树脂、沥青浸渍碳化法来制备的。

C/C 的组成只有一个元素（碳），因此具有碳和石墨材料所特有的优点，如低密度、耐烧蚀性、抗热振性、高导热性和低膨胀系数等，同时还具有复合材料的高强度、高弹性模量等特点。C/C 具有优异的摩擦磨损性，可作为飞机的刹车盘材料。目前，60% ~ 70% 的 C/C 主要用于摩擦材料。C/C 还可用于生物医学领域，如人工心脏瓣膜、人工骨骼、人工牙根和人工髋关节等。C/C 具有高温性能和低密度特性，有可能成为工作温度达 1500 ~ 1700℃的航空发动机轻质材料，目前正在进行 C/C 航空发动机的燃烧室、整体涡轮盘及叶片的应用研究。

思考题

1. 塑料材料通常是由哪些组分组成的？各组成物对塑料性能有何影响？
2. 工程塑料性能与金属比较有何特点？
3. 试列举出五种常用工程塑料的性能特点及其主要应用实例。
4. 普通陶瓷和工程陶瓷在组成、性能上的区别是什么？
5. 陶瓷晶体有何特点？它的显微组织中存在哪几种相？各相起何作用？
6. 简述陶瓷材料的优越性能及其原因。
7. 试列举出 4 种常用工程结构陶瓷的性能特点及应用实例。
8. 何谓复合材料？它比一般材料有何优越性？
9. 为何纤维与基体复合后能起增强的作用？它的增强效果与哪些因素有关？
10. 试述纤维增强复合材料的性能特点。
11. 什么是玻璃钢？其主要用于哪些领域？

第11章 材料表面技术

材料表面技术是材料科学的重要领域。是在不改变基体成分及性能的基础上，通过物理手段、化学手段、机械手段等使材料表面得到耐磨、耐蚀、耐热等特殊性能，或使表面得到修复、装饰等，提高产品的性能、质量及寿命。表面技术所涉及的基体材料包括金属材料、高分子材料、陶瓷材料等，特别是金属材料的表面技术应用最多。表面技术包括表面涂覆（电镀、化学镀、热喷涂、堆焊、气相沉积、涂料涂装等）、表面合金化（扩散渗、喷焊、堆焊、离子注入、激光熔覆等）、表面组织转变（表面淬火、表面形变强化等）。本章主要介绍常用的表面技术方法。

11.1 电镀、电刷镀及化学镀

11.1.1 电 镀

电镀是指在含有欲镀金属的盐类溶液中，在直流电作用下，以被镀基体金属为阴极，通过电解作用，使镀液中欲镀金属的阳离子在基体金属表面沉积出来，形成镀层的一种表面工程技术。镀层材料可以是金属、合金或半导体等，基体材料可以是金属材料、高分子材料、陶瓷材料等。电镀涂层广泛应用于耐蚀、耐磨、装饰及其它功能性镀层（如磁性膜、光学膜）。

在工业化生产中，电镀的实施方式多种多样，最常见的有挂镀、滚镀、刷镀和连续电镀等。电镀前，应对材料表面进行去油、除锈、除尘等预处理，以提高镀层的结合强度。电镀后，对镀层进行钝化处理和去氢处理，以提高耐蚀性、增加光泽、防止氢脆。根据镀层材料的种类，电镀分单金属电镀、合金电镀、复合电镀、非金属材料电镀等。

11.1.1.1 单金属电镀

（1）镀锌 锌是一种银白色金属，标准电极电位为 -0.76V，比碳钢、铁和低合金钢较负，是阳极性镀层。镀锌层对钢铁基体既有机械保护作用，又有电化学保护作用，所以它的抗蚀性能相当优良。镀锌层经钝化处理后，因钝化液不同可得到不同色彩的钝化膜或白色钝化膜。镀锌多采用彩色钝化，白色钝化膜外观洁白，多用在日用五金、建筑五金等制品。锌镀层的厚度视镀件的要求而异，通常在 6～12μm，较厚而无孔隙的锌镀层抗蚀性优良，用于恶劣环境条件时镀层厚度可超过 20μm。镀锌具有成本低、抗蚀性好、美观等优点，在轻工、仪表、机电、农机和国防等工业中得到广泛应用。但由于锌镀层硬度低，又对人体有害，故不宜在食品工业中使用。钢铁零件上镀锌主要是作为防护性镀层，用量要占全部电镀零件的 1/3～1/2，是所有电镀品种中产量最大的一个镀种。

（2）镀铜 铜具有良好的延展性、导热性和导电性，柔软而易于抛光。铜位于正电性金属之列，锌、铁等金属上的铜镀层属于阴极性镀层。当铜镀层有孔隙、缺陷或损伤时，在腐蚀介质的作用下，基体金属成为阳极受到腐蚀，比未镀铜时腐蚀得更快，所以一般不单独用铜做防护装饰性镀层，常作为其它镀层的中间层，以提高表面镀层与基体金属的结合力。在电力工业中，在铁丝上用高速镀厚铜来代替纯铜导线，以减少铜的耗用量。在无线电行业中，印制线路板上通孔镀铜也获得了良好效果。镀铜层也用在修复零件和塑料电镀等方面。

（3）镀铬　铬是稍带蓝色的银白色金属。铬在大气中具有强烈的钝化能力，能长久保持光泽，与碱液、硝酸、硫酸、硫化物及许多有机酸均不发生作用。镀铬层有很高的硬度和优良的耐磨性，较低的摩擦因数。镀铬层有较好的耐热性，在空气中加热到500℃时，其外观和硬度仍无明显的变化。镀铬层的反光能力强，仅次于镀银层。镀铬层厚度在0.25μm时是微孔性的，厚度超过0.5μm时出现网状微裂纹，厚度超过20μm时对基体才有机械保护作用。

铬的标准电位比铁负，但由于铬具有强烈的钝化作用，其电位变得比铁正，它不能起电化学保护作用。镀铬按用途可分为装饰性镀铬和耐磨镀铬。装饰性镀铬层较薄，可防止基体金属生锈和美化产品外观。耐磨镀铬层较厚，可提高机械零件的硬度、耐磨、耐蚀和耐高温等性能。

防护装饰性镀铬通常作为多层电镀的最外层，如铜锡合金－铬、镍－铬和铜－镍－铬等。经过抛光的制品表面镀上装饰铬后，可获得银蓝色镜面光泽，在大气中经久不变颜色。装饰性镀铬层广泛应用于仪器、仪表、日用五金、家用电器、飞机、汽车、火车等外露部件。这类镀层的厚度一般在0.25～2μm范围内。经过抛光的装饰镀铬层有很高的反射能力，可用于反光镜。

耐磨性镀铬（硬铬）层具有很高的硬度和耐磨性能，可提高制品的耐磨性，延长其使用寿命，可用于工具、模具、量具、切削刀具及易磨损零件（如机床主轴、汽车拖拉机曲轴）等。这类镀层的厚度一般在5～80μm范围内。硬镀铬还可用于修复磨损零件的尺寸。若严格控制镀铬工艺过程，将零件准确地镀覆到图样规定的尺寸，镀后不进行加工或进行少量加工，则称为尺寸镀铬。

乳白铬镀层韧性好，硬度稍低，镀层中裂纹和孔隙较少，主要用在各种量具上。在乳白铬镀层上加镀光亮耐磨铬镀层，既能提高镀件抗蚀性能又能达到耐磨目的，称为防护-耐磨双层铬镀层。这种双层铬镀层在飞机、船舶零件及枪炮内壁上得到广泛应用。

（4）镀镍　镍具有银白色金属光泽，具有磁性。通常在其表面存在一层钝化膜，因而具有较高的化学稳定性。镍的标准电极电位比铁的标准电极电位正，镍表面钝化后电极电位更正，因而铁基体的镍镀层是阴极性镀层。只有当镀层完整无缺时，镍层才能对铁基体起到机械保护作用。所以镍常作为底层或中间层或采用多层镍来降低镀层的孔隙率，以提高镀层抗腐蚀性能。镀镍的应用面很广，可分为防护装饰性和功能性两方面。

防护装饰性镍镀层可以镀覆在低碳钢、锌铸件、某些铝合金、铜合金表面上，保护基体材料不受腐蚀，并通过抛光暗镍镀层或直接镀光亮镍的方法获得光亮的镍镀层，达到装饰的目的。镍在大气中易变暗，所以光亮镍镀层上往往再镀一薄层铬，使其抗蚀性更好、外观更美。也有在光亮镍镀层上镀一层金或镀一层仿金镀层，并覆以透明的有机覆盖层，从而获得金色装饰层。塑料处理后也可镀镍，使塑料零件金属化，既轻又美。自行车、缝纫机、钟表、家用电器仪表、汽车、摩托车及照相机等的零件均用镍镀层作为防护装饰性镀层。

功能性镍镀层主要用于修复电镀。在被磨损的、被腐蚀的或加工过度的零件上镀比实际需要更厚的镀层，然后经过机械加工使其达到规定的尺寸。厚的镍镀层具有良好的耐磨性，可作为耐磨镀层。尤其是复合电镀，以镍作为主体金属，以金刚石、碳化硅等耐磨粒子作为分散颗粒，可沉积出夹有耐磨微粒的复合镀层，其硬度比普通的镍镀层高，耐磨性更好。若以石墨或氟化石墨作为分散颗粒，则获得的镍－石墨或镍－氟化石墨复合镀层，具有很好的自润滑性，可用作润滑镀层。

11.1.1.2　合金电镀

（1）镀铜锡合金　铜锡合金俗称青铜。根据合金镀层中含锡量的多少分为低锡青铜和高锡青铜两种。

低锡青铜含锡 8% ~15%，镀层呈黄色，相对钢铁基体为阴极镀层，其孔隙率随锡含量升高而降低，耐蚀性则提高。它的抛光性好，硬度较低，耐蚀性较好，但在空气中易氧化变色。镀铬后有很好的耐蚀性，是优良的防护装饰性底层或中间层，已广泛应用于日用五金、轻工、机械、仪表等行业中。

高锡青铜含锡 40% ~55%，镀层呈银白色，亦称白青铜。硬度介于镍铬之间，抛光后有良好的反光性，在大气中不易氧化变色，在弱酸、碱液中很稳定，还具有良好的钎焊和导电性，可用作代银或代铬镀层，常用于日用五金、仪器仪表、餐具、反光器械等。但镀层较脆，有细小裂纹和孔隙，不适于在恶劣条件下使用，产品不能经受变形。

（2）镀铜锌合金　含铜为 70% ~80% 的铜锌合金呈金黄色，具有优良的装饰效果，它还可以进行化学着色而转化为其它色彩的镀层，广泛应用于灯具、日用五金、工艺品等方面。钢丝镀黄铜后能明显提高钢丝与橡胶的黏结力，因而国内外的钢丝轮胎均采用黄铜镀层作为钢丝与橡胶热压时的中间层。

（3）镀镍铁合金　镍铁合金通常比镍白，硬度、平整性和韧性比亮镍好，易于镀铬，有利于零件镀后形变加工，并且成本较低。镍铁合金镀层为阴极性镀层，其防锈性能与亮镍相当。镍铁合金已广泛用于自行车、摩托车、缝纫机、家具、家用电器、日用五金、文教用品、塑料电镀件、玩具、建筑配件、皮箱零件、汽车配件等方面，绝大多数的镀镍产品都可用镍铁合金代替。

（4）镀镍钴合金　镍钴合金可作为装饰合金和磁性合金。装饰用镍钴镀层通常用含钴 15% 的合金层，具有白色金属光泽、良好的化学稳定性和耐磨性，适用于手表零件的装饰镀层且不影响走时精度。钴含量越高镀层磁性越大，作为磁性合金，其含钴量均超过 30%。镍钴合金已被广泛用作电子计算机的磁鼓和磁盘的表面磁性镀层，其基体大都采用铝合金以达到体积小、质量轻和存储密度大的要求。

11.1.1.3　复合电镀

在镀液中加入所需的高硬度固体微粒，并通过机械搅拌、超声波振动搅拌或气体搅拌等方式使微粒悬浮于镀液，在电镀过程中，镀层金属与固体微粒可共同沉积在基体材料表面，得到复合材料镀层，这种方法称为复合电镀。相当于在材料表面形成了颗粒增强的金属基复合材料。根据复合镀层内各相的类型与相对量的不同，这种镀层可具有更高的硬度、耐磨性、耐蚀性、耐热性及自润滑性等特点。与一般金属基复合材料的制备技术相比，具有无需高温加热、简便、成本低等优点，可直接在零件表面得到所需表面层。

如 Ni-SiC 复合镀层用于汽车发动机汽缸内表面可提高耐磨性，Ni-PTFE（聚四氟乙烯）复合镀层用于热压塑料模具可改善其自润滑性而易于脱模；Cr－ZrO_2 复合镀层用于飞机、燃气轮机、核能装置的高温零件可提高其抗氧化性；Au－BN 复合镀层用于电接触元件可提高其抗电弧烧损性能等。

11.1.1.4　非金属电镀

随着高分子、陶瓷等非金属材料应用的发展，非金属的表面电镀也越来越多地用于工业生产。非金属表面电镀上金属镀层后，可增加表面的光泽，提高其装饰性、抗老化性、耐热性、导热性、导电性、力学性能等，并充分发挥非金属材料本身重量轻等特殊性能。如对汽车上某些需要装饰的不太重要零件（仪表框、拉手、散热格栅等）可用塑料电镀，既可减轻重量又能降低成本。在印制电路中，可在塑料基片上直接电镀出导电通路。对电子仪器的塑料外壳电镀，可防止外部电磁波的干扰。

塑料电镀是应用最多的非金属电镀，电镀后的塑料件具有装饰性的金属外观，且表面具有抗老化、导电等特性，通过钎焊可与其它金属连接，而且与金属件相比具有质量轻、耐蚀、易成型、成本低等优点。塑料电镀前应先进行表面金属化处理，常用的方法有化学镀、涂导电胶或导电漆、气相沉积等。用于电镀的塑料材料应具有一定的力学性能且与金属有一定的结合强度，以防止变形、开裂及脱落，目前常用的电镀塑料有 ABS 塑料、聚丙烯、聚碳酸酯、聚砜、聚酯等。

陶瓷和玻璃电镀多用于电子工业中，利用它们本身的高介电常数特性，电镀后制成的电容器具有重量轻、体积小、稳定性高、膨胀系数低等优点。陶瓷材料电镀前也应先表面金属化（如化学镀）。

11.1.2　电　刷　镀

11.1.2.1　电刷镀的基本原理

电刷镀是一种新的电镀方法，其工作原理如图 11-1 所示。将表面处理好的工件与专用的直流电源的负极相连，镀笔与电源的正极连接，刷镀时，使棉花包套中浸满电镀液的镀笔以一定的相对运动速度在被镀零件表面上移动，并保持适当的压力。这样，在镀笔与被镀零件接触的那些部分，镀液中的金属离子在电场力的作用下扩散到零件表面，在表面获得电子被还原成金属原子，这些金属原子沉积结晶就形成了镀层。随着刷镀时间的延长，镀层逐渐增厚，直至达到需要的厚度。

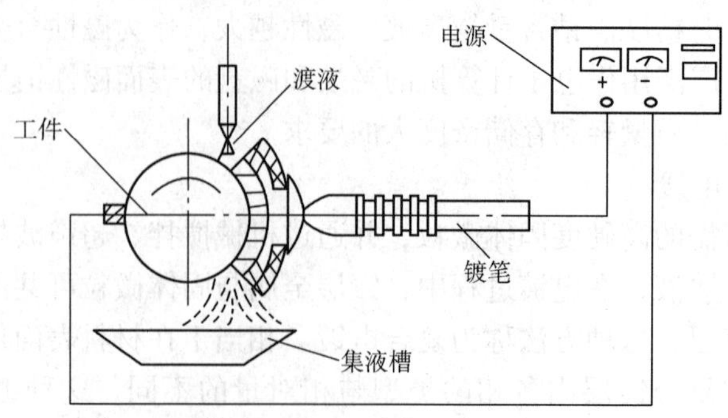

图 11-1　电刷镀工艺原理示意图

11.1.2.2　电刷镀的特点及应用

与槽镀（即常规电镀）相比，电刷镀具有以下优点：电流密度高，沉积速度快；无需常规镀槽，工艺灵活、机动性强，适合于局部电镀；镀液大多采用有机络盐体系，稳定性好，可循环使用，废液量少。电刷镀的缺点是不适于大批生产，劳动强度较大。

可根据镀层性能的需要来选择合适的刷镀层。例如，用于耐磨的表面，镀层可以选用镍、镍—钨和钴—钨合金等；对于装饰表面，镀层可选用金、银、铬、半光亮镍等；对于要求耐腐蚀的表面，镀层可选用镍、锌、铜等。

11.1.3　化　学　镀

11.1.3.1　化学镀的性能特点及应用

化学镀是利用合适的还原剂，使溶液中的金属离子在经催化的基本材料表面上还原出金属镀层的工艺方法。它具有独特的工艺性能和优良的使用性能，与电镀比较具有以下特点：

①不需外加电源设备；

②镀层致密、孔隙少；

③对几何形状复杂的镀件，能获得厚度均匀的镀层；

④可在金属、非金属、半导体等各种不同基材上镀覆；

⑤化学镀所用的溶液稳定性差，且溶液的维护、调整、再生较麻烦，材料成本高。

化学镀可以在金属、非金属、半导体等各种不同的基体上镀覆。目前，化学镀镍、铜、银、金、钴、钯、铂、锡以及化学镀二元、三元合金、化学复合镀层，已在工业生产上应用。

11.1.3.2　常用化学镀工艺

（1）化学镀镍　化学镀镍大致可以分为三种类型：次亚磷酸盐还原型，硼氢化物还原型和联氨（肼）化合物还原型。生产上大多采用次亚磷酸钠作还原剂。例如化学镀 Ni－P 合金溶液：硫酸镍 20g/L、次亚磷酸钠 24g/L、乳酸 27g/L、丙酸 2g/L，pH4.5，控制温度 90℃，获得镀层成分（质量分数）：Ni90%～92%，P8%～10%。Ni－P 层比通常的电镀镍层硬得多，刚镀出时为 500～600HV，400℃热处理 1h 后硬度可达 1000HV，且孔隙度低、耐蚀性好。

（2）化学镀铜　在碱性溶液中以甲醛为还原剂的化学电镀法，古代曾用于铜镜制造。目前化学镀铜溶液主要分为两类：一类镀液用于镀塑料，镀膜厚度小于 1μm，使用温度为 20～25℃；另一类镀液用于镀覆印制电路板的导电膜，镀膜厚度为 20～30μm，要求镀膜速度高，膜的强度和塑性好，使用温度 60～70℃。

（3）化学复合镀　化学复合镀是用化学镀方法使镀层金属与固体颗粒（或纤维）等一起沉积在基体金属表面，以获得复合镀层的工艺。通过改变镀层金属和固体颗粒的种类可获得具有高硬度、耐磨性、自润滑性、耐热性、耐蚀性等特殊功能的表面复合材料。如将 SiC、Al_2O_3、SiO_2、BN、S_3N_4、Cr_2O_3、WC、金刚石粉、碳纳米管等分散在镍、钴、铬等镀层金属中形成的各种镀层具有较高硬度和优良的耐磨性；将具有润滑性能的 MoS_2、石墨、氟化石墨（CF）n、聚四氟乙烯（PTFE）、BN 等分散在镀层金属镍、铜等中可得到自润滑性表面复合镀层。

化学复合镀具有独特的优点，如制备过程温度低、投资少、复合镀层组成多样化、节省材料等，近年来得到了快速发展。

11.2 热 喷 涂

热喷涂技术是使用某种方式的热源，使喷涂材料加热至熔融或半熔融状态，用高压气流将其雾化，并以一定速度喷射到经过预处理的零件表面，从而形成涂层的表面加工技术。

11.2.1 热喷涂方法与特点

11.2.1.1 热喷涂方法

热喷涂方法主要根据热源分类，目前热源有五种类型。采用这些热源加热熔化不同形态的喷涂材料，即形成了不同热喷涂方法，如图 11-2 所示。

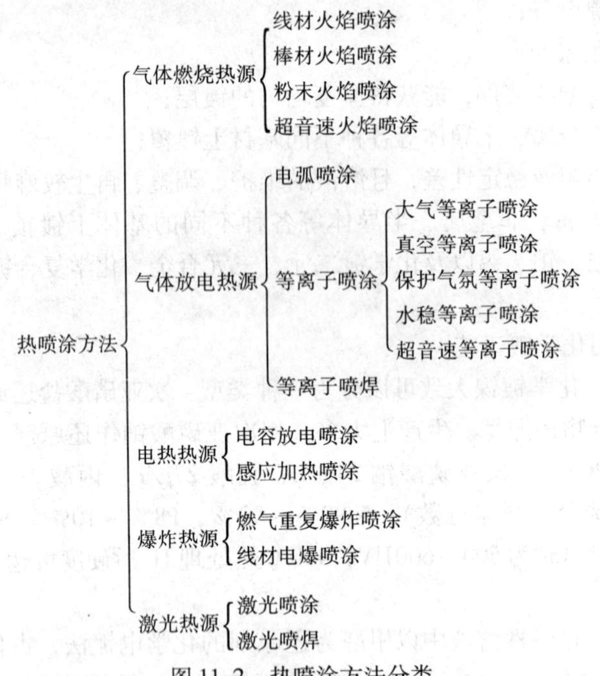

图 11-2　热喷涂方法分类

11.2.1.2 热喷涂特点

热喷涂方法多，喷涂材料广泛，金属及其合金、陶瓷、塑料、尼龙以及它们的复合材料等都可以作为喷涂材料。热喷涂的基体材料种类也多，几乎所有的固体材料表面都可以热喷涂。热喷涂不受零件尺寸及场地限制，既可以大面积喷涂，也可以进行局部喷涂。喷涂时可使基体控制在较低温度，所以基体变形小、组织和性能变化小，保证了基体质量基本不受影响。涂层间结合以机械结合为主，也有物理结合、扩散结合、冶金结合等综合效果，结合力较大。喷涂层厚度可以控制。

但操作环境较差，存在粉尘、烟雾和噪声等问题，需加强防护。

11.2.2　火焰喷涂

11.2.2.1　火焰线材喷涂

将线材或棒材送入氧-乙炔火焰区加热熔化，借助压缩空气使其雾化成颗粒，喷向粗糙的工件表面形成涂层。

这种喷涂设备简单，成本低，手工操作灵活方便，广泛应用于曲轴、柱塞、轴颈、机床导轨、桥梁、铁塔、钢结构防护架等。缺点是喷出的熔滴大小不均匀，导致涂层不均匀和孔隙大等缺陷。

11.2.2.2　火焰粉末喷涂

它也是以氧-乙炔焰为热源，借助高速气流将喷涂粉末吸入火焰区，加热到熔融或高塑性状态后再喷射到粗糙的工件表面，形成涂层。

喷涂前工件用中性焰或弱碳化焰预热到 100 ~ 200℃，喷涂火焰为中性焰，喷涂时火焰功率要大些，以粉末加热到白亮色为宜。采用间断喷涂可防止工件过热。

火焰粉末喷涂工件受热温度低，主要用于保护或修复已经精加工的或不容许变形的机械零件，如轴、轴瓦、轴套等。

11.2.2.3　火焰喷熔

以氧-乙炔焰为热源，将自熔性合金粉末喷涂到经制备的工件表面上，涂层厚度一般为 0.8 ~ 1.2mm，然后对该涂层加热重熔并润湿工件，通过液态合金与固态工件表面间相互溶解和扩散，形成牢固的冶金结合。它是介于喷涂和堆焊之间的一种新工艺。

粉末喷涂涂层与基体呈机械结合，结合强度低，涂层多孔不致密；堆焊层熔深大，稀释率高，加工余量大；而经喷熔处理的涂层，表面光滑，稀释率极低，涂层与基体金属结合强度高，致密无气孔。

喷熔的缺点是重熔温度高，须达到粉末熔点温度，工件受热温度高，会产生变形。主要用于喷铜、镍和不锈钢等耐腐蚀的涂层，也可喷熔钴基、镍基合金等耐热合金涂层。

11.2.3　电弧线材喷涂

电弧喷涂是将金属或合金丝制成两个熔化电极，由电动机变速驱动，在喷枪口相交产生短路而引发电弧、熔化，借助压缩空气雾化成微粒并高速喷向经预处理的工件表面，形成涂层，原理如图 11-3 所示。

一般采用不锈钢丝、高碳钢丝、合金工具钢丝、铝丝和锌丝等作喷涂材料。如喷涂 Zn – Al 合金可提高涂层的耐蚀性能，用于储油罐、桥梁等钢结构的防护，喷涂钼丝作为耐摩擦磨损的涂层，用于汽车行业中的活塞环、拨叉、同步啮合环等零件。

与火焰喷涂相比，它具有以下特点：涂层与基体结合强度高，剪切强度高；以电加热，热能利用率高，成本低；熔敷能力大，如喷锌线可达 30 ~ 40kg/h；采用两根不同成分的金属丝可获得合金涂层，如铝青铜和 Crl3 钢丝等。

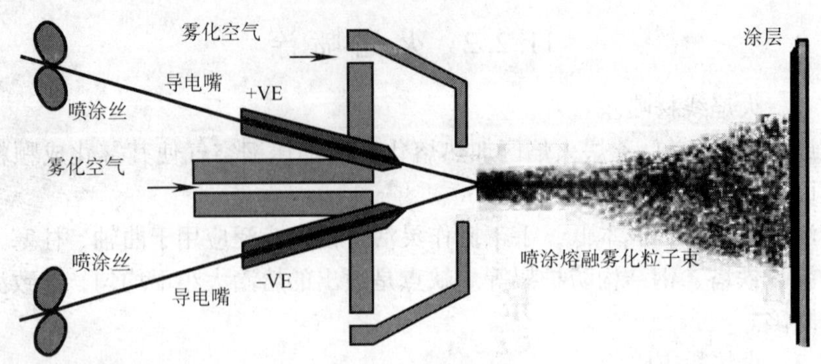

图 11-3　电弧喷涂原理图

11.2.4　等离子喷涂

等离子喷涂是利用等离子焰流，即等离子弧作热源，将喷涂材料加热到熔融或高塑性状态，在高速等离子焰流引导下高速撞击工件表面，并沉积在经过粗糙处理的工件表面形成很薄的涂层。涂层与母材的结合主要是机械结合，其原理见图 11-4。

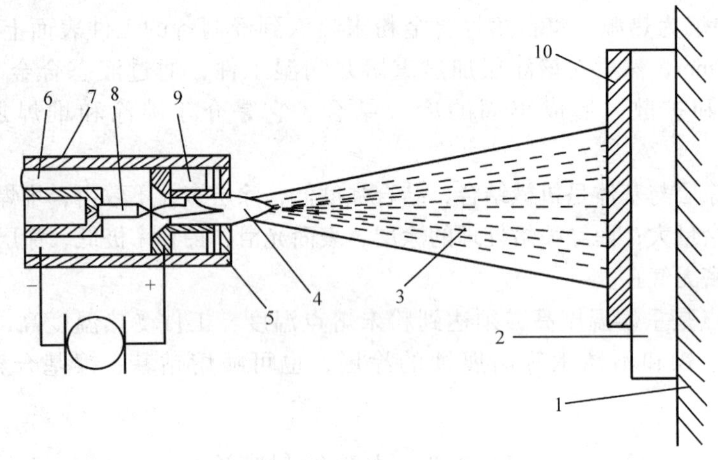

图 11-4　等离子喷涂原理

1—人工移动部分　2—基体　3—喷涂束　4—等离子焰　5—阳极
6—送粉入口　7—离子气体　8—阴极　9—冷却水　10—涂层

等离子焰温度高达 10000℃以上，可喷涂几乎所有固态工程材料，包括各种金属和合金、陶瓷、非金属矿物及复合粉末材料等。等离子焰流速达 10000m/s 以上，喷出的粉粒速度可达 180～600m/s，得到的涂层致密性和结合强度均比火焰喷涂及电弧喷涂高。等离子喷涂工件不带电，受热少，表面温度不超过 250℃，母材组织性能无变化，涂层厚度可严格控制在几微米到 1mm 左右。

若等离子弧功率过低，则粉末熔化不良，从而降低涂层的结合强度和沉积效率。若功率过大，粉末过热蒸发大，沉积率低。工业上应用的功率范围为 25～40kW。工作气一般推荐采用氮气或氮－氩混合气，成本低。对易氧化或涂层质量要求高的可选用氩气或氦气。

送粉气一般与工作气相同，其流量与送粉气种类及送粉量大小有关，一般为工作气流量的 1/3 ~ 1/5。送粉量过大则粉末熔化不良，过小则粉末易过热。

11.3 气相沉积

气相沉积技术是利用气相之间的反应，在各种材料或制品表面沉积单层或多层薄膜，从而获得所需性能的表面成膜技术。气相沉积技术是近 30 年来迅速发展的一门新技术，它不仅可以用来制备各种特殊性能（如超硬、高耐蚀、耐热和抗氧化等）的薄膜涂层，而且还可用来制备各种功能薄膜材料和装饰薄膜涂层等。薄膜的制备按机理可分为物理气相沉积（PVD）和化学气相沉积（CVD）。

11.3.1 物理气相沉积

物理气相沉积是指在真空条件下，利用物理的方法，将材料气化成原子、分子或使其电离成离子，并通过气相过程，在材料或基体表面沉积一层具有某些特殊性能的薄膜的技术。其主要方法有：真空蒸镀、溅射镀膜和离子镀膜。

11.3.1.1 真空蒸镀

把待镀膜的基体或工件置于高真空室内，通过加热使蒸发材料汽化（或升华），以原子、分子或原子团离开熔体表面，凝聚在具有一定温度的基体或工件表面，并冷凝成薄膜的过程称为真空蒸发镀膜，简称蒸镀。

蒸发材料可以是金属、合金和化合物。在高真空环境中蒸发，可以防止膜的氧化和污染，得到洁净、致密、符合预定要求的薄膜。

蒸镀相对于后来发展起来的溅射镀膜、离子镀膜技术，设备简单可靠，价格便宜，工艺容易掌握，可进行大规模生产。但由于镀膜致密度低，与基体结合差，故很少用于材料表面强化，主要由于表面功能性、装饰性涂层，在光学、微电子学、磁学、装饰、防腐蚀等多方面得到广泛的应用。

被镀金属材料可以是金、银、铜、锌、铬、铝等，最常用的是铝。在塑料薄膜及纸张表面蒸镀铝薄膜，可代替铝箔/塑料、铝箔/纸复合材料。

11.3.1.2 溅射镀膜

在真空条件下，用荷能离子（如氩离子，可通过辉光放电获得）轰击靶材（即镀膜材料）的表面，使被轰击材料的原子获得足够的能量，脱离原材料点阵的束缚，进入气相，这种技术就是溅射技术。利用溅射出的气相元素进行沉积成膜，这种沉积过程被称为溅射镀膜。

由于汽化粒子的动能大，镀膜致密，且与基体结合紧密，基体材料和镀膜材料均可为金属或非金属，可制造真空蒸镀难以得到的高熔点材料镀膜。溅射镀膜的溅射靶是大面积的源，可以在大面积的基片上获得膜厚均匀的薄膜。溅射靶是固体源，靶在镀膜室的位置以及靶与基片的相对位置具有较大的灵活性。控制溅射的电流和镀膜时间，就可以方便地控制膜厚。溅射靶的寿命较长，适合工业化和自动化生产，有利于工艺稳定和保证产品质量。溅射镀膜可以在较低温度下沉积薄膜。可用于工具、模具等的耐磨强化膜（如 TiN、TiC、Al_2O_3 等）。

11.3.1.3 离子镀膜

离子镀膜技术简称离子镀，它是在含有惰性气体的真空中，利用气体放电对已被蒸发的粒子离化，在气体离子和被蒸发物质离子轰击作用的同时，把蒸发物质或其反应物沉积在基体上，其原理如图 11-5 所示。它兼具蒸发镀的沉积速度快和溅射镀的离子轰击清洁表面及高动能汽化粒子的特点，特别是具有膜的附着力强、绕射性能好、可镀材料广泛等优点，因此这一技术获得了迅速的发展。

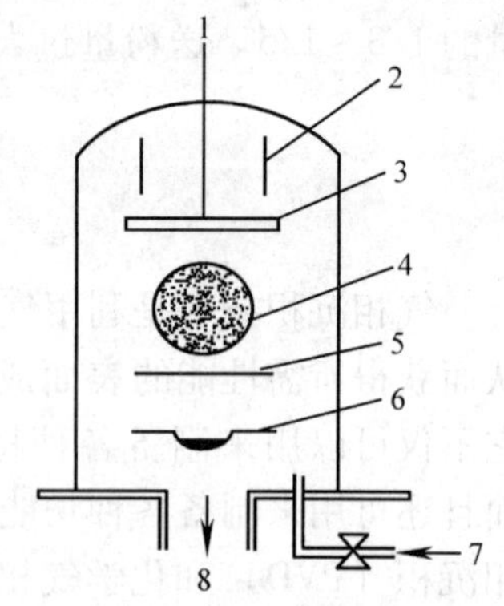

图 11-5 离子镀原理示意图

1—接负高压 2—接正高压 3—基片 4—等离子体 5—挡板 6—蒸发源 7—氩气阀 8—真空系统

离子镀膜层的附着性能好，而且沉积的全过程始终存在氩离子的反溅射作用，清除了结合不牢的原子。因此使膜层组织均匀、致密、细化，可消除粗大柱状晶，获得致密的等轴晶。

离子镀膜的基体材料很多，可以是金属、塑料、陶瓷、玻璃、纸张等。离子镀不仅可以镀制纯金属膜，而且可以在工艺过程中通入反应气体，得到氧化物、氮化物和碳化物等薄膜。

可以获得表面强化的耐磨镀层、致密且化学性质稳定的耐蚀镀层、固体润滑镀层、各种色泽的装饰镀层以及电子学、光学、能源科学等所需的特殊功能镀层。如高速钢刀具最常用的涂层是 TiN，刀具的寿命提高 1.6 ~ 3 倍。如用于模具的离子镀超硬涂层主要是 TiC、TiN，模具的寿命可大大提高，弯曲模、轧辊、铝或锌压铸模的寿命可提高 10 倍，冲模、翻边模、整形模可提高 2 ~ 5 倍等。如一般碳钢螺栓离子镀铝代替不锈钢，离子镀铬、钛、氮化钛取代湿法镀铬可用于耐蚀要求的零件。如离子镀 W、Ti、Ta 等纯金属涂层，用于需要耐热的金属零件（如排热气管等）上，可以提高耐热性能。

11.3.2 化学气相沉积

化学气相沉积是在一定温度下，混合气体之间或混合气体与基体表面之间相互作用，在基体表面形成金属或化合物等的固态膜或镀层，使材料表面改性，以满足耐磨、抗氧化、抗腐蚀以及特定的电学、光学和摩擦学等特殊性能要求的一种薄膜技术。

化学气相沉积是一种化学气相生长法。这种方法是把一种或几种含有构成薄膜元素的化合物、单质气体通入放置有基片的反应室，借助气相作用或在基片上的化学反应生成所希望的薄膜。它可以方便控制薄膜组成，制备各种单质、化合物、氧化物和氮化物甚至一些全新结构的薄膜。

化学气相沉积主要应用于沉积涂层，进行材料表面改性，以提高耐磨性、抗氧化、抗腐蚀性等特殊性能。

在耐磨涂层方面，主要用于金属切削刀具，常用的镀层一般包括难熔硼化物、碳化物、氮化物和氧化物等。氮化硅和 Si – Al – O – N 材料常用于陶瓷刀具涂层，既能提高刀具耐磨损性能，也能使刀具的切削性能得到提高。化学气相沉积耐磨涂层也用于喷砂设备的喷嘴、泥浆传输设备、煤的汽化设备和矿井设备等的耐磨件。

在高温镀层方面，难熔金属硅化物、过渡金属铝化物镀层已被广泛应用，如火箭喷嘴、燃烧室部件、返回大气层的锥体、高温燃气轮机热交换部件和陶瓷汽车发动机等。

在耐磨耐蚀涂层方面，在硬质合金和工模具钢的基体表面上形成碳化物、氮化物、氧化物等，可使硬质合金刀片的寿命提高 1 ~5 倍以上，冷作模具寿命提高 3 倍至数十倍。但是，耐磨耐蚀涂层用于单向离合器爪、喷嘴、塑料喷射器及螺旋轴等，可显著提高耐磨性、耐蚀性。用 CVD 法生产工模具涂层的主要问题是沉积温度高，这对许多基材，尤其对模具钢是十分不利的。

11.4　激光熔覆

11.4.1　激光熔覆的原理与特点

激光熔覆是利用高能激光束辐照，通过迅速熔化、扩散和凝固，在基体表面熔覆一层具有特殊物理、化学或力学性能的材料。激光熔覆时，覆层材料及基体表面熔化，使熔覆层与基体形成冶金结合。激光熔覆示意图如图 11-6 所示。

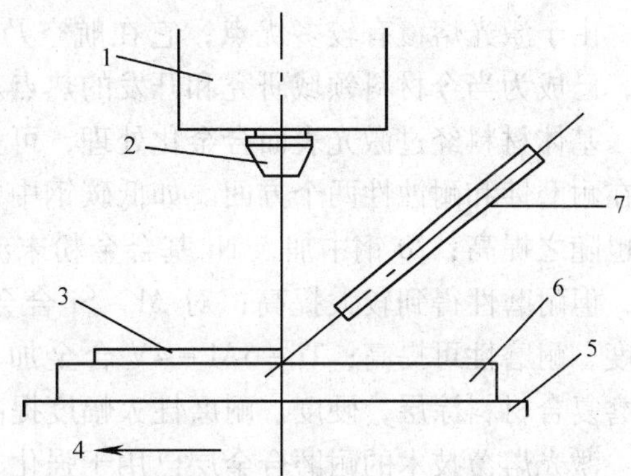

图 11-6　激光熔覆示意图

1—聚焦镜　2—出光镜　3—熔覆层　4—运动方向　5—工作台　6—工件　7—粉末输送管

与堆焊、热喷涂和等离子喷焊等表面强化技术相比，激光熔覆具有下述优点：

①熔覆层晶粒细小，结构致密，因而硬度一般较高，耐磨、耐蚀等性能也更为优异。

②熔覆层稀释率低。由于激光作用时间短，基体的熔化量小，对熔覆层的冲淡率低（一般仅为 5% ~8%）。因此可在熔覆层较薄的情况下，获得所要求的成分与性能，节约昂贵的覆层材料。

③激光熔覆热影响区小，工件变形小，熔覆成品率高。

④激光熔覆过程易实现自动化生产，镀层质量稳定。如在熔覆过程中熔覆厚度可实现连续调节，这在其它工艺中是难以实现的。

⑤能进行非接触式的局部处理，易于实现不规则的零件加工。

11.4.2　激光熔覆工艺

11.4.2.1　激光加热工艺参数

激光加热工艺参数主要有激光输出功率、光斑尺寸和扫描速度。合理的工艺参数是得到优良涂覆层性能的基本保证。

如在基体材料 38CrMoAl 上激光熔覆 Ni－WC 复合涂层工艺，采用的熔覆粉末为 Ni60B + 25% WC（体积比）；熔覆工艺参数为：激光输出功率为 2.2kW，扫描速度为 3mm/min，送粉率为 9g/min，光斑尺寸为 15mm × 1.5mm；得到的复合熔覆层硬度可达 900HV，厚度为 1mm，熔覆层组织主要由 Ni、WC、W_2C、$M_{23}C_6$ 及 M_7C_3 等组成。该涂层主要用于轴类、轮类零件的修复或表面硬化处理。

11.4.2.2　熔覆材料向工件表面的放置方法

（1）预置法　即先将合金化材料预涂覆于需强化部位，然后进行激光扫描熔化，实现合金化。预涂覆可采用热喷涂、气相沉积、粘接、电镀等工艺。实际应用较多的粘接法工艺简单，便于操作，且不受合金成分限制。

（2）硬质粒子喷射法　采用惰性气体将合金化细粉直接喷射至激光扫描所形成的熔池，凝固后硬质相镶嵌在基体中，形成合金化层。

（3）激光气相合金化　将能与基材金属反应形成强化相的气体（如氮气、渗碳气氛等）注入金属熔池中，并与基材元素反应，形成合金化物合金层。如 Ti 及 Ti 合金进行激光气体合金化，可形成 TiN、TiC 或 Ti（C，N）化合物。

11.4.3　激光熔覆的应用

由于激光熔覆有较多优点，它在航空乃至民用产品工业领域中都有较广阔的应用前景，已成为当今材料领域研究和开发的热点。

基体材料经过激光表面合金化处理，可大幅度提高材料的表面性能，这种性能主要体现在耐磨性和耐蚀性两个方面。如低碳钢中加入 SiC 激光合金化，随着 Sic 含量增加，硬度也随之提高；20 钢中加入 Ni 基合金粉末激光表面合金化，硬度虽然不及 CrWMn 钢淬火，但耐磨性得到较大提高；对 Al－Si 合金，采用 Ni 粉末合金化，生成 Al_3Ni 硬化相，硬度、耐磨性可提高；Ti－6Al－4V 合金加入 Si 粉进行激光表面合金化，生成 Ti_5Si_3/Ti 耐磨复合材料涂层，硬度、耐磨性大幅度提高。

激光熔覆技术的耐磨合金层已用于强化、修复喷气发动机涡轮叶片，用于强化汽车发动机排气门的密封锥面；耐高温、耐蚀层用于化工设备的某些不锈钢部件，用于油田抽油泵的易磨损、腐蚀部件等。

思考题

1. 常用表面技术有哪些工艺方法?
2. 常用的电镀层金属与合金有哪些种类及特点?
3. 与常见电镀技术相比，电刷镀有哪些特点?
4. 热喷涂方法有哪些? 各有何特点?
5. 简述热喷涂材料的种类及特点。
6. 说明各种物理气相沉积的原理、特点及应用。
7. 简述激光熔覆的原理、特点与应用。

第 12 章　零件材料的选用

零件材料的选用是机械设计与制造的重要环节，许多机器的重大质量事故都是因材料问题造成的，因此掌握各种工程材料的特性，正确选用材料及加工工艺路线非常重要。选材的基本要求是既要保证零件的使用性能，使其经久耐用，又要保证零件的工艺性、经济性，以提高生产率，降低成本。选材的重要保证是要正确进行零件的失效分析，正确掌握材料的选用原则。

12.1　零件的失效分析

12.1.1　零件的失效形式

任何零件都具有一定的设计功能或寿命，如在载荷、温度、介质等作用下保持一定的几何形状和尺寸，实现规定的机械运动，传递力和能等。零件在使用过程中若失去原有的设计功能使其无法正常工作即为失效。

零件的失效形式多种多样，根据零件的工作条件及失效特点将失效分为三大类：即过量变形、断裂和表面损伤，如表 12-1 所示。

表 12-1　零件的失效形式

分类	失效形式
过量变形失效	过量的弹性变形失效 过量的塑性变形失效
断裂失效	韧性断裂失效 低应力脆性断裂失效 疲劳断裂失效 蠕变断裂失效 应力腐蚀断裂失效
表面损伤失效	磨损失效 接触疲劳失效 腐蚀失效

12.1.1.1　过量变形失效

过量变形失效是指零件在工作过程中产生超过允许值的变形量而导致整个机械设备无法正常工作，或者虽能正常工作但产品质量严重下降的现象。主要包括过量的弹性变形失效和塑性变形失效两种。如车床主轴在工作过程中，发生过量的弹性弯曲变形，不仅振动加剧，使轴和轴承配合不良，而且会造成加工零件质量的严重下降。如高压容器的紧固螺栓发生过量塑性变形而伸长，从而导致容器渗漏。

12.1.1.2　断裂失效

断裂失效是指零件在工作过程中完全断裂而导致整个机械设备无法工作的现象。断裂失效的主要形式有韧性断裂失效、低应力脆性断裂失效、疲劳断裂失效、蠕变断裂失效、应力腐蚀断裂失效等。

（1）韧性断裂失效　是指零件在产生较大塑性变形后的断裂。这是一种有先兆的断裂，易防范，危险性较小。

（2）低应力脆性断裂失效　是指在工作应力远低于屈服强度条件下，零件不产生明显的塑性变形而产生脆性断裂。脆性断裂常发生在有尖锐缺口或裂纹的高强度低韧性材料中，特别是在低温或冲击载荷下最容易发生。断裂韧性是衡量材料抵抗脆性断裂能力的力学性能指标。

（3）疲劳断裂失效　是指在循环交变应力作用下零件产生的断裂，是断裂失效的主要形式。疲劳断裂主要发生在零件的应力集中区域，如刀痕、尖角、截面突变等。采用表面强化处理（如喷丸等）在零件表面造成残余应力，可提高零件的抗疲劳能力。

（4）蠕变断裂失效　是指在高温下长期负载工作的零件产生一定缓慢变形后的断裂。陶瓷材料、耐热铁基和镍基合金的蠕变抗力较高，塑料的蠕变抗力差，某些塑料甚至在室温下也会发生蠕变。

（5）应力腐蚀断裂失效　是指零件在拉应力和特定的化学介质联合作用下所产生的低应力脆性断裂。应力腐蚀常发生在较小的拉应力和腐蚀性较弱的介质中，往往被人们所忽视而引起灾难性事故。

12.1.1.3　表面损伤失效

表面损伤失效是指零件因表面损伤而造成机械设备无法正常工作或失去精度的现象。主要包括磨损失效、接触疲劳失效、腐蚀失效等。

此外，还有老化失效，是指高分子材料的零件在使用或存放过程中，由于受光、热、应力、氧、水、微生物等的作用，其性能逐渐恶化甚至丧失功能的现象。

12.1.2　零件失效的原因

零件失效的原因很多，主要分为设计、材料、加工、使用等四个方面。

12.1.2.1　设计

零件的结构形状和尺寸设计不合理容易引起失效。如存在尖角、尖锐缺口或过渡圆角太小等，造成较大的应力集中。另外，设计时对工件中可能的过载估计不足或低估了温度、介质的影响，选择的安全系数过大也会造成零件的失效。

12.1.2.2　选材

因选材造成的失效主要有两方面：一是在设计中对零件可能的失效形式判断有误，选材不当；二是选用的材料质量太差，存在气孔、疏松、夹杂等冶金缺陷。

12.1.2.3　加工

零件在加工和成型过程中，由于采用的工艺方法、工艺参数不正确，可能造成各种缺陷。如机加工中出现的表面粗糙度过大，刀痕较深，磨削裂纹等；热成型过程中产生的过热、过烧、内应力过大等；热处理工序中产生的氧化、脱碳、淬火变形与开裂等。这些缺陷是造成零件过早失效的原因。

12.1.2.4　使用

设备在安装过程中配合过紧或过松、对中不准、固定不紧、重心不稳、润滑条件不良、密封不好等都会引起机械零件的失效。

零件的失效情况很复杂，往往是多种原因共同作用的结果。必须全面考虑设计、选材、加工、使用等方面的问题，找到起决定作用的主要原因。

12.2　选用材料的一般原则

12.2.1　使用性能选材原则

材料的使用性能是指零件在使用状态下材料应具备的力学性能、物理性能、化学性能等，是保证零件具备规定功能的必要条件，是选择材料时应首先考虑的因素。由于零件都要承受一定的载荷，因此力学性能是零件的主要使用性能。

12.2.1.1　分析零件的工作条件，确定零件的使用性能

工作条件分析包括零件的受力情况，如载荷类型、载荷形式、载荷分布及大小等；零件的工作环境，如介质、工作温度等；零件的特殊性能，如电性能、磁性能、热性能等。

12.2.1.2　进行失效分析，确定零件的主要使用性能

分析零件的失效形式，为准确地确定零件的使用性能提供可靠依据。如发动机曲轴的失效形式主要是疲劳断裂，其主要使用性能应是疲劳抗力，所以应以疲劳强度为主要失效抗力指标来设计、制造曲轴。

12.2.1.3　确定主要的性能指标

在零件工作条件分析、失效分析的基础上，确定零件的主要使用性能指标。表 12-2 为几种典型零件的工作条件及主要性能指标。

表 12-2　几种典型零件的工作条件及主要性能指标

零件名称	工作条件	主要失效形式	关键性能指标
传动齿轮	交变弯曲应力、交变接触压应力、冲击载荷、齿面受滚动摩擦	接触疲劳（麻点）、磨损、断齿	σ_s，σ_{-1}，HRC，a_K，接触疲劳强度
曲轴、轴类	交变弯曲应力、扭转应力、冲击载荷、颈部摩擦	疲劳断裂、过量变形、轴颈磨损	σ_s，σ_{-1}，HRC
弹簧	交变弯曲应力、扭转应力、振动	疲劳断裂、弹性丧失	σ_e，σ_s/σ_b，σ_{-1}
滚动轴承	点接触下的交变应力、滚动摩擦	磨损、疲劳断裂	σ_b，σ_{-1}，HRC

通常的机械零件大多在弹性范围内工作，故常以强度作为主要性能指标，即以屈服强度 σ_s（有时也用 σ_b）为强度计算的原始数据。但仅根据材料的 σ_s 来选择材料是不够的，还必须保证零件的工作应力 σ、材料的许用应力［σ］和材料的屈服强度之间满足 $\sigma<[\sigma]=\sigma_s/n$ 的关系。式中的 n 是保证零件安全工作而选取的安全系数，n 值的大小应综合考虑零件的工作状态、结构形状和表面状态后确定。

在确定材料的性能指标后，可在相关设计手册中查阅材料的性能数据，选择满足要求的材料。

12.2.2 工艺性能选材原则

材料的工艺性能表示材料加工的难易程度。所选材料具有好的工艺性能，可以方便、经济地得到合格的零件。材料的工艺性能主要包括铸造性能、锻造性能、焊接性能、热处理性能、切削加工性能等。

对形状比较复杂、尺寸较大的零件，一般采用铸造或焊接成型，所选材料应具有良好的铸造性能或焊接性能，在结构上也要适应铸造或焊接的要求。

对冲压、挤压等冷变形成型零件，所选材料应具有较高的塑性，并要考虑变形对材料力学性能的影响。

对于切削加工的零件，应考虑材料的切削加工性能。

材料的工艺性能有时会是选材的主要因素。例如汽车发动机箱体，对其力学性能要求不高，多数金属材料都能满足要求，但由于箱体内腔结构复杂，只能采用铸造成型。为了方便、经济地铸出箱体，应选用铸造性能较好的材料，如铸铁或铸造铝合金。在大批量生产时，一般应要求材料具有良好的工艺性能。

12.2.3 经济性能选材原则

在满足使用性能要求和保证加工质量的前提下，还需考虑选材的经济性。尽量选用价格低廉、货源充足、加工方便、总成本低的材料，而且尽量减少所选用材料的品种、规格，以简化供应、保管工作。表 12-3 为部分典型材料的单位质量相对价格。可见普通碳钢、钢筋混凝土的单位质量成本较低。有时在使用性能要求不高的情况下，考虑单位体积价格可能对选材更有利，某些高分子材料如聚乙烯、聚丙烯、聚苯乙烯、聚氯乙烯等的单位体积价格低于钢铁材料，属于便宜材料。

表 12-3　　部分材料的相对价格（单位质量）

材料	相对价格	材料	相对价格
普通碳钢热轧型材	1	聚氯乙烯	2.5
低合金钢	1.2 ~ 1.7	聚乙烯、聚丙烯	3.0
优质碳钢	1.4 ~ 1.5	泡沫塑料	2.5 ~ 3.5
合金结构钢	1.6 ~ 3.0	环氧树脂	4.5
合金工具钢	2.5 ~ 7.2	聚碳酸酯	10.0
高速钢	9.0 ~ 16.0	尼龙 66	12.0
不锈钢	6.0 ~ 14.0	聚酰亚胺	35.0
铝及铝合金	5.0 ~ 10.0	玻璃	4.0 ~ 4.5
铜及铜合金	8.0 ~ 16.0	Al_2O_3	35
镍	25	Co/WC 硬质合金	250
钛合金	40	钢筋混凝土	0.5 ~ 0.8
钨	60	胶合板	2.5
银	3000	玻璃纤维树脂复合材料	8.0 ~ 12.0
金	50000	碳纤维环氧树脂复合材料	500
工业金刚石	250000	硼纤维环氧树脂复合材料	1000

有时选用性能好的材料，虽然价格较贵，但可延长使用寿命，降低维修费用，反而是经济的。尤其是机器中的关键零件，其质量好坏直接影响整台机器的使用寿命，应该把材料的使用性能放在首要位置。

12.2.4　零件选材的方法

零件选材的方法应视零件的品种和工作条件而定。如新设计的关键零件应先进行必要的力学性能试验，而常用零件（如轴类零件或齿轮等），可以参考同类型零件的有关资料和国内外失效分析报告等来进行选材。在按力学性能选材时，具体方法有以下三种。

12.2.4.1　以综合力学性能为主进行选材

对汽缸螺栓、锻锤杆、锻模、液压泵柱塞、连杆等截面上受均匀应力及冲击的零件，工作时承受变动载荷与冲击载荷时，其失效形式主要是过量变形与疲劳断裂，要求材料具有较高的强度、疲劳强度、塑性与韧性，即要求有较好的综合力学性能；还要求整个截面淬透，选材时应综合考虑淬透性与尺寸效应。一般应选用碳钢进行调质或正火，或选用合金钢进行调质，也可选用球墨铸铁进行正火或等温淬火。

12.2.4.2　以疲劳强度为主进行选材

对传动轴及齿轮等零件，虽然有综合力学性能的要求，但因其整个截面上受力不均匀（轴类零件表面承受弯曲、扭转应力最大，而齿轮齿根处承受很大的弯曲应力），疲劳裂纹开始于受力最大的表层，因此主要要求强度（特别是弯曲疲劳强度）。

为了提高疲劳强度，应选用抗拉强度较高的材料。在抗拉强度相同时，选用调质热处理也利于提高其疲劳强度，因为调质后的组织（回火索氏体）比退火、正火组织的塑性、韧性好，并对应力集中敏感性较小，因而具有较高的疲劳强度。

另外，还可采用表面处理有效提高疲劳强度。如选用调质钢进行表面淬火，选用渗碳钢进行渗碳淬火，选用渗氮钢进行渗氮，以及对零件表面进行喷丸或滚压强化等。这些方法不仅可提高表面硬度，而且在零件表面造成残余压应力，部分抵消工作时产生的拉应力，从而提高疲劳强度。

12.2.4.3　以耐磨性为主进行选材

受力较小、受摩擦较大的零件，其主要失效形式是磨损，故要求材料具有高的耐磨性。如各种量具、钻套、顶尖、刀具、冷冲模等，应选用过共析钢进行淬火及低温回火，以获得高硬度的回火马氏体和碳化物。在应力较低的情况下，材料硬度越高，耐磨性越好；硬度相同时，弥散分布的碳化物相越多，耐磨性越好。

受摩擦与变动载荷、冲击载荷的零件，其失效形式主要是磨损、过量的变形与疲劳断裂。要求零件心部有一定的综合力学性能，且表面有高的耐磨性。如对传递功率大、耐磨性及精度要求高、冲击较小、接触应力较小的齿轮，可选用中碳合金钢渗氮处理；而对传递功率大、接触应力大、摩擦磨损大、冲击载荷较大的齿轮，应采用低碳合金钢渗碳处理。

对于在高应力和大冲击载荷作用下工作的零件（如铁路道岔、坦克履带等），不但要求材料具有高的耐磨性，还要求有很好的韧性，此时可选用高锰钢并进行水韧处理。

12.3 典型零件的选材及工艺分析

12.3.1 轴类零件

轴类零件，如机床主轴、内燃机曲轴、汽轮机转子轴、汽车半轴等，是各种机械中的关键零件，其主要作用是支承传动零件并传递运动和动力，带动回转零件如齿轮、带轮、螺旋桨等旋转，因此轴的质量直接影响机器的运转精度和工作寿命。

12.3.1.1 工作条件

轴类零件在机器中传递运动和扭矩。转轴在工作时承受弯曲和扭转应力的复合作用，心轴只承受弯曲应力，传动轴主要承受扭转应力。除固定心轴外，所有作回转运动的轴所受应力都是对称循环变化的，即在交变应力下工作。

轴在花键、轴颈等部位和与其配合零件（如轮上的花键孔或滑动孔、滑动轴承）之间有摩擦磨损。此外，轴还会受到一定程度的过载和冲击。

12.3.1.2 主要失效形式

由于轴的受力复杂，而且其尺寸、结构和载荷差别很大，因此轴的失效形式很多，主要有疲劳断裂、过度磨损、过量变形、腐蚀等。

12.3.1.3 使用性能要求

（1）具有高的强度，足够的刚度及良好的韧性，以防止断裂及过量变形。

（2）具有高的疲劳强度，防止疲劳断裂。

（3）在相对运动的摩擦部位，如轴颈、花键等处，应具有较高的硬度和耐磨性。

在特殊条件下工作的轴应有特殊的性能要求。如在高温下工作的轴，要求有高的蠕变抗力；在腐蚀环境下工作的轴，要求有较高的耐腐蚀能力。

12.3.1.4 选材及热处理

应根据轴类零件的形状、尺寸及受力情况进行选材及热处理。有机高分子材料由于弹性模量小，不适合作为轴的材料；陶瓷材料因为韧性差也不合适。轴的材料主要使用碳素结构钢和合金结构钢，一般是以锻件或轧制型材为毛坯，有时可选用球墨铸铁等。

（1）轻载、低速，不重要的轴，主要考虑刚度。可选用Q235、Q255、Q275等碳素结构钢，这类钢通常不进行热处理。

（2）受中等载荷而且精度要求一般的轴类零件，主要考虑强度和耐磨性。常用优质碳素结构钢，如35、40、45、50钢，其中45钢应用最多。一般要进行正火或调质处理。要求轴颈等处耐磨时，还要进行表面淬火和低温回火。

（3）受较大载荷或要求精度高的轴以及受强烈摩擦或高、低温等恶劣条件下工作的轴，应选用合金钢。常用的有20Cr、40MnB、40Cr、40CrNi、20CrMnTi、12CrNi3、9Mn2V和GCr15等钢。根据合金钢的种类及轴的性能，应采用调质、表面淬火、渗碳、氮化、淬火、低温回火等热处理。

（4）特殊情况下的轴，如对形状复杂不便加工且综合力学性能要求中等的曲轴，可选用球墨铸铁，其热处理方法主要是退火、正火、调质及表面淬火等。对要求耐蚀性、耐磨性的化工设备或食品、医疗设备的轴，可选用铜合金或不锈钢。

12.3.1.5　典型轴类零件的选材、热处理及工序安排

（1）机床主轴　机床主轴通常承受中等载荷作用，中等转速并承受一定冲击，要求具有一定的综合力学性能。一般选用 45 钢制造，经调质处理后，对轴颈及锥孔处再进行表面淬火、低温回火。机床主轴当所受载荷较大时，可选用 40Cr 钢制造。

如图 12-1 所示的 C6140 车床主轴，受交变弯曲及扭转应力作用，载荷、转速、冲击均不大，具有一般的综合力学性能即可；但大端的轴颈及锥孔经常与卡盘、顶尖摩擦，这些部分要有较高的硬度与耐磨性。因此选用 45 钢，调质处理后硬度为 220 ~ 250HB，轴颈和锥孔表面淬火、低温回火后硬度为 52HRC。其工艺路线为：下料—锻造—正火—粗加工—调质—精加工—局部表面淬火、低温回火—精磨。

正火可细化晶粒，调整硬度，改善切削加工性能；调质可得到高的综合力学性能和疲劳强度；局部表面淬火和低温回火可获得局部的高硬度和耐磨性。

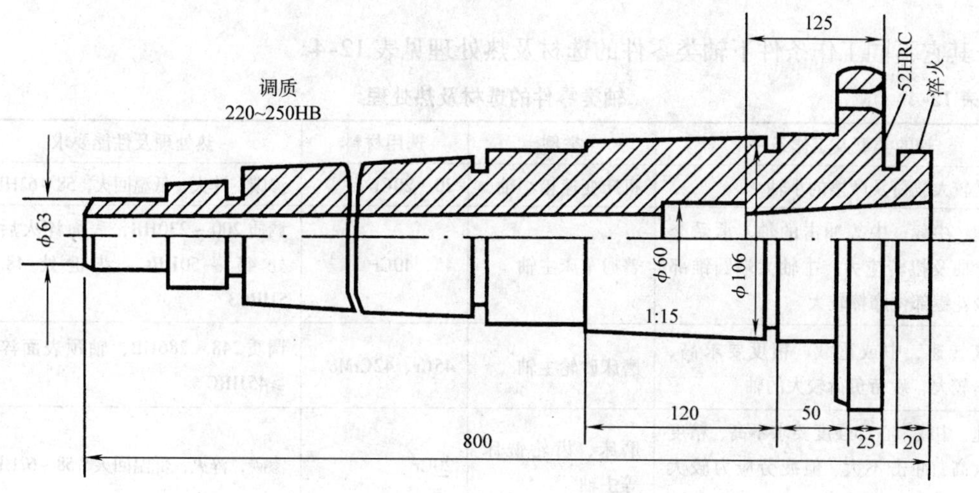

图 12-1　C6140 车床主轴简图

（2）内燃机曲轴　曲轴是内燃机中形状复杂而又非常重要的零件之一，它在工作时受汽缸中周期性变化的气体压力、曲轴连杆机构的惯性力、扭转和弯曲应力及扭转振动和冲击力的作用，此外曲轴颈与轴承间有较大的滑动摩擦作用。曲轴的失效形式主要是疲劳断裂和轴颈严重磨损。通常根据内燃机转速不同选用不同的材料：低速内燃机曲轴用正火的 45 钢或球墨铸铁制造；中速内燃机曲轴选用调质 45 钢或球墨铸铁、调质中碳低合金钢，如 40Cr、45Mn2 等钢制造；高速内燃机曲轴选用高强度合金钢 35CrMo、42CrMo 钢制造。

如图 12-2 为 175A 型柴油机曲轴简图，其柴油机功率不大（4.4kW），曲轴所受的弯曲、扭转、冲击均不大，要求整体有一定的综合力学性能，轴颈处有较高的硬度及耐磨性。可以选用 45 钢模锻、调质、切削加工、表面淬火及低温回火的工艺。但考虑到其形状复杂，用 45 锻钢加工工序较多，可选用 QT700-2，其加工工艺路线为：铸造—高温正火—去应力退火—切削加工—轴颈气体渗氮。

高温正火（950℃）是为获得细珠光体组织，提高强度；去应力退火（560℃）是为消除正火的内应力；渗氮是为提高轴颈的硬度及耐磨性。

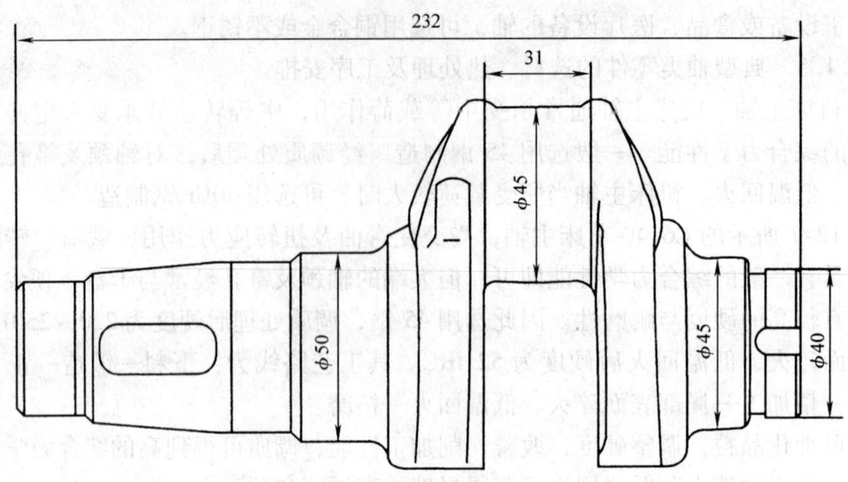

图 12-2　175A 型柴油机曲轴简图

其它不同工作条件下轴类零件的选材及热处理见表 12-4。

表 12-4　　**轴类零件的选材及热处理**

轴的类型及工作条件	举例	选用材料	热处理及性能要求
承受较大载荷及摩擦的小轴	机床变速箱小轴	20、20Cr	渗碳，淬火，低温回火，58～62HRC
中速、中载、中等冲击的轴，承受交变弯曲及扭转应力，主轴大端圆锥部位及花键部位摩擦较大	普通车床主轴	45、40Cr	调质 200～230HB，表面淬火后锥处 45～50HRC，花键处 48～5HRC3
较高转速、中或重载、精度要求高、冲击较大、疲劳负荷较大的轴	磨床砂轮主轴	45Cr、42CrMo	调质 248～286HB，轴颈表面淬火 ≥45HRC
高速、中载、心部强度要求不高、精度不太高、冲击不大、但疲劳应力较大的轴	磨床、齿轮铣床等主轴	20Cr	渗碳，淬火，低温回火，58～62HRC
重载、高速、冲击和疲劳应力都很高的轴	重型齿轮铣床、镗床等主轴	18CrMnTi、20Mn2B、20CrMnMoVA	渗碳，淬火，低温回火，≥59HRC
重载、高速、精度很高、很高疲劳应力的轴	高精度磨床镗床主轴	38CrMoAlA	调质 248～286HB，轴颈渗碳 ≥900HV
高载荷的花键轴，要求高强度和耐磨、变形小	大型立式车床主轴	45	高频加热表面淬火，低温回火，52～58HRC
轻或中等载荷的花键轴，低速、精度要求不高、稍有冲击	一般简易机床的轴	45	调质 225～255 HB
主要受扭转应力的轴	电动机轴	35、45	正火 187～217HB
要求足够抗扭强度和防腐性	水泵轴	3Cr13、4Cr13	油淬，42HRC、48HRC
承受冲击，反复弯曲疲劳，主要瞬时超载而扭断，要求有足够的抗弯、抗扭、抗疲劳强度和较好的韧性	汽车半轴	40Cr、35CrMo、42CrMo、40CrMnMo	调质后中频表面淬火，表面硬度 ≥52HRC

12.3.2　齿轮类零件

齿轮是各类机械、仪表中应用最广的传动零件，其作用是传递动力、改变运动速度和运动方向。少数齿轮受力不大，仅起分度定位作用。齿轮的转速及直径大小、齿形差别较大，工作条件比较复杂，其材料及热处理方法也多种多样。

12.3.2.1　工作条件

齿轮工作的关键部位是齿根与齿面。齿根承受最大的交变弯曲应力，并有应力集中存在，在启动、换挡或啮合不均匀时还承受冲击和过载；齿面承受循环接触压应力和滚动、滑动摩擦。此外，一些齿轮还受润滑油的腐蚀及外部硬质磨粒的摩擦等。

12.3.2.2　主要失效形式

齿轮失效形式主要有轮齿折断（一般为疲劳断裂，主要因轮齿根部弯曲应力过大）、表面疲劳剥落（齿面受大的循环接触压应力造成表面疲劳）、齿面磨损、齿面塑性变形。

12.3.2.3　主要性能要求

（1）高的接触疲劳强度和高的弯曲疲劳强度。

（2）齿面有高的表面硬度和耐磨性。

（3）轮齿的心部有足够的强度和韧性。

另外，在齿轮副中，两齿轮齿面硬度应有一定差值（软齿面为 30～50HBS，硬齿面为 55HRC 左右）。一般小齿轮应比大齿轮硬度高些。

12.3.2.4　选材及热处理

应根据齿轮的载荷大小、冲击大小、传动速度和精度要求等工作条件选用材料及热处理方法。另外，还要考虑传动方式（开式或闭式）、齿轮尺寸大小（淬透性）、齿轮副的硬度匹配等问题。陶瓷材料因为脆性大，不能承受冲击，不适合做齿轮。工程塑料材料（如尼龙、聚碳酸酯等）因强度低，只适合做受力不大或无润滑条件下工作的齿轮。铸铁材料（如 HT250、HT300、HT350、QT600-3、QT700-2 等）可用于某些开式传动的低中速齿轮或低应力、低冲击条件下工作的齿轮。一般多数情况下齿轮选用钢（锻钢或铸钢）。

（1）轻载、低速或中速、冲击载荷小、精度较低的一般齿轮，如减速箱齿轮、机床等机械设备中不重要的齿轮，可选用 Q255、Q275、40、45、50、50Mn 等中碳钢材料。进行正火或调质等热处理，正火硬度为 160～200HBS，调质硬度一般为 200～280HBS，齿面硬度不高易于磨合。

（2）中载、中速、承受一定冲击载荷的齿轮，如机床中的大多数齿轮，可选用中碳钢或合金调质钢，如 45、50Mn、40Cr、42SiMn 等钢。经调质（或正火）及高频（或中频）淬火和低温回火，齿面硬度为 50～55HRC，具有表硬心韧的特点。

（3）重载、高速或中速，且受较大冲击载荷的齿轮，如汽车、拖拉机的变速箱和后桥的齿轮，可选用低碳合金渗碳钢，如 20Cr、20CrMnTi、20CrNi3、18Cr2Ni4WA 等钢。进行渗碳、淬火、低温回火，齿面硬度为 58～63HRC，具有表面高硬、心部高强韧的特点。

（4）载荷较小且平稳的精密齿轮或磨齿困难的内齿轮，如精密机床、数控机床的传动齿轮，可选用 35CrMo、38CrMoAlA 等氮化钢。进行调质及氮化处理，齿面硬度高达

850～1200HV（相当于65～70HRC），热稳定性好，并有一定的抗蚀性。

(5) 特殊情况下的齿轮

①尺寸较大、形状复杂并受一定冲击的齿轮，不便锻造成型，应选用ZG35、ZG45、ZG55、ZG40Cr、ZG35CrMo、ZG42MnSi等铸钢。一般要求不高、转速较慢的铸钢齿轮可在退火或正火处理后使用，如果耐磨性要求较高可进行表面淬火、低温回火。也可选用QT600-3、QT450-10、QT400-15等球墨铸铁，进行正火或调质或等温淬火等热处理。

②一些轻载、低速、不受冲击且精度要求低的开式传动齿轮，可选用HT200、HT250、HT300等灰铸铁。进行去应力退火或正火处理，硬度为170～269HBS，为提高耐磨性还可进行表面淬火。灰铸铁组织中的石墨能起润滑作用，减摩性较好，不易胶合，而且切削加工性能好，成本低。

③仪表中的轻载齿轮或接触腐蚀介质的齿轮，可选用一些抗蚀、耐磨的黄铜、铝青铜、硅青铜、锡青铜，硬铝和超硬铝等材料。

④医疗、食品、办公等小型机械中的轻载、无润滑条件下工作的小齿轮，可以选用工程塑料制造，常用的有尼龙、聚碳酸酯、夹布层压热固性树脂等。工程塑料具有密度小、摩擦因数小、减振、工作噪声小的优点。

12.3.2.5 典型齿轮的选材、热处理及工序安排

(1) 机床齿轮 机床齿轮工作平稳，无强烈冲击，中等转速，受载荷不太大，对齿轮心部强度和韧性的要求不太高，一般选用40或45钢制造。经正火或调质后进行表面淬火及低温回火，齿面硬度为52HRC，齿心硬度为220～250HBS。对性能要求较高的机床齿轮，可选用40Cr、40MnB等钢，齿面硬度达58HRC，心部强度和韧性也有所提高。

图12-3为C6132机床传动齿轮简图，工作时受力不大，转速不太高，所受冲击不大，选用45制造即可。其加工工艺路线为：下料—锻造—正火—粗加工—调质—半精加工—高频感应加热表面淬火、低温回火—精磨。

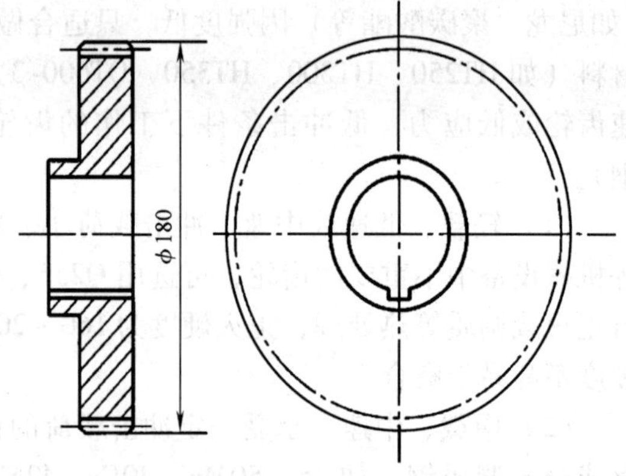

图12-3 C6132车床传动齿轮简图

正火处理可使组织均匀化，消除锻造应力，调整硬度，改善切削加工性能；调质处理可使齿轮具有良好的综合力学性能，提高齿轮心部的强度和韧性，使齿轮能承受较大的弯曲应力和冲击载荷，并减小淬火变形；高频感应加热表面淬火可提高齿轮的表面硬度和耐磨性，提高齿面接触疲劳强度；低温回火是在不降低表面硬度的情况下消除淬火应力，防止产生磨削裂纹和提高齿轮抗冲击的能力。

(2) 汽车、拖拉机齿轮 汽车、拖拉机齿轮受力较大，超载与启动、制动和变速时受冲击频繁，对耐磨性、弯曲疲劳强度、接触疲劳强度、心部强度和韧性等性能要求都较高，应选用20CrMnTi、20CrMnMo、20MnVB等合金渗碳钢。经正火处理后再渗碳淬火低

温回火，表面硬度 58 ~ 62HRC，心部硬度 35 ~ 45HRC。

如图 12-4 为 JN-150 载重汽车变速齿轮简图，它的工作条件比机床齿轮差，所受载荷、冲击、磨损较大，表面要求有较高的硬度及耐磨性，心部要求有较高的强度和韧性。因此选用 20CrMnTi，渗碳淬火后齿面硬度可达到 58 ~ 62HRC，心部硬度 33 ~ 48HRC，心部强度可达 1100MPa。其加工工艺路线为：下料—锻造—正火—机加工—渗碳—淬火、低温回火—喷丸—精磨。

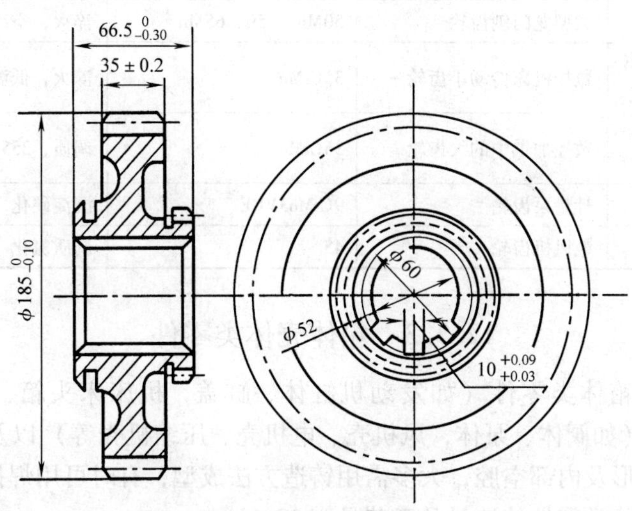

图 12-4　JN-150 汽车变速齿轮简图

正火可使组织均匀，调整硬度，改善切削加工性能；渗碳可提高齿面的含碳量；淬火可提高齿面硬度并获得一定的淬硬层深度，提高齿面耐磨性和接触疲劳强度；低温回火可消除淬火应力，防止磨削裂纹，提高冲击抗力；喷丸处理可提高齿面硬度，增加表面残余压应力，从而提高接触疲劳强度。

不同工作条件下齿轮类零件的选材及热处理见表 12-5。

表 12-5　　齿轮类零件的选材及热处理

齿轮的类型及工作条件	举例	选用材料	热处理及性能要求
低速轻载又不受冲击	搅拌机齿圈	HT200、HT250、HT300	去应力退火
低速轻载	车床溜板齿轮	45	调质，200 ~ 250HB
低速中载又不受冲击	标准系列减速器齿轮	45、40Cr、40MnB、50、42MnVB	调质，220 ~ 250HB
中速重载或中速中载，无猛烈冲击	机床主轴箱齿轮、车床变速箱的次要齿轮	40Cr、40MnB、42MnVB、42CrMo、40CrMnMo、40CrMnMoVBA	淬火，中温回火，40 ~ 45HRC 调质或正火及表面淬火、低温回火，50 ~ 55HRC
高速轻载或高速中载、有冲击的小齿轮	变速箱高速齿轮 齿轮泵的齿轮	15、20、20Cr、20MnVB	渗碳，淬火，低温回火，56 ~ 62HRC
高速中载，无猛烈冲击	机床主轴箱齿轮	40Cr、40MnB	高频淬火，50 ~ 55HRC

续表

齿轮的类型及工作条件	举例	选用材料	热处理及性能要求
高速中载或高速重载、有冲击、外形复杂的重要齿轮	汽车变速箱齿轮、立车重要螺旋圆锥齿轮、高速柴油机及重型载重汽车和航空发动机等设备上的齿轮	20Cr、20Mn2B、18CrMnTi、20CrMnTi、20SiMnVB、20CrNi4A、20CrMnMoWBA	渗碳、淬火，低温回火或渗碳后高频淬火，齿面硬度 56 ~ 62HRC，心部硬度 25 ~ 35HRC
载荷不大的大齿轮	大型龙门刨齿轮	50Mn2、50、65Mn	淬火，空冷，≤241HB
低速、载荷不大、精密传动齿轮	数控机床传动小齿轮	35CrMo	淬火，低温回火，45 ~ 50HRC
精密传动、有一定耐磨性的大齿轮	数控加工中的大齿轮	35CrMo	调质，255 ~ 302HB
要求抗腐蚀性的	计量泵齿轮	9CrMo3VRE	沉淀硬化
要求高耐磨性的	鼓风机齿轮	45	调质氮化

12.3.3 箱体壳体类零件

这类零件包括箱体类零件（如发动机缸体、缸盖，机床床头箱、进给箱、变速箱等）、壳体类零件（如阀体、泵体，风机壳、电机壳、压缩机壳等）以及机床床身等，它们都具有复杂的外形及内部空腔，大多需用铸造方法成型，有时可用焊接方法成型。

常用箱体、壳体类零件的选材及工艺见表 12-6。

表 12-6　常用箱体、壳体类零件的选材及工艺

零件种类	工作条件	性能要求	材料及工艺
小型冲压机、破碎机、磨粉机机架等	受力较大，冲击较大	要求较高的强度、较高的韧性	铸钢 ZG200-400，完全退火或正火
重型水压机横梁、大型轧钢机机架等	受力较大，冲击大	要求高强度和高韧性	铸钢 ZG340-640，完全退火或正火
高温阀体、蒸汽阀体、高温泵壳、高温风机壳等	受力较大，高温环境下（600℃以下）	要求较高强度、较高耐热性	耐热钢 4Cr9Si2，淬火回火
磨床床身等	受力较大，形状简单	要求制造加工方便	焊接型钢 Q235，去应力退火或正火
食品机械、包装机械等的机架	受力较小，形状简单	要求制造加工方便	焊接型钢 Q235，去应力退火或正火
阀体、泵体、电机壳、风机壳等	受力较小	要求有一定耐磨性	灰铸铁 HT150，去应力退火
机床床身、工作台、齿轮箱等	受力较小，承受一定振动	要求有较好的刚度和减振性	灰铸铁 HT200，去应力退火（局部表面淬火）
发动机汽缸盖、压缩机壳体、钢锭模等	受力较小，受热循环作用	要求有较高的抗热疲劳性	灰铸铁 HT250，退火；蠕墨铸铁 RuT300，正火
航空发动机箱体、摩托车发动机箱体、仪表罩壳	受力较小	要求重量轻、导热性好	铸造铝合金 ZL105、ZL108，退火或淬火时效
化工泵、阀门等	受力较小	要求较高耐腐蚀性	工程塑料 PA66、PTFE

12.3.4　常用机械零件用材情况

12.3.4.1　常用工程机械零件

常用推土机及矿山机械、化工设备的选材及热处理见表 12-7。

表 12-7　常用工程机械零件的选材及热处理

零件名称	工作条件	材料与热处理要求
推土机用销套	承受重载、大冲击和严重磨损	20Mn、25MnTiB；渗碳，二次淬火，低温回火，59HRC，渗碳层深 2.6～3.6mm
推土机履带板	承受重载、大冲击和严重磨损	40Mn2Si；调质，履带齿中频淬火或整体淬火，中频回火，距齿顶淬硬层深度 30mm
推土机链轨节	承受重载、大冲击和严重磨损	50Mn、40MnVB；调质，工作面中频淬火，回火，淬硬层深度 6～10.4mm
推土机支承轮	受力小、表面易磨损	55SiMn、45MnB；滚动面中频淬火，回火，淬硬层深度 6.2～9.1mm
推土机驱动轮	受力大、表面易磨损	45SiMn；轮齿中频淬火，淬硬层深 7.5mm
活塞销	受冲击性的交变弯曲剪切应力，磨损大，主要是磨损、断裂	20Cr；渗碳，淬火，低温回火，59HRC（双面）
刮板弹簧	转子发动机用，要求在高温下保持弹性和抗疲劳性能	718 耐热合金；1050℃固溶处理，冷变形，690℃真空时效，8h
连杆螺栓	要求有足够的强度、冲击韧性和抗疲劳能力	40Cr；调质，31HRC，心部允许有块状铁素体
牙轮钻头	磨损较大	20CrMo；渗碳，淬火，低温回火，61HRC
输煤机溜槽		16Mn 钢板；中频淬火
铁锹		20SiMn2MoVA；淬火，低温回火
石油钻井提升系统用吊环		20SiMn2MoVA；淬火，低温回火
石油射孔炮	承受火药爆炸大能量高温瞬时冲击，类似于枪炮，主要是过量塑性变形引起开裂	20MnV、25Mn2V；弯曲后闪光对焊，正火，880℃淬火，250℃回火
煤矿用圆形牵引链	要求高抗拉强度和抗疲劳，主要是疲劳断裂及加工时冷弯开裂	30SiMnMoV、32SiMnMoV；56HRC，渗碳淬火，650℃回火，二次加热 260～280℃等温淬火，螺纹部分滚压强化
凿岩机钎尾	受高频冲击与矿石摩擦严重，要求多冲抗力大、耐疲劳和磨损，主要是折断和磨损	30SiMnMoV；59HRC，900～920℃渗碳 2h，至 880℃空冷 25～30s，油冷，230℃回火 3h
中压叶片油泵定子	要求槽口耐磨和抗弯曲性能好，主要是槽口磨损、折断	38CrMoAl；渗碳，900HV
机床导轨	要求轨面耐磨和保持高精度，主要是磨损和精度丧失	HT200、HT300；表面电接触加热淬火，56HRC

续表

零件名称	工作条件	材料与热处理要求
化工用阀门、管件等腐蚀大的零件	要求抗腐蚀性高	普通碳素钢；渗硅
锅炉排气阀	主要是锈蚀，要求抗腐蚀性好	45；渗硼
蒸汽锤杆、模锻锤锤杆	受较剧烈多次冲击和疲劳应力，主要是平疲劳断裂	45Cr；850℃淬火，10%盐水冷，450℃回火，45HRC
		35CrMo；860～870℃水淬，450～480℃回火，40HRC
电耙耙斗、电铲铲斗的齿部	冲击大、摩擦严重，主要是磨损	ZGMn13；水韧处理，180～220HB（工作时在冲击和压力下450～550HB）

12.3.4.2 汽车发动机零件

汽车发动机主要零件的工作条件、所用材料及热处理情况见表12-8。

表12-8　汽车发动机零件用材概况

代表性零件	材料种类及牌号	使用性能要求	主要失效方式	热处理及其它
缸体、缸盖、飞轮、正时齿轮	灰口铸铁HT200	刚度、强度、尺寸稳定	产生裂纹、孔臂磨损、翘曲变形	不处理或去应力退火。也可用ZL104铝合金做缸体缸盖，淬火后时效
缸套、排气门座等	合金铸铁	耐磨、耐热	过量磨损	铸造状态
曲轴等	球墨铸铁QT600-2	刚度、强度、耐磨、疲劳抗力	过量磨损、断裂	表面淬火，圆角滚压、氮化，也可以用锻钢件
活塞销等	渗碳钢20、20Cr、18CrMnTi、12Cr2Ni4	强度、冲击、耐磨	磨损、变形、断裂	渗碳、淬火、回火
连杆、连杆螺栓、曲轴等	调质钢45、40Cr、40MnB	强度、疲劳抗力、冲击韧性	过量变形、断裂	调质、探伤
各种轴承、轴瓦	轴承钢和轴承合金	耐磨、疲劳抗力	磨损、剥落、烧蚀破裂	不热处理
排气门	耐热气阀钢4Cr3Si2、6Mn20Al5MoVNb	耐热、耐磨	氧化烧蚀	淬火、回火
气门弹簧	弹簧钢65Mn、5CrVA	疲劳抗力	变形、断裂	淬火、中温回火
活塞	高硅铝合金ZL108、ZL110	耐热强度	烧蚀、变形、断裂	淬火及时效
支架、盖、罩、挡板、油底壳等	钢板Q235、08、20、16Mn	刚度、强度	变形	不热处理

12.3.4.3 锅炉和汽轮机零件

锅炉和汽轮机主要零件的工作条件、所用材料及热处理情况见表12-9。

表 12-9　　锅炉和汽轮机主要零件的用材情况

零件名称	失效方式	工作温度/℃	用材情况
水冷壁管或省煤气管	爆管（蠕变或持久断裂或过度塑性变形）、热腐蚀疲劳	<450	低碳钢管，如 20A
过热器管		<550 >580	珠光体耐热钢，如 15CrMo 12Cr1MoV
蒸汽导管		<510 >540	15CrMo 12Cr1MoV
汽包	腐蚀疲劳开裂	<380	20g 或 16Mng 等低合金高强钢
吹灰器	高温腐蚀	短时达 800 ~ 1000	马氏体耐热钢 1Cr13，奥氏体不锈钢 1Cr18Ni9Ti
固定、支撑零件（吊架、定位板等）	表面腐蚀	长时达 700 ~ 1000	Cr6SiMo 或奥氏体耐热钢 Cr20Ni14Si2、Cr25Ni12 等
汽轮机叶片	疲劳断裂、应力腐蚀开裂	<480 的后级叶片 <540 的前级叶片 <580 的前级叶片	1Cr13，2Cr13 Cr11MoV Cr12WMoV
转子	断裂 疲劳或应力腐蚀开裂 叶轮变形	<480 <520 <400	34CrMo 17CrMo1V（焊接转子） 27Cr2MoV（整体转子） 34CrNi3Mo（大型整体转子） 33Cr3MoWV（同上）
紧固零件（螺栓、螺母等）	螺栓断裂 应力松弛	<400 <430 <480 <510	45 35SiMn 35CrMo 25Cr2MoV

注：20g 16Mng 钢牌号中的“g”表示锅炉专用钢。

思考题

1. 零件常见的失效形式有哪些？传动轴与齿轮常见的失效形式有哪些？

2. 零件选材的一般原则是什么？

3. 下列齿轮选用何种材料制造较为合适？

(1) 直径较大、齿坯形状复杂的低速中载齿轮。

(2) 重载条件下工作、整体要求强韧而齿面要求耐磨的齿轮。

(3) 能在缺乏润滑油的条件下工作的低速无冲击齿轮。

(4) 受力很小，要求具有一定抗腐蚀性的轻载齿轮。

4. 为什么汽车、拖拉机变速箱齿轮多采用渗碳钢制造，而机床变速箱齿轮多采用中碳钢制造？

附　表

附表1　钢铁材料各种硬度对照及钢的硬度与强度换算表

附表1-1　钢铁材料硬度对照及碳钢合金钢（不含低碳钢）硬度与强度换算表

洛氏硬度		布氏硬度 $HB30D^2$	维氏硬度 HV	近似强度值 σ_b/MPa	洛氏硬度		布氏硬度 $HB30D^2$	维氏硬度 HV	近似强度值 σ_b/MPa
HRC	HRA				HRC	HRA			
70	(86.6)		(1037)		43	72.1	401	411	1389
69	(86.1)		997		42	71.6	391	399	1347
68	(85.5)		959		41	71.1	380	388	1307
67	85.0		923		40	70.5	370	377	1268
66	84.4		889		39	70.0	360	367	1232
65	83.9		856		38		350	357	1197
64	83.3		825		37		341	347	1163
63	82.8		795		36		332	338	1131
62	82.2		766		35		323	329	1100
61	81.7		739		34		314	320	1070
60	81.2		713	2607	33		306	312	1042
59	80.6		688	2496	32		298	304	1015
58	80.1		664	2391	31		291	296	989
57	79.5		642	2293	30		283	289	964
56	79.0		620	2201	29		276	281	940
55	78.5		599	2115	28		269	274	917
54	77.9		579	2034	27		263	268	895
53	77.4		561	1957	26		257	261	874
52	76.9		543	1885	25		251	255	854
51	76.3	(501)	525	1817	24		245	249	835
50	75.8	(488)	509	1753	23		240	243	816
49	75.3	(474)	493	1692	22		234	237	799
48	74.7	(461)	478	1635	21		229	231	782
47	74.2	449	463	1581	20		225	226	767
46	73.7	436	449	1529	19		220	221	752
45	73.2	424	436	1480	18		216	216	737
44	72.6	413	423	1434	17		211	211	724

附表 1-2　　钢铁材料硬度对照及低碳钢硬度与强度换算表

洛氏硬度 HRB	布氏硬度 HB10D^2	维氏硬度 HV	近似强度值 σ_b/MPa	洛氏硬度 HRB	布氏硬度 HB10D^2	维氏硬度 HV	近似强度值 σ_b/MPa
100		233	803	79	130	143	498
99		227	783	78	128	140	489
98		222	763	77	126	138	480
97		216	744	76	124	135	472
96		211	726	75	122	132	464
95		206	708	74	120	130	456
94		201	691	73	118	128	449
93		196	675	72	116	125	442
92		191	659	71	115	123	435
91		187	644	70	113	121	429
90		183	629	69	112	119	423
89		178	614	68	110	117	418
88		174	601	67	109	115	412
87		170	587	66	108	114	407
86		166	575	65	107	112	403
85		163	562	64	106	110	398
84		159	550	63	105	109	394
83		156	539	62	104	108	390
82	138	152	528	61	103	106	386
81	136	149	518	60	102	105	
80	133	146	508				

注：表中所给出的强度值，是指当换算精度要求不高时，适用于一般钢种。对于铸铁则不适用。

附表2 常用钢的热处理规范

附表 2-1 常用结构钢退火及正火工艺规范

钢号	临界温度 t/℃			退火			正火	
	Ac_1	Ac_3	Ar_1	加热温度 t/℃	冷却	HBS	加热温度 t/℃	HBS
35	724	802	680	850~880	炉冷	≤187	860~890	≤191
45	724	780	682	800~840	炉冷	≤197	840~870	≤226
45Mn2	715	770	640	810~840	炉冷	≤217	820~860	187~241
40Cr	743	782	693	830~850	炉冷	≤207	850~870	≤250
35CrMo	755	800	695	830~850	炉冷	≤229	850~870	≤241
40MnB	730	780	650	820~860	炉冷	≤207	850~900	≤197~207
40CrNi	731	769	660	820~850	炉冷<600℃	—	870~900	≤250
40CrNiMoA	732	774	—	840~880	炉冷	≤229	890~920	—
65Mn	726	765	689	780~840	炉冷	≤229	820~860	≤269
60Si2Mn	755	810	700	—	—	—	830~860	≤254
50CrV	752	788	688	—	—	—	850~880	≤288
20	735	855	680	—	—	—	890~920	≤156
20Cr	766	838	702	860~890	炉冷	≤179	870~900	≤270
20CrMnTi	740	825	650	—	—	—	950~970	≤156~207
20CrMnMo	710	830	620	850~870	炉冷	≤217	870~900	—
38CrMoAlA	800	940	730	840~870	炉冷	≤229	930~970	—

附表 2-2 常用工具钢退火与正火工艺规范

钢号	临界温度 t/℃			退火			正火	
	Ac_1	Accm	Ar_1	加热温度 t/℃	等温温度 t/℃	HBS	加热温度 t/℃	HBS
T10A	730	800	700	750~770	680~700	≤197	800~850	255~321
T12A	730	820	700	750~770	680~700	≤207	850~870	269~341
9Mn2V	T8A	730	—	700	740~760	650~680	≤187	760~780
9SiCr	770	870	730	790~810	700~720	197~241	—	—
CrWMn	750	940	710	770~790	680~700	207~255	—	—
GCr15	745	900	700	790~810	710~720	207~229	900~950	270~390
Cr12MoV	810	—	760	850~870	720~750	207~255	—	—
W18Cr4V	820	—	760	850~880	730~750	207~255	—	—
W6Mo5Cr4V2	845~880	—	805~740	850~870	740~750	≤255	—	—
5CrMnMo	710	760	650	850~870	~680	197~241	—	—
5CrNiMo	710	770	680	850~870	~680	197~241	—	—
3Cr2W8	820	1100	790	850~860	720~740	—	—	—

附表 2-3　　常用钢材回火温度与硬度对照表

钢号	淬火规范			回火温度 t/℃												备注
	加热温度 t/℃	冷却剂	硬度	180 ± 10	240 ± 10	280 ± 10	320 ± 10	360 ± 10	380 ± 10	420 ± 10	480 ± 10	540 ± 10	580 ± 10	620 ± 10	650 ± 10	
35	860 ± 10	水	>50HRC	51 ± 2	47 ± 2	45 ± 2	43 ± 2	40 ± 2	38 ± 2	35 ± 2	33 ± 2	28 ± 2				
45	830 ± 10	水	>50HRC	56 ± 2	53 ± 2	51 ± 2	48 ± 2	45 ± 2	43 ± 2	38 ± 2	34 ± 2	30 ± 2				
T8、T8A	790 ± 10	水-油	>62HRC	62 ± 2	58 ± 2	56 ± 2	54 ± 2	51 ± 2	49 ± 2	45 ± 2	39 ± 2	34 ± 2	29 ± 2	25 ± 2		
T10、T10A	780 ± 10	水-油	>62HRC	63 ± 2	59 ± 2	57 ± 2	55 ± 2	52 ± 2	50 ± 2	46 ± 2	41 ± 2	36 ± 2	30 ± 2	62 ± 2		
40Cr	850 ± 10	油	>55HRC	54 ± 2	53 ± 2	52 ± 2	50 ± 2	49 ± 2	47 ± 2	44 ± 2	41 ± 2	36 ± 2	31 ± 2			具有回火脆性的钢如 40Cr、65Mn、30CrMnSi 等，在中温或高温回火后用清水或油冷却
50CrVA	850 ± 10	油	>60HRC	58 ± 2	56 ± 2	54 ± 2	53 ± 2	51 ± 2	49 ± 2	47 ± 2	43 ± 2	40 ± 2	36 ± 2		30 ± 2	
60Si2MnA	870 ± 10	油	>60HRC	60 ± 2	58 ± 2	56 ± 2	55 ± 2	54 ± 2	52 ± 2	50 ± 2	44 ± 2	35 ± 2	30 ± 2			
65Mn	820 ± 10	油	>60HRC	58 ± 2	56 ± 2	54 ± 2	52 ± 2	50 ± 2	47 ± 2	44 ± 2	40 ± 2	34 ± 2	32 ± 2	28 ± 2		
5CrMnMo	840 ± 10	油	>52HRC	55 ± 2	53 ± 2	52 ± 2	48 ± 2	45 ± 2	44 ± 2	44 ± 2	43 ± 2	38 ± 2	36 ± 2	34 ± 2	32 ± 2	
30CrMnSi	860 ± 10	油	>48HRC	48 ± 2	48 ± 2	47 ± 2		43 ± 2	42 ± 2			36 ± 2		30 ± 2	26 ± 2	
GCr15	850 ± 10	油	>62HRC	61 ± 2	59 ± 2	58 ± 2	55 ± 2	53 ± 2	52 ± 2	50 ± 2		41 ± 2		30 ± 2		
9SiCr	850 ± 10	油	>62HRC	62 ± 2	60 ± 2	58 ± 2	57 ± 2	56 ± 2	55 ± 2	52 ± 2	51 ± 2	45 ± 2				
CrWMn	830 ± 10	油	>62HRC	61 ± 2	58 ± 2	57 ± 2	55 ± 2	54 ± 2	52 ± 2	50 ± 2	46 ± 2	44 ± 2				
9Mn2V	800 ± 10	油	>62HRC	60 ± 2	58 ± 2	56 ± 2	54 ± 2	51 ± 2	49 ± 2	41 ± 2						
3Cr2W8	1100	分级，油	~48HRC								46 ± 2	48 ± 2	48 ± 2	43 ± 2	41 ± 2	一般采用 560 ~ 580℃回火二次
Cr12	980 ± 10	分级，油	>62HRC	62	59 ± 2		57 ± 2			55 ± 2		52 ± 2			45 ± 2	
Cr12Mo	1030 ± 10	分级，油	>62HRC	62	62	60		57 ± 2				53 ± 2			45 ± 2	一般采用 560℃回火三次，每次 1h
W18Cr4V	1270 ± 10	分级，油	>64HRC													

注：①水冷剂为 10% NaCl 水溶液。

②淬火加热在盐浴炉内进行，回火在井式炉内进行。

③回火保温时间，一般碳钢采用 60 ~ 90min，合金钢采用 90 ~ 120min。

附表3 常用热处理工艺代号

工艺	代号		工艺	代号	
	新标准	旧标准		新标准	旧标准
热处理	500	5000	形变淬火	513-Af	5131f
可控气氛热处理	500-01	5000C	气冷淬火	513-G	
真空热处理	500-02	5000V	淬火及冷处理	513-C	5131z
盐浴热处理	500-03	5000L	可控气氛加热淬火	513-01	5131C
感应热处理	500-04	5002	真空加热淬火	513-02	5131V
火焰热处理	500-05	5003	盐浴加热淬火	513-03	5131L
激光热处理	500-06	5005	感应加热淬火	513-04	5132
电子束热处理	500-07	5006	流态床加热淬火	513-10	5131F
离子轰击热处理	500-08	5007	盐浴加热分级淬火	513-10M	5131Lm
流态床热处理	500-10	5000F	盐浴加热盐浴分级淬火	513-10H + M	513Ls + m +
整体热处理	510	5100	淬火和回火	514	514
退火	511	5111	调质	515	5151
去应力退火	511-St	5111o	稳定化处理	516	5161
均匀化退火	511-H	5111d	固溶处理 + 水韧化处理	517	5171
再结晶退火	511-R	5111r	固溶处理 + 时效	518	5181
石墨化退火	511-G	5111g	表面热处理	520	5200
脱氢处理	511-D	5111h	表面淬火和回火	521	5210
球化退火	511-Sp	5111s	感应淬火和回火	521-04	5212
等温退火	511-I	5111n	火焰淬火和回火	521-05	5213
完全退火	511-F		激光淬火和回火	521-06	5215
不完全退火	511-P		电子束淬火和回火	521-07	5216
正火	512	5121	电接触淬火和回火	521-11	5214
淬火	513	5131	物理气相沉积	522	5228
空冷淬火	513-A	5131a	化学气相沉积	523	5238
油冷淬火	513-O	5131o	等离子体增强化学气相沉积	524	5248
水冷淬火	513-W	5131w	离子注入	525	
盐水淬火	513-B	5131b	化学热处理	530	5300
有机水溶液淬火	513-Po	5131y	渗碳	531	5310
盐浴淬火	513-H	5131s	可控气氛渗碳	531-01	5311C
加压淬火	513-Pr	5131p	真空渗碳	531-02	5311V
双介质淬火	513-I	5131d	盐浴渗碳	531-03	5311L
分级淬火	513-M	5131m	固体渗碳	531-09	5131S
等温淬火	513-At	5131n	流态床渗碳	531-10	5131F

续表

工艺	代号		工艺	代号	
	新标准	旧标准		新标准	旧标准
离子渗碳	531-08	5317	渗金属	536	5360
碳氮共渗	532	5320	渗铝	536（Al）	5360（Al）
渗氮	533	5330	渗铬	536（Cr）	5360（Cr）
气体渗氮	533-01	5331G	渗锌	536（Zn）	5360（Zn）
液体渗氮	533-03	5331L	渗钒	536（V）	5360（V）
离子渗氮	533-08	5337	多元共渗	537	5370
流态床渗氮	533-10	5331F	硫氮共渗	537（S-N）	5370（S-N）
氮碳共渗	534	5340	氧氮共渗	537（O-N）	
渗其它非金属	535	5350	铬硼共渗	537（Cr-B）	5370（Cr-B）
渗硼	535（B）	5350（B）	钒硼共渗	537（V-B）	5370（V-B）
气体渗硼	535-01（B）		铬硅共渗	537（Cr-Si）	5370（Cr-Si）
液体渗硼	535-03（B）	5351（B）L	铬铝共渗	537（Cr-Al）	
离子渗硼	535-08（B）	5357	硫氮碳共渗	537（S-N-C）	5370（S-N-C）
固体渗硼	535-09（B）	5351（B）S	氧氮碳共渗	537（O-N-C）	
渗硅	535（Si）	5350（Si）	铬铝硅共渗	537（Cr-Al-Si）	5370（Cr-Al-Si）
渗硫	535（S）	5350（S）			

注：① 表中旧标准为GB/T 12603-1990，新标准为GB/T 12603-2005。

② 旧标准的热处理基础分类工艺代号由四位数字组成，第一位数字“5”为热处理工艺总称，第二位数字为工艺类型，第三位数字为工艺名称，第四位为加热方法。而新标准的基础分类工艺代号只由三位数字组成，前三位与旧标准相同，而把第四位的加热方法放入附加分类工艺代号中了。

附表4　国内外常用钢钢号对照表

钢类	中国	前苏联	美国	英国	日本	法国	德国
	GB	ГОСТ	ASTM	BS	JIS	NF	DIN
优质碳素结构钢	08F	08KII	1006	040A04	S09CK		C10
	08	08	1008	045M10	S9CK		C10
	10F		1010	040A10		XC10	
	10	10	1010，1012	045M10	S10C	XC10	C10，CK10
	15	15	1015	095M15	S15C	XC12	C15，CK15
	20	20	1020	050A20	S20C	XC18	C22，CK22
	25	25	1025		S25C		CK25
	30	30	1030	060A30	S30C	XC32	
	35	35	1035	060A35	S35C	XC38TS	C35，CK35
	40	40	1040	080A40	S40C	XC38H1	

续表

钢类	中国 GB	前苏联 ГОСТ	美国 ASTM	英国 BS	日本 JIS	法国 NF	德国 DIN
优质碳素结构钢	45	45	1045	080M46	S45C	XC45	C45，CK45
	50	50	1050	060A52	S50C	XC48TS	CK53
	55	55	1055	070M55	S55C	XC55	
	60	60	1060	080A62	S58C	XC55	C60，CK60
	15Mn	15Г	1016，1115	080A17	SB46	XC12	14Mn4
	20Mn	20Г	1021，1022	080A20		XC18	
	30Mn	30Г	1030，1033	080A32	S30C	XC32	
	40Mn	40Г	1036，1040	080A40	S40C	40M5	40Mn4
	45Mn	45Г	1043，1045	080A47	S45C		
	50Mn	50Г	1050，1052	030A52 080M50	S53C	XC48	
合金结构钢	20Mn2	20Г2	1320，1321	150M19	SMn420		20Mn5
	30Mn2	30Г2	1330	150M28	SMn433H	32M5	30Mn5
	35Mn2	35Г2	1335	150M36	SMn438（H）	35M5	36Mn5
	40Mn2	40Г2	1340		SMn443	40M5	
	45Mn2	45Г2	1345		SMn443		46Mn7
	50Mn2	50Г2				~55M5	
	20MnV						20MnV6
	35SiMn	35СГ		En46			37MnSi5
	42SiMn	35СГ		En46			46MnSi4
	40B		TS14B35				
	45B		50B46H				
	40MnB		50B40				
	45MnB		50B44				
	15Cr	15X	5115	523M15	SCr415（H）	12C3	15Cr3
	20Cr	20X	5120	527A19	SCr420H	18C3	20Cr4
	30Cr	30X	5130	530A30	SCr430		28Cr4
	35Cr	35X	5132	530A36	SCr430（H）	32C4	34Cr4
	40Cr	40X	5140	520M40	SCr440	42C4	41Cr4
	45Cr	45X	5145，5147	534A99	SCr445	45C4	
	38CrSi	38XC					
	12CrMo	12XM		$620C_R$. B		12CD4	13CrMo44
	15CrMo	15XM	A-387Cr. B	1653	STC42 STT42 STB42	12CD4	16CrMo44

续表

钢类	中国	前苏联	美国	英国	日本	法国	德国
	GB	ГОСТ	ASTM	BS	JIS	NF	DIN
合金结构钢	20CrMo	20XM	4119，4118	CDS12 CDS110	SCT42 STT42 STB42	18CD4	20CrMo44
	25CrMo		4125	En20A		25CD4	25CrMo4
	30CrMo	30XM	4130	1717COS110	SCM420	30CD4	
	42CrMo		4140	708A42 708M40		42CD4	42CrMo4
	35CrMo	35XM	4135	708A37	SCM3	35CD4	34CrMo4
	12CrMoV	12XMΦ					
	12Cr1MoV	12X1MΦ					13CrMoV42
	25Cr2Mo1VA	25X2M1ΦA					
	20CrV	20XΦ	6120				22CrV4
	40CrV	40XΦA	6140				42CrV6
	50CrVA	50XΦA	6150	735A30	SUP10	50CV4	50CrV4
	15CrMn	15XГ，18XГ					
	20CrMn	20XГCA	5152	527A60	SUP9		
	30CrMnSiA	30XГCA					
	40CrNi	40XH	3140H	640M40	SNC236		40NiCr6
	20CrNi3A	20XH3A	3316			20NC11	20NiCr14
	30CrNi3A	30XH3A	3325 3330	653M31	SNC631H SNC631		28NiCr10
	20MnMoB		80B20				
	38CrMoAlA	38XMOA		905M39	SACM645	40CAD6. 12	41CrAlMo7
	40CrNiMoA	40XHMA	4340	817M40	SNCM439		40NiCrMo22
弹簧钢	60	60	1060	080A62	S58C	XC55	C60
	85	85	C1085 1084	080A86	SUP3		
	65Mn	65Г	1566				
	55Si2Mn	55C2Г	9255	250A53	SUP6	55S6	55Si7
	60Si2MnA	60C2ГA	9260 9260H	250A61	SUP7	61S7	65Si7
	50CrVA	50XΦA	6150	735A50	SUP10	50CV4	50CrV4
滚动轴承钢	GCr9	ШX9	E51100 51100		SUJ1	100C5	105Cr4
	GCr9SiMn				SUJ3		
	GCr15	ШX15	E52100 52100	534A99	SUJ2	100C6	100Cr6
	GCr15SiMn	ШX15CГ					100CrMn6

续表

钢类	中国 GB	前苏联 ГОСТ	美国 ASTM	英国 BS	日本 JIS	法国 NF	德国 DIN
易切削钢	Y12	A12	C1109		SUM12		
	Y15		B1113	220M07	SUM22		10S20
	Y20	A20	C1120		SUM32	20F2	22S20
	Y30	A30	C1130		SUM42		35S20
	Y40Mn	A40Г	C1144	225M36		45MF2	40S20
耐磨钢	ZGMn13	116Г13ю			SCMnH11	Z120M12	X120Mn12
碳素工具钢	T7	У7	W1-7		SK7，SK6		C70W1
	T8	У8			SK6，SK5		
	T8A	У8A	W1-0.8C			1104$Y_1$75	C80W1
	T8Mn	У8Г			SK5		
	T10	У10	W1-1.0C	D1	SK3		
	T12	У12	W1-1.2C	D1	SK2	Y2 120	C125W
	T12A	У12A	W1-1.2C			XC 120	C125W2
	T13	У13			SK1	Y2 140	C135W
合金工具钢	8MnSi						C75W3
	9SiCr	9ХС		BH21			90CrSi5
	Cr2	Х	L3				100Cr6
	Cr06	13Х	W5		SKS8		140Cr3
	9Cr2	9Х	L				100Cr6
	W	В1	F1	BF1	SK21		120W4
	Cr12	Х12	D3	BD3	SKD1	Z200C12	X210Cr12
	Cr12MoV	Х12М	D2	BD2	SKD11	Z200C12	X165CrMoV46
	9Mn2V	9Г2Ф	02			80M80	90MnV8
	9CrWMn	9ХВГ	01		SKS3	80M80	
	CrWMn	ХВГ	07		SKS31	105WC13	105WCr6
	3Cr2W8V	3Х2В8Ф	H21	BH21	SKD5	X30WCV9	X30WCrV93
	5CrMnMo	5ХГМ			SKT5		40CrMnMo7
	5CrNiMo	5ХНМ	L6		SKT4	55NCDV7	55NiCrMoV6
	4Cr5MoSiV	4Х5МФС	H11	BH11	SKD61	Z38CDV5	X38CrMoV51
	4CrW2Si	4ХВ2С			SKS41	40WCDS35-12	35WCrV7
	5CrW2Si	5ХВ2С	S1	BSi			45WCrV7

续表

钢类	中国 GB	前苏联 ГОСТ	美国 ASTM	英国 BS	日本 JIS	法国 NF	德国 DIN
高速工具钢	W18Cr4V	P18K5Φ2	T1	BT1	SKH2	Z80WCV 18-04-01	S18-0-1
	W6Mo5Cr4V2	P6M3	N2	BM2	SKH9	Z85WDCV 06-05-04-02	S6-5-2
	W18Cr4VCo5		T4	BT4	SKH3	Z80WKCV 18-05-04-01	S18-1-2-5
	W2Mo9Cr4VCo8		M42	BM42		Z110DKCWV 09-08-04-02-01	S2-10-1-8
不锈钢	1Cr18Ni9	12X18H9	302 S30200	302S25	SUS302	Z10CN18. 09	X12CrNi188
	Y1Cr18Ni9		303 S30300	303S21	SUS303	Z10CNF18. 09	X12CrNiS188
	0Cr19Ni9	08X18H10	304 S30400	304S15	SUS304	Z6CN18. 09	X5CrNi189
	00Cr19Ni11	03X18H11	304L S30403	304S12	SUS304L	Z2CN18. 09	X2CrNi189
	0Cr18Ni11Ti	08X18H10T	321 S32100	321S12 321S20	SUS321	Z6CNT18. 10	X10CrNiTi189
	0Cr13Al		405 S40500	405S17	SUS405	Z6CA13	X7CrAl13
	1Cr17	12X17	430 S43000	430S15	SUS430	Z8C17	X8Cr17
	1Cr13	12X13	410 S41000	410S21	SUS410	Z12C13	X10Cr13
	2Cr13	20X13	420 S42000	420S37	SUS420J1	Z20C13	X20Cr13
	3Cr13	30X13		420S45	SUS420J2		
	7Cr17		440A S44002		SUS440A		
	0Cr17Ni7Al	09X17H7ю	631 S17700		SUS631	Z8CNA17. 7	X7CrNiAl177
耐热钢	2Cr23Ni13	20X23H12	309 S30900	309S24	SUH309	Z15CN24. 13	
	2Cr25Ni20	20X25H20C2	310 S31000	310S24	SUH310	Z12CN25. 20	CrNi2520
	0Cr25Ni20		310S S31008		SUS310S		
	0Cr17Ni12Mo2	08X17H13M2T	316 S31600	316S16	SUS316	Z6CND17. 12	X5CrNiMo1810

续表

钢类	中国	前苏联	美国	英国	日本	法国	德国
	GB	ГОСТ	ASTM	BS	JIS	NF	DIN
耐热钢	0Cr18Ni11Nb	08X18H12E	347 S34700	347S17	SUS347	Z6CNNb18. 10	X10CrNiNb189
	1Cr13Mo				SUS410J1		
	1Cr17Ni2	14X17H2	431 S43100	431S29	SUS431	Z15CN16-02	X22CrNi17
	0Cr17Ni7Al	09X17H7ю	631 S17700		SUS631	Z8CNA17. 7	X7CrNiAl177

附表5 国内外部分铝及其合金牌号对照表

	中国	美国	英国	日本	法国	德国	前苏联
	GB	ASTM	BS	JIS	NF	DIN	ГОСТ
工业纯铝	1A99	1199				A199. 99R	A99
	1A97					A199. 98R	A97
	1A95						A95
	1A80		1080（1A）	1080	1080A	A199. 80	A8
	1A50	1050	1050（1B）	1050	1050A	A199. 50	A5
防锈铝	5A02	5052	NS4	5052	5052	AlMg2. 5	AMg
	5A03		NS5				AMg3
	5A05	5056	NB6	5056		AlMg5	AMg5V
	5A30	5456	NG61	5556	5957		
硬铝	2A01	2036		2117	2117	AlCu2. 5Mg0. 5	D18
	2A11		HF15	2017	2017S	AlCuMg1	D1
	2A12	2124		2024	2024	AlCuMg2	D16AVTV
	2B16	2319					
锻铝	2A80			2N01			AK4
	2A90	2218		2018			AK2
	2A14	2014		2014	2014	AlCuSiMn	AK8
超硬铝	7A09	7175		7075	7075	AlZnMgCu1. 5	V95P
铸造铝合金	ZAlSi7Mn	356. 2	LM25	AC4C		G-AlSi7Mg	
	ZAlSi12	413. 2	LM6	AC3A	A-S12-Y4	G-Al12	AL2
	ZAlSi5Cu1Mg	355. 2					AL5
	ZAlSi12Cu2Mg1	413. 0		AC8A		G-Al12（Cu）	
	ZAlCu5Mn						AL19
	ZAlCu5MnCdVA	201. 0					
	ZAlMg10	520. 2	LM10		AG11	G-AlMg10	AL8
	ZAlMg5Si1					G-AlMg5Si	AL13

参 考 文 献

1. 戴枝荣，张远明主编．工程材料及机械制造基础（Ⅰ）——工程材料［M］．北京：高等教育出版社，2006
2. 郑章耕主编．工程材料及热加工工艺基础［M］．重庆：重庆大学出版社，2004
3. 《实用机械设计手册》编委会．实用机械设计手册［M］．北京：机械工业出版社，2008
4. 赵文珍．材料表面工程［M］．西安：西安交通大学出版社，1998
5. 朱张校．工程材料［M］．北京：清华大学出版社，2001
6. 史美堂主编．金属材料及热处理［M］．上海：上海科学技术出版社，1980
7. 王群骄编著．有色金属热处理技术［M］．北京：化学工业出版社，2008
8. 《金属机械性能》编写组．金属机械性能［M］．北京：机械工业出版社，1982
9. 潘复生，张津，张喜燕等编著．轻合金材料新技术［M］．北京：化学工业出版社，2008
10. 师昌绪主编．新型材料与材料科学［M］．北京：科学出版社，1988
11. 邢玉清编译．简明塑料大全［M］．哈尔滨：哈尔滨工业大学出版社，2002
12. ［日］舟久保，熙康编．形状记忆合金［M］．北京：机械工业出版社，1992
13. 陈贻瑞，王健编．基础材料与新材料［M］．天津：天津大学出版社，1994
14. 马莒生主编．精密合金及粉末冶金材料［M］．北京：机械工业出版社，1982
15. 邱关明编．新型陶瓷［M］．北京：兵器工业出版社，1993
16. 胡传炘主编．表面处理手册［M］．北京：北京工业大学出版社，2005
17. ［美］戴维 W. 里彻辛著．徐秀芳，宪文译．现代陶瓷工程［M］．北京：中国建筑工业出版社，1992
18. 杨世英，陈栋传编．工程塑料手册［M］．北京：中国纺织出版社，1994